4차 산업혁명 시대와 초연결사회를 여는

사물인터넷 개론 [개정3판]

서경환 · 최종철 · 권명규 · 방혜성 지음

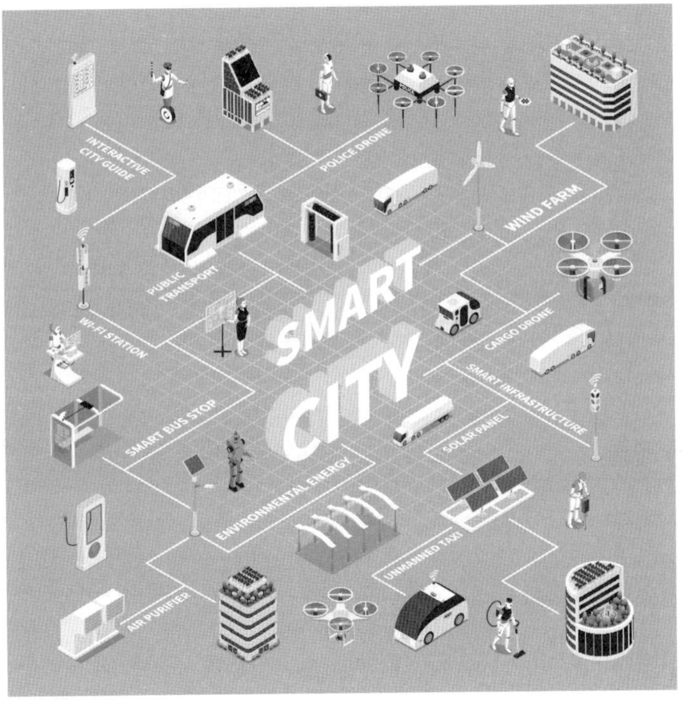

배움터

사물인터넷 개론

초판발행 2018년 1월 20일
제3판2쇄 2024년 3월 8일

지은이 서경환, 최종철, 권명규, 방혜성
펴낸이 김민수
펴낸곳 (도서출판)배움터 / **주소** 경기도 파주시 광인사길 143
출판사 등록일 2005년 1월 31일 / **신고번호** 제406-40600002510020050000003호
대표전화 (031)955-7990 / **팩스** (031)955-0768

책임편집 이종무 / **편집** 신성민, 최동진 / **디자인** 유준범, 노유안
마케팅 최복락, 심수경, 차종필, 백수정, 송성환, 최태웅, 명하나, 김민정
인쇄 성광인쇄(주) / **제본** 일진제책사

ISBN 978-89-89383-09-3 93000
정가 22,000원

머리말

우리 사회는 21세기에 진입하여 사회 전반으로 변화 물결의 중심이 개혁, 혁신에서 혁명(revolution)이라는 화두로 확산 중입니다. 이러한 변화는 세계적으로 유례 없는 저성장, 저소비, 고실업, 고위험, 규제 강화 등 이른바 모하메드 엘 에리언(Mohamed A. El-Erian)이 2008년 저서 《새로운 부의 탄생》에서 제시한 '새로운 정상(뉴노멀, New-normal)'의 개념에 대응하며, 성장 돌파에 필요한 모멘텀이라 할 수 있습니다.

우리 사회의 산업 변천사 중 1, 2차 산업혁명이 화석과 전기에너지에 기반을 둔 배타적 소유시대라 한다면 3차 산업혁명은 디지털과 네트워크 기반의 열린 접속과 공감의 시대로 공간적 제조자 확산과 대량생산 기반을 구축한 것으로 설명할 수 있습니다. 최근에는 초연결(Hyperconnectivity)사회 기반의 4차 산업혁명으로 정보통신기술(ICT)과 더불어 인류가 한 번도 경험해보지 못한 새로운 시대가 열리고 있습니다. 즉, 디지털과 물리적·생물학적 영역 경계가 없는 기술 융합에 목표를 두고 있으며, 그 실현 중심에는 사물인터넷(IoT: Internet of Things)이 위치하고 있습니다. 사물인터넷은 사람, 사물, 공간, 데이터 등 모든 것이 인터넷으로 연결되어 정보 생성·수집(IoT), 저장·공유(Cloud), 분석·예측(Big data)이 가능하며, 그 핵심으로는 디바이스(Device), 네트워크(Network), 플랫폼(Platform), 콘텐츠(Contents), 보안(Security)이 있습니다.

사물인터넷 응용은 스마트카·홈·시티·팜·팩토리·에너지·헬스케어 또는 웨어러블 등 산업 전반에 걸쳐 새로운 수요를 창출하며, 다양하게 적용되고 있습니다. 국내 통신사와 해외 글로벌 기업들은 해당 분야에서 다양한 서비스를 선보이고 있어 향후 사물인터넷 시장은 서비스, S/W와 네트워크를 중심으로 발전하고 급성장할 것으로 예측됩니다. 특히, 사물인터넷–클라우딩–빅데이터–모바일(I-C-B-M) 간 융합으로 미래에는 사회 전반에 걸쳐 다양하고 지능화된 고품질 서비스의 활발한 전개가 예상됩니다.

한편, 사회가 시간적으로 압축·변화하고 공간적으로 글로벌화되어 인간이 개인화되는 미래 조직 사회에서는 혁신 역량이 필수적으로 요구되며, 이는 기존의 유지와 관리의 중요성보다 더 강조되고 있음을 의미합니다. 이러한 원천은 ICT 기반의 개방과 융합으로부터 창의성과 플랫폼 전략을 통해 창출됩니다. 미국 MIT 미디어랩은 인터넷이 열림과 융합의 생태계를 만들고, H/W, S/W, 바이오 기술(미래)들이 열림을 통해 생명력을 얻는 시대를 열어 갈 것으로 예측하였으며, 컴퓨터, 전자, 바이오 기술은 디자인, 건축, 예술과 융합되어 첨단기술을 창조하는 메카로 자리할 것임을 예상하였습니다. 이것은 아이디어와 창의성을 가진 어느 누구든 ICT 기반의 융·복합 기술을 통해 부가가치를 창출할 수 있으며, 나아가 일자리 창출에 기여하는 개념과 일치함을 의미합니다.

이 책에는 앞서 언급한 시대적 변화의 화두인 개방, 융·복합, 창의성, 플랫폼 등을 기반으로 혁신 모멘텀 수단으로 활용할 수 있는 사물인터넷 관련 내용들을 담고 있습니다. 주요 내용으로는 4차 산업혁명과 그 기반인 초연결사회, 이러한 흐름의 중심에 있는 사물인터넷과 관련된 모든 것, 즉 응용 서비스, 적용 기술, 그리고 사물인터넷의 모든 요소(서비스, 기술)를 포함하는 스마트팩토리 및 사물인터넷 활용 비즈니스 모델 등으로 이러한 내용의 단계적 설명을 통해 독자 여러분의 이해를 돕고자 합니다. 또한, 상용 IoT 플랫폼인 아두이노 키트(Arduino Kit)를 활용한 직접적인 프로그래밍 실습을 통해 사물인터넷을 이해하고 창의적인 사고를 할 수 있도록 도움을 주고자 합니다. 따라서 이 책은 정보통신, 전자공학, 컴퓨터공학 전공자나 교양 교과목 수강자들을 위한 사물인터넷의 이해 또는 입문 서적으로 활용할 수 있습니다.

끝으로 이 책이 출간되기까지 편집 및 발간에 수고해주신 (도서출판)배움터 관계자 여러분께 감사의 뜻을 표합니다.

2023년 2월

저자 일동

이 책의 특징과 구성

이 책은 본문 8부(Part), 29장(Chapter)과 주요영문약어·해설집으로 구성되어 있습니다. Part 01은 4차 산업혁명과 4차 산업혁명 시대의 기술 및 유망산업 그리고 초연결사회 관련 내용 등 시대 변화에 따른 서비스 및 기술 발전 등을 소개하는 내용으로 구성되어 있습니다. Part 02는 4차 산업혁명 시대의 기반인 사물인터넷 및 지능형 사물인터넷(AIoT) 소개와 국가별 사물인터넷 추진 현황을 담은 내용으로 구성되어 있으며, Part 03은 사물인터넷 서비스 분야로서, 사물인터넷 서비스 제품 분야와 응용 분야로 구분하여 우리의 실생활 속에 자리한 사물인터넷 서비스를 이해할 수 있는 내용으로 구성했습니다. Part 04는 사물인터넷 기술 분야로서, 사물인터넷 디바이스/센서, 국내·외 IoT 칩 솔루션 현황 및 반도체와 사물인터넷과의 관련 내용, 네트워크 기술 중 접속망과 코어망인 5G 및 6G와 같은 미래 기술 내용으로 구성되어 있습니다.

Part 05는 사물인터넷 서비스 애플리케이션 분야로서, 사물인터넷 플랫폼, 사물인터넷 응용계층 프로토콜, 사물인터넷 보안 기술, 블록체인과 사물인터넷 융합, 빅데이터, 클라우드 컴퓨팅, Edge 컴퓨팅 기술 등 사물인터넷 전반을 이해하는 데 도움이 되는 내용으로 구성되어 있습니다. Part 06에는 사물인터넷 서비스와 기술이 총망라되어 있는 스마트팩토리와 사물인터넷과의 관련성을 심도 있게 다룬 '사물인터넷과 스마트팩토리'라는 부제를 가진 내용으로 구성되어 있습니다. PART 07은 사물인터넷 사업화를 위한 사물인터넷 비즈니스 모델과 이러한 사물인터넷을 활용한 비즈니스 분야와 사례를 소개하는 내용으로 구성되어 있습니다. 마지막으로 PART 08은 저가 H/W 플랫폼인 아두이노 키트를 활용한 실습 내용을 담고 있습니다. 그 외 주요 분야별로 다양한 연습문제들을 수록하여 배운 내용을 복습하도록 하였습니다.

각 Part 및 Chapter별 제목은 〈표 1〉에 기술하였습니다.

〈**표 1**〉 이 책의 구성 및 제목

Part 제목		Chapter 제목	
Part 01	4차 산업혁명과 초연결사회	Chapter 1	산업혁명의 역사
		Chapter 2	4차 산업혁명 개요, 특징 및 전망
		Chapter 3	4차 산업혁명 시대의 서비스, 기술 및 유망 산업 분야
		Chapter 4	초연결사회
Part 02	사물인터넷의 이해	Chapter 5	사물인터넷 소개
		Chapter 6	지능형 사물인터넷 소개
		Chapter 7	국가별 사물인터넷 추진 현황
Part 03	사물인터넷 서비스 분야	Chapter 8	사물인터넷 서비스 제품 분야
		Chapter 9	사물인터넷 서비스 응용 분야
Part 04	사물인터넷 기술 분야	Chapter 10	사물인터넷 디바이스 및 센서
		Chapter 11	사물인터넷 솔루션 칩 현황
		Chapter 12	반도체와 사물인터넷
		Chapter 13	접속망 기술
		Chapter 14	5G 네트워크
		Chapter 15	6G와 서비스
Part 05	사물인터넷 서비스 애플리케이션 분야	Chapter 16	사물인터넷 플랫폼
		Chapter 17	사물인터넷 응용계층 프로토콜
		Chapter 18	사물인터넷 보안 기술
		Chapter 19	사물인터넷과 블록체인의 융합
		Chapter 20	빅데이터
		Chapter 21	클라우드 서비스와 컴퓨팅
		Chapter 22	Edge 컴퓨팅 기술
Part 06	사물인터넷과 스마트팩토리	Chapter 23	4차 산업혁명과 스마트팩토리
		Chapter 24	스마트팩토리 주요 기술 영역
		Chapter 25	스마트팩토리 적용 사례
Part 07	사물인터넷 비즈니스 모델과 비즈비스 활용 사례	Chapter 26	사물인터넷 비즈니스 모델 및 활용 분야
		Chapter 27	사물인터넷 비즈니스 활용 사례
Part 08	아두이노 이해 및 기초 실습	Chapter 28	아두이노의 이해
		Chapter 29	아두이노 키트를 이용한 기초 실습

특히, 이 책의 내용 중 사물인터넷 기술 분야와 관련한 직무 영역 및 유사 교과목들은 〈표 2〉에 기술하였으며, 이 책을 통해 익힌 기초 지식을 바탕으로 심화된 기술들을 학습하고자 할 때 참고할 수 있습니다.

〈표 2〉 사물인터넷 기술 요소별 직무 영역 및 유사 교과목

IoT 기술 요소	IoT 관련 직무 영역	유사 교과목
디바이스/ 센서	- 디지털 회로 설계 · 개발 - R/F 회로 설계 · 개발 - 센서 설계 · 개발 · 생산	디지털공학/회로이론/마이크로파공학/마이크로프로세서응용/반도체소자공학/전자정보소자공학
네트워크	- 유선통신 및 방송통신망 설계 · 개발 - 이동통신 및 무선통신망 설계 · 개발 - 근거리 무선통신망 설계 · 개발 - Edge 컴퓨팅 설계 · 개발	정보통신공학개론/정보통신시스템/이동통신공학/모바일컴퓨팅/컴퓨터네트워크
플랫폼	- 웹 개발 - 모바일 콘텐츠 - 임베디드 S/W - 데이터베이스	웹 프로그래밍/C 프로그래밍/자바 프로그래밍/자바 응용 프로그래밍/디지털 영상 처리/증강현실/가상현실/임베디드 시스템/플랫폼 이해 및 실습/데이터베이스 이해 및 실습
정보보호 및 정보시스템 구축	- 정보보호 및 보안 - IT 컨설팅 - SI(System Integration) 감리 - 품질관리 - 블록체인	정보보호 개론/정보보호 시스템/정보보호 시스템 설계/정보보안 실무/HCI(Human Computer Inter-action)/경제성공학/시스템 시뮬레이션 및 실습/정보시스템 분석 및 설계/품질관리/기술경영
빅데이터	- 빅데이터 플랫폼 - 분산병렬 처리 기술 - 데이터 분석 - 빅데이터 속성 V	C 프로그래밍/자바 프로그래밍/하둡/R 프로그래밍/데이터 마이닝/텍스트 마이닝
클라우드	- 분산처리 분산 컴퓨팅(Edge) - 클라우드 컴퓨팅(SaaS, PaaS, IaaS) - 가상화(Virtualization)	윈도우 서버 가상화/리눅스 서버 가상화/스토리지 가상화

마지막으로 제3판에는 사물인터넷의 진화를 다룬 지능형 사물인터넷(AIoT) 관련 내용과 사물인터넷의 중요 요소인 반도체 관련 내용을 다룬 '반도체와 사물인터넷'을 소개하며, 사물인터넷의 집대성이라 할 수 있는 스마트팩토리에 대한 심도 있는 내용이 추가되었습니다.

차례

PART 03 사물인터넷 서비스 분야

CHAPTER 08 사물인터넷 서비스 제품 분야

CHAPTER 09 사물인터넷 서비스 응용 분야

PART 04 사물인터넷 기술 분야

PART 06 사물인터넷과 스마트팩토리

Part

01

4차 산업혁명과 초연결사회

제1장 산업혁명의 역사 | 제2장 4차 산업혁명 개요, 특징 및 전망
제3장 4차 산업혁명 시대의 서비스 및 기술 유망 산업분야 | 제4장 초연결사회

Chapter 01

산업혁명의 역사

1.1 산업혁명의 변천사를 알아봅시다

인류 역사를 바꾼 산업혁명은 화석연료와 전기에너지 등 새로운 에너지의 등장과 생산 수단의 변화에서 비롯되었는데요. 지구촌에는 18세기 이후 지금까지 3차례에 걸쳐 산업혁명이 일어났고 현재 4차 산업혁명이 진행 중입니다.

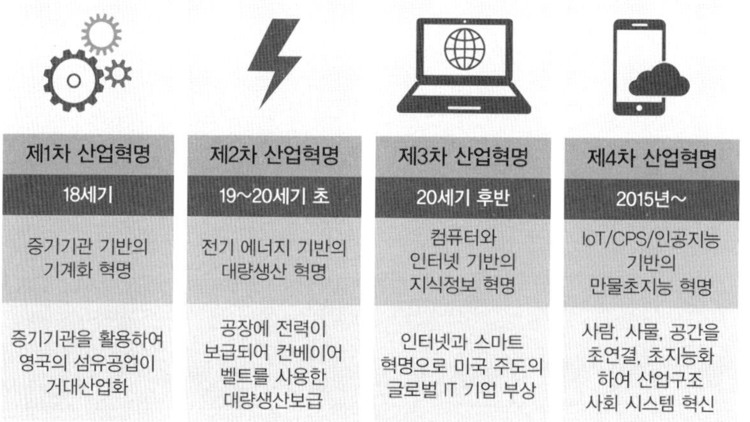

[그림 1-1] 산업혁명 역사(출처: 포스코경영연구소)

[그림 1-1]에서는 수 세기 동안 진행된 산업혁명의 역사를 보여주고 있는데요. 그림에서 기술한 바와 같이 1차 산업혁명은 18세기 영국에서 증기기관의 발명으로 촉발되었는데, 그로 인하여 수공업 시대가 막을 내리고 기계가 물건을 생산하는 기계화가 이루어졌습니다. 그 결과 증기와 수력을 에너지원으로 하는 1차 산업혁명을 촉발시킨 영국은 세계 최대의 공업국가가 될 수 있었습니다.

19세기에서 20세기 초에 걸쳐 진행된 2차 산업혁명이 등장한 계기는 1870년 미국에서 전기가 에너지원으로 등장하면서였는데요. 미국 신시내티에 위치한 도축장에서 전기를 에너지원으로 하는 컨베이어 벨트가 세계 최초로 설치되어 대량생산체계가 구축되었으며, 분업화가 이루어지는 등 전기의 힘에 의해 생산 효율성이 높아지게 되었습니다. 그 결과 미국은 세계 최강 국가의 지위를 구축할 수 있었습니다.

다음으로 20세기 후반 등장한 반도체가 3차 산업혁명, 즉 디지털 혁명을 일으켰는데요. 1969년 반도체 소자를 이용해 프로그램 제어가 가능한 프로그램 로직 컨트롤러(PLC: Program Logic Controller)[1]의 등장으로 인하여 자동화 시대가 열렸으며, 그로 인하여 텔레비전, 냉장고 등 가전제품의 전성시대가 열렸고 컴퓨터 및 인터넷의 등장으로 정보화 혁명이 일어났습니다.

1.2 산업혁명별 주요 특징을 정리해 볼까요?

앞서 설명한 세 차례 산업혁명의 특징을 간단히 정의하면, 1, 2차 산업혁명은 가진 자만을 위한 이른바 배타적 소유시대였던 반면, 3차 산업혁명은 디지털과 네트워크에 의한 열린 접속 시대로 정의할 수 있는데요. 〈표 1-1〉을 통해 산업혁명별 주요 특징들을 비교해 설명하였습니다.

〈표 1-1〉 산업혁명별 특징 비교(출처: 현대경제연구원)

구 분	1차 산업혁명	2차 산업혁명	3차 산업혁명	4차 산업혁명
시 기	18세기 후반	20세기 초반	1970년대 이후	2020년 이후
혁신 부문	증기의 동력화	전력, 노동 분업	전자기기, ICT 혁명	ICT와 제조업 융합
커뮤니케이션 방식	책, 신문 등	전화기, TV 등	인터넷, SNS 등	IoT, IoS[2]
생산 방식	생산 기계화	대량생산	부분 자동화	시뮬레이션을 통한 자동생산
생산 통제	사람	사람	사람	기계 스스로

1 기존에 사용하던 릴레이, 타이머, 카운터 등의 기능을 반도체 소자로 대체시킨 산업용 제어 장치

2 Internet of Services의 약어로서 인터넷 서비스를 의미

첫째, 1차 산업혁명(1784년)의 혁신 부문은 증기 동력을 이용한 생산의 기계화이며, 책과 신문 등이 중요한 지식전달과 소통 수단으로 사용되었습니다.

둘째, 2차 산업혁명(1870년)은 전기를 동력원으로 이용한 대량생산으로 분업화 시대가 열렸고, 전화기, 텔레비전 등이 주요 소통 수단이었습니다.

셋째, 3차 산업혁명(1969년)은 반도체(전자, IT)를 이용한 자동화로 전자기기의 대량생산이 가능해졌으며, 인터넷, 사회 연결망 서비스(SNS: Social Network Service)[3], 스마트폰 등이 정보 소통의 창이 되었습니다.

현재 진행 중인 4차 산업혁명은 다음 장에서 설명을 이어가도록 하겠습니다.

3 웹상에서 지인과의 인맥 관계를 강화시키고 새로운 인맥을 쌓아 폭넓은 인적 네트워크를 형성할 수 있도록 해주는 서비스

Chapter 02

4차 산업혁명 개요, 특징 및 전망

2.1 4차 산업혁명이란?

앞에서 세 차례 산업혁명의 특징에 대해 간단히 설명하였는데요. 본 장에서는 주요 주제인 4차 산업혁명에 대해 좀 더 구체적으로 알아보겠습니다.

4차 산업혁명이란 2차 정보화 혁명으로서, 사물인터넷(IoT), 인공지능(AI)[4], 빅데이터[5], 5G(5세대 이동통신)[6] 등 정보통신기술(ICT)이 사회·경제 전반에 융합되어 혁신적인 변화가 일어나는 차세대 산업혁명을 의미하는데요. 이것은 실세계인 물리(Physical)공간과 가상세계인 사이버(Cyber)공간의 연결과 기술의 융합으로 정의할 수 있는 이른바 만물초지능혁명이라 할 수 있습니다. 이러한 IoT, AI, 빅데이터, 클라우드 컴퓨팅, 모바일 등 지능정보기술이 기존 산업과 서비스에 융합되거나, 3D 프린팅[7], 로봇공학, 생명공학, 나노기술[8] 등 여러 분야의 신기술과 결합되어 실세계 모든 제품·서비스를 네트워크로 연결하고 사물을 지능화해줍니다. 한편, 4차 산업혁명이란 용어는 2016년 세계경제포럼(WEF: World Economic Forum)에서 처음으로 언급되었는데, 이후 ICT 기반의 새로운 산업 시대를 대표하는 용어로 자리매김 하였습니다.

---

4 인간의 지능으로 할 수 있는 사고, 학습, 자기 개발 등을 컴퓨터가 할 수 있도록 하는 방법을 연구하는 컴퓨터 공학 및 정보기술의 한 분야

5 디지털 환경에서 생성되는 데이터로 그 규모가 방대하고, 생성 주기도 짧고, 형태도 수치 데이터뿐 아니라 문자와 영상 데이터를 포함하는 대규모 데이터

6 4G LTE 대비 데이터 용량은 약 1,000배 크고 속도는 200배 빠른 차세대 이동통신 즉, 5세대 이동통신을 의미함

7 프린터로 물체를 뽑아내는 기술

8 10억분의 1 수준의 정밀도를 요구하는 극미세가공 기술

2.2 4차 산업혁명의 주요 특징들을 살펴볼까요?

WEF는 2016년 '4차 산업혁명의 이해(Mastering the Fourth Industrial Revolution)'라는 주제에서 4차 산업혁명(인더스트리 4.0: Industry 4.0)을 3차 산업혁명을 기반으로 한 디지털과 바이오산업[9], 물리학 등의 경계를 융합하는 기술혁명으로 정의하고 있습니다. 즉, 4차 산업혁명의 핵심은 기술융합이라 할 수 있는데요. 인터넷과 정보기술(IT)을 토대로 대량생산하는 3차 산업혁명과 달리 4차 산업혁명은 AI와 정보기술 등의 융합을 통해 무에서 유를 창조하는 과정을 의미합니다. [그림 2-1]에는 AI와 빅데이터, IoT, 클라우드 등 지능정보기술이 융합된 4차 산업혁명의 특징을 잘 표현하고 있습니다.

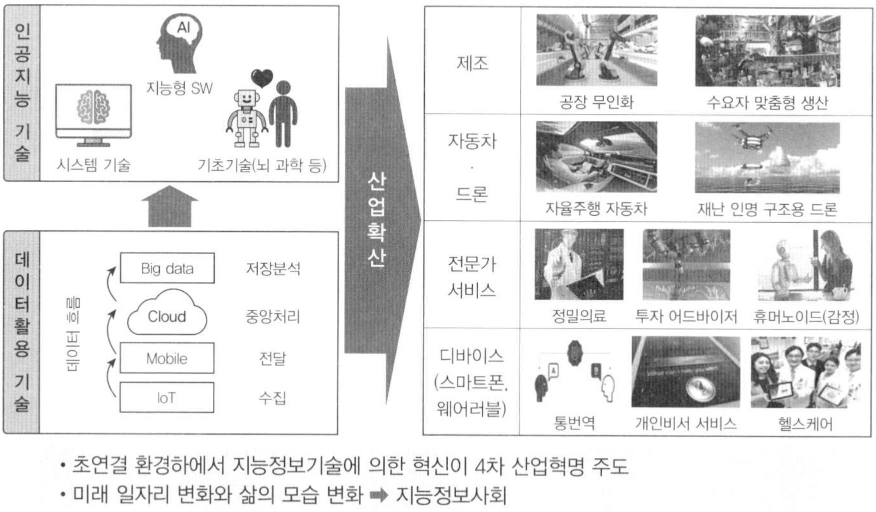

[그림 2-1] 지능정보기술과 융합된 4차 산업혁명 특징

〈표 2-1〉 4차 산업혁명의 특징(출처: World Economic Forum)

구분	특징
속도(Velocity)	인류가 이전에 전혀 경험해 보지 못한 빠른 속도의 획기적인 기술 진보
범위(Scope)	각국 전 산업 분야에서 파괴적 기술(Disruptive Technology)에 의한 대대적 개편
시스템의 영향 (System Impact)	생산, 관리, 지배구조 등을 포함하여 전체적으로 시스템의 큰 변화 예상

9 생물공학기술(Biotechnology)을 바탕으로 생물체의 기능과 정보를 활용하여 유용물질을 상업적으로 생산하는 산업

〈표 2-1〉에는 WEF에서 언급된 4차 산업혁명의 특징들이 요약·기술되어 있는데요. 즉, 4차 산업혁명이 초연결(Hyperconnectivity)[10]과 초지능(Superintelligence)[11] 특징으로 인해 기존 1~3차 산업혁명에 비해 더 넓은 범위(Scope)에, 더 빠른 속도(Velocity)로, 더 크게 영향(Impact)을 끼친다는 사실을 설명하고 있습니다. 또한, 현대경제연구원에서도 이와 유사하게 획기적인 기술 진보, 파괴적 기술에 의한 산업 재편, 전반적인 시스템 변화 등을 4차 산업혁명의 주요 특징으로 소개한 바 있습니다.

2.3 4차 산업혁명의 전망은 어떨까요?

4차 산업혁명은 [그림 2-2]에서 보여주는 바와 같이 스마트기기의 보급으로 인한 디지털 행성 생태계(Digital Planet Ecosystem) 토대 위에 발전하고 있는데요. 즉, 스마트기기를 마음껏 누릴 수 있는 스마티즌(Smartizen)[12] 100억, 2020년 이후의 차세대 이동통신 시스템인 5G 가입자 100억, 그리고 한 사람의 스마티즌이 평균 10대의 스마트기기를 활용함에 따라, 1조 개의 스마트센서 환경의 지원을 받는 초거대 디지털 생태계로 발전하고 있습니다.

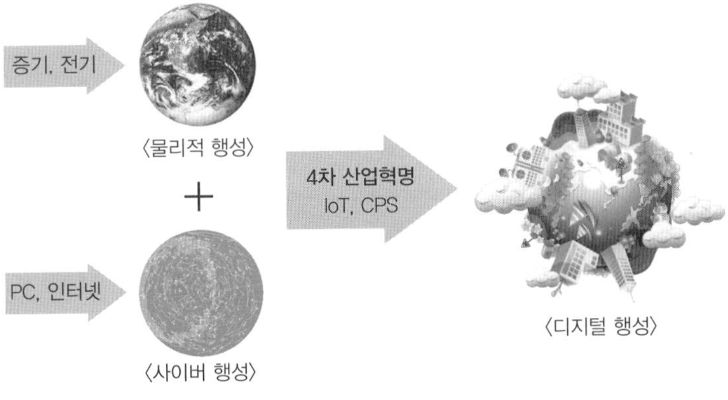

[그림 2-2] 디지털 행성 생태계

10 미국 시장조사업체 가트너가 기업들의 새 트렌드를 강조하기 위해 2008년 처음 사용한 용어로 모바일 시대를 맞아 사람과 사람, 사람과 사물, 사물과 사물이 연결되는 현상을 의미

11 인공지능의 일부로서 인간보다 더 많은 정보를 체계화하여 보유하고 인간의 뇌보다 정보를 훨씬 빨리 처리할 수 있는 정량적 초지능과 전혀 새로운 다량의 개념을 바탕으로 세상에 존재하는 새로운 것, 강력한 것, 가능한 것 모두를 습득할 수 있는 정성적 초지능으로 구분

12 ICT 발달로 등장한 스마트사회에서 기존의 시민상과 뚜렷이 구별되는 스마트시민(smart citizen)을 의미하는데 이를 줄여서 스마티즌이라고 부름

또한, CPU(Central Processing Unit)[13], Memory, 클라우드, 네트워크 등이 각각 진보하는 개별 발전 단계를 지나, 서로 상승적인 발전을 통해 사회, 산업 등 모든 영역으로 확장되는 수확 가속의 법칙(The Law of Accelerating Returns)[14]이 작동하는 단계가 되어 무한대의 CPU, Memory, 클라우드, 네트워크 환경이 조성되는데요. 이런 토대 위에 탄생하게 될 4차 산업혁명의 하부구조를 구성하는 것이 바로 센서로서, 1조 개의 센서를 통해 모이는 수많은 데이터는 최근에 부각되고 있는 빅데이터 기술의 활용 여부와 방법에 따라 그 가치가 극명하게 구분될 것입니다.

2.4 4차 산업혁명에 따라 예상되는 변화들을 알아볼까요?

지난 산업의 역사를 돌이켜 보면 기회와 위험은 일정 부분 혼재되어 나타날 가능성이 높은데요. 현재 전 세계 인구의 30% 이상이 소셜 미디어 플랫폼을 이용해 소통하고 정보를 교환하고 있습니다. 이러한 현상은 사람들에게 실생활의 편리함, 소통의 용이함 등 많은 장점을 제공하고 있으나, 역으로 악의적인 글 올리기(Malicious Posting) 및 확산을 목적으로 활용되고 있는 것도 사실입니다. 이러한 양면성이 새로이 등장하는 기술들이 시대적 요구를 충족시켜줄 수 있는 새로운 방법을 제공함과 동시에 기존에 존재하는 사회 생태계를 망칠 수도 있는 이유라 할 수 있습니다.

[그림 2-3]에는 4차 산업혁명 시대의 새로운 패러다임에 따라 변화할 분야들을 요약·표기하였는데요. 그럼 분야별 주요 변혁 내용을 살펴보도록 하겠습니다.

13 제어장치, 연산장치, 레지스터로 구성되어 프로그램 명령어를 실행하는 중앙처리장치
14 미래학자 레이 커즈와일이 주장한 패턴으로서 인류의 기술발전이 점점 빨라지는 현상을 일컬음

[그림 2-3] 4차 산업혁명 시대의 주요 변혁(출처: ETRI)

첫째, 경제시스템 분야에서는 공급자 중심의 경제 패러다임 전환에 따라 기업에서는 연구, 개발, 마케팅, 세일즈, 유통 등을 위한 디지털 플랫폼 접근이 용이해지며, 이로 인하여 연구, 개발, 마케팅 등 모든 분야의 벽이 허물어짐에 따른 세계 시장에서의 경쟁 심화로 인하여 기업의 경쟁력 제고 노력이 필요한 시점으로 판단됩니다. 또한, 이종산업에 종사하는 사람들 간의 협업과 경쟁의 일상화, 수요 부분의 변화, 투명성과 소비자 참여도 증가, 모바일 네트워크 기반의 소비자 행동 패턴 변화 등으로 인해 기업들이 제품이나 서비스를 출시하는 방식의 전환이 필요할 것입니다. 특히, 이러한 수요와 공급을 결합한 기술 플랫폼의 발전으로 On-demand 경제[15], 즉 집, 책, 자동차 등 다양한 재화를 공유하는 공유경제(Sharing Economy)[16]와 플랫폼 경제(Platform Economy)[17]가 등장하였고, 수확 가속의 법칙에 따라 정보기술과 접목된 경제발전 또한 기하급수적인 속도

---

15 온라인 시스템 등을 통해 수요자 요구에 맞춰 필요한 물품과 서비스를 제공하는 것을 의미하는데 공급자가 아닌 수요자가 거래를 주도

16 2008년 미국 하버드대학교 법대 로렌스 레식 교수가 처음 사용한 말로서 한번 생산된 제품을 여럿이 공유해 쓰는 협력소비를 기본으로 한 경제 방식

17 연결이나 매개에 중심을 둔 사업으로서 사용자를 서로 연결하고 상품과 서비스 교환을 통해 모든 참여자의 가치 창출을 목적으로 하는 플랫폼에 기반한 경제

를 보여주고 있습니다.

둘째, 4차 산업혁명은 사회·교육·문화시스템 분야에서의 변화도 유도하고 있는데요. 사회 분야는 사물인터넷의 등장으로 SNS를 통한 여론 조성, 다양한 의견 수렴 등 시대 변화를 기존의 수직통합형, 중앙집권형 사회구조로는 수용 불가능하기 때문에 활발한 소통이 이루어지는 수평적이고 투명한 사회구조로 변화하고 있습니다. 교육 분야에서는 클라우드 시스템 등을 통해 다양한 멀티미디어 자료, 학습문제 등을 온라인으로 제공받아 선행학습 후 오프라인 강의를 통해 강사나 교수와 토론식 강의를 진행하는 플립러닝(Flipped Learning)[18] 방식의 스마트교육이 등장하였고, 문화 분야에서는 스마트폰을 가진 사람이 음성인식이나 자동번역 등을 통해 외국어를 배우지 않고도 서로 다른 언어를 쓰는 사람들끼리 의사소통하는 등 스마트폰이 제공하는 다양한 정보로 인해서 감각과 지능이 크게 향상된 인간을 뜻하는 소위 증강 인류[19]의 출현도 불가능한 일이 아니며, 이에 따라 문화가 다르고 피부 색깔이 다르고 언어가 다른 사람들끼리도 국경을 초월하여 관계가 형성되는 글로벌 휴먼커넥션 시대도 우리 앞에 다가와 있습니다.

마지막으로 고용·노동시스템 분야의 변혁인데요. AI, 로봇, 빅데이터, 자율자동차[20] 등 다양한 사물인터넷의 산물들로 인하여 기존의 직업들이 많이 사라지고 있는데요. 미국 백악관이 발표한 '인공지능, 자동화, 그리고 경제(Artificial Intelligence, Automation, and the Economy)'라는 보고서는 임금수준과 교육수준이 낮을수록 일자리를 잃을 확률이 높아진다고 전망하였고, 백악관 대통령경제자문회의는 시급 20달러 미만 노동자 중 83%가 인공지능 도입 등 자동화로 직업을 잃을 수 있음에 주목하고 있습니다. 특히, 미국 내 택시(우버[21] 포함) 기사 54만 명 중 45만 명이 자율자동차 상용화로 실직이 우려되며, 이에 대한 해결책으로 직업별·소득별·교육수준별 노동문제 해결책의 마련, 미래의 직업을 위한 재교육을 주문한 바 있는데요. 이렇듯 지금까지 인간이 해오던 많은 일들이 사라지는 현실을 고려하여 근로자들의 기술훈련을 통해 숙련도를 높여 급변하는 환경에 적응할 수 있도록 돕는 전략 수립이 필요한 시점입니다.

18 온라인으로 선행학습 뒤 오프라인 강의를 통해 교수와 토론식 강의를 진행하는 역진행 수업 방식
19 스마트폰이 제공하는 다양한 정보로 인하여 감각과 지능이 크게 향상된 인간
20 인간의 개입 없이 주위 환경을 감지하고, 자동항법 운행이 가능한 자동운전 차량
21 미국 기업인 우버 테크놀로지스(Uber Technologies Inc.)가 운영하는 자동차 배차 웹 사이트 및 배차 응용 프로그램

2.5 레이 커즈와일의 수확 가속의 법칙을 알아볼까요?

레이 커즈와일(Ray Kurzweil)은 [그림 2-4]에 표현하였듯이 기술적 특이점(Singularity)을 인간의 기술과 문명이 고도로 발전하면 AI나 기타 정보처리, 생산설비의 발전과 기술적 개념의 고도화 등으로 인해 인간 스스로가 만들어 낸 기술을 이해하지 못하거나 따라잡지 못하게 되는 시점으로 정의하고 있습니다. 즉, AI가 인간의 지능을 넘는 시점부터 매우 빠른 속도의 자체 학습과 연쇄적 자체 개선을 통해 지능 폭발이 발생하게 되는데요. 결과적으로 인류 총집합의 지능을 넘어 스스로 초지능에 도달하는 시점이 특이점이 되는데, 이것은 가까운 미래에 도달할 것으로 예측됩니다. 이에 레이 커즈와일은 진화 과정이 가속적이며, 그 과정의 산물 또는 기하급수적으로 증가하는 것을 나타내는 수확 가속의 법칙을 제시하였습니다.

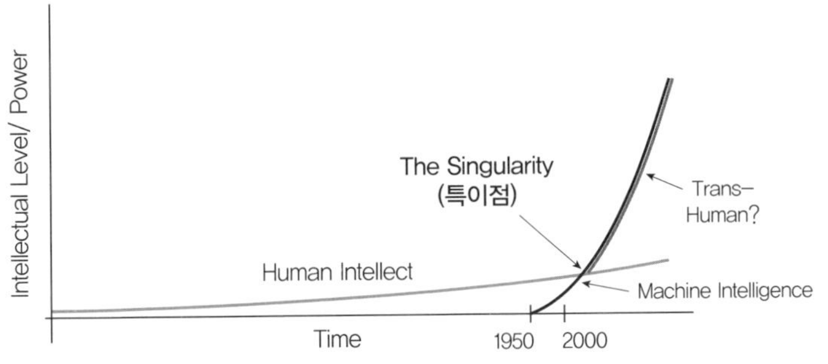

[그림 2-4] 레이 커즈와일의 특이점 예측(출처: Ray Kurzweil)

기술이 가속되는 이유는 생물학적 또는 기술적 진화가 더 나은 차세대 산물을 만들고 이로 인해 효율적이고 유능한 방법을 획득하게 되고, 이것을 다음 세대의 진화에 적용하기 때문입니다. 기술의 역사에서 기술의 변화는 상식적으로 선형 변화가 아닌 기하급수적인 변화를 보여주는데요. 즉, 21세기에서 100년은 단순 100년의 과정을 경험하는 것이 아니라 오늘날 기술발전 추세에 비추어 보면 20,000년 이상의 과정을 경험하게 되는 것과 같습니다.

이러한 기술 발전 추세에 대표적인 혁신 기술이 AI인데요. AI는 인간의 학습능력과 추론능력, 지각능력, 자연언어의 이해능력 등을 컴퓨터 프로그램으로 실현한 기술로서, 빅데이터를 바탕으로 기계가 스스로 학습하여 모델을 만들어내는 머신러닝과 딥러닝 등의 인공지능 알고리즘으로 구현되는데요. [그림 2-5]에서는 앞에서 기술한 내용에 근거하여 4차 산업혁명 시대에 기술적 특이점으로 인도하는 과정을 보여주고 있습니다.

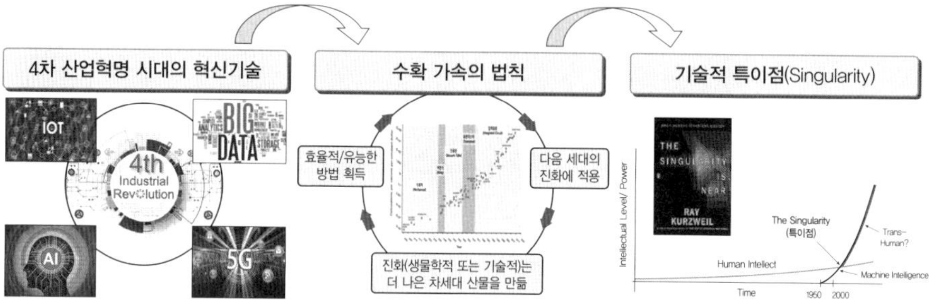

[그림 2-5] 기술적 특이점의 발전 과정

Chapter

03 4차 산업혁명 시대의 서비스 기술 및 유망 산업분야

3.1 4차 산업혁명에 따라 달라질 미래생활상을 그려 볼까요?

▶▶ **사례 ❶** 나는 잠자리에 들기 전 내가 좋아하는 멜로디와 음악을 들려주는 알람을 스마트폰, 텔레비전이나 컴퓨터에 맞추어 놓았다. 원하는 시간에 어김없이 녀석들(스마트폰, 텔레비전이나 컴퓨터)이 자동으로 내가 원하는 멜로디와 음악을 감미롭게 들려주면서 단잠을 깨운다. 내가 침대에서 빠져 나오자 자동으로 집안의 조명이 켜지고 출근을 위해 집을 나서자 집안의 조명들이 자동으로 꺼진다.

▶▶ **사례 ❷** 나는 스마트키를 들고 차에 접근한다. 그러자 내 차의 문이 자동으로 열리고 자리에 앉자 자동으로 시동이 걸린다. 물론 내 차는 자율자동차라 내가 할 일이 없다. "회사로 가자"라고 목적지를 말하면 똑똑한 녀석이 알아서 나를 회사로 데려다준다. 운행 중 "오늘의 뉴스"라고 말하자 자동차에 내장된 소형 DMB에 뉴스채널이 등장하고 "음악"이라고 말하자 카오디오에서 감미로운 음악이 흘러나온다.

▶▶ **사례 ❸** 내 스마트폰으로 미국에서 메일이 들어온다. 영어 문서라 영어로 읽기가 귀찮아 '한글로 읽기'를 누르자 바로 한글로 번역된다. 이메일 답변은 한국어로 말하자 그 내용이 영어로 저장되어 전달된다. 나는 자동번역기를 통해 전 세계 어느 누구와도 부담스런 외국어가 아닌 한국어로 자신 있게 말할 수 있다.

위 사례에서 보듯이 미래 우리의 생활상은 앞으로 급속도로 변화할 것으로 예상되는데요. 그 중심에는 4차 산업혁명이 자리 잡고 있습니다.

3.2 4차 산업혁명 시대의 서비스는?

4차 산업혁명 시대에 구현될 미래 서비스를 살펴보면 자동차 분야에는 자동차와 인공지능 로봇이 결합된 자율자동차가 등장하여 사람이 직접 운전하지 않더라도 원하는 목적지까지 데려다주고, 스마트폰만 켜면 원하는 장소의 교통상황을 실시간으로 들여다볼 수 있고, 최적의 교통 안내를 받을 수 있게 됩니다. 무인비행기인 드론의 경우 더욱더 지능화되어 주소만 입력하면 정확히 사람과 물건을 원하는 장소로 데려다줄 것입니다. 그리고 원하는 것은 무엇이든 3D 프린팅으로 생산하는 재료혁명이 다가오고 있습니다.

또한, 기술융합이 지금까지 상상할 수 없었던 기술 발전을 촉진함으로써 인공지능, 로봇공학, IoT, 자율주행차량, 3D 프린팅, 나노기술, 빅데이터, 클라우드, 바이오기술, 재료과학과 같은 분야에 획기적 진화가 이루어질 것으로 보이는데요. 이 결과 온·오프라인 세계의 완전한 통합과 융합이 완성되어 사용자는 스마트폰과 같은 모바일 기기를 통해 지능적으로 사물을 제어하고 언제 어디서든 사이버 세계의 도움을 받을 수 있어 우리의 일상생활에서 많은 변화가 진행 중입니다. 그리고 지금까지 자동화 기계나 장비에 내장된 자동화 프로그램이 인공지능으로 바뀌고, 다른 장비와 센서를 통해 하나의 네트워크로 연결됨으로써 모든 사물이 연결되는 것 또한 예상되는 시나리오입니다.

개인에게는 가상 개인비서(VPA: Virtual Personal Assistant)와 같은 지능형 기계가 새로운 경험을 제공하고 있는데요. 이미 아이폰 사용자의 음성 명령을 인식하여 모바일 검색은 물론, 일정 관리, 전화 걸기, 메모, 음악 재생 등 다양한 생활 편의 서비스를 제공하는 개인비서 서비스인 애플의 시리, [그림 3-1]과 같은 인공지능 음성인식 기반의 서비스 장치인 아마존의 알렉사(Alexa) 등이 출시된 바 있습니다.

[그림 3-1] 아마존의 인공지능 음성인식 비서 알렉사(Alexa)

알렉사는 현재 에코 닷, 아마존 탭 등의 자사 기기에 내장되어 사용 범위를 넓혀오고 있는데요. 이처럼 알렉사는 단순한 인공지능 음성인식 비서에서 벗어나 인공지능 플랫폼으로 진화 중임이 확인되었습니다. 또한, 기존의 아마존 에코 등 자사의 기기에만 탑재되던 폐쇄성에서 벗어나 레노버 등 타사의 음성인식 비서 기기나 LG전자 냉장고, 포드 자동차, 월풀 세탁기 등 다양한 제조업체들의 제품에 알렉사를 탑재하고 있습니다.

[그림 3-2]에는 전 세계 기업들이 출시한 다양한 음성인식 개인비서 제품의 현황을 나열하였습니다.

[그림 3-2] 기업별 다양한 개인비서 제품

3.3 4차 산업혁명 시대의 주요 기술은?

4차 산업혁명 기술의 특징은 S/W 기술을 기반으로 생성되는 디지털 연결성(Connectivity)이 사회를 근본적으로 변화시키고 있다는 점인데요. 그 영향력의 규모와 변화의 속도로 인해 4차 산업혁명은 역사상 어떤 산업혁명과도 다른 양상으로 전개되며 사회를 탈바꿈시키고 있습니다. 최신 기술 분야에서는 역사적으로 유례를 찾아보기 어려울 정도로 급속한 발전 속도를 보여주고 있는데요. 4차 산업혁명 시대 기술의 본질은 사물인터넷을 중심으로 사물과 인터넷이 연결되고 사물과 하드웨어가 스스로 정보를 분석하고 학습한다는 데 있습니다.

앞서 세계경제포럼(WEF)에 따르면 4차 산업혁명 시대에는 3D 프린팅, 사물인터넷, 바이오공학 등이 부상하며, 이들 주요 기술이 융·복합된 새로운 기술들이 출현함을 예상한 바 있습니다. 즉, 물리학 기술에서는 무인운송수단, 3D 프린팅, 로봇공학, 신소재 등, 디지털 기술에서는 사물인터넷, 빅데이터, 인공지능 등, 생물학 기술에서는 합성 생물학 등 유전공학, 스마트의료 등의 등장을 예상하였습니다. 특히, 3D 프린팅과 유전공학이 결합된 생체조직프린팅이 개발되고, 물리학적, 디지털, 생물학적 기술이 가상물리시스템(CPS)으로 연결됨으로써 새로운 부가가치를 창출할 수 있을 것입니다.

또한, 우리나라의 대한무역투자진흥공사(KOTRA)에서도 〈표 3-1〉에 기술한 바와 같이 4차 산업혁명의 주요 기술들을 사물인터넷, 로봇공학, 3D 프린팅, 빅데이터, 인공지능으로 구분하는 등 기술 흐름에서는 큰 차이가 없음을 증명하고 있습니다.

〈표 3-1〉 4차 산업혁명 시대의 주요 기술(출처: KOTRA)

주요 기술	내 용
사물인터넷	인간의 개입 없이 사물 상호 간 정보를 직접 교환하며, 필요에 따라 정보를 분석하고 스스로 작동하는 자동화
로봇공학	로봇공학에 생물학적 구조를 적용함에 따라 더욱 뛰어난 유연성을 갖추고 정밀 농업에서 간호까지 다양한 분야의 광범위한 업무를 처리할 만큼 활용도가 향상
3D 프린팅	입체적으로 형성된 3D 디지털 설계도나 모델에 원료를 층층이 겹쳐 쌓아(적층가공, Additive Manufacturing) 유형의 물체를 만드는 기술로 소형 의료 플랜트에서 대형 풍력 발전기까지 광범위하게 응용 가능
빅데이터	디지털 환경에서 생성되는 다양한 형태의 방대한 데이터를 바탕으로 인간의 행동 패턴 등을 분석·예측하고 산업 현장 등에 활용하는 경우 시스템의 최적화 및 효율화 도모 가능
인공지능	컴퓨터가 사고 학습, 자기 계발 등 인간 특유의 지능적인 행동을 모방할 수 있도록 해주는 컴퓨터 공학 및 정보기술로서 다양한 분야와 연결하여 인간의 업무를 대체하고 보다 높은 효율성을 제고할 수 있을 것으로 예상

[그림 3-3]과 〈표 3-2〉에는 보스턴컨설팅그룹(BCG)에서 정의하는 인더스트리 4.0에 필요한 주요 기술 분야와 기술 분야별 기술요구사항을 상세하게 기술하였습니다.

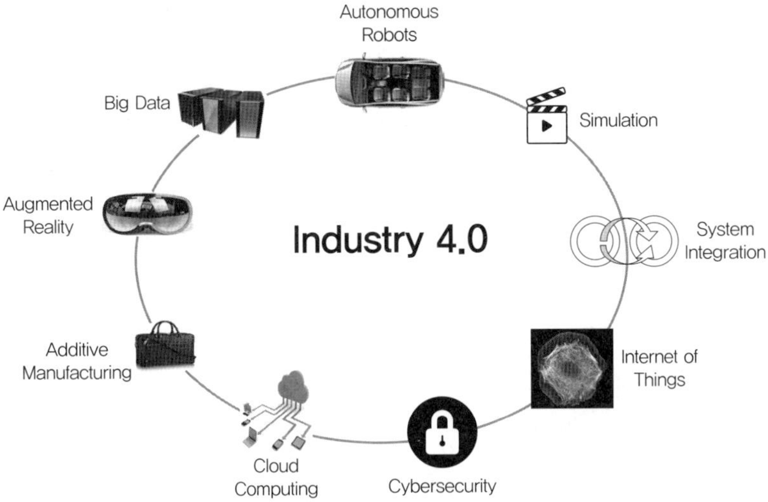

[그림 3-3] BCG의 인더스트리 4.0 주요 기술(출처: BCG, 2015. 7.10)

〈표 3-2〉 인더스트리 4.0에 필요한 기술 분야 및 기술요구사항

기술 분야	기술요구사항
빅데이터 및 분석	스마트공장에서 만들어지는 데이터 해석을 통하여 다양한 의사 결정에 활용 가능하여야 함
자율로봇	지적 사고능력이 향상된 로봇이 지금의 단순 작업 외에도 다양한 역할을 수행하여야 함
시뮬레이션	빅데이터, 클라우드 등을 활용하여 제조 프로세스에 대한 시뮬레이션 설계가 필요
수평/수직 통합형 시스템	기업 내・외부의 모든 데이터를 수평・수직적으로 연계하고 활용하여야 함
사물인터넷	탑재형 디바이스, 센서 등을 활용하여 모든 기기가 실시간으로 통신하고 응답하여야 함
사이버 보안	통신 네트워크에 의해 움직이는 스마트공장이므로 사이버 보안 문제 해결이 필수 사항임
클라우드	방대한 데이터를 처리하고 다수의 기기를 지원할 수 있는 클라우드 시스템 구축이 필요함
3D 프린팅	소비자 중심의 주문 제작, 특수 제품 등의 소량생산에 활용 가능성이 높을 것으로 예상됨
증강현실	의사결정, 생산력 향상, 교육 훈련 등의 추가 활용이 가능할 것으로 전망됨

한편, 최근 가트너(Gartner) 하이프 싸이클(hype cycle) 보고서에서는 [그림 3-4]에 표현하였듯이 4차 산업혁명 시대의 5가지 미래 유망 기술들을 제시한 바 있습니다. 즉, 5가지 미래 유망 기술은 민주화된 인공지능(Democratized AI), 디지털 생태계(Digital Ecosystems), DIY(Do-It-Yourself) 바이오 해킹, 초몰입 경험(Transparently Immersive Experience), 유비쿼터스 인프라로 정의하고, 메가트랜드의 핵심 동력인 세부 기술은 5G, AI, IoT, 빅데이터로 정의하고 있습니다. 그럼, 5가지 미래 유망 기술들에 대해 알아보겠습니다.

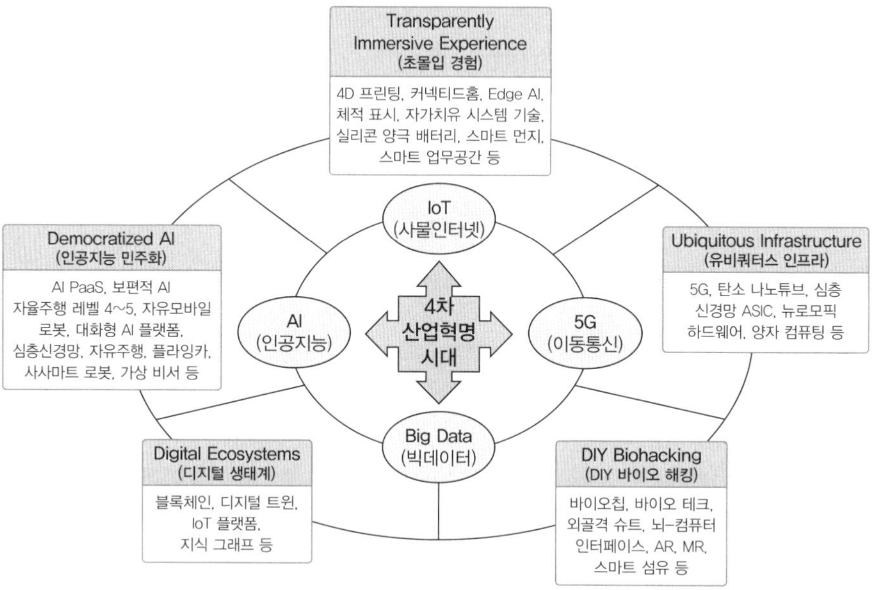

[그림 3-4] 4차 산업혁명 시대의 미래 5가지 유망 기술

첫째, 민주화된 인공지능(Democratized AI)은 가장 혁신적이며, 파격적 기술인 AI가 향후 10년 동안 거의 모든 곳에서 출현하며, 누구나 이와 관련한 기술 개발에 참여할 수 있음을 의미하는데요. 즉, 대기업이나 전문기술자 등 일부 계층이 아닌 개인을 포함한 사회 구성원 모두가 AI 기술 개발에 참여 가능하며, 서비스 혜택을 누릴 수 있다는 의미입니다. 클라우드 컴퓨팅, 오픈 소스, 제작자(Maker) 커뮤니티와 같이 대중에게 AI 기술을 오픈할 수 있는 다양한 툴이 확산되며, AI 기술 개발과 보급이 촉진될 전망입니다.

둘째, 디지털 생태계(Digitalized Ecosystems)는 방대한 데이터, 진보된 컴퓨터 역량이 요구되는 유망 기술의 기술적 인프라가 유기적으로 연결되는 생태계를 말하는데요. 이러한 플랫폼은 완전히 새로운 비즈니스 모델을 창출하는 근간이며, 인간과 기술 간 가교 역할을 수행할 것입니다.

셋째, DIY 바이오 해킹(Do-It-Yourself Biohacking)은 전문가 영역으로 인식되어 온 생명공학이 첨단기술과 결합해 누구나 정보를 공유하며, 제품을 만들고 즐길 수 있는 시대로 진입한다는 의미인데요. 즉, 라이프 스타일, 관심사, 건강 등과 같은 바이오 정보를 필요에 따라 해킹할 수 있다는 것을 의미합니다. 개인의 건강·신체 정보를 포함한 모든 데이터(음식·생각·사고·행동 등)를 수집·분석해 건강한 삶, 나아가 보다 나은 라이프 스타일을 영위할 수 있다는 데 의의가 있습니다.

넷째, 초몰입 경험(Transparently Immersive Experiences)은 기술이 인간 중심·친화적으로 진화하면서 스마트거실 업무와 같은 디지털 공간을 더욱 확산시키는 것을 의미하는데요. 가령, 스마트 작업 공간에서 전자칠판이 회의 내용을 스스로 정리하고 사무용품이 IT 플랫폼과 직접 상호 작용하는 것 등을 뜻합니다.

다섯째, 유비쿼터스 인프라(Ubiquitous Infrastructure)는 클라우드 컴퓨팅 등장과 확산이 통신 인프라 환경을 변화시켰기 때문에 이러한 기술은 새로운 비즈니스를 창출하는 촉매제 역할을 할 것으로 보입니다. 특히, 큐비트(Qubit)[22]와 알고리즘으로 이루어진 양자컴퓨터(Quantum Computer)[23]는 기존 컴퓨터 대비 엄청난 속도로 연산을 수행하며, 향후 데이터·이미지 분석, 기계학습 등에 큰 영향을 줄 것으로 전망됩니다.

이렇듯 지금까지 살펴본 여러 기관이나 업체별 예상 기술들이 4차 산업혁명의 주요 기술들과 조금씩의 차이는 있으나, 상당 부분 겹치는 것을 알 수 있는데요. 이것은 이미 4차 산업혁명이 상당 부분 진행되고 있는 반증이라 할 수 있습니다. 결론적으로 사물인터넷, 빅데이터, 인공지능, 로봇, 3D 프린팅 등이 공통적으로 언급되고 있음을 볼 때 이러한 기술들이 4차 산업혁명 시대에 필수적인 기술이라 할 수 있습니다.

참고로 과대광고주기로 지칭되는 Gartner 하이프 사이클을 표현한 [그림 3-5]를 통해 유망 기술들의 현주소와 4차 산업혁명의 주요 기술들의 주기를 가늠해볼 수 있는데

22 Quantum bit라고도 하는데, 디지털 정보인 비트(bit)는 0 또는 1로 나타내는 데에 비해, 보통 양자정보의 단위인 큐비트는 0 또는 1의 두 가지 값을 가질 수 있을 뿐 아니라 0과 1을 동시에 가지는 것이 가능

23 병렬 연산과 같은 양자역학적인 물리현상을 활용하여 계산을 수행하는 미래형 첨단 컴퓨터

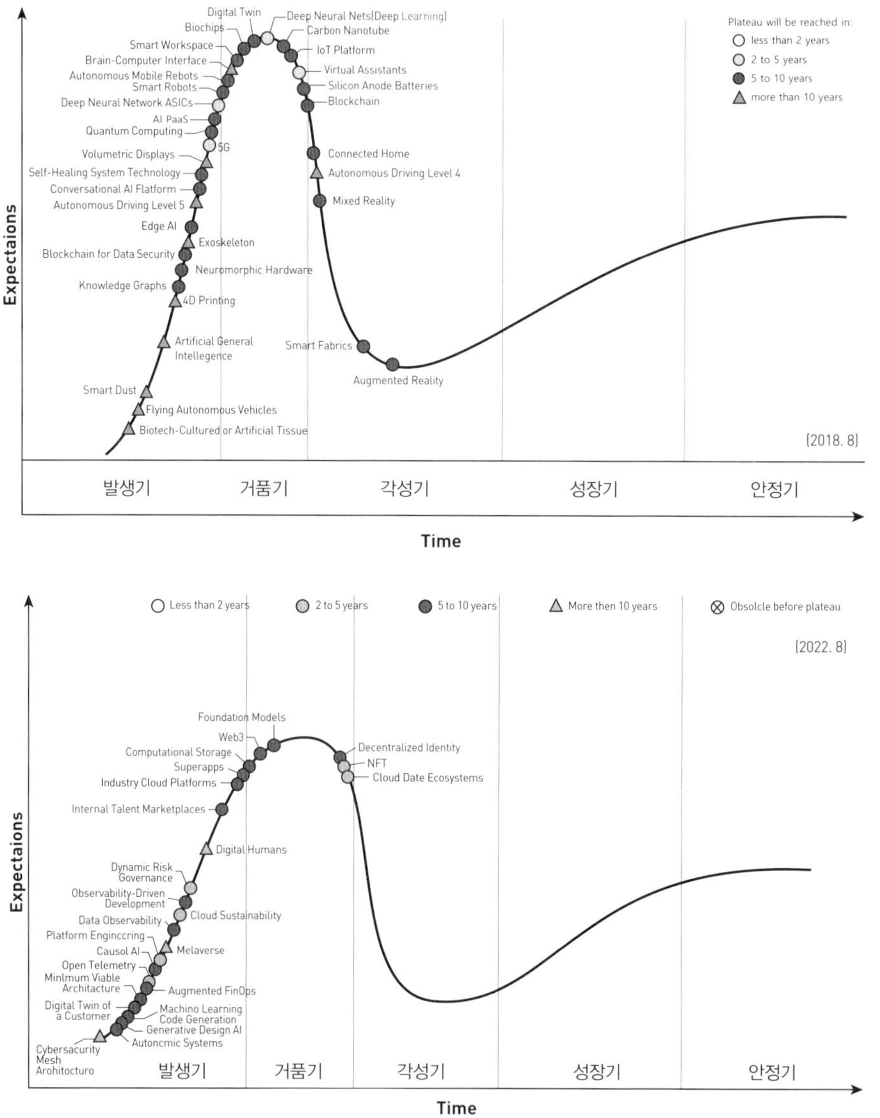

[그림 3-5] 기술 출현 하이프 사이클(출처: Gartner, 2022)

요. 즉, 기술 성장 주기를 발생기(Technology Trigger), 거품기(Peak of Inflated Expectations), 각성기(Trough of Disillusionment), 성장기(Slope of Enlightenment), 안정기(Plateau of Productivity) 등 5 단계로 나누는데, 앞서 언급한 미래 5가지 유망 기술들과 비교하여 출현(발생) 단계에서

〈표 3-3〉 연도별 기술적 티핑포인트 발생 시점

기술적 '티핑포인트' 언제 일어날까

설문응답의 평균 연도

★ 티핑포인트: 어떤 현상이 폭발적으로 일어나 확산되는 시점

연도			
2018(년)	인구의 90%가 (상업광고료로 운영되는) 무한 용량의 무료 저장소를 보유한다.		
2021	미국 최초의 로봇 의사가 등장한다.		
2022	1조 개의 센서가 인터넷에 연결된다.	인구의 10%가 인터넷에 연결된 의류를 입는다.	3D 프린터로 제작한 자동차가 최초로 생산된다.
2023	최초로 상업화된 인체삽입형 모바일폰이 등장한다.	인구조사를 위해 빅데이터를 활용하는 최초의 정부가 등장한다.	10%의 인구가 인터넷과 연결된 안경을 쓴다.
	인구의 80%가 페이스북을 통해서 디지털 정체성을 갖게 된다.	블록체인을 통해 세금을 징수하는 최초의 정부가 등장한다.	인구의 90%가 스마트폰을 사용한다.
2024	인구의 90%가 언제 어디서나 인터넷 접속이 가능하다.	3D 프린터로 제작된 간이 최초로 이식된다.	인터넷 트래픽 50% 이상이 가정용 기기에 몰리게 된다.
2025	소비자 제품 가운데 5%는 3D 프린터로 제작된다.	인공지능이 기업 회계감사의 30%를 수행한다.	자가용보다 공유차로 여행하는 수가 많아진다.
2026	미국 도로를 달리는 차들 가운데 10%가 자율주행자동차다.	기업의 이사회에 인공지능 기계가 최초로 등장한다.	신호등 하나 없는 인구 5만 명의 도시가 탄생한다.
2027	전 세계 GDP의 10%가 블록체인 기술에 저장된다.		

폭발적으로 성장해 정점에 달한 후 성숙 단계를 거쳐 서서히 안정기로 접어드는 일련의 과정을 보여주고 있습니다.

그리고 어떤 현상이 폭발적으로 일어나 확산되는 시점을 의미하는 티핑 포인트를 〈표 3-3〉에 일목요연하게 잘 정리해 놓았는데요. 이 표를 통해 2018년부터 2027년까지 10년 동안 이미 일어났거나 앞으로 일어날 기술 변화 과정을 2022년 현시점과 비교·검증해 보는 것도 재미있을 것 같습니다.

3.4 4차 산업혁명 시대의 유망 산업분야를 알아볼까요?

3.4.1 실버산업은?

UN에서는 총 인구 대비 65세 이상 고령인구 비율이 7% 이상일 경우 고령화사회, 14% 이상일 경우에는 고령사회, 20% 이상일 경우 초고령사회로 규정하고 있습니다. 우리나라는 2018년에 이미 고령인구 비율이 14%를 넘어 고령사회로 진입하였는데, 2022년 기준 고령 인구 비율은 17.5%(901만 8,000명)를 기록하고 있습니다. 37개 OECD 국가 중 가장 빠른 우리나라의 고령화 속도를 고려하면 2025년 20.6%를 기록하여 초고령사회로의 진입이 예상되며, 2035년 30.1%, 2050년 40.1%, 2070년 46.4%가 될 것으로 전망됩니다.

이렇듯 베이비부머(1955~1963년생) 은퇴 시기와 수년 후 닥쳐올 초고령사회 진입이 맞물리면서 경제력과 소비력을 모두 갖춘 6070 세대를 위한 실버산업이 빠르게 성장하고 있는데요. 주요 실버산업으로는 홈케어 서비스 사업, 요양 서비스, 노인 전용 의료 서비스 산업, 케어 하우징 절차 운영 사업, 노인 대상 관광 사업, 노인 식품 등 다양한 분야가 있습니다. 과거에는 실버산업이 의료 서비스에 집중된 경향이 있었으나, 최근에는 병에 대한 치료뿐 아니라 관리를 통한 건강 증진, 취미 등 여가생활 등으로 산업 범위가 점점 넓어지고 있는 추세입니다.

여러 실버산업 중 빠르게 성장하고 있는 분야는 요양 서비스 사업인데요. 주요 사업으로는 요양보호사 매칭 서비스, 방문요양 서비스, 통합재가요양 서비스, 시니어 돌봄 플랫폼 서비스 등이 있습니다. 이러한 시니어 요양 서비스에는 첨단 IT 기술들이 적극 활용되고 있는데, 첨단기술 활용도 중요하지만, 고령자 돌봄은 결국 사람 손이 필요한 일이기 때문에 아날로그와 디지털의 적절한 조화가 요구됩니다.

또한, 실버산업은 요양 서비스뿐만 아니라 노년층이 사용하는 복지용구에서부터 식품까지 다양한 분야를 포함하는데, 노년층과 환자를 위한 맞춤형 식품부터 건강식을 포함하는 케어푸드 역시 실버산업의 한 축을 담당하고 있습니다. 고령사회 진입으로 국내 케어푸드 시장 규모는 2021년 2조 원대를 넘어선 바 있습니다.

그럼, 향후 예상되는 실버산업 시장 규모를 살펴보겠는데요. 〈표 3-4〉에서 보여주는 바와 같이 미국은 2025년 약 3조 5,000억 달러에 달할 것으로 예상되고, 노인 인구 비율이 가장 높은 일본은 2025년 8,000억 달러를 돌파할 것으로 예상됩니다. 노인 인구가 가장 많은 중국은 2030년에 3조 달러 수준에 이를 것으로 예상되는데요. 특히, 중국은 1962~1976년에 태어난 인구가 2차 베이비붐 세대를 이루고 있어서 이들이 65세에 편입되는 시점이 되면 고령화 속도가 빨라질 것으로 전망됩니다.

〈표 3-4〉 주요 국가 실버시장 성장 전망(출처: 한국보건산업진흥원)

구분	미국	일본	중국	한국
예상 년도	2025년	2025년	2030년	2030년
예상 시장 규모	3조5,000억 달러	8,000억 달러	3조 달러	1,282억 달러 (약 170조 원)

한편, 우리나라는 베이비부머 세대의 고령층 본격 진입에 따라 국내 실버산업 시장 규모는 〈표 3-5〉에서 보듯 2020년 72조 원에서 2030년 170조 원 규모로의 성장이 예상됩니다.

〈표 3-5〉 우리나라 실버시장 규모(출처: 한국보건산업진흥원)

년도	2015년	2020년	2030년
시장 규모	39조 원	72조 원	170조 원

3.4.2 바이오헬스 산업은?

바이오헬스 산업이란 국민 건강 증진 및 신성장 동력 확보를 위하여 생명공학, 의·약학 지식에 기초하여 인체에 사용되는 제품을 생산하거나 서비스를 제공하는 산업을 의미하는데요. 여기에는 의약품, 의료기기 등 제조업과 디지털 헬스케어 서비스 등 의료·건강관리 서비스업이 포함됩니다.

바이오헬스 산업은 세계적인 인구 고령화로 인하여 성장 잠재력이 큰 유망산업으로 평가받고 있는데, 이러한 바이오헬스 산업은 디지털 생체정보 수집, 맞춤 원격진료 등과 맞물려 4차 산업혁명 시대에 절대적으로 필요한 산업분야라 할 수 있습니다. 특히, 코로나19 팬데믹으로 인한 백신 및 치료제 개발의 필요성으로 인하여 바이오헬스 산업의 중요성이 더욱 부각되었습니다.

[그림 3-6]에서는 2022년 7월 정부에서 발표한 바이오헬스 산업 혁신방안을 예시하였는데요. 내용에 따르면, 국민건강 증진 및 신성장 동력 확보를 목표로 ① 바이오헬스 투자 가속화, ② 규제 혁신, ③ 인프라 조성, ④ 글로벌 협력 강화 등 4개의 축으로 추진할 예정입니다.

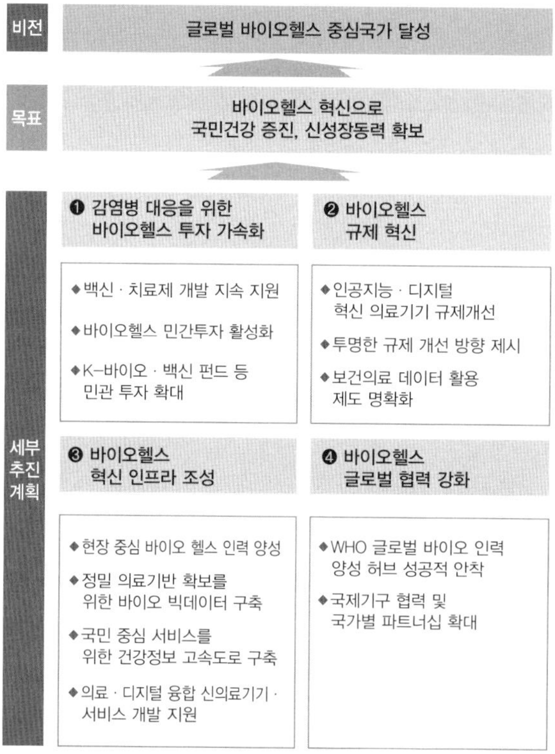

[그림 3-6] 우리나라 바이오헬스 산업 혁신 방안(출처: 보건복지부)

①은 바이오헬스 투자 가속화의 주요 내용은 백신·치료제 개발 지원, 민간 투자 활성화를 위한 세제 지원 및 민관 K-바이오·백신 펀드 등인데요. 첫째, 팬데믹 발생 가능성이 높은 감염병 후보군을 대상으로 백신 후보 물질을 우선 연구·개발한 후 감염병 위기가 닥치면 신속하게 백신을 개발할 계획입니다.

둘째, 민간 투자 활성화를 위해 국내 백신·치료제 등 바이오헬스 분야 기업에게 인허가·입지·기반조성 등을 지원하고, 주요 유관기관별 금융·정책자금 지원과 정책자금 지원 한도를 늘려줄 계획입니다.

마지막으로 민관 K-바이오·백신 펀드와 관련해서 정부는 혁신 신약 개발과 백신 자주권 확보를 위해 임상 3상 등에 투자하는 'K-바이오·백신 펀드'를 민관 합동으로 2022년에 5,000억 원(공공부문 2,000억 원·민간 3,000억 원) 규모로 조성하고, 향후 1조 원까지 확대할 계획입니다.

이밖에도 보건복지부, 과학기술정보통신부, 산업통상자원부는 2030년까지 2조2,000억 원을 투입해 유효물질 발굴에서 임상 2상까지 블록버스터 신약 파이프라인 개발 지원 사업을 진행 중입니다.

②는 바이오헬스 분야의 규제 혁신은 첫째, AI·디지털 혁신 의료기기 규제개선, 둘째, 투명 규제개선 방향 제시, 마지막으로 보건의료데이터 활용 제도의 명확화 등입니다.

첫째, AI·디지털 의료기기와 관련해 업계 관계자 등이 참여하는 '디지털 소프트웨어 전문평가위원회'를 구성해 혁신성 인정 범위를 넓혀 혁신의료기기의 빠른 시장 진입과 임상현장 활용 기회를 늘릴 예정입니다.

둘째, 규제개선 방향은 투명성을 담보하고, 국가 연구개발사업 기획 단계부터 규제 발생 요인을 동시에 검토해 심사 가이드라인 제공 등을 실시할 예정입니다. 이밖에도 규제혁신 로드맵과 규제 샌드박스 등을 통한 규제혁신 방안도 기존과 동일하게 추진하고 있습니다.

마지막으로 보건의료데이터 활용을 위한 제도 변화도 추진할 전망인데요. 정부는 '의료 마이데이터'[24]와 관련, 개인 동의 시 개인 의료데이터 의료기관 외 제3자 제공을 허용하는 제3자 전송요구권을 도입할 예정입니다. 현재는 의료법 제21조에 따라 개인이 동의해도 법인 등에 진료기록 제공이 금지되어 있습니다.

③은 바이오헬스 인프라 조성은 바이오 소부장(소재·부품·장비) 및 창업·중소기업 지원, 인력 양성, 건강정보 고속도로, 보건의료 빅데이터 구축 및 의료 디지털 융합, 신의료기기·서비스 개발 지원 등 5개 방향으로 추진됩니다.

---

24 블록체인을 기반으로 개인의 의료 데이터를 한 곳에서 편리하게 조회하고 이 데이터를 제공하여 보상도 받을 수 있는 서비스

바이오 분야 소부장의 경우, 안정적인 원부자재와 장비 수급 기반 마련을 목표로 정부는 2020년부터 2025년까지 1,132억 원을 투입하여 국산화가 시급한 품목의 우선 선정 및 연구개발 지원 사업을 진행 중입니다.

인력 양성의 경우, 의학–공학(ICT·AI)–병원(임상) 간 학과 융합과정을 개설해 AI 분야 인력을 양성하는 한편, 2022년부터 의사과학자 양성 지원도 확대하였는데요. 이를 위해 카이스트 의과학대학원 인프라를 고도화하고 2023년에는 UNIST 의과학대학원을 신설할 예정입니다. 아울러 정부는 2022년 '바이오헬스 인력양성기본계획'을 수립하고 향후 체계적으로 인력 양성을 추진할 예정입니다.

2023년 초에 분산된 개인 의료데이터를 통합해 주체별 맞춤형 데이터 활용 기반 '건강정보 고속도로'를 구축할 예정인데요. 이와 관련하여 정부는 100만 명을 목표로 하는 '국가 통합 바이오 빅데이터'를 구축하고 있습니다.

④의 경우 우리나라는 세계보건기구(WHO) 글로벌 바이오 인력 양성 허브로써 관련 교육을 실시 중인데요. 해당 과정에는 중·저소득국 교육생 370명과 국내 교육생 140명 등 총 510명이 참여 중입니다. 특히, 2026년 '글로벌 바이오 캠퍼스'가 설립되면 연간 2천 명 이상의 중·저소득국 및 국내 인력에 대한 교육이 가능할 것으로 전망됩니다.

또한, WHO와 공동 주최해서 개최하는 '세계바이오 서밋'을 비롯해 WHO와 게이츠 재단 주도 백신·치료제 개발·생산 지원 협의체인 'ACT–A'에 참여해 글로벌 협력을 강화하기로 하였습니다.

아울러 WHO 우수규제기관 등재 추진으로 국내 허가·실사 정보 인정과 수출 시 품질인증 면제 등도 지원할 계획입니다.

3.4.3 사물인터넷 관련 산업은?

4차 산업혁명으로 인해 4차 산업과 관련된 일자리는 급증하고 있으며, 소프트웨어의 발전으로 인해서 현재도 우리의 삶은 크게 변화하고 있습니다. 미국의 소프트웨어 개발자인 마크 앤드리슨은 앞으로 어떤 미래 산업을 통해 일자리가 생길 수 있는지를 예측하면서 결국 소프트웨어가 세상을 장악한다고 예상한 바 있습니다. 이렇듯 세상의 수많은 인프라 중심에는 여러 종류의 소프트웨어가 있는데요. 사물인터넷 또한 이러한 소프트웨어를 중심으로 작용합니다.

즉, 스마트홈, 스마트팩토리, 스마트헬스케어, 바이오 제약, VR·AR 시스템, 스마트금융 시스템(핀테크), 스마트팜, 스마트자동차 등 다양한 분야에 걸쳐 소프트웨어를 기반으로 한 사물인터넷 산업이 활성화되고 있습니다.

스마트홈은 네트워크 기기를 이용하여서 어디서든 관리가 되는 집을 의미하는데요. 집이 똑똑해진다는 것은 사용자가 외출하더라도 집안의 조명이나 홈씨어터, 온도 및 가전제품 등을 연결하여 다양하게 원격제어가 가능함을 의미합니다. 이로 인해서 더 이상 집안의 상태를 걱정할 필요가 없고 혹시 모를 미연의 사고를 예방할 수 있으며, 에너지의 효율을 높여서 환경 보호에도 도움이 될 수 있습니다.

산업계에서는 스마트팩토리가 대표적인 사물인터넷 적용 사례라 할 수 있는데요. 제품 제조 시 더 이상 인력 투입 없이 기계만으로도 생산이 가능하게 되었으며, 제조환경이 스마트해지면서 AI 및 IoT 활용을 통해 스스로 결정하고 프로세스를 가동시키며 전 과정을 모니터링할 수 있습니다. 그리고 통합된 제조 시스템 운영으로 최적화된 환경 구축이 가능하고 산업용 기기들의 원격 제어를 통해 효율적인 생산이 가능하게 되었습니다.

이 책 6부에는 사물인터넷의 집대성이라 할 수 있는 스마트팩토리에 대한 심도 있는 내용을 기술하고 있습니다.

또한, 토양이나 날씨를 파악하여 비료를 만들고 현재의 영양 상태를 감지하여 농작물 수확을 도와주는 스마트팜 기술, 운전자의 개입을 최소화하여 자율적인 주행이 가능하게 해주는 자율(스마트)자동차 기술, 의료기기에 부착하여 응급환자의 빠른 이송 및 조치를 도와주는 스마트헬스케어 시스템 등 수많은 분야에 IoT가 사용되고 있는데, IoT 기술을 긍정적으로 활용하면 모든 과정에서 불필요한 시간을 줄이고 효율적인 대처를 할 수 있으며, 멀리서도 빠른 의사소통이 이뤄질 수 있습니다. 따라서 앞으로 더욱 많은 분야에서 IoT를 발전시키고 다양한 미래 기술과 접목되어 새로운 산업들이 등장할 것으로 판단됩니다.

한편, 국내 IoT 시장은 향후 5년간 연평균 8%에 가까운 성장률을 보이며, 2025년에는 38조 원이 넘는 시장 규모를 기록할 것으로 전망됩니다.

3.4.4 빅데이터 관련 산업은?

빅데이터는 디지털 환경에서 생성되는 모든 데이터의 대규모 집합으로 데이터의 종류에 따라 사람들의 행동은 물론 위치정보와 SNS를 통해 생각과 의견까지 분석하고 예측할 수 있는 시스템이라고 할 수 있는데요. 빅데이터는 이미 스포츠, 의료, 유통, 마케팅 분야 등에서 광범위하게 사용 중이며, 앞으로 방대한 데이터를 수집·처리·활용하는 등의 관련 기술들이 지속적으로 발전될 것으로 전망됩니다.

한국 IDC에 따르면 국내 빅데이터 시장은 [그림 3-7]에서 보듯 2021년 전년 대비 5.5% 성장한 2조 296억 원 매출을 기록하였고, 향후 5년간 연평균 6.9% 성장하여 2025년에는 2조 8,353억 원을 기록할 것으로 전망됩니다.

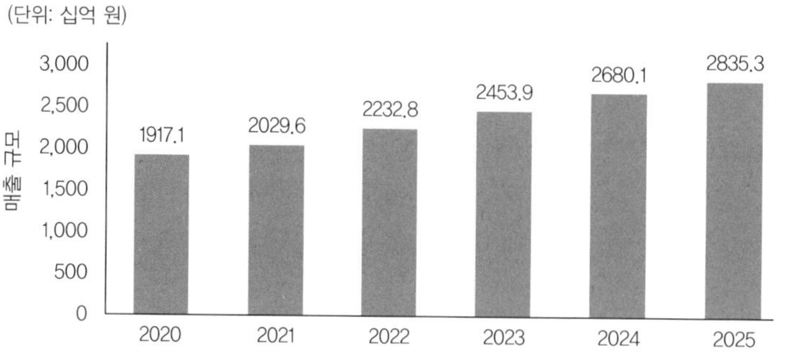

[그림 3-7] 국내 빅데이터 시장 전망(출처: IDC, 2021. 9)

국내 빅데이터 시장은 코로나19 팬데믹 이후 빨라진 디지털전환(DT)[25]에 힘입어 본격적인 성장세에 들어서고 있는데요. 이것은 높아진 데이터 가치에 따라 이를 효율적으로 활용하기 위한 움직임이 커지고 있기 때문입니다.

또한, 데이터 기반 디지털전환을 위해 일반 기업은 물론 공공기관에서도 빅데이터 플랫폼 구축 사업이 추진 중이며, 금융 산업의 마이데이터[26] 사업 확산과 같이 다양한 산업에서 데이터를 중심으로 한 디지털 현대화가 가속화될 전망입니다.

---

25 Digital Transformation의 약어로서, 디지털 관련 모든 것(All things about Digital)으로 인해 발생되는 다양한 변화를 동인으로 기업의 비즈니스 모델, 전략, 프로세스, 시스템, 조직 및 문화 등을 근본적으로 변화시키는 디지털 기반 경영전략 및 경영활동을 의미

26 은행, 보험사, 증권사 등 각 기관에 분산된 개인 금융정보를 하나의 플랫폼으로 통합 관리할 수 있는 서비스로서, 우리나라는 2022년 1월 5일부터 전면 시행

한편, 한국 IDC에 따르면 로우코드·노코드[27] 플랫폼의 등장, 데이터 시각화 분석 도구와 같은 솔루션의 성장으로 이전에는 데이터 과학자나 일부 개발자들의 영역이었던 전문화된 데이터 분석을 마케팅 부서 또는 사업 담당자와 같은 현업에서도 사용되고 있습니다.

최근 로우코드·노코드 열풍의 이유로는 ① 4차 산업혁명 시대 도래와 코로나19 팬데믹 → ② 디지털전환 가속화 → ③ SW, 앱 수요의 급격 증가에 비해 개발 인력 태부족 → ④ 전문적으로 프로그래밍을 배우지 않고 SW, 앱을 개발하는 시민개발자(Citizen Developer) 역할의 부상 → ⑤ 거대 IT 기업들의 로우코드·노 코드 플랫폼 출시 등을 들 수 있습니다.

3.4.5 인공지능(AI) 관련 산업은?

기억과 학습, 추론, 판단 등 두뇌가 하는 고급 작업을 컴퓨터에서 두뇌와 비슷한 과정을 거쳐 작업을 재현하는 컴퓨터 지능을 뜻하는 인공지능(AI)과 이에 기반한 인공지능 산업은 4차 산업혁명의 핵심으로 떠오름에 따라 성장 가능성이 높고 성장 규모도 매우 클 것으로 예상됩니다.

실제 응용분야를 살펴보면, 의료 분야에서는 이미 IBM에서 왓슨이라는 AI를 이용해 의료 분야에 진출해 있으며, 국내에는 가천대학교 길 병원에서 이를 활용하여 암 치료에 사용 중입니다. 최근에는 코로나19의 영향으로 의료 관련 AI 기술이 빠르게 진보하고 있는데요. MIT의 버니 버거 교수와 브라이언 브리슨 교수 공동연구팀은 유전자 염기서열 중 일부가 변하는 돌연변이에 착안 염기서열을 인간의 문법처럼 나열하여 AI가 딥러닝하도록 하는 방법을 통해 코로나19 바이러스 변이를 예측하여 효과적으로 백신을 사용할 수 있는 방법을 개발하였습니다.

AI의 또 다른 관심 분야로는 인공감성지능 분야가 있는데요. 인공감성지능은 인간의 감정을 측정하여 이해하고, 반복된 학습을 통해 인간의 감정을 인식한 뒤 반응하는 기술을 의미합니다. 이러한 인공감성지능 AI 기술은 자동차 산업, 로봇 산업, 건강관리

27 Low code·No code는 말 그대로 코딩을 적게 하거나(low code) 아예 코딩 없이(no code) 소프트웨어나 앱을 개발하는 것을 의미

산업, 고객지원 서비스 산업 및 교육산업 등에 사용되고 있습니다.

또한, 갈수록 심각해지는 환경문제에도 AI 기술의 사용이 예상되는데요. 바다에 서식하는 식물성 플랑크톤은 광합성을 통해 대기 중 산소의 70%를 생산한다고 합니다. 이에 미국 NASA의 세실 루소 연구원은 인공위성에서 촬영한 사진에 AI 기술을 사용하여 플랑크톤의 개체 수와 정확한 분포를 측정한 데이터를 기반으로 또 다른 AI 기술을 사용하여 대기 중 이산화탄소 농도와 식물성 플랑크톤의 관계를 연구하고 있는데요. 이 연구는 세계 각국에 이산화탄소 배출량의 감축을 요구하는 파리기후협정에 많은 도움을 주고 있습니다.

[그림 3-8]에서 보듯이 우리나라 AI 시장은 2021년에 전년 대비 24.1% 성장하여 9,435억 원의 매출을 달성한 바 있습니다. 해당 시장은 향후 5년간 연평균 성장률 15.1%를 기록하며, 2025년까지 1조 9,074억 원 규모에 이를 것으로 전망됩니다.

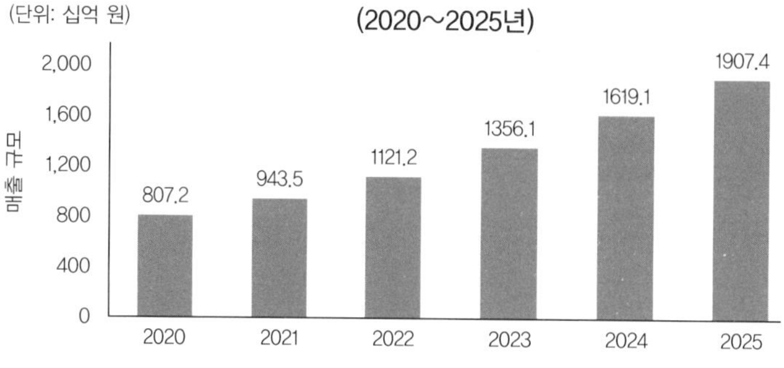

[그림 3-8] 국내 인공지능(AI) 시장 전망(출처: IDC, 2021. 9)

그리고 코로나19가 한창이던 2021년, 많은 기업이 비교적 낮은 가격으로 높은 효율을 보장하는 AI 기술을 다양한 분야에 활발하게 활용해 국내 AI 시장이 전반적인 성장세를 나타낸 바 있는데요. 기업은 코로나 팬데믹의 장기화에 대응해 생산성을 높이고자 AI 기술을 로보틱처리자동화(RPA: Robotic Process Automation)[28] 솔루션과 결합시켜 특정 공간과 시간의 제약을 해결하고 24시간 무중단 서비스를 제공해 소비자의 편의성을 높였습니다.

28 사람이 컴퓨터로 하는 반복적인 업무를 로봇 소프트웨어를 통해 자동화하는 기술

3.4.6 3D 프린팅 산업은?

4차 산업혁명의 주요 기술 중의 하나인 3D 프린팅은 다양한 가공 소재에 열을 가해 녹인 후 겹겹이 쌓아 올리는 적층가공(AM: Additive Manufacturing) 기술을 말하는데요. 기존의 프린터가 평면으로 된 그림이나 문자를 인쇄했던 것과 달리, 3D 프린팅은 여러 가지 입체 모형을 만들 수 있습니다. 이러한 3D 프린팅 기술은 초기에 시제품 제작에 많이 사용되었으나, 현재는 소품종 소량 생산, 고객 중심의 다양한 제품 생산 등에 사용되고 있습니다. 대표적인 3D 프린팅 기술 적용 산업 분야는 바이오, 전자소재, 자동차 산업, 항공 산업, 소비재 생산, 의료 산업 및 건설 산업 등입니다.

3D 프린팅 기술이 인간의 삶과 밀접하게 연관되어 있는 바이오, 전자소재 분야에 적용될 경우 삶의 질이 높아질 것으로 기대되는데요. 제4차 산업혁명의 전자기술 산업 분야의 혁신적 형태의 전자제품 개발이나 환자 맞춤형 인공장기를 개발해 신체 장기 수요 불균형 등의 문제를 해결하여 인류 삶의 질 향상에 크게 기여할 것으로 예상됩니다.

자동차 산업 분야에서는 오래전부터 예비 부품, 도구, 지그·고정장치 및 최종 사용 부품 제작 등에 사용되어 왔으나, 최근에는 단종된 자동차의 부품을 3D 프린터로 제작하여 자동차를 복원하는 데 사용되고 있습니다.

항공 산업 분야에서는 제너럴 일렉트릭 사에서 항공기 제트엔진 제작에 3D 프린팅 기술을 활용하여 주요 엔진용 연료 노즐 같은 주요 부품을 생산하고 있습니다.

소비재 산업 분야에서는 소재의 정밀도보다는 소재의 다양화가 중요한데, 신발에 사용되는 플라스틱과 실리콘은 열을 이용하여 원하는 형태로 성형하기 쉬우나 용도가 제한적이라는 단점이 있습니다. 이 문제 해결을 위해 아디다스는 실리콘밸리의 3D 프린팅 기업인 카본과 협력하여 고분자 액체를 추출하고 자외선을 쏴 모양을 성형하는 방식인 '리퀴드 인터페이스' 기술을 이용해 [그림 3-9]에서 보여주는 복잡한 모양의 신발을 정밀하고 빠른 속도로 제작하게 되었는데요. 이로 인해 소재와 성형의 다양화 외에 맞춤형 대량생산이 가능하게 되었습니다.

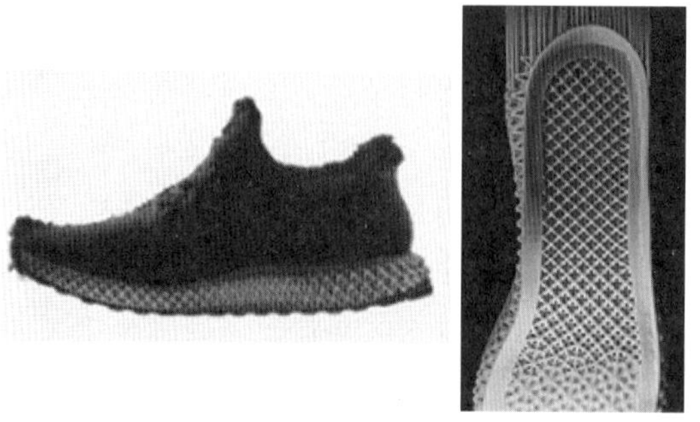

[그림 3-9] 3D 프린팅 기술을 이용하여 제작한 아디다스 운동화

의료산업 분야에서는 치과용 임플란트를 예로 들 수 있는데요. 3D 스캐너로 구강 구조를 촬영하여 그에 맞는 임플란트를 제작한 후 치아 보정에 활용하는 사례는 이미 보편화되어 있습니다. 최근에는 고도의 정밀도가 요구되는 혈관이나 고관절, 인공뼈 등 보형물 제작이 상용화 단계에 이르렀는데요. 스웨덴에서는 3D 바이오 프린터로 줄기세포를 찍어 완전한 연골 조직을 제작한 바 있으며, 프랑스에서는 2022년 3D 프린터로 환자의 과거 코 모양을 토대로 출력한 연골 구조물의 인공 코를 환자의 팔뚝에서 자라게 한 뒤, 이를 코에 이식하는 성형수술에 성공한 바 있습니다. 우리나라도 뼈 조직을 3D 프린터로 찍어낸 뒤 이를 동물에 이식·재생하는 실험을 실시한 바 있습니다. 그밖에 일본 마루베니 정보시스템은 3D 초음파 기기로 뱃속 태아를 촬영한 후 태아의 모습을 3D 프린터로 찍어주는 서비스를 선보였는데 이는 선천성 기형이나 질병 확인 목적에서 사용 범위를 확대한 사례라 할 수 있습니다.

건설 산업 분야에서는 3D 프린팅 기술의 실용화를 위해 재료, 장비 기술, 설계 등과 관련된 기술을 연구 중에 있는데요. 최근 미국에서는 텍사스주 오스틴 인근에 미국 주택건설회사인 레나와 3D 프린팅 건설 스타트업인 아이콘이 세계 최초의 3D 프린팅 주택단지를 건설하여, 2023년부터 3D 프린팅 주택을 분양할 예정입니다. 이와 같이 3D 프린팅을 이용하여 철근이나 콘크리트 구조물뿐 아니라 형태가 자유로운 비정형 건축자재까지 제작함에 따라 주택 하나를 건축하는 데 5~7일이면 충분할 정도로 기간 단축에 따른 비용 절감을 통해 주변 시세보다 싸고 품질 좋은 주택 공급이 가능하게 되었습니다.

3.4.7 정보보호 산업은?

H/W, S/W, 국가정책, 신종 해킹 사건 등 외부 변수에 늦게 반응하는 정보보호(또는 개인 정보보호) 기술은 이러한 특성상 시장을 앞서갈 수 없습니다. 즉, 어떤 사건이 터진 후 해결책으로 새로운 정보보호 기술이 개발될 수 있기 때문인데요. 4차 산업혁명 시대에 이용이 증가한 무선인터넷과 사물인터넷에 대한 보안 우려 사항을 살펴보면, 무선인터넷은 DDoS 공격도구나 악성코드 감염 경로로 악용되고, 사물인터넷은 해킹 및 악성코드 감염이 가장 높게 나타나는 등 정보보호 또는 보안의 중요성이 무엇보다 강조되고 있습니다.

코로나19 팬데믹으로 인해 많은 기업들이 재택근무를 시행함에 따라 클라우드 환경 전환 수요가 증가하였는데, 이와 관련하여 네트워크 보안, 콘텐츠·데이터 보안(DLP[29], DRM[30] 등)이 정보보안 시장의 주요 분야가 되었습니다. 그외, CCTV 부품, 생체인식 보안 시스템 등 비대면 보안기반 분야에 대한 수요 증가가 정보보호 산업의 성장을 견인하고 있습니다.

그리고 4차 산업혁명의 주요 분야인 스마트팩토리, 지능형 공장 등 제조업 분야에 대한 국내·외 금품 요구, 악성 프로그램 및 악성코드 공격 사례 증가로 운영기술(OT: Operation Technology) 보안 및 산업제어 시스템(ICS: Industrial Control System) 보안 등의 수요가 발생하고 있습니다.

〈표 3-6〉은 코로나19의 긴 터널을 지나온 지난 3년간의 정보보호 산업 분야의 현황을 잘 표현하고 있습니다.

29 Data Loss Prevention의 약어로서 데이터 유출 방지를 의미함

30 Digital Right Management의 약어로서 디지털 저작권 관리를 의미함

〈표 3-6〉 정보보호 산업 개황(출처: 과학정보통신기술부)

구 분	2019년	2020년	2021년	2020년 대비	
				증감	성장률(%)
정보보호 매출	11조 1,805억 원	12조 2,242억 원	13조 8,611억 원	1조 6,369억 원	+13.4
정보보호 기업	1,094개	1,283개	1,517개	234개	+18.2
정보보호 수출	1조 7,798억 원	1조 9,135억 원	2조 767억 원	1,632억 원	+8.5
정보보호 인력	46,275명	54,706명	63,562명	8,856명	+16.2

과학기술정보통신부의 '2022년 국내 정보보호 산업 실태조사' 결과에 따르면 첫째, 정보보호 산업 전체 매출액은 2021년 13조 8,611억 원을 기록하여 전년 대비 13.4% 성장을 기록한 바 있는데요. 이러한 높은 성장률은 코로나19 이후 비대면·비접촉 관련 분야 중 보안 수요가 대폭 증가하였기 때문으로 판단됩니다.

둘째, 정보보호 산업 관련 기업 숫자는 2021년 기준 1,517개로 전년 대비 18.2%(234개) 증가하였는데, 이중 정보보안 기업은 669개, 물리보안 기업은 848개를 기록하고 있습니다. 4차 산업혁명과 디지털 대전환에 따라 사회적인 정보보호 인식 변화 및 기업의 보안 역량 중요성 증대로 인하여 국내 정보보호 산업 관련 기업 숫자는 꾸준히 증가할 것으로 예상됩니다.

셋째, 국내 정보보호 산업 전체 수출액은 2021년 기준 2조 767억 원을 기록하여 전년 대비 8.5%의 증가율을 기록하였는데요. 이러한 성장은 글로벌 시장에서의 국산 CCTV 제품 수요 증가로 인한 보안용 저장 장치, 관련 주변 장비 등의 수출이 증가하였기 때문으로 판단됩니다. 주요 수출 대상국은 정보보안 부문에서는 중국, 중남미, 아프리카 등이고 물리보안 부문에서는 미·중 무역 분쟁의 반사이익으로 인한 미국, 유럽 등입니다.

마지막으로 정보보호 인력은 2021년 기준 63,562명으로 전년 대비 16.2%의 성장을 기록하고 있습니다. 이러한 상승 요인으로는 일반 기업들의 보안 수요 증가에 따른 시장 활성화로 정보보호 기업의 인력 수요가 대폭 상승했기 때문으로 생각합니다.

3.4.8 2차 전지 산업은?

사용 후 재충전하여 다시 쓸 수 있는 2차 전지 산업은 IT 기술이 접목되는 전기차 배터리, 에너지저장장치(ESS: Energy Storage System), 첨단 전자기기의 시장 확대로 급성장이 예상되는 고부가가치 미래 유망산업으로서, 제4차 산업혁명을 선도할 수 있을 것으로 예상됩니다.

자동차의 경우 친환경, 고연비 및 소형화라는 3대 요소에 얼마나 근접시키느냐의 여부가 자동차 제조사의 생존과 도태의 갈림길이 되고 있는데요. 특히, 세계적인 환경 이슈로 인해 내연 기관 자동차에 비해 이산화탄소 배출량이 적고 유지비 또한 적게 드는 친환경차 개발은 향후 자동차 제조사의 생존을 결정짓는 가장 중요한 요소로 떠오르고 있습니다.

이러한 흐름에 가장 잘 맞는 자동차가 친환경차인 전기 차(BEV[31])와 하이브리드 차(HEV[32]+PHEV[33])라 할 수 있는데요. 전기 차와 하이브리드 차의 핵심부품은 배터리와 모터, 인버터 등의 각종 컨트롤러 시스템으로서, 이 중에서 배터리는 전기 차의 전부를 상징하는 부품이고, 하이브리드 차의 연비를 높여주는 가장 핵심적인 부품이라 할 수 있습니다.

하이브리드 차와 전기 차의 수요는 2018년 이후 꾸준히 상승하고 있는데요. 2021년도 전 세계 하이브리드 차와 전기 차 판매량은 650만 대 수준이었으나, 2022년도 전기 차 판매량은 490만 대(전체 자동차 시장 대비 점유율 9.3%), 플러그인 하이브리드 차(PHEV) 판매량은 190만 대(전체 자동차 시장 대비 점유율 3.7%)를 기록하였습니다. 향후에는 이 두 차종이 전체 자동차 시장의 상당 부분을 차지할 것으로 예상됩니다.

전기차용 고성능 배터리는 한 번 충전시키는 시간을 뜻하는 일 충전 시간이 짧아야 하고, 한 번 충전하여 갈 수 있는 거리를 뜻하는 일 충전 거리가 커야 하기 때문에 크기는 작고 무게는 가볍고, 안전하고 내구성이 좋으며, 경제성도 있어야 하는 등 다양한 요구조건이 필요합니다.

31 Battery Electric Vehicle의 약어로서 100% 배터리에 의지해 모터를 구동시키는 전기차를 의미

32 Hybrid Electric Vehicle의 약어로서 엔진과 모터가 주행상황에 따라 작동하는 방식

33 Plug-in Hybrid Electric Vehicle의 약어로서 Full Hybrid라고도 하는데, 구동방식은 HEV와 같지만, 배터리 용량을 늘려 전기차 모드의 주행거리를 개선

오래전부터 다양한 배터리를 개발하여 온 일본, 전기차 판매에 대한 기대감 및 성장성을 지닌 중국 및 자동차 원조국인 미국 등이 배터리 강국이라고 할 수 있는데요. 우리나라는 LG엔솔, 삼성SDI, SK이노베이션 등이 리튬이온 배터리 등의 고성능 배터리를 생산하고 있습니다.

한편, 전기 차 배터리 관련 시장은 전기 차 수요 급증으로 인하여 급격히 성장하고 있는데요. 한국과학기술정보연구원에 따르면 전 세계 자동차용 배터리 시장 규모는 2020년 기준 약 330억 달러였으나, 연평균 36.7%씩 성장해 2025년에는 1,600억 달러에 달할 전망입니다.

우리나라는 연평균 성장률 45.9%를 기록했는데, 그에 따라 2021년 8억 달러(약 1조 원)에서 2025년 39억 달러(약 5조 원)로 성장할 것으로 전망됩니다.

Chapter

04 초연결사회

4.1 초연결사회의 등장 배경을 알아볼까요?

4.1.1 초연결사회란?

초연결사회(Hyperconnectivity Society)는 언제, 어디서, 무엇이든 간에 지식과 정보의 접근 활용이 용이한 네트워크 기반에서 지식정보로 예측이 가능한 사회를 지칭합니다. 3차 산업혁명 이전에는 근대 철학의 아버지라 불리는 르네 데카르트의 '나는 생각한다. 그러므로 존재한다(Cogito ergo sum)'에서와 같이 모든 것이 연동이 아닌 독립적 존재로부터 '모든 것은 생각한다(Internet of Things)'로 전환되어 서로 연동하고 인공지능적으로 변화하는데요. [그림 4-1]에서는 환경을 인식(Sensing)하고 상황을 판단(Thinking)하여 자율적으로 동작(Action)하는 일련의 과정을 초연결사회와 연결시켜 설명하고 있습니다.

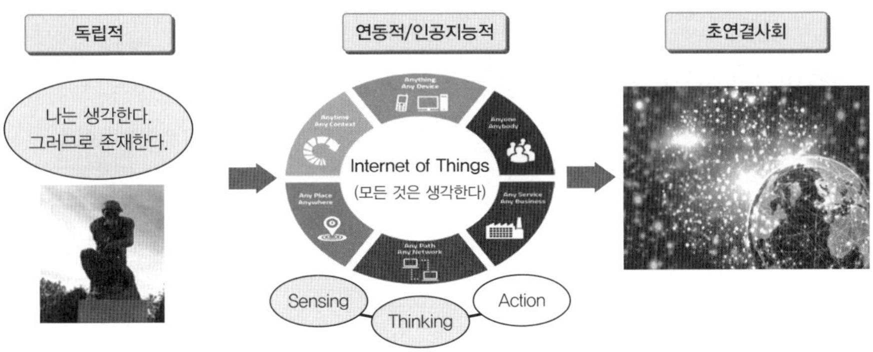

[그림 4-1] 초연결사회로 전환

이와 같이 초연결사회는 사람과 사람을 둘러싸고 있는 다양한 사물들이 생성하는 데이터 간의 연결을 통해 사회 전 분야에 변화와 혁신을 이끄는 사회로 정의할 수 있는데요. 시대의 흐름을 반영하듯 2016년 WEF에서도 'What is hyper-connectivity?(초연결이란 무엇인가?)'라는 주제로 초연결사회가 논의된 바 있습니다. 한편, 초연결사회를 이메일, 인스턴트 메신저[34], 스마트폰과 같은 통신 수단의 사용을 참조하여 사람과 사람, 사람과 사물 간 네트워크 구조를 연구하는 과학자들이 만들어낸 용어로 정의하기도 하는데요. 이와 같이 세상 모든 것(사람↔사람, 사람↔사물, 사물↔사물)이 연결되는 초연결사회는 단순히 모든 것(Everything)의 물리적 연결 수단으로서의 네트워크 개념에서 모든 서비스(Every Service)의 연결로 진화하고 있습니다.

현재는 스마트폰, 태블릿 PC 등 모바일 기기, 스마트안경, 스마트시계 등 웨어러블 기기, TV, 냉장고 등 가전제품, 자동차, 빌딩 등이 광대역 유·무선 네트워크나 근거리 무선통신 기술[35]을 통해 물리적으로 연결되나, 미래에는 에너지, 자동차, 제조, 헬스, 홈, 문화, 도시기반 등 세상 모든 서비스·산업 분야와 모든 사물들이 사물인터넷 초연결 네트워크를 통해 상호 간 연결되는 초연결사회로의 진화를 지향하고 있습니다.

이러한 사물인터넷 기술발전과 보급에 따라 지능적인 컴퓨터나 스마트센서 등이 사물에 탑재되어, 항상 온라인 연결을 통해 소통하고, 사용자들이 언제 어디서나 주변 상황에 따라 원하는 지능형 서비스를 제공받을 수 있는 초연결사회가 이미 도래하였습니다. 결론적으로 초연결사회는 사물인터넷 기술을 기반으로 진화하는 미래사회를 의미하므로 4차 산업혁명과 사물인터넷은 불가분의 관계라 할 수 있습니다.

4.1.2 초연결사회로의 패러다임 전환 중

[그림 4-2]에서는 정보통신기술(ICT)이 사회를 변화시켜 온 과정과 미래의 변화를 보여주고 있는데요.

34 인터넷을 통해 실시간으로 대화나 쪽지, 파일 등 데이터를 주고받을 수 있는 통신 방법

35 무선 홈네트워크나 사물인터넷에 적합한 기술로서 블루투스, WiFi, NFC 등 다양한 기술을 포함

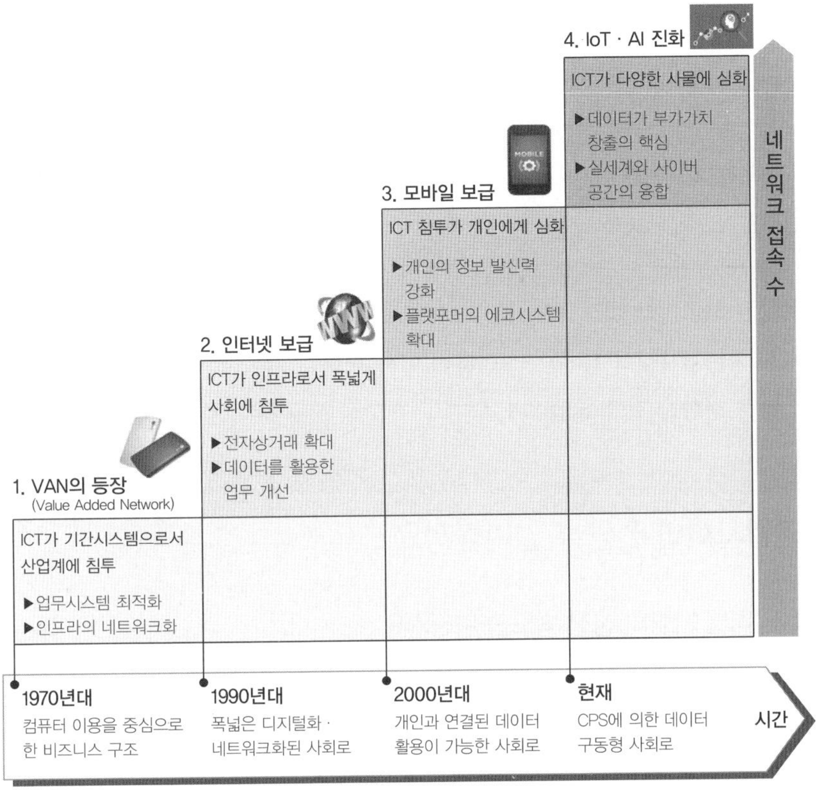

[그림 4-2] ICT에 의한 사회변화 과정(출처: 한국정보화진흥원)

1970년대에는 부가가치통신망(VAN: Value Added Network)[36]의 등장으로 컴퓨터를 중심으로 한 비즈니스들이 선보이기 시작하였고, 1990년대에는 인터넷 보급에 따라 전자상거래[37]가 확대되는 등 폭넓은 디지털화와 네트워크 사회로의 진화가 시작되었습니다. 그리고 2000년대에는 스마트폰 등 모바일 기기의 보급으로 인하여 개인에 의한 정보 생성과 새로운 생태계 탄생 등 개인과 연결된 데이터 사용이 가능한 사회로 진화하였으며, 현재 사물인터넷의 등장으로 세상 모든 사물 간의 연결이 실현되고 있는 초연결사회가 실현되고 있습니다. 이러한 초연결사회에서는 인터넷에 연결 가능한 사물의 확대 과정에서 모든 분야에 파괴적 혁신을 유발하여 신산업 창출, 생산성·효율성 제고, 사

36 회선을 직접 보유하거나 통신사업자의 회선을 통해 단순한 전송이 아닌 정보축적, 가공, 변화처리 등의 부가가치를 부여한 음성 또는 데이터 정보를 제공하는 서비스

37 인터넷이나 PC 통신을 이용해 상품을 사고 파는 행위

회현안 해결과 삶의 질 향상이 기대됩니다.

또한, 초연결사회의 비즈니스 분야에서 B2G(Business To Government)[38]인 공공 IoT 서비스는 도시·사회 공간 등에 연결되어 공공서비스 혁신을 유도하고, B2B(Business To Business)인 산업 IoT 서비스는 제조·유통·물류 등에 활용되어 산업효율성을 제고하여 산업 발전을 도모하며, B2C(Business To Consumer)인 개인 IoT 서비스는 개인 생활제품 등과 연결되어 삶의 질이 개선되고 있습니다. 한편, 연결이 확대되는 과정에서 방대한 비정형 데이터의 처리·분석(빅데이터)과 효과적인 정보처리(클라우드) 산업도 막대한 시장을 형성하는 등 초연결사회의 등장으로 인하여 앞에 언급된 개인, 산업, 공공 등 사회 각 분야에서 많은 변화가 진행 중입니다.

4.2 초연결사회의 전망을 알아볼까요?

4.2.1 사물인터넷 시장의 성장 속도는 어떤가요?

초연결사회에는 기기뿐만 아니라, 시스템 사업자와 서비스, 애플리케이션 시장을 중심으로 사물인터넷 시장이 확대되고 있는데요. 이와 같이 사물인터넷 서비스 관련 산업의 급속한 성장을 바탕으로 우리 사회는 초연결사회를 맞이하고 있습니다.

마켓앤마켓 조사에 의하면 전 세계 사물인터넷 시장 규모는 2021년 3,845억 달러에서 2027년에는 5,664억 달러로 연간 6.7% 성장 전망인데요. 5G 통신 기술 보급, 클라우드 플랫폼 채택 증가로 인한 데이터센터의 필요성 증가, 무선 스마트센서 및 네트워크 사용자 증가, IP 주소 증가와 향상된 보안 솔루션 등이 시장 성장을 견인할 것으로 예상되며, 2027년까지 IoT 시장에서 가장 큰 시장 점유율을 차지할 부문은 네트워크 관리 플랫폼으로 예상됩니다.

한편, 한국 IDC 조사에 따르면 국내 IoT 플랫폼 시장 규모는 [그림 4-3]에서 보듯이 2019년은 전년 대비 19.5% 증가한 7,540억 원을 기록하였고, 2023년까지 16.1%의 연평균성장률을 기록하여 1조 3,308억 원에 이를 것으로 예측됩니다. 이것은 IoT와 관련된 각종 인프라 및 자산관리, 빅데이터 분석을 통한 고도화된 분석기능은 물론 머신러닝,

38 인터넷에서 이루어지는 기업과 정부 간의 상거래

AI, AR, 보안 등 다양한 차세대 기술이 플랫폼에 흡수되면서 더욱 확대될 전망입니다.

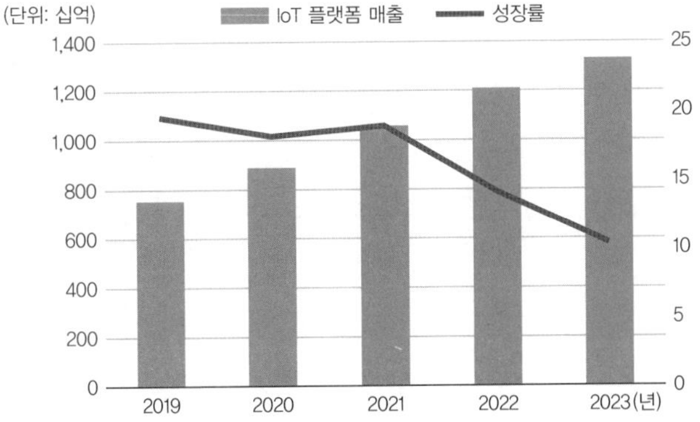

[그림 4-3] 국내 IoT 플랫폼 시장 전망(출처: 한국 IDC)

4.2.2 초연결사회의 미래를 전망해 볼까요?

초연결사회에는 5G 이동통신, AI, 빅데이터와 IoT 기술이 결합되어 인류의 삶이 대변혁을 맞을 것으로 전망되는데요. 국내 시장은 IoT와 인공지능·머신러닝, 증강·가상현실, 블록체인 등의 결합이 가속화되면서 IoT를 통해 실현 가능한 디지털 혁신 주도권이 다양해지고 있습니다. 특히, 5G를 비롯한 통신 기술의 발전과 상용화, 범용 표준체계 정립 움직임은 IoT 시장 생태계를 성숙시키는 요인으로 작용할 것이 예상됩니다. 또한, 스마트홈, 스마트카, 스마트팩토리 등 IoT와 5G의 확산으로 인한 네트워킹 증가로 초연결화를 더욱 가속하게 될 것입니다. [그림 4-4]에서는 IoT와 Non-IoT 간 연결 수의 격차를 보여주고 있습니다.

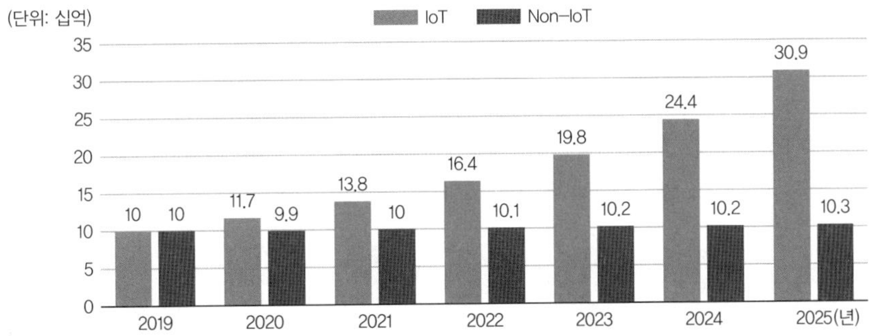

[그림 4-4] 전 세계 IoT와 Non-IoT 간 연결 수 전망(출처: 테크월드)

4.2.3 세상은 3-Any에서 6-Any로 진화 중

[그림 4-5]에서는 초연결사회를 규정하는 6A의 개념을 보여주고 있는데요. 즉, 초연결사회는 기존의 통신 개념인 언제(Anytime), 어디서(Anyplace), 누구나(Anyone, 사람)의 3-Any 개념에서, 무엇이든(Anything, 사람/사물), 어떤 서비스든(Any Service), 어떠한 네트워크든(Any Network) 개념이 추가되어 세상 모든 것의 경계가 허물어지는 6-Any 형태로 진화하면서 사회 전반으로 확대되고 있습니다.

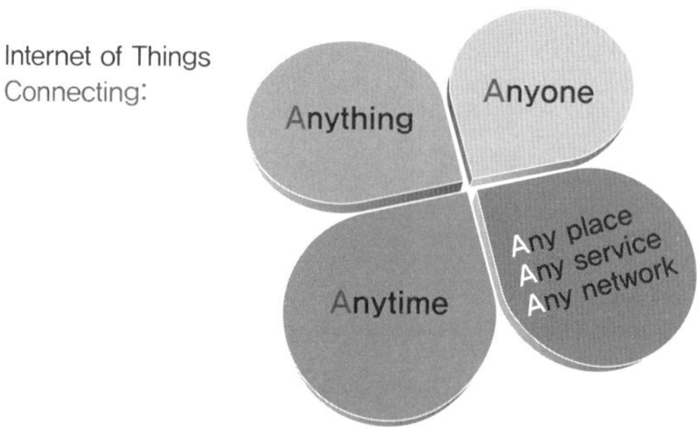

[그림 4-5] 초연결사회 IoT-6A

4.2.4 사물인터넷은 진화 중

우리나라에서는 2016년 4월 이세돌과 알파고 간 세기의 바둑 대결로 인공지능에 대한 관심이 고조되었지만, 글로벌 기업들은 이미 인공지능 개발에 많은 성과를 거두고 있습니다. 1997년 전 세계 체스챔피언 가리 카스파로프와의 체스 대결에서 승리한 IBM의 인공지능 프로그램 딥블루(Deep Blue)[39]가 대표적 사례인데요. 사물들로부터 얻은 데이터를 빅 데이터 분석 기술을 통해 학습(Deep Learning)[40]하고 진화하는 인공지능은 앞으로 사물인터넷을 통해 더욱 발전하고 공공, 민간 등 사회 여러 분야에서 여러 용도로 활용되고 있습니다. 또한, 저비용, 저전력, 저용량 사물들 간의 연결을 목표로 등장한 소물인터넷(Internet of small Things)[41]과 그에 따른 저전력 장거리 통신(LPWA: Low Power

---

39 IBM이 개발한 1초 동안에 10억 가지 방법을 계산할 수 있는 체스 전용 컴퓨터

40 컴퓨터가 여러 데이터를 이용해 마치 사람처럼 스스로 학습할 수 있도록 하고자 인공 신경망(ANN: artificial neural network)을 기반으로 한 기계 학습 기술

41 저속, 저전력, 저성능 특징을 갖는 사물들로 구성된 사물인터넷

Wide Area)[42] 기술 개발은 사물인터넷 진화에 따른 결과물 중의 하나입니다.

4.3 가상물리시스템(CPS: Cyber Physical System)

초연결사회의 주요 핵심기술은 IoT, 빅데이터, 클라우드 컴퓨팅 등 4차 산업혁명의 주요기술과 대동소이함을 알 수 있는데요. 이것은 4차 산업혁명이 IoT와 관련 기술들을 통해 초연결사회를 구현한다는 의미로 해석될 수 있습니다. 이러한 개념에 따라 초연결사회와 4차 산업혁명의 중심에는 미래 기술인 가상물리시스템(CPS)이 위치하고 있습니다.

4.3.1 CPS 등장 배경은?

4차 산업혁명 시대와 초연결사회의 핵심기술은 사물인터넷, 인공지능, 빅데이터, 클라우드 등인데요. 이들 간 상호연동 시 H/W, 운영체계, 네트워크, 프로토콜, 식별체계의 이질성(Heterogeneous)과 S/W 규모, 복잡성으로 인한 결함 발생 가능성 증대가 예상됨에 따라 이를 극복하고 이종(Heterogeneity) 복합 시스템 간 고신뢰성과 실시간성 보장을 위한 목적으로 무결점(Zero Defect) 자율제어시스템인 CPS가 등장한 바 있습니다. 이미 미국, 독일 등에서는 초연결과 사물인터넷 실현을 위한 차세대 핵심기술로 인식하고 관련 기술을 구현·개발 중입니다.

그런데 CPS 개념을 적용한 시스템은 이미 반도체 제조공정이나 화학 플랜트 분야 등에서 사용되어왔지만, 도입과 유지관리 비용이 과다하여 비용 대비 효과가 낮은 이유로 확산에 어려움이 있었습니다. 그러나 사회 각 분야 시스템 등이 다양해지고 복잡해지며 디지털화되면서 이를 최적화하여 활용하기 위한 목적으로 다시 등장하였습니다.

4.3.2 CPS란?

인터넷은 사람과 사람을 연결시켜주는 것이 주된 용도이지만, 향후에는 다양한 센서

42 사물인터넷에 사용하는 기술 가운데 하나로 저전력 소모, 저가 단말기, 낮은 구축 비용, 안정적 커버리지, 대규모 단말기 접속 등 조건을 충족시켜주는 통신기술

로부터 수집된 데이터가 사람의 개입 없이 직접 인터넷으로 연결되기 때문에 사물인터넷은 현실(Physical)세계를 중심으로 사물을 인터넷에 연결시키는 것이 주목적이라 할 수 있습니다. CPS는 현실세계와 가상(Cyber)세계의 연결을 통하여 현실과 가상 데이터를 융합·분석하고 분석 결과 데이터를 현실세계에 환류(Feedback)시키는 목적의 시스템인데요. [그림 4-6]에 이러한 목적의 CPS 개념이 잘 표현되어 있습니다.

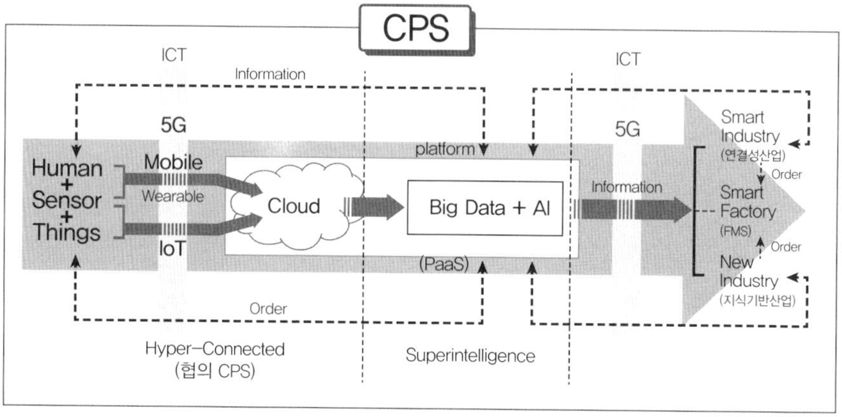

[그림 4-6] CPS 개념도

즉, 사람, 자동차, 제조장치 등 제어 대상에 센서가 부착된 IoT 기기를 통해 센서에서 발신되는 각종 데이터를 클라우드 상에서 빅데이터로 수집하는데, 그 방대한 데이터는 인공지능과 결합된 빅데이터 처리 기술을 통해 정보 지식화되고 그 지식과 정보는 사회 각 분야 서비스로 활용됩니다. IoT와 CPS는 현실 환경에서 센서를 통해 생성된 방대한 양의 다양한 데이터를 수집·관리하는 애플리케이션을 지원할 수 있도록 설계되었으며, CPS는 데이터 관리 기술과 통신 기술을 이용해 더욱 효율적으로 유효한 리소스를 관리할 수 있기 때문에 비용 절감, 인프라 개선과 고품질의 서비스 제공이 가능합니다. 이를 통해 디지털세계, 생물학적 영역, 물리적 영역 간 경계가 허물어지는 기술융합이 일어나는데 4차 산업혁명과 초연결사회가 초래할 이 기술융합의 핵심이 바로 CPS입니다.

그리고 [그림 4-7]을 통해 현실세계, 가상세계, 디지털세계와의 상관관계를 좀 더 구체적으로 살펴보겠는데요.

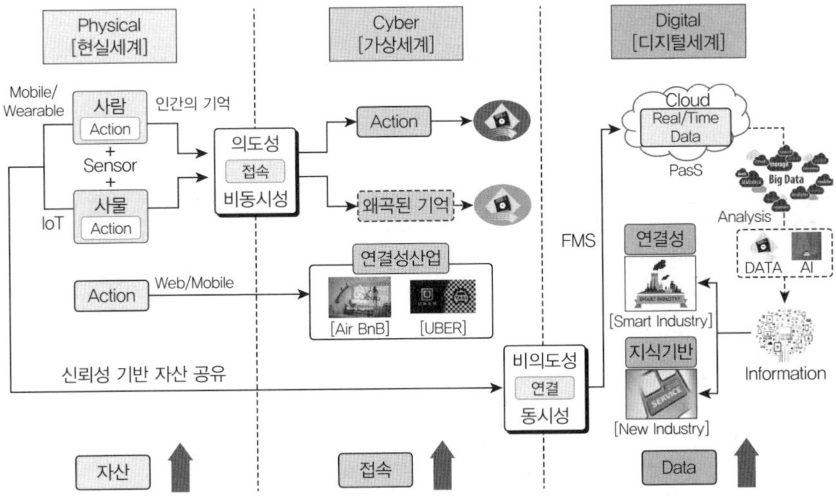

[그림 4-7] 현실(Physical)세계, 가상(Cyber)세계 및 디지털(Digital)세계 관계도

즉, 로봇, 의료기기, 산업장비 등 현실 속 제품을 뜻하는 현실세계와 인터넷 가상공간을 뜻하는 가상세계가 하나의 네트워크로 연결되어 디지털세계의 주요 구성요소인 인공지능, 빅데이터, 클라우드 등의 기술을 통해 집적된 데이터의 분석과 활용, 사물의 자동제어가 가능해지는데요. 이에 따라 거의 모든 현실세계의 사물은 지능을 갖춘 사물인터넷으로 진화되고 이들 사물이 서로 연결되어 제품 생산과 서비스가 전자동으로 이뤄지는 새로운 산업시대를 맞게 될 것입니다.

이렇듯 지능을 갖게 된 현실세계의 아날로그형 사물들이 가상세계와 연결되어 생산과 서비스의 완전 자동화가 가능해지는 새로운 산업사회 즉, 초연결사회가 열리는데 이를 일컬어 4차 산업혁명이라 부릅니다. 4차 산업혁명 시대에는 사물인터넷이 주요 기반이 되기 때문에 4차 산업혁명과 사물인터넷을 연결 지우기도 합니다.

4.3.3 CPS 핵심 기술은?

CPS는 컴퓨팅, 센서, 임베디드 시스템[43] 등 이종 시스템 간의 복잡한 상호작용과 상호

43 마이크로프로세서나 마이크로컨트롤러를 내장하여 원래 제작자가 의도했던 특정 기능만을 수행하도록 제작된 컴퓨팅 장치

의존성의 정확한 이해를 바탕으로 물리 시스템의 불확실성과 복잡성 극복이 요구되는데요.

〈표 4-1〉 CPS 핵심 기술(출처: 한국정보화진흥원)

핵심기술	내 용
컴퓨팅 및 S/W 기술	- 강한 시스템 제공을 위해 운영체계에서부터 고장을 판단하고 해결하기 위한 시스템 수준 오류 탐지 및 복구 기술 - 복잡한 시스템 신뢰성 제공을 위한 하이브리드 모델링 및 시뮬레이션 기술과 설계 모델 검증을 위한 정형 검증 기술
통신 기술	- 다양하고 복잡한 통신 구조에서 신뢰성 있고 유연한 네트워크를 제공할 수 있는 S/W 중심 네트워크 기술 - 대규모 CPS 지원 통신 미들웨어, 원격 CPS 검색, CPS 매쉬업, 고신뢰 연결성 제공 및 다양한 서비스 품질 지원이 가능한 네트워크 기술
자율제어 기술	- 대규모 센싱 데이터에 기반하여 모니터링 대상 및 운영환경을 파악하고 상태변화를 이해하기 위한 자각(Self-Aware)기반 상황인지 기술 - 인간의 인지모델을 응용하여 시스템 오류, 불확실한 상황 및 운영 환경 변화에 실시간으로 적응하기 위한 자율제어 기술

이러한 불확실성과 복잡성 해결을 위해 〈표 4-1〉에 기술되어 있는 CPS 핵심기술, 즉 고 신뢰성의 컴퓨팅·S/W 기술과 통신 기술이 필요하며, 다양한 센서 데이터 수집과 전송, 상황인식을 위해 데이터를 융합하고 실시간으로 인간의 개입 없이 자율 제어할 수 있는 기술 또한 필요함을 알 수 있습니다.

4.3.4 CPS 주요 활용분야는?

1) 스마트제조

CPS를 이용하여 산업용 기계, 제조 공급망, 비즈니스 시스템, 고객 간 실시간 정보공유를 통해 전체 생산 공정을 모니터링하고 제어함으로써 고객 맞춤형 생산 프로세스 개선이나 제품 이력 추적을 실현시킬 수 있습니다.

2) 스마트교통

도로·교통 분야는 ICT로 큰 변혁을 기대할 수 있는 분야인데요. 자동차·교차로·신호

등 등의 물리 시스템을 CPS로 파악한 후 구체적인 과금 조정, 원활한 교통흐름 유도 등 유연한 교통 정책 실현이 가능합니다.

3) 스마트시티

CPS로 사람의 이동과 활동 데이터를 수집하여 교통·에너지 수요를 예측하고 기상을 관측·예측해 최적의 에너지 생산·분배 계획을 수립하는 등 스마트한 도시 설계를 할 수 있습니다. 실제 적용 사례로는 스페인 산탄데르시의 'SmartSantander'를 들 수 있는데요. 시 전체에 수천 개의 센서를 설치하여 교통량, 에너지 소비 절감, 환경개선 등을 실현하였습니다.

4) 스마트의료

몸이 불편한 환자나 고령 환자 치료에 CPS를 활용하여 환자 신체 상태를 원격에서 실시간으로 모니터링하거나, 치료 로봇으로 환자의 상태를 면밀히 관찰할 수 있습니다.

5) 스마트농업(팜)

CPS를 이용하여 기후, 토지 관련 기본 정보나 데이터를 수집해 정밀도가 높은 농업관리시스템을 실현할 수 있는데요. 센서로 급수상황, 온도, 농작물 발육 상태 등 각종 리소스의 지속적인 모니터링이 가능합니다.

6) 스마트전력

[그림 4-8]에서는 전력망의 효율을 향상시킬 수 있는 CPS 기반의 스마트전력 시스템의 예를 보여주는데요. 풍력, 태양광, 지열 등이 전력 그리드에 접속될 때 자원 낭비가 없도록 최적화하고 모니터링과 제어를 통해 에너지의 신뢰성과 효율성을 향상시킬 수 있습니다.

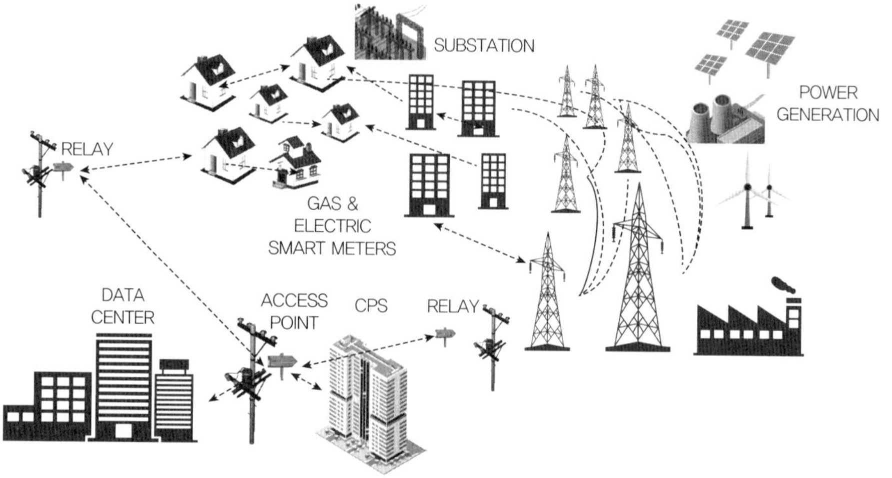

[그림 4-8] CPS 기반의 스마트전력 시스템(예)(출처: 한국정보화진흥원)

7) 스마트빌딩

스마트단말과 CPS를 활용하여 빌딩의 에너지 소비량을 절감하고 빌딩의 안정성과 보안성을 강화하며, 주거 쾌적성을 향상시킬 수 있습니다.

연습문제 EXERCISE

01 1차 산업혁명의 주요 특징을 설명하시오.

02 미국이 세계 최강국의 지위를 구축할 수 있게 해준 산업혁명은?

03 3차 산업혁명의 정보소통방식을 고르시오.

① IoT, IoS ② 책, 신문 등 ③ 전화기, TV 등 ④ 인터넷, SNS 등

04 4차 산업혁명의 정의를 기술하시오.

05 WEF에서 언급한 4차 산업혁명의 특징에 속하지 않는 것은?

① 자동화 ② 속도 ③ 범위 ④ 시스템의 영향

06 시스템의 영향에서 시스템에 큰 변화가 예상되는 분야가 아닌 것은?

① 생산 ② 출고 ③ 관리 ④ 지배구조

07 현대경제연구원에서 정의한 4차 산업혁명 주요 특징에 포함되지 않는 것을 고르시오.

① 획기적인 기술 진보 ② 파괴적 기술에 의한 산업 재편
③ 전반적인 시스템 변화 ④ 제조업의 경쟁력 유지 강화

08 디지털 생태계 조합에서 틀린 것을 고르시오.

① 5G 가입자 100억
② 스마티즌 1명당 스마트기기 활용 평균 10대
③ 스마티즌 200억
④ 1조 개의 스마트센서

09 4차 산업혁명 시대의 주요 변혁이 아닌 것은?

① 경제시스템 변혁 ② 사회·문화 시스템 변혁
③ 고용·노동 시스템 변혁 ④ 인구 정책 시스템 변혁

10 공유경제(Sharing Economy)란 무엇인지 기술하시오.

11 스마트폰이 제공하는 다양한 정보로 인하여 감각과 지능이 크게 향상된 인간을 무엇이라고 하는가?

① 인조 인간 ② 스마티즌 ③ 증강 인류 ④ 복제 인간

12 인간 스스로가 만들어 낸 기술을 이해하지 못하거나 따라 잡지 못하게 되는 시점을 무엇이라고 하는가?

13 AI의 능력에 속하는 것을 모두 고르시오.

① 인지능력 ② 학습 ③ 지각능력 ④ 촉감능력
⑤ 자연언어 이해능력 ⑥ 공감능력 ⑦ 추론능력

14 World Economic Forum에서 구분하는 4차 산업혁명의 3대 기술에 속하지 않는 것은?

① 화학 기술 ② 물리학 기술 ③ 디지털 기술 ④ 생물학 기술

15 KOTRA에서 정의하는 4차 산업혁명 기술을 모두 고르시오.

① 바이오 헬스 ② 사물인터넷 ③ 빅데이터 ④ 2차 전지
⑤ 인공지능 ⑥ 3D 프린팅 ⑦ 정보보호 ⑧ 로봇공학

16 보스턴 컨설팅 그룹(BCG)의 4차 산업혁명 기술에 속하지 않는 것은?

① 3D 프린팅 ② 드론 ③ 클라우드 컴퓨팅 ④ 증강현실

17 가트너의 4차 산업혁명 시대의 5가지 미래 유망 기술이 아닌 것은?

① 초몰입 경험 ② DIY 바이오 해킹
③ 유비쿼터스 인프라 ④ 사이버 보안
⑤ 민주화된 인공지능 ⑥ 디지털 생태계

18 디지털 생태계에 대해 기술하시오.

19 양자컴퓨터(Quantum Computer)란 무엇인지 설명하시오.

20 어떤 현상이 폭발적으로 일어나 확산되는 시점을 의미하는 티핑 포인트에서 기업 이사회에 인공지능 기계가 등장하는 시기는?

① 2022년 ② 2023년 ③ 2025년 ④ 2026년

21 4차 산업혁명 시대의 유망산업 분야에 포함되지 않는 것을 고르시오.

① 바이오헬스 ② 3D 프린팅 ③ 공유자동차 ④ 인공지능
⑤ 2차 전지 ⑥ 사물인터넷 ⑦ 실버산업 ⑧ 빅데이터
⑨ 정보보호 ⑩ 클라우드

22 UN에서 정의하는 고령사회의 65세 이상 고령인구 비율은 총 인구 대비 몇 % 이상인가?

① 7% ② 10% ③ 14% ④ 20%

23 '초연결사회는 사람과 사람을 둘러싸고 있는 다양한 사물들이 생성하는 데이터 간의 연결을 통해 사회 전 분야에 ( )를/을 이끄는 사회로 정의'에서 괄호 안에 들어갈 단어를 고르시오.

① 발전과 진화 ② 자유와 경쟁 ③ 변화와 혁신 ④ 복지와 분배

24 근거리 무선통신 기술이 무엇인지 설명하시오.

25 인터넷이 보급되기 시작한 시기는?

① 1970년대 ② 1980년대 ③ 2000년대 ④ 현재

26 IoT 초연결 네트워크를 통해 상호 간 연결되는 초연결사회의 서비스 · 산업분야가 아닌 것을 고르시오.

① 개인 IoT 서비스 ② 산업 IoT 서비스 ③ 의료 IoT 서비스 ④ 공공 IoT 서비스

27 이세돌 9단과 바둑 대결을 벌인 인공지능 컴퓨터는?

① 딥블루 ② 알렉사 ③ 어벤져스 ④ 알파고

28 소물인터넷(Internet of small Things)의 특징이 아닌 것을 고르시오.

① 저전력 ② 소형화 ③ 저성능 ④ 저속

29 가상물리시스템(CPS)이 무엇인지 기술하시오.

30 CPS 적용 사례를 기술하시오.

31 CPS는 데이터 관리 기술 및 통신기술을 이용하여 유효한 리소스를 관리할 수 있습니다. 이로 인해 가능한 것을 모두 고르시오.

① 성능 향상 ② 비용 절감 ③ 고품질 서비스 제공
④ 접속시간 단축 ⑤ 인프라 개선 ⑥ 네트워크 이질성 극복

32 CPS의 핵심기술이 아닌 것은?

① 통신 기술 ② 컴퓨팅 및 S/W 기술
③ H/W 접속 기술 ④ 자율제어 기술

33 임베디드 시스템이란 무엇인지 설명하시오.

34 CPS 핵심 기술 중 자율제어 기술의 정의를 기술하시오.

35 CPS 주요 활용분야가 아닌 것은?

① 스마트제조 ② 스마트전력 ③ 스마트에어컨 ④ 스마트시티
⑤ 스마트빌딩 ⑥ 스마트교통 ⑦ 스마트홈 ⑧ 스마트의료
⑨ 스마트농업

Part

02

사물인터넷의 이해

제5장 사물인터넷 소개 ｜ 제6장 지능형 사물인터넷 소개
제7장 국가별 사물인터넷 추진 현황

Chapter

05 사물인터넷 소개

5.1 사물인터넷이란?

사물인터넷(IoT)이란 1999년 MIT의 Auto ID Center 소장인 케빈 에쉬튼(Kevin Ashton)이 처음으로 사용한 용어인데요. '객체(사물)가 인터넷과 연결되는 것'을 의미합니다. 좁은 의미로는 사물들이 단순히 인터넷을 통해 서로 연결되는 것이고, 넓은 의미로는 사물이나 디바이스가 인터넷에 단순 연결되는 것에 가치를 추가하여 그 가치를 사용자에게 제공하는 기술로 정의하기도 합니다. 또 다른 의미의 사물인터넷은 4장 초연결사회에서 설명한 가상물리시스템(CPS)의 핵심 요소인 실세계와 가상세계에 존재하는 사람, 사물, 공간, 데이터, 프로세스 등 모든 것들이 인터넷으로 연결되어 상호 소통하고 작용하며, 정보가 생성·수집·공유·활용되는 초연결 인터넷을 뜻하는 미래 인터넷 기술로 불리기도 합니다.

사용 용어로는 영문 단어의 머리글자를 딴 IoT라는 용어를 많이 사용하는데 우리나라에서는 영문을 그대로 번역한 '모든 것의 인터넷'이란 의미를 지닌 사물인터넷이라는 용어를 사용하기도 합니다. 다시 말해 이것은 IoT나 사물인터넷을 혼용해 쓰더라도 무방하다는 의미입니다.

〈표 5-1〉에는 위에서 언급된 내용들이 반영된 각종 기관이나 단체 즉, 국제전기통신연합(ITU-T)과 같은 표준화 단체, Gartner와 같은 시장조사기관, IBM과 같은 제조업체 그리고 우리나라의 과학기술정보통신부, 한국인터넷 진흥원과 같은 정부 기관 등에서 발표한 사물인터넷 정의가 기술되어 있습니다.

〈표 5-1〉 각 기관별 사물인터넷 정의

기관 및 단체	사물인터넷 정의
ITU-T	A global network infrastructure, linking physical and virtual objects through the exploitation of data capture and communication capabilities. (데이터 수집과 통신기능을 통하여 물리적 객체와 가상의 객체를 연결해주는 글로벌 네트워크 인프라)
Gartner	The Internet of Things is the network of physical objects that contain embedded technology to communicate and sense or interact with their internal states or the external environment. (통신, 감지, 주변 환경과의 상호작용을 위해 내장 기술이 탑재된 물리적 객체들의 연결망)
Wikipedia	The Internet of Things refers to uniquely identifiable objects and their virtual representations in an Internet-like structure. (인터넷과 같은 구조상에서 식별될 수 있는 고유한 객체 및 이 객체를 가상의 방식으로 표현한 것을 의미)
IBM	Internet of Things(IoT) provides the foundational infrastructure for a smarter planet, and offers significant growth opportunities in IT, infrastructures and services. (스마터 플래닛을 위한 기반 인프라 제공 및 IT, 인프라, 서비스 분야에 있어 중요한 성장기회 창출)
Nick Wainwright (HP Labs)	Services + Data + Networks + Sensors = Internet of Things
과학기술정보통신부	사람, 사물, 공간, 데이터 등 모든 것이 인터넷으로 서로 연결되어 정보가 생성・수집・공유・활용되는 초연결 인터넷
한국인터넷진흥원	인간과 사물, 서비스 세 가지 분산된 환경 요소에 대해 인간의 명시적 개입 없이 상호 협력적으로 센싱, 네트워킹, 정보처리 등 지능적 관계를 형성하는 사물 공간 연결망

그럼, 사물인터넷 서비스를 제공하기 위한 생태계(Ecosystem)에 대해서 알아보겠는데요. 사물인터넷 생태계는 [그림 5-1]에서 보듯 영어 첫머리 글자를 따 S-P-N-D-Se 구조라고 부릅니다. 즉, IoT 응용 서비스(Service), IoT 플랫폼(Platform), IoT 네트워크(Network), IoT 디바이스(Device), IoT 보안(Security)을 의미하는데요. 이를 기반으로 가치사슬 전반을 관통하는 산업 생태계를 통해 서비스를 실현하고 있습니다.

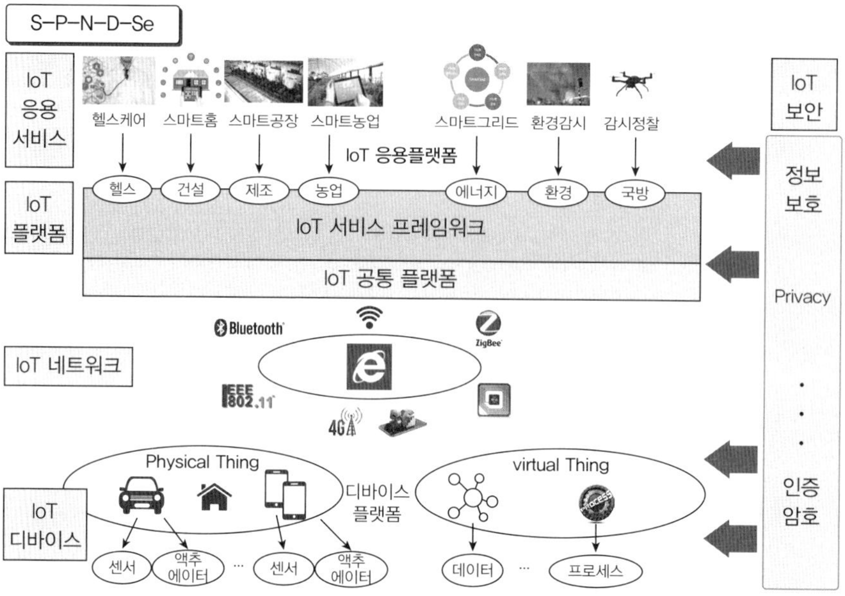

[그림 5-1] 사물인터넷 S-P-N-D-Se 구조

5.2 사물인터넷 활성화 요소로는 어떤 것들이 있을까요?

사물인터넷은 이동통신사의 마케팅 비용 증가와 경기침체 및 WiFi[1] 보급 확대로 인한 이동통신사의 수익률 악화를 개선하고자 사람이 아닌 기계장치들을 연결하는 사물통신(M2M: Machine to Machine)[2] 계획을 수립하는 과정에서 등장하였는데요. 이런 사물인터넷이 활성화되기 위해서는 [그림 5-2]에 언급된 요소들, 즉 작게(소형화), 전기를 덜 쓰게(저전력화), 싸게(저가격), 규격 통일(표준화)이 실현되어야 합니다.

1 하이파이(Hi-Fi, High Fidelity)에 무선기술을 접목한 것으로 고성능 무선통신을 가능하게 하는 무선랜 기술
2 기계, 센서, 컴퓨터 등 다양한 장치들이 유무선 통신 기술을 이용해 서로 정보를 교환하는 기계와 기계 간 통신

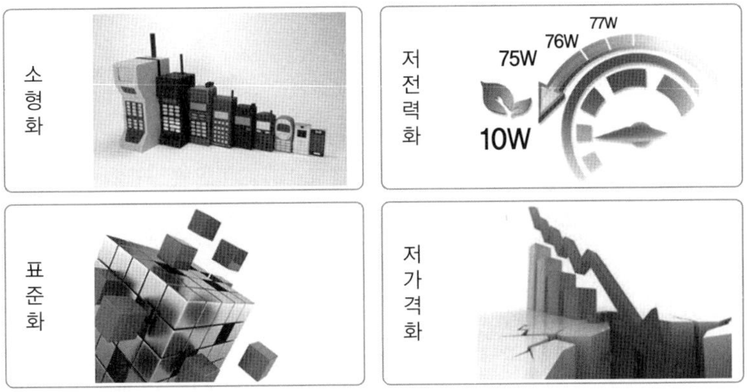

[그림 5-2] 사물인터넷 활성화 요소(출처: 한국사물인터넷협회)

그럼 각각의 요소들에 대해 알아보겠는데요. 먼저 작게(소형화) 만드는 것은 미세전자제어기술(MEMS: Micro Electro Mechanical System)[3]이나 나노기술(Nano Technology) 등 반도체 기술의 발전으로 전자소자를 수 mm 수준으로 소형 제작할 수 있어 실현 가능하게 되었습니다. 이렇게 소형화된 소자는 그만큼 적은 전력을 소모하게 하므로 전기를 덜 쓰게(저전력화)할 수 있는 것입니다. 예를 들어, 장치의 전력 소모를 최소화하기 위해 저전력 블루투스(BLE: Bluetooth Low Energy) 기술을 활용하는 경우, 기존의 WiFi에 비해 수백분의 1 정도의 전력으로 동작할 수 있습니다. 그리고 싸게(저가격화) 만드는 것은 제품의 소형화와 이를 위한 센서 기술의 발전 및 범용화에 따른 가격 하락으로 실현 가능한데, 센서 가격은 2004년(1.3 달러) 이후 15년 이상 하락세를 지속하여 2020년에는 0.38달러를 기록한 바 있습니다. 마지막으로 규격통일(표준화)은 사물인터넷의 글로벌화를 위해 중요한 요소로서 표준화된 무선통신방식이나 개방형 표준 인터페이스를 이용하여 통신용 칩셋들이 표준화되어 다른 장치들과 데이터를 주고받을 수 있도록 모듈화하는데요. 누구든지 새로운 디바이스를 손쉽게 제작할 수 있고, 사물인터넷 플랫폼이 제공하는 표준 API(Application Programming Interface)[4]를 통해 다른 장치들과 연결할 수 있습니다.

---

3 실리콘이나 수정, 유리 등을 가공해 초고밀도 집적회로, 머리카락 절반 두께의 초소형 기어, 손톱 크기의 하드디스크 등 초미세 기계 구조물을 만드는 기술

4 운영체제와 응용프로그램 사이의 통신에 사용되는 언어나 메시지 형식

5.3 사물인터넷 발전 단계를 알아볼까요?

ICT 분야 공공기관인 정보통신기획평가원(IITP)의 ICT R&D 기술로드맵 2023에 의하면, 사물인터넷의 또 다른 의미는 “인터넷을 기반으로 다양한 사물, 공간 및 사람을 유기적으로 연결하고, 상황을 분석·예측·판단하여 지능화된 서비스를 자율적으로 제공하는 제반 인프라 및 융·복합 기술”로 정의하고 있습니다. 향후, 사물인터넷은 사물 상태를 전달하는 단순 연결형 기능에서 발전하여 다른 사물들과 상호 소통하여 주변 상황 인지는 물론 자율 대응하는 자율형 IoT 방향으로의 진화가 예상되는데요. 이러한 방향성은 [그림 5-3]에 예시하였듯이 사물인터넷 기술발전 단계를 1단계 연결형, 2단계 지능형, 3단계 자율형 IoT로 규정하고, 각각에 대한 전망으로 설명될 수 있습니다.

[그림 5-3] IoT 기술발전 전망(출처: 정보통신기획평가원)

1단계인 연결형(Connectivity) IoT는 사물이 주변 환경으로부터 센싱한 데이터를 인터넷에 연결·전송하며, 감지된 정보를 통해 원격에서 사물을 제어하는 단계를 말하고, 2단계인 지능형(Intelligence) IoT는 사물이 센싱·전송한 데이터를 분석하거나 예측하는 등 지능 행위를 취할 수 있는 단계를 말하며, 3단계인 자율형(Autonomy) IoT는 사물 간 분산 협업 지능을 기반으로 소통하고, 데이터의 복합 처리를 통해 의사를 결정하며, 물리세계를 자율적으로 제어할 수 있는 단계를 말합니다. 〈표 5-2〉에는 지금까지의 설명 내용을 요약·정리하였습니다.

〈표 5-2〉 IoT 기술 발전 단계 및 특징(출처: 정보통신기획평가원)

단계	내용
1단계 (연결형)	- 사물이 인터넷에 연결되어 주변 환경을 센싱하고 그 결과를 전송할 수 있으며, 모니터링한 정보를 통해 원격에서 사물이 제어되는 단계 * 센싱-수집-관리(분석)를 목적으로 구축된 실세계에서 가상세계로의 연결 및 관리 기술
2단계 (지능형)	- 사물이 센싱 및 전송한 데이터를 분석 및 예측하는 지능적 행위를 취할 수 있는 단계 * 1단계 기술에 지능이 추가되어 센싱-수집-분석-진단-예측의 실세계에서 가상세계로의 지능적 감지, 유연 대응에 대한 기술
3단계 (자율형)	- 사물 간 분산 협업 지능을 기반으로 상호 소통하며, 공간, 상황 사물 데이터의 복합 처리를 통해 스스로 의사결정을 하고 물리세계를 자율적으로 제어할 수 있는 단계 * 2단계 기술 고도화와 더불어 예측-계획-전달-실행의 가상세계에서 실세계로의 대응 자율화 기술(실세계와 가상세계의 지속적인 상호작용 사이클 완성)

한편, 2021년 기준 전 세계 IoT 기기 수는 이미 100억 대에 진입하였는데, IDC 조사에 따르면 2025년에 전 세계에서 생성되는 데이터의 양은 약 73ZetaByte(ZB)[5]에 달할 것으로 예측됩니다. 따라서 IoT의 진화를 위해서는 일련의 기술과 생태계의 발전이 병행되어야 하는데요. 〈표 5-3〉에는 그와 연관된 기술 현황들을 기술하였습니다.

〈표 5-3〉 IoT 발전 및 진화에 연관된 기술

연관 기술	주요 내용
연결성	인터넷과 클라우드의 연결이 진화하여 IoT의 기하급수적인 증가 지원
센서 기술	글로벌화 및 센서 제조업 성장으로 저비용, 고성능, 다양성 지원
컴퓨팅 능력	데이터의 유용 및 활용을 위한 메모리 확장 및 처리 능력
빅데이터 기술	데이터베이스 및 분석 tool의 발전에 따른 속도와 처리 능력
인공지능과 머신러닝	- IoT 데이터 관리 및 처리와 데이터를 분석하고 결과 기반의 학습 기능 - AI 기반 고급분석으로 강력하고 정확한 인사이트와 인텔리전스
클라우드 컴퓨팅	온디맨드 방식으로 처리 능력과 대용량 저장소를 제공하는 클라우드

5 1제타바이트는 1,024엑사바이트(1EB=1024PB)로 1조 1,000억 기가바이트(GB)에 해당

연습문제 EXERCISE

01 사물인터넷의 개념을 간단히 설명하시오.

02 넓은 의미에서의 사물인터넷의 정의는?

03 ITU-T에서 정의한 사물인터넷에 대해 기술하시오.

04 사물인터넷을 사람, 사물, 공간, 데이터 등 모든 것이 인터넷으로 서로 연결되어 정보가 생성 · 수집 · 공유 · 활용되는 초연결 인터넷으로 정의한 기관은?

05 사물인터넷 생태계인 S-P-N-D-Se 구조에 포함되지 않는 것은?

① IoT 네트워크(Network) ② IoT 보안(Security)
③ IoT 서비스(Service) ④ IoT 사용자(Customer)
⑤ IoT 디바이스(Device) ⑥ IoT 플랫폼(Platform)

06 사물인터넷 활성화 요소가 아닌 것은?

① 소형화 ② 저출력화 ③ 표준화 ④ 저가격화

07 소형화가 가능하게 된 요인을 고르시오.

① 미세전자제어기술(MEMS)
② 적층가공기술
③ 정형검증기술
④ 나노기술

08 사물인터넷 플랫폼이 제공하는 표준 API에 대해 설명하시오.

09 사물인터넷 기술 발전의 단계별 형태가 아닌 것은?

① 1단계(연결형) ② 2단계(지능형) ③ 3단계(자율형) ④ 4단계(복합형)

10 사물이 센싱 및 전송한 데이터를 분석 및 예측하는 지능적 행위를 취할 수 있는 단계의 IoT를 무엇이라고 하는가?

11 연결형 IoT의 목적에 포함되지 않는 기능은?

① 전달 ② 센싱 ③ 분석 ④ 수집

12 자율형 IoT의 동작에 포함되지 않는 항목을 고르시오.

① 사물 간 상호 소통 ② 사물데이터의 복합 처리

③ 사물에 가치 추가 ④ 물리세계의 자율적 제어

Chapter 06

지능형 사물인터넷 소개

6.1 지능형 사물인터넷이란?

AIoT는 'Artificial Intelligence of Things'의 줄임말로 인공지능(AI)과 사물인터넷(IoT) 기술을 하나로 결합한 것으로 지능형 사물인터넷이라고 하는데요. 이는 AIoT 정보기술을 기반으로 연결성과 지능성을 확장하고, 융합하는 과정에서 만들어지는 사물지능융합 기술로 볼 수 있습니다. [그림 6-1]에서는 초연결(Hyperconnectivity), 초지능(Superintelligence)으로의 진화를 통해 4차 산업혁명을 대표하는 핵심기술, 즉 클라우드, 엣지(Edge) 컴퓨팅, AI 및 빅데이터 기술을 기반으로 초융합(Hyperconvergence) 영역을 확장시켜 가는 AIoT의 특징을 잘 표현하고 있습니다.

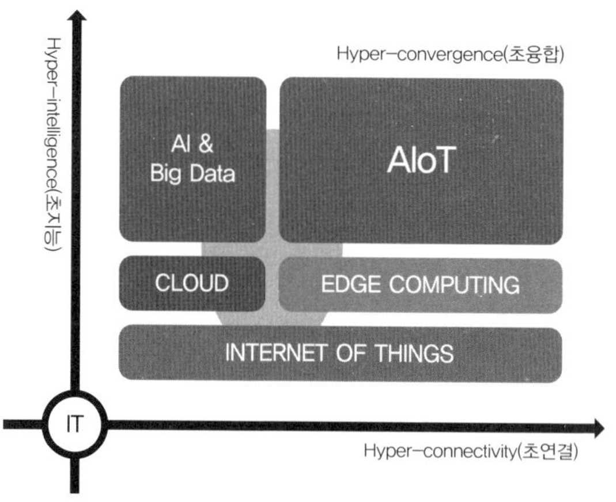

[그림 6-1] AIoT의 기반 기술(출처: 위키피디아 commons)

[그림 6-2]에서는 4차 산업혁명 시대의 핵심 기술인 5G 네트워크를 기반으로 IoT와 AI와의 융합을 통해 다양한 분야(데이터 서비스, 자산관리, 산업 자동화 등)에서 제공되고 있는 AIoT 서비스의 예를 보여주고 있습니다.

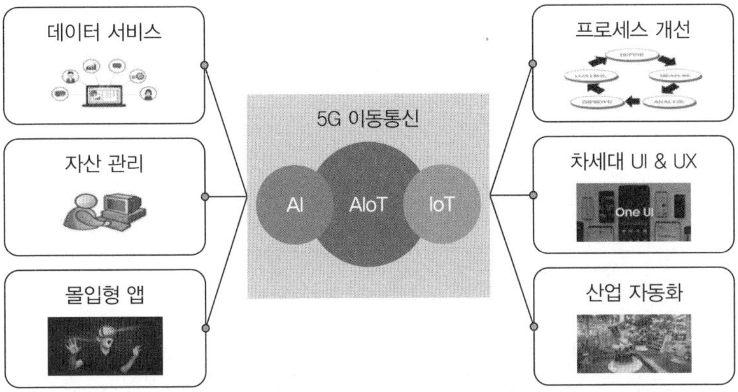

[그림 6-2] 융합 기술인 AIoT와 서비스의 예(출처: 리서치앤마켓)

6.2 AIoT 시장 전망은?

시장조사기관인 '마켓앤마켓(Markets and Markets)'의 자료에 의하면, 전 세계 시장은 2019년에 51억 달러 정도였으나, 2024년에는 162억 달러 규모로 성장할 것으로 예측하고 있는데, 연평균 성장률은 26%로 매우 빠르게 성장할 것으로 예측됩니다.

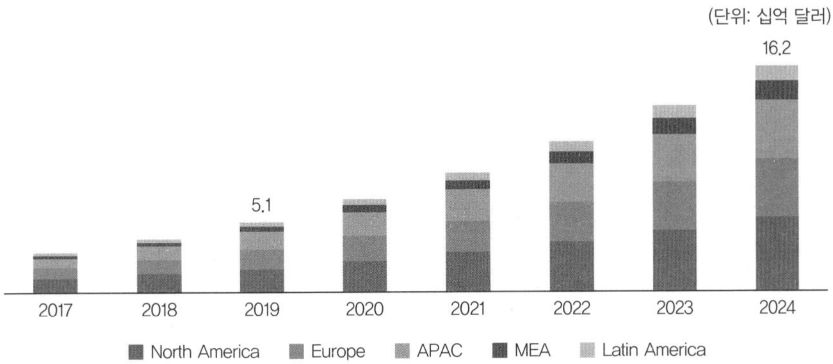

[그림 6-3] AIoT 시장 규모

6.3 AIoT 관련 기술을 알아볼까요?

AIoT는 기존의 IoT 서비스에 지능화를 위한 AI 기술(빅데이터, 머신러닝 등), 끊김 없는 서비스 제공을 위한 첨단 유·무선통신(5G, NB-IoT 등) 기술, 보안(디바이스/네트워크 보안 등) 및 여러 분야 서비스 제공을 위한 AI+IoT 간 융합서비스와 솔루션 등의 기술로 구성되는데요. <표 6-1>에는 AIoT 관련 기술의 주요 내용을 기술하였습니다.

<표 6-1> AIoT 관련 필요 기술

필요 기술	주요 내용
IoT 디바이스 및 플랫폼	- 칩, 모듈, 센서(동작인식, 환경 등), 게이트웨이, 태그, 리더기, 안테나 등 - oneM2M 플랫폼, 오픈 H/W 플랫폼, 디바이스 플랫폼 등
AI 기술 및 하드웨어	- 빅데이터/데이터마이닝, 머신러닝/딥러닝, 컴퓨터비전, 상황/음성/영상 인식 등 - AI 최적화 하드웨어, AI 칩, 부품 등
유 · 무선통신 기술 및 네트워크 장비/부품	- 5G & 이음 5G, LoRa, NB-IoT, Sigfox, WPAN, WiFi, 비콘, 블루투스 등
보안 제품 및 솔루션	- 디바이스 보안, 통신/네트워크 보안, 플랫폼/서비스 보안, 생체인식 보안 등
AI+IoT 융합서비스 & 솔루션	- 산업 및 생활 안전/재해재난 예방 및 복구 - 스마트홈 · 오피스/스마트시티/의료 · 헬스 - 에너지/미세먼지 · 수질관리 등 환경/탄소중립 - 자동차 · 화학 · 전기전자 · 기계 등 제조업 및 농림축산 디지털 혁신 등

6.4 AIoT 기술 구현 방식은?

AIoT 기술은 IoT, 머신러닝 및 딥러닝의 급속한 발전에 따라 산업 전반에 융합 및 확산되고 있는데요. 구현 방식은 <표 6-2>와 같이 사물에 지능을 탑재하거나, 클라우드 지능을 이용하는 방식으로 나누어집니다.

〈표 6-2〉 AIoT 기술 구현 방식

분류		설명	예
클라우드 지능 활용	지능형 클라우드 플랫폼 활용	- 구글, 아마존, IBM, MS 등과 같은 글로벌 IT 기업의 클라우드 플랫폼이 제공하는 시각, 언어 등 인지 서비스 및 머신러닝 서비스 등의 활용	- 아마존 알렉사 - 자율주행차 올리 - 로봇 페퍼
	지능형 IoT 서비스 클라우드 플랫폼 활용	- 하드웨어 사물 제조사가 응용 서비스 제공을 위해 구축한 서비스 클라우드 플랫폼에 인지, 분석 기능 등을 추가하여 지능화된 IoT 서비스 제공	- 인공지능 가전(삼성, LG) - 대화형 비서(빅스비, 시리 등)
사물 지능화	지능화 엔진 사물탑재	- 학습 알고리즘(머신러닝 및 딥러닝 등) 기반의 지능화 엔진을 제품에 탑재하여 인지 및 사고 기능을 자체적으로 보유	- 네스트 서모스탯 - MIT 박스터 로봇
	지능형 사물 플랫폼 및 인지 도구 활용	- 데이터 분석, 자율주행차와 같이 특화된 지능을 요구하는 사물에 탑재하기 위한 사물 플랫폼 활용 - IoT 데이터 인지 분석 도구의 활용	- IBM 쿼크 - 퀄컴 드라이브 - 데이터 플랫폼

〈표 6-2〉에서 클라우드 지능 활용의 경우 IoT 기기가 서로 연결되어 통신하면서 생성되는 방대한 규모의 데이터를 처리하기 위해 클라우드로 전송함에 따라 기본적으로 클라우드 컴퓨팅이 필요하지만, 클라우드가 방대한 데이터 규모에 비례해 확장이 어려운 관계로 결국, 클라우드에 과부하가 발생하는 문제가 발생되었습니다. 이 문제를 해결하고자 사물에 지능을 부여하는 사물지능화가 등장하였는데요. IoT 기기에서 제공되는 방대한 데이터를 엣지 단 또는 기기 자체에서 초고속으로 처리하기 위해 사물에 컴퓨터 기능이 탑재되기 시작했고, 이에 AIoT 측면에서 엣지 컴퓨팅 개념이 등장하였습니다.

6.5 AIoT 플랫폼에는 어떤 것이 있나요?

최근 IoT 기술 발전과 서비스 확장을 기반으로 AI와 IoT가 결합된 사물지능 인터넷 기술인 AIoT가 화두가 되고 있는데요. 기존의 IoT 기술은 단순히 기기 간의 신호 송·수신과 제한된 자동화 기능을 수행한 것이었다면, AIoT는 한층 방대한 연산 성능을 가진 클라우드 컴퓨팅, 또는 현장 가까운 곳에서 빠르게 대응 가능한 엣지 컴퓨팅과의 결합을 통해 한층 더 우수한 연동 능력, 반응 속도 및 안정성까지 제공 가능합니다.

예를 들어, 집을 비운 사이 침입자가 IP카메라나 동작 센서에 감지되면 클라우드에 탑재된 AI를 통해 자동으로 스마트전등을 켜거나 이용자의 스마트폰으로 메시지를 보내는 등 해당 상황에 대처하는 최적화된 자동화 기능을 수행할 수 있습니다. [그림 6–4] 및 [그림 6–5]에서는 AI 기반 스마트하우징 플랫폼과 'MeoIDM'이라는 국제표준 기반 IoT 플랫폼의 예를 보여주고 있습니다.

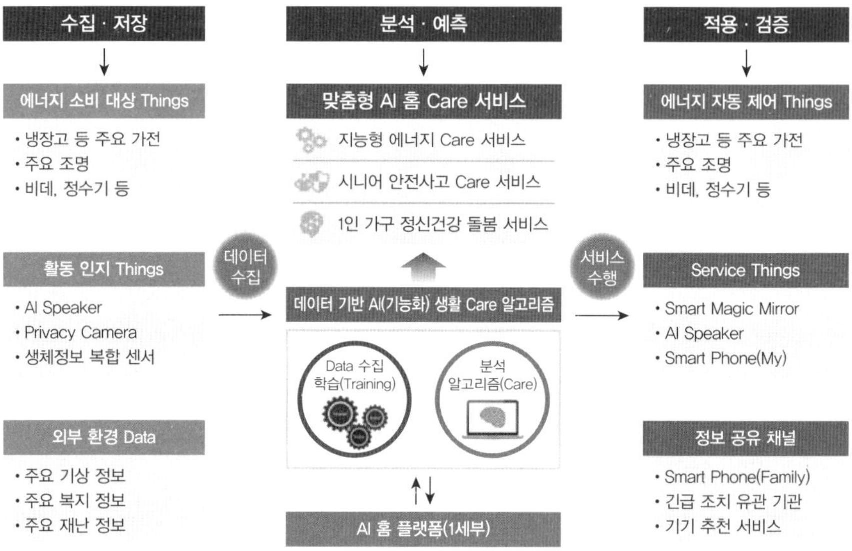

[그림 6-4] AI 기반 스마트하우징 플랫폼

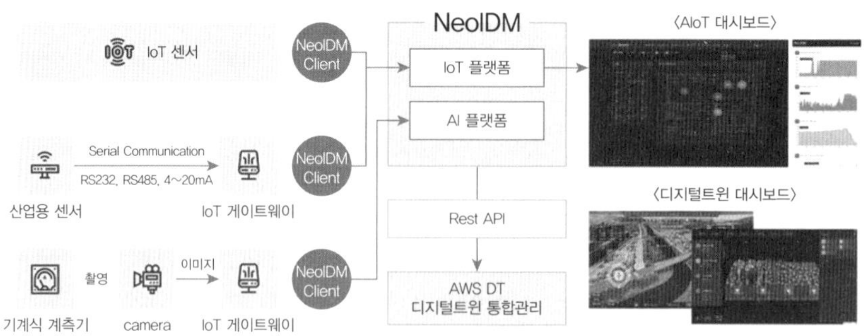

[그림 6-5] AI 기반 IoT 플랫폼 예(출처: MDS인텔리전스)

한편, 글로벌 시장에서 AIoT를 선도하기 위한 플랫폼 경쟁도 매우 치열한데, 이미 구글, 아마존과 같은 서비스 기업은 물론, 애플, 삼성전자 등의 완제품 제조사, [그림 6-6]의 투야(Tuya) 등 부품 제조사에서도 자사의 생태계에 최적화된 AIoT 기반 스마트홈 플랫폼을 제공합니다.

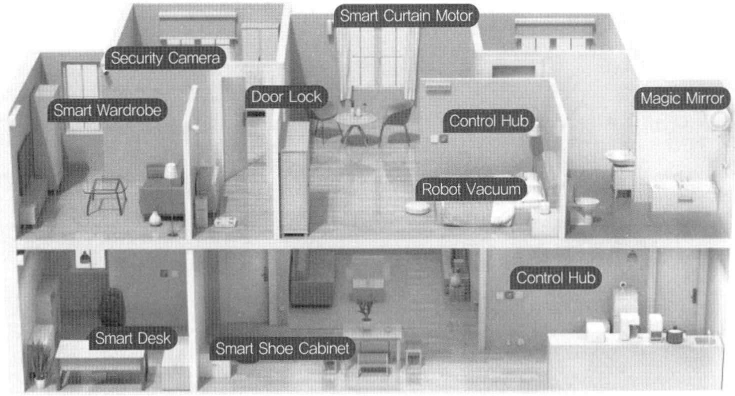

[그림 6-6] AIoT 기반의 스마트홈 플랫폼(출처: Tuya)

6.6 AIoT 정부 정책 및 지원 사례를 알아볼까요?

6.6.1 국내 정책은?

우리나라는 2021년부터 디지털 뉴딜의 일환으로 국민체감 성과를 창출하고, 선도적 서비스모델의 발굴을 위해 AIoT 적용 확산 플래그십 프로젝트의 본격 추진을 선언한 바 있습니다. 내 삶을 바꾸는 AIoT 적용 프로젝트를 개인·소상공인, 디지털헬스케어, 에너지, 물류·교통, 제조의 5개 전략 분야 중심으로 7개 플래그십(flagship) 과제(국민체감 과제 3개, 생산성 혁신을 위한 선도서비스 4개)에 집중적으로 지원하고 있는데요. 각 과제별 주요 내용은 다음과 같습니다.

1) 지능형 IoT 기반 실내 공기질 관리 시스템

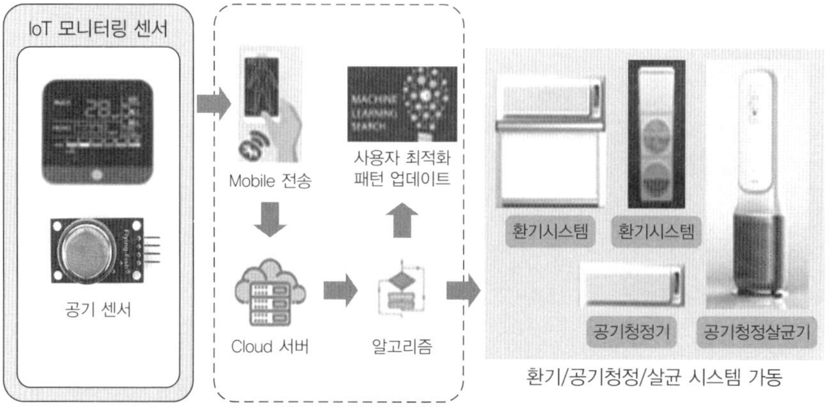

[그림 6-7] 지능형 IoT 기반 실내 공기질 관리 시스템(출처: 정부 자료)

[그림 6-7]에서는 실내·외의 센서가 공기질을 실시간으로 측정하고, AI가 공기살균기, 환기시스템, 공기청정기를 제어해 실내 공기질을 자동으로 관리해 주는 흐름을 보여주고 있습니다. 특히, 이 시스템은 사용자 공간과 상황에 최적화된 운전패턴을 제공해 효과적으로 실내 공기를 개선할 수 있으며, 요양원, 경로당, 어린이집, 행정복지센터 등에 적용 및 확산할 예정입니다.

2) IoT 적용 VR · AR 재활치료 시스템

IoT 적용 VR·AR 재활치료 시스템은 뇌졸중환자, 고령자, 외상성 뇌손상환자 등 취약한 재활 환자를 위한 서비스인데요. 손바닥 크기의 비접촉식 레이더 센서와 동작인식 센서가 재활 환자의 심박, 호흡, 움직임, 자세 등 생체 데이터를 수집하고, AI가 환자가 필요한 재활운동의 종류, 시간 강도 등을 계산해 맞춤형 VR·AR 재활콘텐츠를 추천합니다. 고령층 등에게 안전하고 재미있는 재활프로그램을 제공할 수 있기 때문에 향후 요양병원이나 지역케어센터 등에 적용돼 효과적인 재활을 지원할 수 있을 것으로 기대됩니다. [그림 6-8]은 뇌질환 후유증 환자를 VR 기술을 이용하여 치료하는 사례입니다.

[그림 6-8] 뇌질환 후유증 VR 치료의 예

3) AIoT 기술 활용한 다중이용시설 통합관제 서비스

다중이용시설의 수해, 화재 등 피해를 예방하기 위해 건물 내 기계장치, 전기실, 발전기, 저류조 등에 센서를 설치해 주요 시설의 온도, 소음, 전력사용량 등을 측정하고, AI가 이상 징후를 파악하는데요. 비상 상황이 발생하면 지능형 순찰 로봇이 현장에 접근해 필요한 정보를 실시간으로 제공하는 등 초기진압을 지원합니다. AIoT와 VR 기술을 기반으로 에너지, 조명, 전력, 온도, 습도, 공기질, CCTV, 주차장, 방범, 안전 등 각종 시설물의 운영관리에 필요한 서비스 기능을 제공합니다. [그림 6-9]는 충청북도의 AIoT를 기반 공공시설물 통합관제센터 내부 모습입니다.

[그림 6-9] AIoT 기반 공공시설물 통합관제센터(출처: 충북개발공사)

4) AI 반자율운전 신재생에너지 하베스팅 시스템

반자율운전 신재생에너지 하베스팅 시스템은 저수지, 육상 양식장 등에 적용될 수 있는 소수력 발전기(물의 유동 및 위치에너지를 이용하여 발전) 반자율운전 시스템인데요. 소수력 에너지는 낮은 낙차에서도 발전이 가능한 신재생 에너지로 900여 개 이상의 양식어가(2015년 기준)에 적용이 가능할 것으로 예상되나, 전체 발전량의 0.12% 수준에 불과한 점 등으로 확산이 제한적입니다. 지원되는 시스템은 [그림 6-10]에서 보듯 내·외부 센서가 설치된 발전기가 기상 상황과 발전기 상태 등을 파악하고, AI가 상황에 따라 가동을 멈추는 등 발전기를 자동으로 보호하기 때문에 발전 효율을 크게 높일 것으로 기대됩니다.

[그림 6-10] 신재생에너지 풍력발전의 하베스팅

5) 지능형 IoT 통합 콜드체인 서비스

이 서비스는 물류창고, 차량, 박스 등 콜드체인 인프라에 센서를 설치해 온·습도, 진동 등을 모니터링하고, AI가 사고 발생 전에 고장 상황을 예지하는데요. 기존에는 온도 이탈 사고가 발생한 이후에 사후 대처가 이뤄졌으나, 이 서비스를 통해 사전 대비함으로써 콜드체인 유지가 가능해질 것으로 예측됩니다. [그림 6-11]에서는 AIoT 통합 콜드체인을 이용한 코로나19 백신 관리 흐름을 보여줍니다.

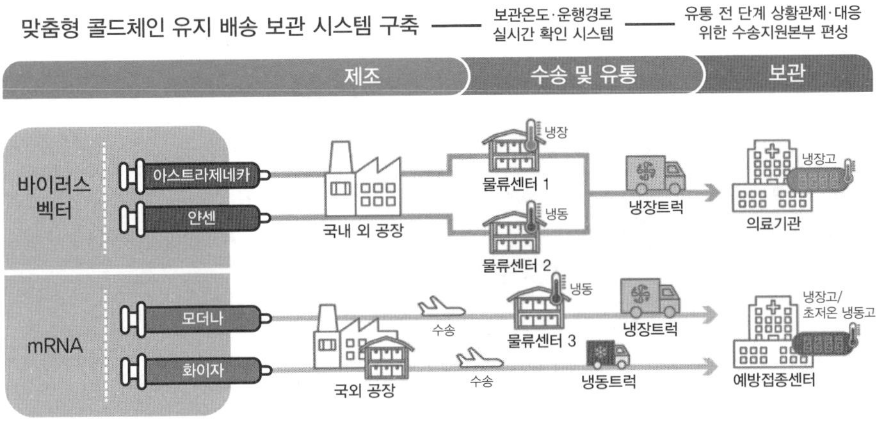

[그림 6-11] 코로나19 백신 관리를 위한 AIoT 활용(출처: 정부 자료)

6) 중소장비 제조기업용 예측정비 서비스

도색 불량률과 직접 관련된 에어 컴프레서 등 제조 장비에 센서를 부착해 데이터를 수집하고, AI가 장비 고장 이전에 이상 징후를 예보하는 서비스로서, 제조 장비 고장에 따른 공정 불량, 장비 수리를 위한 제조 중단과 생산 차질 발생을 예방해 생산성 증가에 기여할 것으로 예상됩니다.

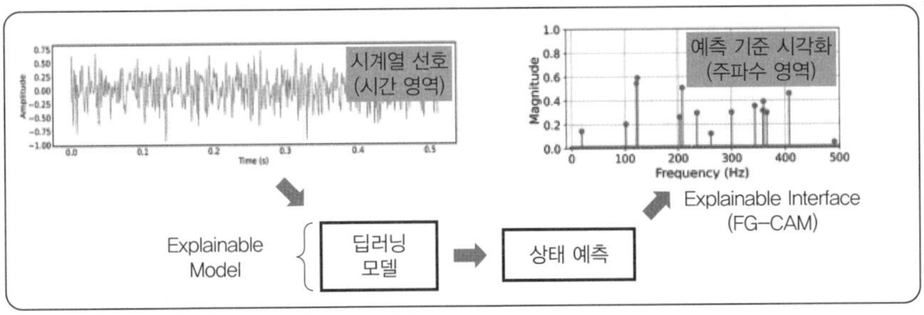

[그림 6-12] AI 기반 설비 상태 진단 기술 개요도

7) AIoT 로보틱 악기 등 기반 비대면 공연장

AI가 사용자 취향을 분석해서 음악을 선곡하면 로보틱스 IoT가 피아노, 드럼, 기타, 베이스 등을 직접 연주해 음악을 들려주는 새로운 문화기술 서비스로서, 코로나19 팬데

믹으로 관중이 직접 참여하는 대면 공연 제한에 따른 대안으로 활용될 수 있습니다.

[그림 6-13] AI 기반 로보틱 악기 공연

6.6.2 지원 사례를 알아볼까요?

2022년 정부(과학기술정보통신부)에서는 국민 안전과 편의를 지원하는 AIoT 적용 사례에 대한 성과보고회를 가진 바 있는데요. 2021년 정부는 AIoT 기술개발, 중소기업 서비스 개발 지원, 국제인증 지원, 성능 검증 적용, 확산 등에 지원하였습니다. 정부 자료에 의하면 2021년에 IoT 공급 기업은 전년 대비 8.3%, 국내 IoT 시장도 22.4%의 성장을 보인 바 있습니다.

시연에 소개된 AIoT 적용 사례는 안전 분야(작업 현장 안전, 생활 안전 등) 및 국민편의 제고 분야(디지털 헬스케어, 비대면 업무 등)인데요. 첫째, 안전 분야에서는 유해가스 실시간 탐지·안전관리시스템, AI 스마트기반 소독, 가이드로봇 '헤이봇', 학교 안전관리 AI 서비스, 드론 긴급 출동 시스템, 초소형 IoT 센서 살포를 통한 산불 예방과 음향 IoT 기반 재난 구조 지원 등이 있습니다. 둘째, 국민편의 제고 분야에서는 스마트 젖병, 지능형 환기·청정 시스템, ADHD 디지털 치료제, 창고 재고관리 자동화 로봇, IoT 원격 검침 통합관제 서비스, AI 기반 반려견 신원 확인 기술, AIoT 로보틱 악기 비대면 공연장 등이 소개되었습니다.

연습문제 EXERCISE

01 AIoT는 어떤 기술을 결합한 것인지 설명하시오.

02 AIoT의 기반기술에 속하지 않는 것은?

① 배터리 ② Edge Computing
③ 사물인터넷 ④ AI
⑤ Cloud

03 AIoT 요소 기술 중 '네트워크에 연결된 높은 사양의 컴퓨팅 파워를 사용할 수 있는 기술'은 무엇인가?

① 인공지능 ② 클라우드 컴퓨팅
③ 데이터 ④ 네트워크
⑤ 사물인터넷

04 AIoT와 함께 나온 기술로, 클라우드에서 수행하던 처리 과정을 엣지 단 또는 기기 자체에서 학습, 추론 등을 수행하도록 함으로써 효율적인 환경을 마련하게 하는 기술은 무엇인가?

05 AIoT 서비스 절차로 적절한 것은?

① 데이터 수집 및 저장 → 분석 및 예측 → 적용 및 검증
② 데이터 분석 및 예측 → 데이터 검증 → 센서 데이터 수집
③ 데이터 검증 → 센서 데이터 수집 → 분석 및 예측
④ 데이터 기반 AI 처리 → 데이터 적용 → 외부 환경 데이터 수집

06 AIoT 서비스 중 수해, 화재 등 피해를 예방하기 위해 건물 내 기계장치, 전기실, 발전기, 저류조 등에 센서를 설치해 주요 시설의 온도, 소음, 전력사용량 등을 측정하고 AI가 이상 징후를 파악한 후 경보를 발생시키는 서비스는 무엇인가?

① 지능형 IoT 기반 실내 공기질 관리 서비스
② IoT 적용 VR·AR 재활치료 서비스
③ AIoT 기술을 활용한 다중이용시설 통합관제 서비스
④ 지능형 IoT 통합 콜드체인 서비스

Chapter 07

국가별 사물인터넷 추진 현황

7.1 외국의 사물인터넷 정책은?

미국은 스마트아메리카 챌린지라는 새로운 가치와 일자리 창출을 위한 국민생활 밀착형 대규모 가상물리시스템(CPS) 융합 프로그램을 추진한 바 있는데요. 이 프로그램의 주요 추진 이유는 전 국가 차원의 CPS 시스템 확대를 예상했기 때문입니다. 이에 따라 각 영역에서 이루어지고 있는 CPS 연구개발 결과를 CPS 테스트베드를 통해 통합하여 미국인의 일상생활과 미국 경제에 미치는 이득을 측정하고 체감할 수 있는 수준에서 검증하고 제시하는 것이 스마트아메리카 챌린지 프로그램의 목적입니다. 이 프로그램에서 제시하는 IoT 서비스 응용 분야와 주요 내용은 〈표 7-1〉에 기술하였습니다.

〈표 7-1〉 IoT 서비스 응용 분야

구분	주요 내용
주택 · 빌딩 분야	기존 주택에 IoT 주요 기술을 접목한 스마트주택과 빌딩 건축의 융합 등 안전 관리 네트워크를 통한 서비스
기후 · 환경 분야	갑작스런 폭우로 인한 도심지 침수를 방지할 수 있는 지능형 배수 시스템
재난 감지 분야	재난 발생 시 스마트폰으로 재난 응급 대응 시스템에서 발송하는 정보를 제공받아 도시에서 발생하는 모든 재난 대처를 지원해주는 서비스
제조업 분야	- 산업경제에 큰 비중을 차지하는 제조 산업의 패러다임 변화를 이끌 수 있는 기반 기술로서 제조 산업의 경쟁력 향상을 지원하는 서비스 - 해외로 빠져나간 자국기업들에 대한 세제 혜택(법인세 인하 등)과 규제 완화 등을 통해 자국으로 불러들이는 리쇼어링(reshoring) 정책을 통해 제조업 부흥 모색
운송 분야	- 교통사고 예방, 교통흐름 분산, 스마트파킹, 전기자동차 충전소 탐색 지원 서비스 등 - 스마트아메리카 챌린지 프로젝트에 적용하는 오픈 아키텍처(WiFi, Cellular 등)를 이용한 스마트운전 시스템(충돌 방지, 온라인 안전 진단 등 제공)
건강 분야	빠른 진단과 의료 서비스, 환자의 행적, 발전된 개인화 환자 관리를 통하여 최적의 의료 서비스 제공
보안 분야	사이버 보안과 같이 전자 그리드 통제, 보안 및 보안의 견고함 향상을 통해 사이버 공격 및 불시 정전으로부터 시민 보호
에너지 분야	스마트그리드 시스템 및 관련 기술의 효율성, 안정성, 보안성, 상호 운용성 등 운용에 필요한 핵심 기능의 검증을 위한 테스트베드 제공

EU는 사물인터넷 관련 협의체인 카사그라스(CASAGRAS: Coordination and support action for global RFID-related activities and standardization)를 통해 사물인터넷의 사회적 파급력을 분석하고 사물인터넷 활성화를 위한 광범위한 내용을 담은 'Internet of Things: A 14-Point Action Plan'을 발표하고 이를 통해 14개의 사물인터넷 액션플랜을 제시한 바 있는데요. IoT-A 프로젝트를 통해서 제시된 사물인터넷 서비스는 〈표 7-2〉와 같습니다.

〈표 7-2〉 EU의 IoT-A 프로젝트 내역

구분	주요 내용
공공운송 분야	차량에 IT 기술을 접목한 원격 차량 제어 장치, 도로 상태를 감시하는 생활 경고 시스템, 실시간 도시 교통 정보 제공으로 교통체증 등을 해소시켜주는 상황 뷰 등
지능형 가정 분야	- 센서, 구동체, 카메라, 모니터 등 장치와 사람 간 상호작용을 통해 거주자들에게 생활의 편리함을 제공하는 서비스 - 전기, 가스 등의 효과적 사용을 지원하는 지능형 에너지 사용량 계량과 몸이 불편한 독거노인 지원 서비스 등
지능형 도시 분야	- 도로, 건물, 교통수단 등 도시 인프라에 IT 기술을 접목시켜 시민들과의 소통 통로 제공을 통한 정보와 데이터 전달 목적 - 거리 오염 여부 감시를 통한 깨끗한 거리 환경 제공, 가까운 주차 공간 안내를 통한 운전자의 불편함 해소 등의 서비스
지능형 공장	제품 제작 시 사람과 기계를 도와주는 인지기술을 사용하여 위치와 자동화 확인을 통해 물건이나 컨테이너 등의 위치를 쉽게 찾을 수 있도록 지원해주는 서비스
공급 체인	무선인식장치(RFID: Radio Frequency IDentification) 장착 제품과 지능형 선반과의 연동을 통해 실시간으로 제품 위치 추적이나 재고 현황 모니터링을 통한 제품 생산(공장), 제품 적시 공급(소매상) 체계 구성 가능
긴급상황서비스	교통사고 발생 시 차량 충돌감지기가 자동으로 사고내역을 인터넷망을 통하여 사고중앙 본부에 제공하면 본부에서 GPS(Global Positioning System)를 통해 근접 지역에 위치한 응급차에 사고 발생정보를 전달하여 적시 사고 수습 지원
건강관리 분야	의사소통 기술이 내장된 센서가 내장된 무선장치를 몸에 장착하여 사고 발생 시나 평시에 몸 상태에 관한 데이터를 병원으로 전송하여 응급조치 또는 건강 증진 지원
생활 방식	스포츠 활동이 대표적인데, 예를 들어 골퍼가 신고 있는 골프슈즈의 압력센서를 통해 수집된 데이터를 분석하여 그 결과를 골프앱을 통해 해당 골퍼에게 제공하여 실력 향상 지원
소매업 분야	IoT 기술을 활용해 점주에게 재고 현황이나 제품 정보를 제공하고 고객에게는 제품 정보 제공을 통해 불필요한 방문 방지 서비스 제공
농업 분야	센서를 통해 작물 상태, 강수량, 습도 등을 모니터링하여 농사 효율성 제고, 작물 성장상태 관리, 용이성 확보 가능
문화·관광산업 분야	앱을 통한 관심 장소 추천, 호텔 고객의 인적 상황 파악을 통한 객실 조명과 온도 자동 조절 등의 서비스 제공 가능

사용자 상호 작용 분야	지능형 서탁 서비스, 센서 감지 의자 등 사용자의 실생활과 연관된 분야에 대한 응용을 통한 삶의 질 향상 도모
환경 분야	도시의 오염 등급 감시, 공장 사고 시 공기 센서를 통한 위험 물질 확산 여부 파악 및 경고 서비스 제공으로 주민 안전 도모
에너지 분야	스마트그리드, 가정의 에너지 소비 조절을 위한 지능형 계량 서비스 등

일본은 'IT 융합에 의한 신산업 창출 전략'에 사물인터넷을 포함시켜 글로벌 시장을 목표로 관련 연구개발에 투자를 집중하고 있는데요. 사물인터넷의 경우 스마트농업, 스마트커뮤니티, 헬스케어, 로봇, 차량 및 교통시스템, 콘텐츠 및 창조 사업 등 6개 세부 분야를 선정하였습니다. 그리고 원격진료, 지진 감시 등 미래 디지털 안전 사회 구현을 위해 사물인터넷에 대한 중점적인 연구 및 활성화를 시도하였으며, 정부 및 산업체 등에서 다수의 사물인터넷 프로젝트도 진행하였습니다.

또한, 일본 총무성 주관으로 이동통신사와 시스템 벤더들로 컨소시엄을 구성하여 사물인터넷 관련 개별 프로젝트를 진행하였는데요. 일본 UID(Ubiquitous ID) 센터를 중심으로 uCode라 불리는 독자적인 전파 식별 코드, 무선통신 기술, 데이터베이스 처리 기술 등 사물인터넷에 필요한 요소 기술들을 연구하였습니다. 그리고 지속 가능한 사회를 위한 유비쿼터스(Ubiquitous)[6] 사물인터넷을 실현하기 위해 디지털 식별체계 부여, 객체가 다른 객체와 톡(Talk), 어디서나 컴퓨터를 사용, 객체들의 표준 추적(Traceability) 등에 관심이 집중되고 있습니다.

중국은 '사물망 발전 12차 5개년 계획'을 통하여 사물인터넷 산업 및 연구의 활성화를 위해 50억 위안의 사물인터넷 산업 투자기금을 조성하여 운영하였는데요. 스마트그리드, 교통, 물류, 홈, 환경 및 보안, 공업 및 자동화 제어, 의료, 농축산업, 금융, 국방 등 10대 분야를 중점적으로 연구·개발하는 중국 5개년 연구계획은 크게 센싱 및 프로세싱을 담당하는 인지 계층(Perception Layer), 통신 인프라를 제공하는 통신 계층(Communication Layer), 응용 서비스를 제공하는 응용 계층(Application Layer)으로 구성되며, 인지 계층에서는 IC, 센서/MEMS, RFID, 임베디드 소프트웨어와 같은 센싱/프로세싱 기술, 통

6 언제 어디서나 편리하게 컴퓨터 자원을 활용할 수 있도록 현실 세계와 가상 세계를 결합시킨 것

신 계층에서는 3G/4G 이동통신망과 IPv6[7] 기반의 무선센서 네트워크, RFID/USN[8] 통합 기술, 응용계층에서는 미들웨어(Middleware)[9]를 포함한 클라우드 컴퓨팅, 스마트그리드, 지능형 교통망(Smart Transportation) 등의 응용시스템 기술 연구를 수행하였습니다.

7.2 국내 사물인터넷 정책 및 서비스 현황은?

7.2.1 사물인터넷 정책 동향은?

산업연구원에서는 국내 사물인터넷 시장은 가파른 성장이 예상되고 현재까지 우리나라의 사물인터넷 경쟁력은 해외 주요 국가에 비해 미흡한 편이나 우수한 인력과 인프라를 갖추고 있어 세계 시장을 이끌어 나갈 충분한 잠재력을 보유한 것으로 판단하고 있는데요. 이러한 잠재력을 바탕으로 정부에서는 관계부처 합동으로 사물인터넷 기본계획을 수립하고 이어서 생태계 참여자 간 협업 강화, 오픈 이노베이션 추진, 글로벌 시장을 겨냥한 서비스 개발 및 확산, 기업·스타트업별 맞춤형 전략 등이 포함된 계획을 수립하여 초연결 디지털 혁명의 선도국가 실현이라는 비전을 실행하고 있으며 국내 기업들도 지능 정보화 사회를 위하여 사물인터넷 플랫폼과 서비스를 개발하고 있습니다.

세부적인 정부 정책을 살펴보면 역대 정부에서는 공공분야 선도 서비스 모델 발굴, 사물지능통신 핵심기술 개발, 국내·외 표준화 추진, 법제도 개선 등을 통해 사물인터넷 활성화를 위한 노력을 계속해 왔는데요. 2009년 10월 방송통신위원회의 사물인터넷 분야 국가 경쟁력 강화 및 서비스 촉진을 위한 '사물지능통신 기반구축 기본계획' 발표를 시작으로 2010년 5월 방송통신 10대 미래 서비스에 사물지능통신을 주요 분야로 선정하였으며, 2011년 10월 7대 스마트 신산업 육성 전략에 사물인터넷을 포함하는 정책을 추진하였으며, 2013년 6월 미래창조과학부(현 과학기술정보통신부)는 사물인터넷을 인터넷 신산업 분야의 주요기술로 선정하여 중장기 발전계획을 담은 '인터넷 신산업 육

7 기존 인터넷 환경에서 사용하는 IPv4(IP 버전 4)를 대체하기 위해 호스트의 주소 공간을 거의 무한대로 확장한 차세대 프로토콜

8 필요한 모든 사물에 전자태그를 부착해(Ubiquitous) 사물과 환경을 인식하고(Sensor) 네트워크(Network)를 통해 실시간 정보를 구축, 활용토록 해주는 통신망

9 하드웨어와 소프트웨어의 중간 제품으로 운영체제와 응용 프로그램 중간에 위치하는 소프트웨어

성 방안'을 발표하고 추진한 바 있습니다.

그리고 데이터 3법[10](2020. 8)을 시행 중이며, 레벨3 자율주행차 상용화를 위한 법·제도인 레벨3 자율차 안전기준(2019.12), 보험제도(2020. 4) 등을 완비하여 현재 레벨3 자율자동차 출시 및 운행이 가능하며, 2023년까지 5G 자율주행차에 대한 교통관제시스템 구축, 5G 투자 촉진을 위한 조세특례제한법 완화 등의 정책을 추진하고 있습니다.

7.2.2 사물인터넷 서비스 정책 현황은?

정부에서는 개인 IoT, 산업 IoT 및 공공 IoT 서비스 분야로 구분하여 분야별 특성을 고려하여 특화된 서비스 도입을 추진하였습니다.

1) 개인 IoT 서비스란?

개인 IoT 서비스란 [그림 7-1]에서 보여주는 바와 같은 여러 서비스 사례를 의미하는데요. 개인 IoT 서비스는 사람들에게 편리하고 쾌적한 삶을 제공하는 것을 목표로 하고 있습니다.

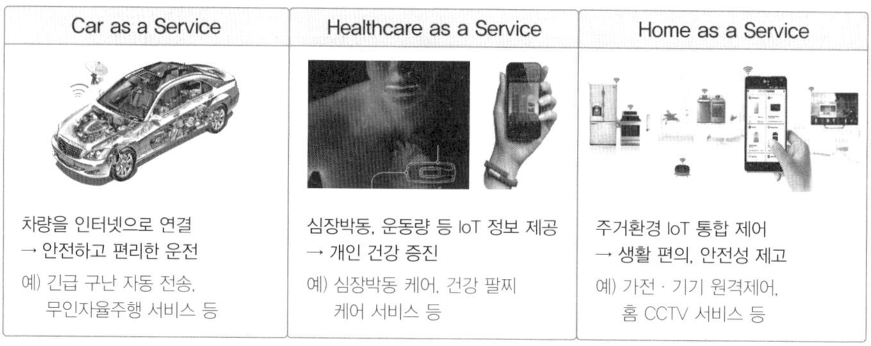

* 출처: 정보통신전략위원회, 사물인터넷 기본계획(2014. 5. 8)

[그림 7-1] 개인 IoT 서비스 사례

미래창조과학부(현 과학기술정보통신부)는 2014년 4월 사물인터넷 기본 계획에서 국민 삶의 질 향상을 위한 개인 IoT 서비스로 자동차 분야(Car as a Service), 헬스케어 분야(Health-

10 개인정보 보호법·정보통신망법·신용정보법 개정안으로서, 4차 산업혁명 시대에 개인과 기업의 정보 활용 폭을 넓혀주기 위한 법

care as a Service)와 홈 분야(Home as a Service)를 제시하였는데요. 자동차 분야는 차량을 인터넷에 연결함으로써 안전하고 편리한 운전 서비스를 제공함과 동시에 긴급구난 자동 전송, 무인자율주행 서비스 등을 제공하는 것을 목표로 하고 있고요. 헬스케어 분야는 주로 웨어러블 디바이스와 스마트폰을 연계함으로써 심장박동, 운동량 등의 사물인터넷 정보를 수집, 분석하여 개인 건강 증진을 위한 정보를 제공하거나, 관련 서비스를 연계하는 것을 목표로 하고 있습니다. 홈 분야는 스마트폰을 중심으로 다양한 주거 환경 디바이스들이 연계됨으로써 원격에서 가전기기들을 제어하고, 홈 CCTV를 활용하여 방범 서비스를 제공하는 것을 목표로 합니다.

2) 산업 IoT 서비스란?

[그림 7-2]에서는 산업 IoT 서비스의 여러 사례들을 보여주고 있는데요. 예를 들어, 공장 제조설비와 가상 사물 세계 간을 연결하여 실시간 모니터링을 제공하여 작업 효율 및 안전을 제고하는 등 산업 여러 분야에서 생산성 및 효율성을 향상시키고 부가가치를 창출할 수 있습니다.

* 출처: 정보통신전략위원회, 사물인터넷 기본계획(2014. 5. 8)

[그림 7-2] 산업 IoT 서비스 사례

산업 현장에서 제공되는 서비스 중에는 건설 현장 작업 교육을 위한 서비스가 있는데요. 멀리 떨어진 건설 현장 직원들이 웨어러블 글라스와 장갑을 끼고 IoT 증강현실을 통해 정보를 받는 서비스입니다. 현장 직원의 작업 결과는 자동으로 센싱되어 실시간으로 글라스에 나타나고 위험 수준에 이르지 않기 위한 몇 가지 요령을 알려줍니다.

또한, 작업 현장의 안전 상태를 자동으로 점검하여 위험도 수준을 표시하여 주며, 그 날 현장 직원들이 작업한 수백 가지 작업 현황과 기존의 다른 작업 결과에 따른 위험도 수준 정보를 보면서 기능 개선을 토론할 수 있게 해줍니다.

3) 공공 IoT 서비스란?

[그림 7-3]에서는 공공 IoT 서비스 분야 사례를 보여주고 있는데요. 재난 예방이나 환경오염 감시 등의 서비스 제공을 통해 살기 좋고 안전한 사회 실현을 목표로 하고 있습니다.

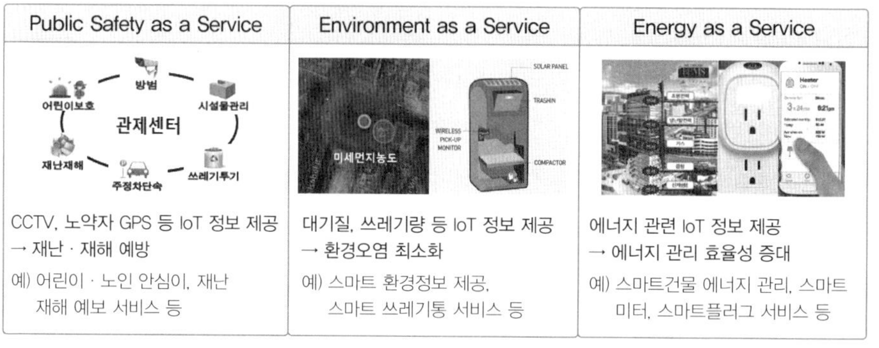

* 출처: 정보통신전략위원회, 사물인터넷 기본계획(2014. 5. 8)

[그림 7-3] 공공 IoT 서비스 사례

정부는 u-IT 기술을 공공 서비스에 접목하여 대국민 서비스 개선 및 국가 현안 해결을 위한 u-서비스를 개발·보급하는 사업을 지속적으로 추진해왔는데요. 2008~2014년 중앙행정기관과 지자체 등에 약 640억 원을 투자하여 약 80개 과제(문화, 재난·재해, 환경, 행정 등의 분야)를 수행하였으며, 2014년에는 신기술·신산업 창출(사물인터넷 등), 전통·기존 산업 혁신, 사회 현안 해결 등 정보화 선도 공공 서비스 발굴을 진행한 바 있습니다.

연습문제 EXERCISE

01 미국의 IoT 서비스 응용 분야에 포함되는 것을 모두 고르시오.

① 기후·환경 ② 지능형 공장 ③ 보안 ④ 공급 체인
⑤ 농업 ⑥ 에너지 ⑦ 문화·관광산업 ⑧ 주택·빌딩

02 건강 분야 서비스에 대해 설명하시오.

03 운송 분야 제공 서비스에 포함되지 않는 것을 고르시오.

① 교통흐름 분산 ② 노면상태 정보 제공
③ 전기자동차 충전소 탐색 지원 ④ 스마트파킹

04 불시 정전 시 시민을 보호하는 것은 어느 분야인가?

05 유럽의 사물인터넷 협의체(CASAGRAS)에서 발표한 프로젝트 IoT-A는 몇 개 분야의 액션플랜을 제시하였는가?

06 14개 액션플랜에 속하지 않는 분야를 고르시오.

① 공공운송 ② 지능형 도시 ③ 재난 감지 ④ 긴급상황서비스
⑤ 생활 방식 ⑥ 소매업 ⑦ 사용자 상호 작용 ⑧ 환경
⑨ 보안 ⑩ 건강 관리

07 공급 체인에 사용되는 무선기술을 고르시오.

① Bluetooth ② WiFi ③ ZigBee ④ RFID

08 공장 사고 시 공기 센서를 통한 위험 물질 확산 여부 파악 분야는?

09 일본의 'IT 융합에 의한 신산업 창출 전략'에서 사물인터넷에 포함되지 않는 분야를 고르시오.

① 스마트농업 ② 헬스케어 ③ 국방 ④ 차량 및 교통 시스템
⑤ 로봇 ⑥ 스마트커뮤니티 ⑦ 농축산업 ⑧ 콘텐츠 및 창조 사업

10 일본 UID(Ubiquitous ID) 센터에서 연구한 사물인터넷 요소 기술에 포함되지 않는 것을 고르시오.

① 임베디드 S/W ② 전파 식별 코드
③ 데이터베이스 처리 기술 ④ 무선통신 기술

11 중국의 5개년 연구계획에 포함되지 않는 계층은?

① 인지 계층 ② 전달 계층 ③ 통신 계층 ④ 응용 계층

12 중국의 사물망 발전 12차 5개년 계획의 연구 분야를 모두 고르시오.

① 로봇 ② 재난 감지 ③ 스마트그리드 ④ 환경 및 보안
⑤ 지능형 도시 ⑥ 공업 및 자동화 제어 ⑦ 의료 ⑧ 금융

13 데이터 3법에 속하지 않는 법령을 고르시오.

① 개인정보보호법 ② 정보통신망법 ③ 정보통신산진흥법 ④ 신용정보법

14 정부에서 추진 중인 IoT 서비스 분야가 아닌 것은?

① 개인 IoT ② 산업 IoT ③ 공공 IoT ④ 의료 IoT

15 Google 웨어러블 글라스의 증강현실(VR) 기술을 활용할 수 있는 IoT 서비스 분야는?

Part

03

사물인터넷 서비스 분야

제8장 사물인터넷 서비스 제품 분야 | 제9장 사물인터넷 서비스 응용 분야

Chapter

08 사물인터넷 서비스 제품 분야

8.1 건강관리 분야는?

과거에는 질병이나 질환이 생긴 후 체계적이고 효율적으로 관리하는 개념의 헬스케어(Healthcare)였다면, 최근에는 사전에 질병이나 질환 발생을 예측하여 예방하는 웰니스(Wellness) 개념으로 변화하고 있는데요. 헬스케어와 웰니스의 공통점은 지속적으로 다양한 유형의 신체 상태를 측정한 후, 변화량이나 기준을 바탕으로 건강상태를 알려주고 그에 대한 대응방안을 제시해 주는 것이나 차이점은 헬스케어는 질병이나 질환의 치료 행위이고, 웰니스는 지속적으로 건강한 상태를 유지시켜주는 일련의 행동이라 할 수 있습니다.

8.1.1 스마트밴드란?

스마트폰이 보급되기 시작한 이래로 통신 서비스 산업뿐만 아니라 스마트폰용 애플리케이션 시장과 스마트폰 주변기기(앱세서리)[1] 시장에 큰 영향을 줌에 따라 등장한 헬스케어 목적의 스마트밴드(Smart Band)가 대표적이라 할 수 있는데요. 스마트밴드는 걸음 수, 소모 칼로리, 수면시간 및 패턴 등과 같은 활동 정보 측정·관리용 디바이스로서 초기에 출시된 스마트밴드는 만보기처럼 허리띠에 부착하는 형태였으나, 지속적으로 행동패턴을 측정하기 위해 [그림 8-1]과 같은 팔찌 형태로 바뀌었습니다.

[그림 8-1] 스마트밴드

1 컴퓨터 응용 프로그램(application)과 액세서리(accessory)를 합쳐 만든 신조어

8.1.2 휴대용 건강측정기란?

[그림 8-2]와 같은 형태인 휴대용 건강측정기는 체온, 맥박, 혈당 및 심전도 등을 간편하게 측정할 수 있는 장치로서, 해당 측정 장치를 관자놀이에 10초 정도 대고 있으면 여러 건강자료 수치, 즉 체온, 심박 수, 혈중 헤모글로빈 농도, 심전도 및 맥파 전달시간 심박변이도 등의 측정 수치를 제공하여 개인의 건강상태를 바로 체크할 수 있습니다.

[그림 8-2] 휴대용 건강측정기

8.1.3 스마트운동화란?

스마트운동화란 기존 운동화에 활동 추적 장치를 부착하여 걷거나 달린 거리, 속도 및 소모 칼로리 등을 제공하여 개인 스스로 자신의 건강을 관리할 수 있도록 도와주는 똑똑하고 스마트한 운동화인데요. [그림 8-3]은 나이키 사에서 상품화한 스마트운동화 실물입니다.

[그림 8-3] 스마트운동화

8.1.4 스마트의류란?

스마트의류는 운동선수들의 과학적 훈련을 위해 직물에 부착된 센서가 심박 수, 심박변이도, 걸음 수, 칼로리 소모량 등을 측정하여 운동 시 나타나는 신체 변화를 실시간으로 기록하고 관리해주는 최첨단 의류인데요. [그림 8-4]는 랄프로렌 사의 스마트의류 제품입니다.

[그림 8-4] 스마트의류(출처: 랄프로렌)

8.1.5 스마트신발/방석이란?

[그림 8-5] 왼쪽의 스마트신발은 신발 깔창에 내장된 8개의 압력 센서와 1개의 3축 가속도 센서를 통해 족적을 분석하여 자세 교정, 열량 분석, 척추질환 조기 진단 등에 활용되고, 오른쪽의 스마트방석은 방석에 내장된 압력 센서를 활용하여 자세를 모니터링하여 일정 시간 자세가 바르지 못하면 경고를 하여 바른 자세를 유지할 수 있도록 도와주는 등 우리의 건강을 유지시켜 주는 생활밀착형 사물인터넷 제품입니다.

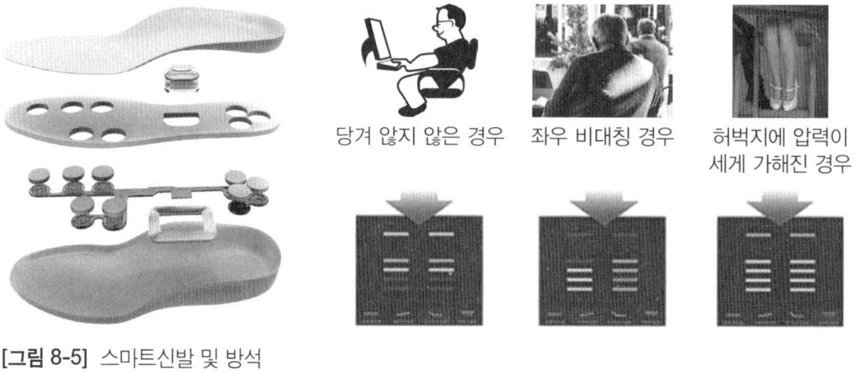

[그림 8-5] 스마트신발 및 방석

8.1.6 스마트슬리퍼란?

스마트슬리퍼(Smart Slipper)의 실제 모습은 [그림 8-6]에서 보듯이 마트나 백화점 등에서 판매하고 있는 일반 슬리퍼와 큰 차이가 없는 것처럼 보이지만, 실제로는 24eight사에서 개발한 최첨단의 기울기 인식 기술과 통신사의 무선통신 기술이 숨겨져 있는데요. 슬리퍼 바닥에 내장된 센서가 발로부터 가해지는 압력과 보폭 데이터를 수집하여 착용자의 걸음걸이를 실시간으로 측정하여 몸 상태를 꾸준히 분석할 수 있도록 도와주는데 환자나 고령자가 지그재그로 걷는 등 비정상적인 움직임이 감지되면 슬리퍼의 무선 송신 장치가 미리 입력되어 있는 의사나 가족의 스마트폰으로 경보(문자 메시지)를 발송하여 빠른 대응이 가능하도록 해줍니다. 또한, 스마트폰 응용프로그램을 이용하면 착용자의 동선을 실시간으로 관찰하여 독거노인의 안전에 대한 가족들의 걱정을 덜어주는 등 실버산업에 최적화되어 있습니다.

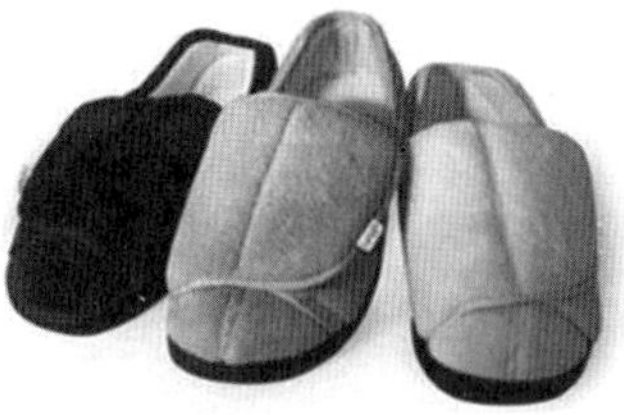

[그림 8-6] 스마트슬리퍼

8.1.7 스마트벨트/체중계란?

[그림 8-7]에서는 허리둘레의 변화를 측정해 당뇨의 위험을 사전에 알려주는 스마트벨트(왼쪽 그림)와 체중 및 체질량 지수의 변화를 관리하여 건강을 유지할 수 있도록 도와주는 스마트체중계(오른쪽 그림)를 보여주는데요. 일상생활에서 건강을 유지할 수 있도록 도와줍니다.

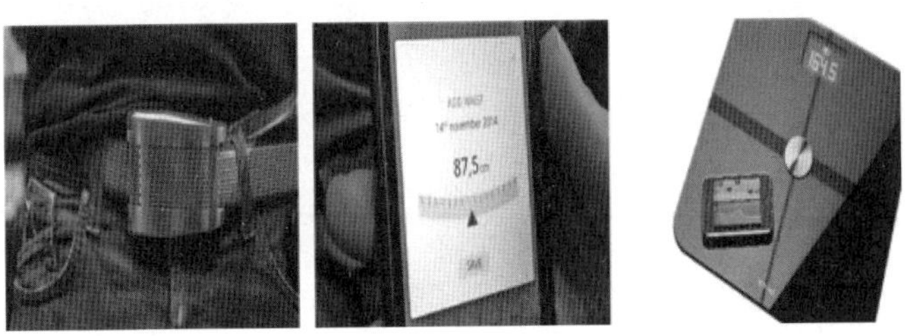

[그림 8-7] 스마트벨트 및 체중계

8.1.8 스마트줄넘기란?

[그림 8-8]은 줄넘기 횟수, 소비한 칼로리 등을 기록·관리할 수 있는 스마트줄넘기 제품으로 줄넘기에 내장된 LED를 이용해 줄이 지나가는 자리 허공에 횟수를 표시하며, 전용 앱인 스마트짐(Smart Gym)과 연동하여 다양한 운동정보를 스마트폰으로 확인할 수 있습니다.

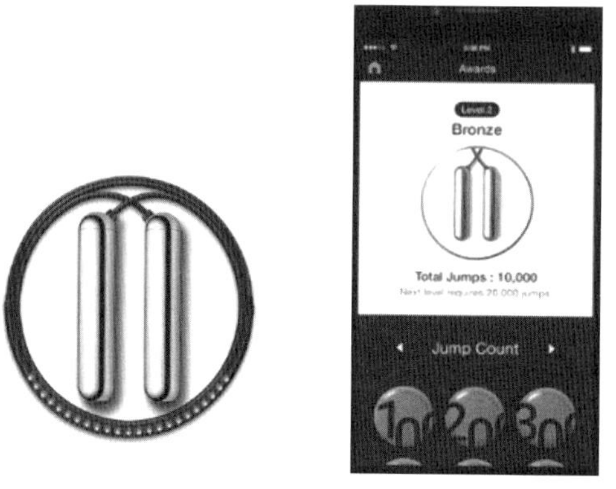

[그림 8-8] 스마트줄넘기

8.1.9 스마트칫솔이란?

[그림 8-9]의 스마트칫솔은 블루투스 기능 및 메모리카드 슬롯까지 갖추고 있어 이를 이용해 안드로이드 스마트폰과 연동할 수 있는데요. 즉, 이를 닦을 때마다 얼마나 오랫동안 그리고 자주 칫솔질을 했는지를 스마트폰으로 전송하므로 사용자는 그래프화된 결괏값을 전용 앱에서 확인할 수 있습니다. 또한, 앱에서는 사용자의 칫솔질 패턴을 바탕으로 현재 치아의 건강상태를 분석하고 치아 관리에 대한 조언뿐만 아니라 다른 가족 구성원 개개인이 스마트칫솔을 가지고 있는 경우 개인별 칫솔질 패턴 및 치아 건강상태를 통합해 비교할 수 있는 기능도 제공합니다.

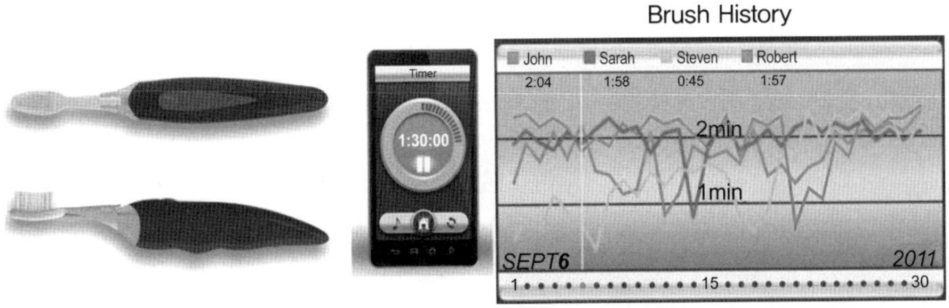

[그림 8-9] 스마트칫솔

8.1.10 스마트포크란?

[그림 8-10]에서 보여주는 스마트포크는 사용자가 음식을 먹는 데 투입하는 속도와 포크질 횟수 등을 측정해 다이어트에 필요한 식습관을 개선·제안할 수 있도록 측정된 기록은 블루투스를 이용해 스마트폰이나 컴퓨터로 바로 확인 가능하여 식습관을 통한 건강 증진 및 체중 유지에 최적화된 사물인터넷 활용 제품입니다.

[그림 8-10] 스마트포크

8.1.11 스마트물병이란?

[그림 8-11]은 에잇컵스(8Cups)라는 스마트물병 제품인데요. 스마트물병은 건강을 유지하기 위해서 하루 8잔의 물을 마셔야 한다는 아이디어에 착안하여 개발된 제품으로서, 컵에 담긴 섭취량을 측정 후 스마트폰에 전송하여 사용자가 하루 섭취하여야 할

물의 양을 조절하여 건강을 유지할 수 있도록 도와줍니다.

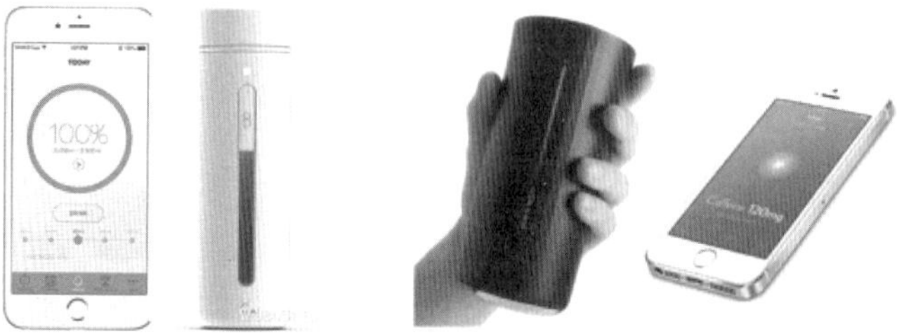

[그림 8-11] 스마트물병

8.2 스포츠 분야는?

8.2.1 전자 성능 추적 장치(ETPS)란?

ETPS(Electronic Performance & Tracking System)는 2022년 카타르 월드컵 경기에서 우리나라 국가대표 선수가 골을 넣은 후 상의 탈의 세리머니를 통해 알려진 바 있는데요. ETPS는 [그림 8-12]에서 보듯 선수의 몸에 부착되어 실시간으로 선수의 위치와 경기력을 측정하는 웨어러블 기기입니다.

[그림 8-12] ETPS 동작 원리(출처: FIFA)

ETPS에는 GPS 수신기, 자이로스코프, 가속도 센서, 심박 센서 등 각종 장비와 센서가 탑재되어 있는데, 이를 활용해 선수들의 활동량, 최고 달리기 속도, 심박 수 등의 신체 정보와 슈팅이나 패스 성공률, 스프린트 횟수 등 400여 가지 경기 데이터를 수집하여 코치진의 노트북으로 전달합니다.

코치진은 이 데이터를 바탕으로 선수가 최대로 낼 수 있는 경기력과 현재의 활동량을 비교하고 선수별 피로 정보나 부상 상태를 체크하여, 경기에 출전할 최적의 선수를 선발하는 지표로 활용합니다. 이외에도 심장 이상 여부를 미리 파악하여 선수 보호 역할도 하는 스포츠 관련 사물인터넷 제품입니다.

8.2.2 스마트축구공이란?

[그림 8-13]에서 보듯이 스마트축구공은 WiFi를 통해 스마트폰과 연동하는데요. 즉, 축구공 안에 센서를 내장하여 선수가 킥을 하는 순간 킥의 강도, 공의 회전력, 공의 비행 궤적과 거리, 패스와 터치 횟수 등을 감지하여 메모리에 기록한 후 WiFi를 통하여 해당 앱이 깔린 스마트폰이나 스마트장치로 관련 정보를 전송하여 분석함으로써 선수들의 기량 향상에 많은 도움을 주는 사물인터넷 제품입니다.

[그림 8-13] 스마트축구공

8.2.3 스마트축구화란?

스마트축구화는 [그림 8-14]에서 보듯 스마트셀이라는 스피드센서를 축구화 밑창에 내장한 축구화로서, 선수의 움직임을 상하좌우 모든 방향에서 감지하여 총 운동시간과 운동거리, 전력질주 횟수, 최고 스피드, 최고 강도 레벨에서의 운동거리 등 축구 경기에서 필요한 모든 행동을 측정하고 기록하여 팀플레이를 위한 작전 수립 등에 활용할 수 있습니다.

[그림 8-14] 스마트셀이 내장된 스마트축구화

그리고 측정된 운동 정보는 최대 7시간까지 메모리에 저장 가능하며, PC나 스마트폰에 장착된 USB 연결센서를 통해 PC나 스마트폰으로 쉽게 전송할 수 있는데요. 해당 웹사이트의 트레이닝 프로그램을 활용하여 개인 코칭도 받을 수 있습니다.

8.2.4 스마트라켓이란?

[그림 8-15]에서 보여주는 스마트라켓은 일반 테니스 라켓에 내장된 센서와 블루투스 기능을 이용하여 선수의 스윙에 따른 다양한 정보를 수집하여 메모리나 칩에 저장한 후 실시간으로 PC나 스마트폰으로 데이터를 전송하는데요. 전송 받은 데이터에서 서브와 스트로크의 속도와 강도, 공이 라켓에 닿았을 때의 충격량, 포핸드·백핸드 등 스윙의 종류, 파워 등 스윙 동작과 관련된 정보를 분석하여 그 결과를 앱을 통하여 코칭해주기 때문에 혼자서도 과학적인 운동 연습이 가능합니다.

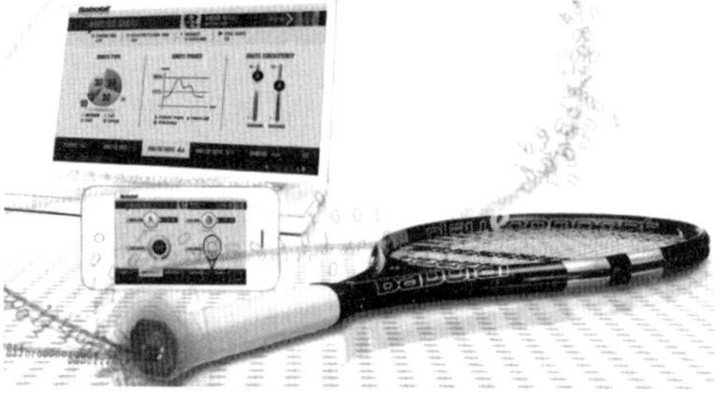

[그림 8-15] 스마트라켓

8.3 스마트플러그란?

[그림 8-16]의 스마트플러그는 설정된 동작 조건이나 스마트폰의 접근 여부 등에 따라 플러그 전원을 ON/OFF 하거나 전력사용량을 모니터링할 수 있도록 해주는데요. 스마트플러그와 연결된 전열기구나 스탠드 등 가전제품을 원격에서 제어할 수 있는 기능도 제공합니다.

[그림 8-16] 스마트플러그

8.4 스마트미터란?

스마트미터는 [그림 8-17]에서 보듯 가전제품의 전력사용량 확인 및 전력이용 패턴의 빅데이터 분석을 통해 전력을 많이 사용하는 가전제품을 알려주는 등 전력 낭비를 방지할 수 있도록 해주는 장치입니다.

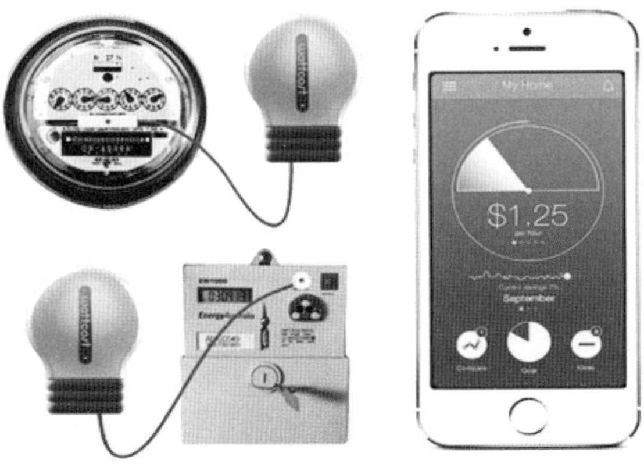

[그림 8-17] 스마트미터

8.5 스마트에어컨이란?

[그림 8-18]의 엠비 클라이밋(Ambi Climate)은 기존 에어컨을 스마트폰 앱과 연동시켜 어디서나 집안의 온도를 확인하고 에어컨을 제어할 수 있도록 해주는 스마트에어컨 관리 장치인데요. 특정한 조건이 되면 자동으로 에어컨을 작동시키거나 정지시킬 수 있습니다.

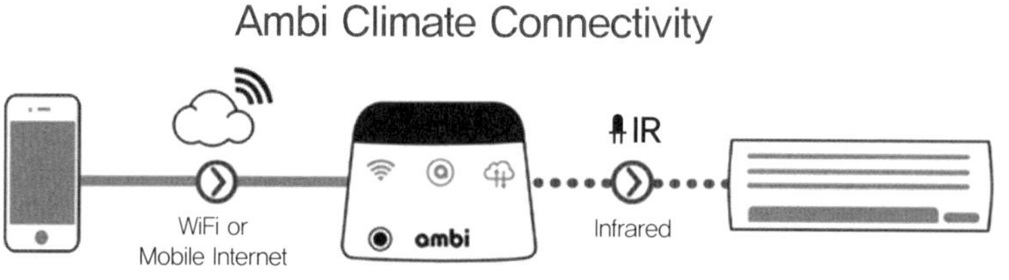

[그림 8-18] 스마트에어컨

연습문제 EXERCISE

01 아래 내용 중 설명이 틀린 것을 고르시오.

① 헬스케어는 질병이나 질환의 치료 행위
② 과거에는 질환이 생긴 후 관리하는 헬스케어가 주류였음
③ 헬스케어와 웰니스의 공통점은 건강 상태 통보 및 대응 방안 제시
④ 웰니스는 지속적으로 건강한 상태를 유지시켜주는 일련의 행동

02 스마트폰 주변기기를 의미하는 앱세서리가 무엇인지 기술하시오.

03 휴대용 건강 측정기에서 측정 가능한 항목이 아닌 것을 고르시오.

① 심전도 ② 맥박 ③ 혈당 ④ 혈압
⑤ 체온

04 스마트운동화에는 기존 운동화에 어떤 장치를 부착하는지 고르시오.

① 가속도 센서 ② 스피드 센서 ③ 활동 추적 장치 ④ 블루투스 칩

05 스마트의류에서 측정 가능한 항목을 모두 고르시오.

① 심박 변이도 ② 체온 ③ 걸음 수 ④ 수분량
⑤ 심박 수 ⑥ 칼로리 소모량

06 스마트신발에는 총 몇 개의 센서가 내장되는가?

① 9개 ② 12개 ③ 8개 ④ 1개

07 스마트슬리퍼에 무선 통신 기술 외에 적용된 최첨단 기술은?

① 자세 제어 기술 ② 기울기 인식 기술
③ 제스처 감지 기술 ④ 압력 측정 기술

08 스마트슬리퍼를 적용할 수 있는 분야를 고르시오.

① 욕실용품 ② 미아 방지 ③ 실버산업 ④ 의료기구

09 스마트벨트를 활용할 수 있는 질병 종류는?

① 대사증후군 ② 고혈압 ③ 디스크 ④ 당뇨

10 스마트줄넘기에서 줄이 지나간 횟수를 허공에 표시해주는 장치는?

① LCD(Liquid Crystal Display) ② LED(Light Emitting Diode)
③ DID(Digital Information Display) ④ OLED(Organic Light Emitting Diodes)

11 스마트칫솔에 적용한 무선통신 기술을 고르시오.

① NFC ② LTE
③ 블루투스(Bluetooth) ④ WiFi

12 스마트포크의 용도는?

13 스마트물병은 건강을 유지하기 위해서 하루 몇 잔의 물을 마셔야 한다는 아이디어에 착안하여 개발하였는가?

① 8잔 ② 10잔 ③ 6잔 ④ 12잔

14 ETPS에 사용되는 장비나 센서가 아닌 것은?

① GPS ② 가속도 센서 ③ 제스처 센서 ④ 자이로스코프

15 스마트축구공과 스마트폰 간을 연결시켜주는 통신기술은 무엇인가?

① Bluetooth ② WiFi ③ RFID ④ ZigBee

16 스마트축구화에 내장된 센서는 무엇인가?

① 압력 센서 ② 가속도 센서 ③ 자세 인식 센서 ④ 스피드 센서

17 스마트축구화에서 측정 가능한 항목을 모두 고르시오.

① 총 운동시간 ② 총 킥 횟수 ③ 총 운동거리
④ 전력질주 횟수 ⑤ 최고 스피드 ⑥ 파울 횟수

18 스마트라켓으로 측정할 수 없는 항목을 고르시오.

① 라켓 터치 횟수 ② 스트로크의 속도와 강도
③ 스윙의 종류 ④ 충격량

19 '스마트플러그와 연결된 전열기구나 스탠드 등 가전제품을 ( )에서/로 제어할 수 있는 기능도 제공'에서 괄호 안에 들어갈 단어를 고르시오.

① 집 내부 ② GPS ③ 원격 ④ 리모콘

20 스마트미터에서 사용하는 분석 기술은 무엇인가?

① 클라우드 컴퓨팅 ② 빅데이터

③ 블록체인 ④ 인공지능

21 스마트에어컨인 엠비 클라이밋은 기존 에어컨을 무엇과 연동시키는가?

① 스마트미터 ② 홈네트워킹 플랫폼

③ 스마트플러그 ④ 스마트폰 앱

Chapter

09 사물인터넷 서비스 응용 분야

9.1 스마트홈 분야는?

스마트홈은 가전·조명·에너지관리·보안·냉난방·홈엔터테인먼트 등을 비롯해 다양한 스마트기기들과 ICT 기반의 홈네트워크를 연동시킨 융합기술로써, 모니터링, 제어, 원격 조종 기술이 발전되어 삶의 질을 높이는 데 일조하고 있는데요. [그림 9-1]에서는 스마트홈 지원을 위한 각 영역별 적용 기술들을 망라한 네트워크 구성을 보여주고 있습니다.

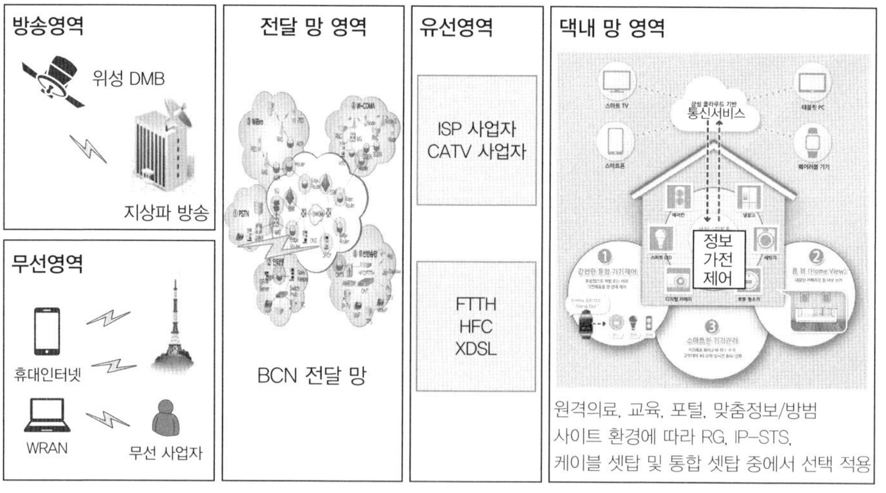

[그림 9-1] 스마트홈 지원을 위한 네트워크 구성의 예

9.1.1 KT는?

KT는 [그림 9-2]에서 보여주는 바와 같이 스마트폰을 활용한 댁내 방범, 전력 제어, 검침 등이 가능한 스마트홈 서비스를 제공하고 있는데요.

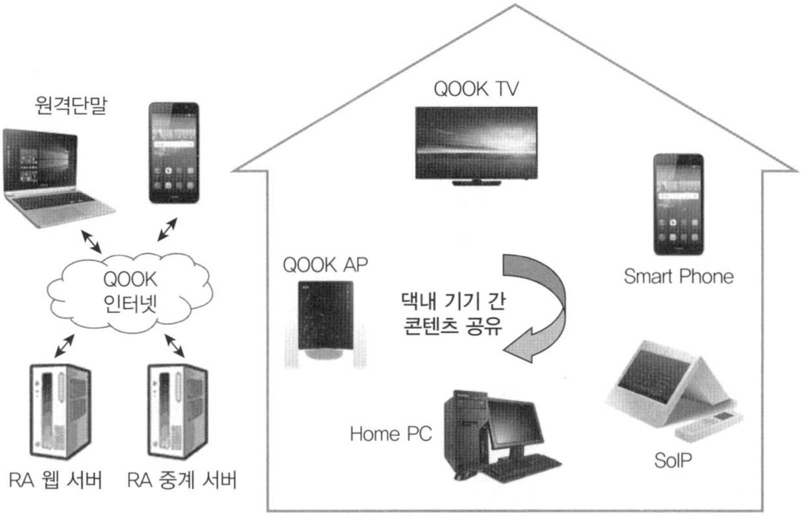

[그림 9-2] KT의 스마트홈 서비스

원격지에서 거주자가 스마트폰으로 KT 사물인터넷 플랫폼을 통해 실시간으로 댁내 환경을 모니터링할 수 있으며, 간단한 스마트폰 작동을 통해 전등, 출입문 등을 제어할 수 있습니다. 또한, 실시간 침입 및 화재 경보 수신으로 스마트 원격 관제 서비스가 가능합니다.

9.1.2 삼성전자 스마트싱스(플랫폼)는?

삼성전자는 스마트폰 애플리케이션과 스마트홈 허브를 통해 여러 가전제품을 연결해 주는 IoT 플랫폼 개발 스타트업 기업인 스마트싱스(SmartThings)를 인수한 바 있는데요. [그림 9–3]에서는 앱을 통해 냉장고, 에어컨, 세탁기, 로봇청소기 등 가전제품을 모니터링하고 제어할 수 있는 스마트싱스 플랫폼을 보여주고 있습니다.

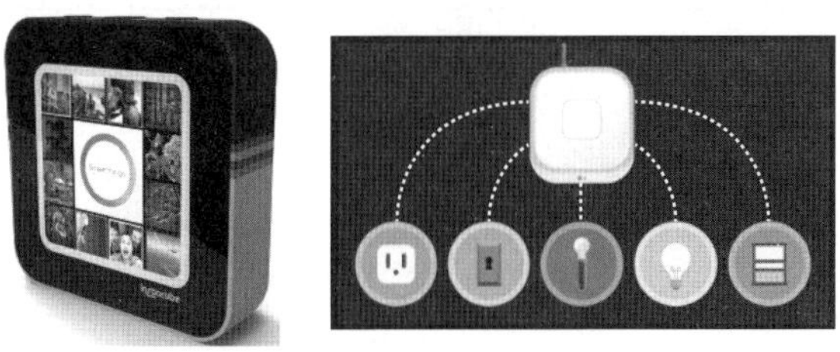

[그림 9-3] 삼성전자 스마트싱스 플랫폼

스마트싱스에 사용되는 기술은 무선통신 기술인 ZigBee[2]인데 보안에 취약한 ZigBee의 문제점을 해결하기 위하여 ZigBee로 연결된 IoT 기기와 허브 간 연결이 끊어졌다 재접속하는 과정에서 주변에 해킹을 시도하는 다른 기기에 의한 보안 약점이 발생하는 점에 착안하여 자동 재접속을 차단하는 방법으로 보안 문제를 해결하였습니다. 하지만 ZigBee는 수 m 내에서 사용하는 근거리 무선 기술이고, 접속하는 순간이 찰나인 만큼 해킹 가능성은 그리 높지 않습니다.

9.1.3 구글 네스트(플랫폼)는?

[그림 9-4]는 구글이 네스트 랩스를 인수 후 출시한 스마트홈 제품인데요. 그림의 왼쪽은 구글 네스트 랩스(Nest Labs)의 학습형 온도조절기(Thermostat)로 집주인의 생활 패턴 학습뿐만 아니라, 외부 온도, 날씨 정보를 활용하여 사용자에게 최적의 집안 온도를 제공하는 제품이며, 그림의 오른쪽은 네스트 화재경보기(Protect)로서 연기나 일산화탄소를 감지하면 자체 알람 소리와 동시에 스마트폰으로 상황 정보를 전송해 줍니다.

그리고 네스트 Protect는 최대 15m 거리 내에서 최대 10개의 네스트 Protect 간 연결을 통해 정보를 공유할 수 있는데요. 네스트는 WiFi[3] 연결을 위해 802.11 b/g/n을 사용하며, 네스트 제품 간 통신은 Nest Weave라는 802.15.4 프로토콜을 사용합니다.

[그림 9-4] 구글 네스트(온도조절기 Thermostat/화재경보기 Protect)

구글 네스트 플랫폼은 [그림 9-5]에서 보여주는 각종 기능, 즉 자동온도조절기, 화재경보기 및 원격 카메라인 Nest Cam, Dropcam, Dropcam Pro 등을 연결하여 필요 시 이들 기능을 앱에 등록한 후 이 앱을 통해 원격에서 집안의 온도 조절이나 화재 발생,

2 양방향 무선 개인 영역 통신망(WPAN) 기반의 홈 네트워크 및 무선 센서망에서 사용되는 기술
3 하이파이(Hi-Fi·High Fidelity)에 무선기술을 접목한 것으로, 고성능 무선통신을 가능하게 해주는 무선랜 기술

집안 감시 등의 서비스를 제공하는 플랫폼으로, 유사 시 곧바로 후속 조치를 할 수 있습니다.

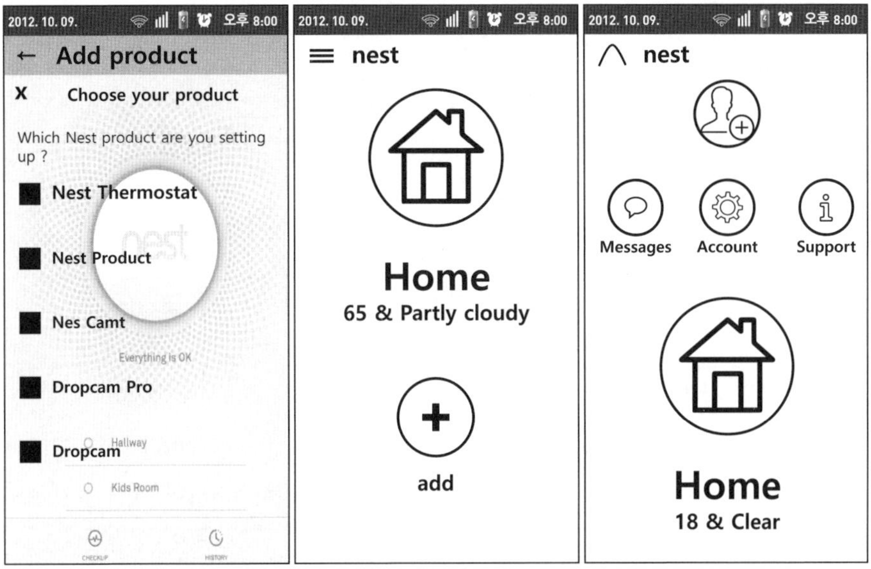

[그림 9-5] 구글 네스트 플랫폼

9.1.4 애플 홈킷(플랫폼)은?

[그림 9-6]은 애플사의 애플 홈킷(Homekit) 플랫폼인데요. 이 플랫폼은 스마트 잠금장치, 조명, 카메라, 온도조절, 플러그, 스위치 등과 사용자 아이폰을 연결하여 각각의 디바이스 또는 디바이스 그룹을 제어할 수 있도록 해줍니다. 또한, 홈킷은 아이비콘(iBeacon)[4]과 음성인식 비서 시리(Siri)에 접근할 수 있는 API를 제공하여 사용자의 동선 예측 및 시리를 통한 가전 조작 서비스를 제공합니다.

4 애플의 근거리통신으로서, 2013년 6월 애플의 개발자 행사 '월드와이드 개발자 콘퍼런스(WWDC)'를 통해 처음 소개

[그림 9-6] 애플 홈킷 플랫폼

9.2 디지털 헬스케어 서비스 분야는?

9.2.1 헬스케어 서비스 플랫폼은?

헬스케어 서비스는 서비스 플랫폼을 통하여 구현되는데, 헬스케어 디바이스들로부터 수집된 데이터를 분석하여 헬스케어 및 의료 서비스로 연결시켜줍니다. 주요 플랫폼으로는 [그림 9-7]과 같은 애플 헬스킷, 구글의 구글핏과 삼성 SAMI 등이 있습니다.

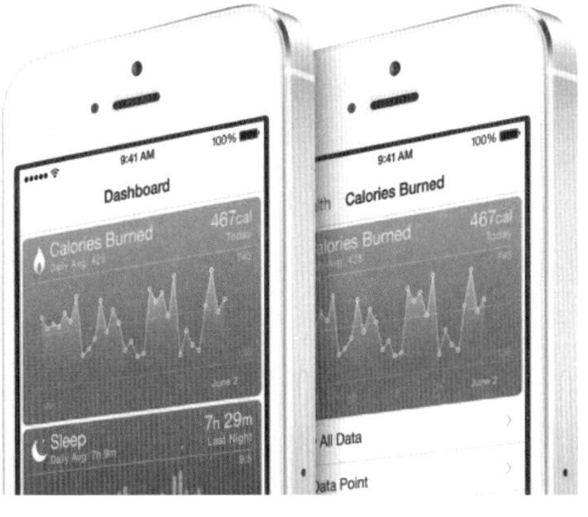

[그림 9-7] 애플 헬스킷(Healthkit) 플랫폼(출처: http://me2.do/GQWSkSoT)

9.2.2 디지털 헬스케어 서비스는?

S-Health 앱은 삼성전자의 피트니스 애플리케이션으로 [그림 9-8]에서 보듯 헬스 보드, 걷기 도우미, 푸드 트래커 등 칼로리 관리, 헬스 다이어리 등 다양한 활동 정보 추

적·측정 외에 삼성 스마트폰과 웨어러블 기기에 내장된 센서로 심박 수, 산소포화도, 자외선 지수/노출시간 등 건강과 환경 수치를 측정하고 관리해 주며, 앱을 통해 알아보기 쉬운 차트와 유용한 팁을 제공해 건강 유지와 운동 목표 달성을 도와주는 등 건강관리 코치 역할을 수행합니다.

[그림 9-8] 삼성전자 S-Health 앱

[그림 9-9]는 한양대병원 등 여러 병원에 공급된 엠케어(M-Care) 스마트헬스케어 플랫폼으로서, 긴 대기시간, 복잡한 실내 구조 등 병원 이용의 불편함을 해소하고자 이용자가 일일이 조작하지 않아도 접수·진료·수납·귀가 등 4가지 단계에서 이용자의 동선을 인지하여 스마트폰으로 맞춤형 메시지를 전달하는 통합형 헬스케어 서비스입니다. 예약된 병원 진료과 도착 시 알림 메시지와 예약내용이 통지되고, 모바일 대기 번호가 발급되며, 진료 현황을 스마트폰으로 실시간 조회할 수 있고, 진료 후에는 진료 내역과 검사 결과, 처방전 조회와 출력 및 다음 진료 예약·결제가 가능합니다.

[그림 9-9] 데이터링크시스템의 스마트헬스케어 플랫폼 엠케어(출처: 언론자료)

9.3 스마트시티 분야는?

스마트시티는 IT 기술을 활용하여 도시문제를 해결하고 시민들의 삶의 질을 개선하는 지속가능한 미래형 도시 개념으로서 스마트시티에서는 에너지, 교통, 환경 등 도시 주요 부문의 인프라와 서비스가 IT·사물인터넷 기술과 결합해 플랫폼에 정보를 전송하게 되며, 플랫폼은 가공된 정보를 필요한 기관이나 시민들에게 제공합니다.

또한, 스마트시티는 인적자원, 사회 인프라, 교통수단 및 IT 등의 투자를 통해 지속적인 도시 경제 발전과 삶의 질을 향상시켜주는 지능형 도시를 지향하며, 특정 서비스나 플랫폼을 의미하는 것이 아니라 도시 주민을 대상으로 도시 행정의 효율을 높일 수 있는 다양한 서비스와 기술을 포함하는 개념입니다.

[그림 9-10]에서는 스마티시티를 구성하고 있는 요소들을 보여주는데요. 도시에 공급되는 물(Smart Water), 에너지(Smart Grid), 도시 교통 수단(Transportation)과 통신 네트워크 인프라를 통해 데이터를 수집·분석하여 도시시설물 및 첨단 IT와의 융합을 통해 환경

개선, 삶의 질 제고, 도시 경제 활성화 등을 추구하고 있습니다.

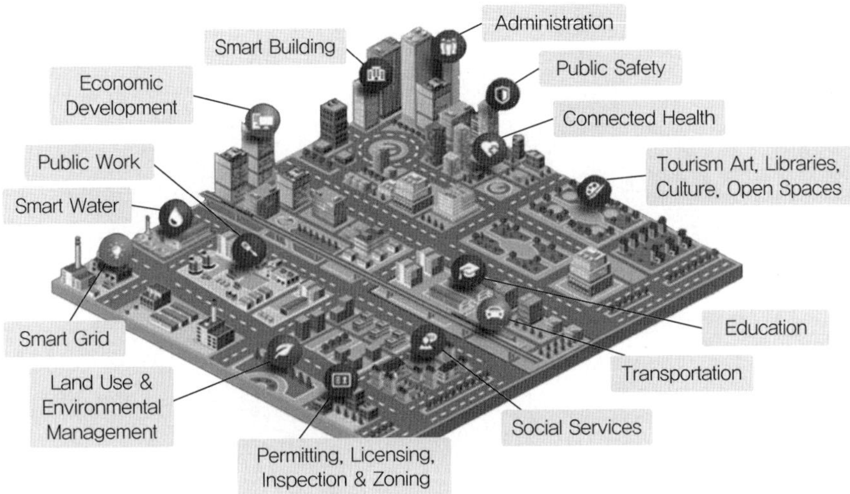

[그림 9-10] 스마트시티 구성 요소(출처: IDC)

9.3.1 스마트그리드에 대해 알아볼까요?

스마트시티의 주요 구성요소에 속하는 스마트그리드는 [그림 9-11]과 같이 기존 전력망에 ICT를 접목해 에너지 네트워크와 통신 네트워크가 합쳐진 차세대 지능형 전력망을 의미하는데요. 스마트그리드망을 통하여 전력공급자와 소비자가 실시간으로 전기 사용 관련 정보를 주고받음으로써 에너지 사용을 최적화할 수 있습니다. 이처럼 스마트그리드를 적용하여 전력망을 디지털화함으로써 소비자는 스마트미터라는 개별 전력 관리장치를 통해 전력의 수요공급 상황에 따라 변동하는 가격 등의 관련 정보를 확인하고 실시간으로 에너지원을 선택할 수 있습니다.

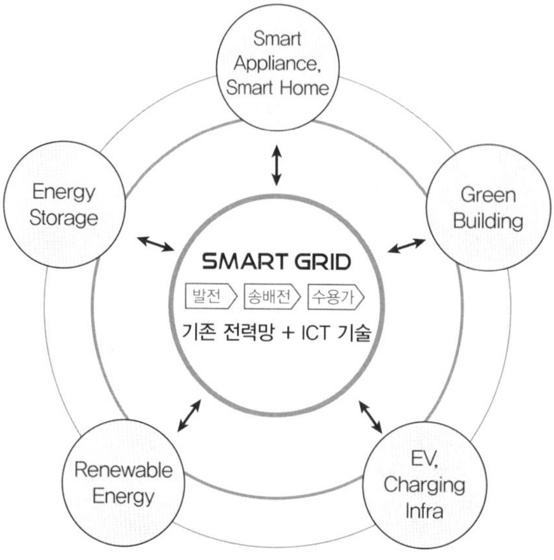

[그림 9-11] 스마트그리드(출처: 한국스마트그리드 협회)

[그림 9-12]에서 기존 전력망과 지능형 전력망과의 비교를 통해서 스마트그리드는 전기와 정보통신 기술을 활용해 전력망을 지능화·고도화해 고품질 전력 서비스를 제공하고 에너지 이용 효율을 극대화함을 알 수 있습니다.

전력망=Grid	+	정보통신=Smart	=	스마트그리드
공급자 중심 일방향성		실시간 정보 교환		수요자 중심 양방향성

기존 전력망	지능형 전력망
아날로그/전기 · 기계적	디지털/지능형
중앙 집중 체계	분산 체계
방사상 구조	네트워크 구조
수동 복구	자동 복구
고정 요금	실시간 요금
단방향 정보 흐름	양방향 정보 교류
소비자 선택권 없음	다양한 소비자 선택권

[그림 9-12] 기존 전력망과 지능형 전력망 비교(출처: 한국스마트그리드사업단)

기존 전력망은 최대 수요량에 맞춰 예비율을 두고 일반적으로 예상 수요보다 15% 정도 많이 생산하는데, 이는 중앙 집중형 발전 형태로 공급자 중심으로 설비를 운영하기 때문입니다. 또한, 전기를 생산하기 위해 석탄, 석유, 가스와 같은 화석연료로 대규모 발전을 함에 따라 생산한 전기가 동시에 버려지기도 합니다. 즉, 효율성이 떨어지는 구조라 할 수 있습니다.

이러한 낭비와 비효율성을 해결하기 위해 스마트그리드는 다양한 데이터를 이용하여 사용하는 전기량을 예측하는 방식으로 효율을 높여 에너지 낭비를 막는데, 이는 신·재생에너지를 고려한 분산 발전 형태라 할 수 있습니다. 양방향으로 전력과 정보가 흘러 소비자 참여로 설비가 운영되며, 전력 수급 상황별 차등 요금제를 적용해 전기 사용자에게 전기 사용량과 요금 정보를 알려줌으로써 자발적인 에너지 절약을 유도할 수 있습니다.

9.3.2 스마트빌딩에 대해 알아볼까요?

1) 스마트빌딩이란?

스마트빌딩이란 건축, 통신, 사무 자동화, 빌딩 자동화 등의 각자 시스템을 유기적으로 통합하여 첨단서비스 기능을 제공함으로써 경제성, 효율성, 쾌적성, 기능성, 신뢰성, 안전성을 추구한 빌딩을 의미하는데요. 1984년 미국에서 처음 시작되어 'intelligent building'과 'smart building'이 동의어로 사용되고 있고, 우리나라는 1990년대 초반부터 '첨단 정보 빌딩'이라는 용어를 사용하고 있습니다. 일본은 1980년대 중반부터 미국과 같이 '인텔리전트 빌딩'이라는 용어를 사용하고 있습니다.

2) 스마트빌딩 구성 요소 및 사례를 알아볼까요?

스마트빌딩은 [그림 9-13]처럼 건물의 냉·난방, 조명, 전력 시스템 자동화와 자동화재 감지 장치, 보안 경비, ICT 기능과 사무 능률 및 환경을 개선하기 위한 사무 자동화를 홈 네트워크로 통합하였는데, 빌딩 관리 플랫폼은 빌딩 내 조명, 계량기 및 침입 방지, 온·습도 등 각종 센서와 IoT 게이트웨이 간 통신 수단(Zigbee, Z-Wave, Insteon[5] 등)으로 구

5 조명, 조명 스위치, 온도조절장치, 동작 센서, 전열기구 등 스마트홈 관련 표준 규격

성됩니다. 또한, 에너지 사용과 흐름의 시각화, 제어 기술을 통해 에너지를 효율적으로 관리해주는 빌딩 에너지 관리 시스템도 포함됩니다.

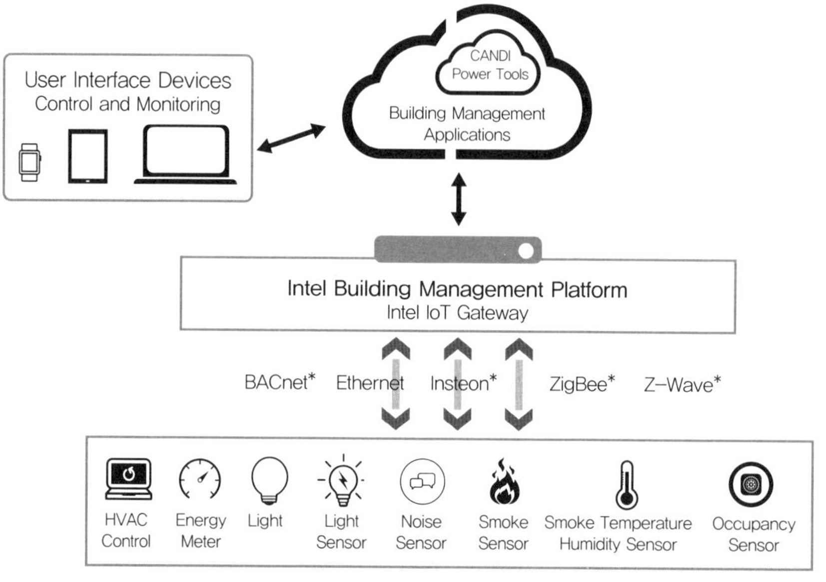

[그림 9-13] 스마트빌딩 관리 플랫폼(출처: Intel)

이처럼 스마트빌딩 시스템을 적용한 빌딩은 냉난방 시스템, 조명, 전력 장치 등을 자동화해 건물 시설을 실시간 관리·유지할 수 있으며, 에너지 비용 절감 효과도 거둘 수 있습니다. 또한, 자동 화재 감지, AI 기반 실시간 경비 시스템 적용으로 보안 및 안전 제공으로 빌딩 전체에 대한 수준 높은 관리가 가능합니다.

우리나라의 대표적인 스마트빌딩으로는 여의도에 있는 서울국제금융센터(IFC)몰, 한국전력 영종지사, 송도 트리플스트리트 쇼핑몰 등이 있는데요. 트리플스트리트 쇼핑몰의 경우 사물인터넷 기술을 기반으로 한 서비스 제공으로 입주 기업들에 신속하고 효율적인 업무 지원을 하고, 방문객들에게는 안전하고 쾌적한 쇼핑 환경을 지원합니다. 또한, 건물통합관제, 스마트주차 관리 시스템, 긴급 비상벨 솔루션 등과 실시간 카메라 영상 인식 기술 기반으로 카메라가 차량의 주차장 진입 순간부터 차량번호를 인식해 차량의 주차 위치를 파악하는 스마트주차 관리 시스템을 적용하여 방문객들의 편의를 도모하고 있습니다.

9.3.3 스마트가로등에 대해 알아볼까요?

스마트시티 성공 사례로 거론되는 대표적 도시인 스페인 바르셀로나시는 스마트가로등 구축 시 ICT 기술을 적극 활용하는 등 가로등 개선 작업을 통해 도시 미관을 개선하고 시민들의 안전을 도모한 바 있는데요. 바르셀로나시는 시내 50개 거리에 설치된 약 1,100개의 가로등을 LED로 업그레이드하면서, 인터넷 연결 기능 외에 '지능'을 더한 가로등 원격 관리 기술을 도입하여, 가로등이 주변 소음 수준, 움직임 여부를 파악해 사람이 많은 시간에는 스스로 조명 밝기를 높이고 사람이 없는 늦은 밤에는 조명 밝기를 낮추도록 함으로써 조명시스템의 효율성을 대폭 개선하였습니다.

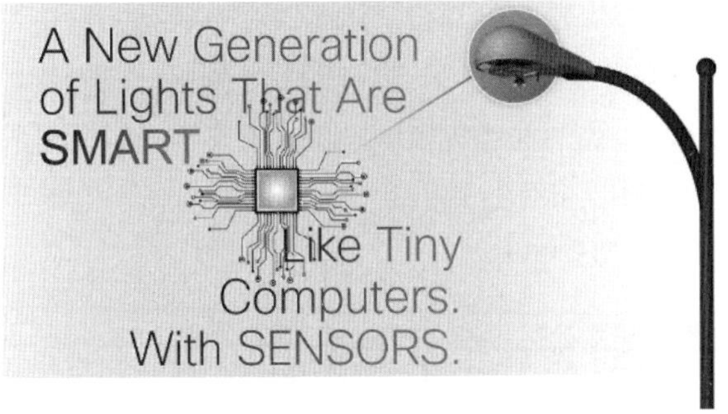

[그림 9-14] 스마트가로등(출처: 시스코코리아)

[그림 9-14]는 실제 스마트가로등 모습인데요. 가로등에 부착된 센서들이 주변 환경 측, 교통 상황, 습도, 이산화탄소-산소 비율, 자외선 지수, 동작, 비디오, 주변 소음 등 다양한 데이터를 실시간 수집·분석하여 치안 유지, 환경개선, 교통 상황 확인, 주변 주차 공간 정보 제공 및 지진대비 등에 활용함으로써 도시환경 개선 및 시민들의 안전을 지켜주는 역할을 합니다.

이 프로젝트에 적용된 기술은 시스코의 사물인터넷 솔루션인 시스코 스마트+커넥티드 시티 라이팅(Cisco Smart+Connected City Lighting)과 스마트+커넥티드 시티 멀티 센서 노드(Smart+Connected City Multi-Sensor Node)가 결합된 조명 센서 네트워크(LSN: Light Sensor Network)입니다.

9.3.4 스마트주차(Smart Parking)에 대해 알아볼까요?

스마트주차(Smart Parking)란 운전자가 적절한 주차 공간을 가장 신속하게 찾을 수 있도록 도와주는 실시간 주차 시스템으로서, 주차장 바닥에 설치된 센서가 주차장 만차 시 빈 주차 공간을 찾아 해당 정보를 서버를 통해 스마트폰 앱으로 전송하면 운전자가 이를 확인하고 최적화된 장소에 주차할 수 있도록 도와주는 지능화된 기술입니다.

[그림 9-15]는 런던시에 구축된 스마트주차 사례로서 즉, 운전자가 파크라이트(ParkRight)라는 앱을 다운로드하여 앱을 통해 실시간으로 주차 공간을 검색하여 신속하게 빈 주차 공간으로 이동하여 자동차가 지정된 주차 공간에 도착하면 노면에 설치된 센서(SmartEye)가 지정된 공간이 자동차로 점유되었다는 정보를 게이트웨이(SmartSpots)를 통해 중앙 서버로 전송하고 이 정보는 실시간으로 업데이트되어 다른 운전자들에게 스마트폰으로 확인 가능한 정보를 제공하는데요. 이 스마트주차 기술을 적용함으로써 운전자들이 주차 공간을 찾아다니는 수고를 덜어 줄 뿐만 아니라 주차로 인한 교통 체증, 대기오염 발생 등을 방지할 수 있습니다.

[앱, 파크 라이트(ParkRight)]

[센서(SmartyEye)]

[게이트웨이(SmartSpots)]

[그림 9-15] 스마트주차 관련 기술

한편, 기존 주차장은 관제 시스템이 설치된 경우를 제외하면 사람이 직접 주차관리를 해야 함으로써 비용 부담과 효율성이 떨어지는 문제가 발생합니다. 이 문제 해결을 위해 IoT 기기를 주차면에 설치하여 주차를 효율적으로 관리하는 사례가 늘어나고 있습니다. 바르셀로나시는 이러한 시스템을 성공적으로 구축한 대표적인 도시 중 하나인데, 앞 페이지에 언급된 스마트가로등 프로젝트에 스마트주차시스템이 포함된 바 있습니다.

[그림 9-16]에서 보듯 노상 주차면에 설치된 IoT 센서를 통해 주차 여부가 파악되면 주차면과 무선으로 연결된 주변 스마트가로등을 통해 데이터센터에 해당 정보가 전송됩니다. 바르셀로나시는 이러한 스마트주차시스템을 통해 실시간 주차 정보를 제공하여 시민들의 편의를 증대시키고, 주차 단속 효율성을 확보할 수 있게 되었습니다.

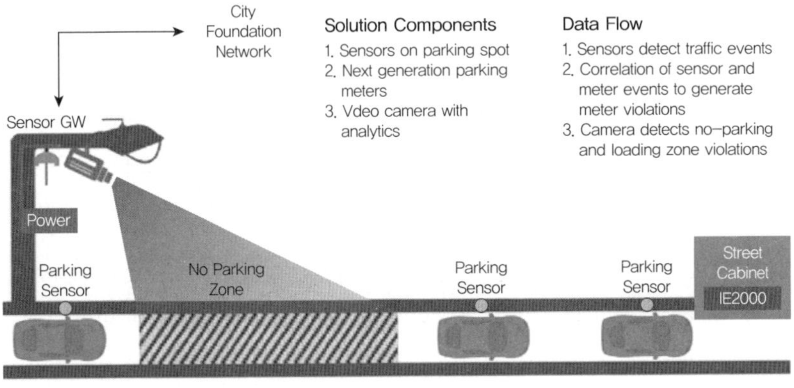

[그림 9-16] 바르셀로나시 IoT 주차관리 시스템 흐름도

9.4 스마트교통시스템 분야는?

스마트교통시스템은 교통 혼잡을 효율적으로 조정하고 안정성을 획기적으로 증진시키기 위해 도로, 차량, 신호시스템 등 기존 교통체계의 구성요소에 전자·제어·통신 등 첨단기술을 접목시켜 구성요소들이 상호 유기적으로 작용토록 하는 차세대 교통체계 및 시스템을 의미하는데요. 주요 구성요소로는 지능형 교통시스템(ITS: Intelligent Transport

System)[6]과 자율주행차로서, 이 둘은 차량사물통신(V2X: Vehicle to Everything)[7]을 통해 정보를 교환함으로써 작업 구간, 교통 체증 구간 등을 미리 알려주어 운전자가 대비할 수 있도록 도와주고, 사고, 노면 상태 등에 따른 돌발 상황에 대비하게 해주는데, 이것은 도로에 설치된 차량검지기와 폐쇄회로 (CC)TV 등이 구간별 교통 소통과 우회도로 정보를 자동으로 파악, 이를 운영센터에서 전산처리해 도로의 전광판과 인터넷, 스마트폰 등을 통해 이용자에게 제공됩니다. 이를 통해 이상적인 교통 상황을 만들어 에너지를 절약함과 동시에 오염을 막고, 교통문제와 정체를 감소시키는 효과를 기대할 수 있습니다.

9.4.1 국내 · 외 ITS 현황에 대해 알아볼까요?

1) 해외 ITS 운영 현황 및 사례는?

미국, 일본 및 유럽 선진국들은 이미 지난 1980년대부터 첨단 통신, 전자기술과 도로공학을 결합한 ITS 관련 기술을 발전시켜 왔는데, 미국의 경우 1980년대 후반까지 민간기업이 주도하는 형식으로 추진되었으나, 1990년 ITS America를 구성한 이후 본격적인 시스템 구축이 추진되었습니다.

일본은 1994년에 건설성, 우정성, 통산성, 운수성, 경찰청 등 ITS 관련 부처를 중심으로 VERTIS(VEhicle, Road and Traffic Intelligent System)라는 협의체를 설립하여 관련 프로젝트를 통합적으로 추진하였는데요. 이들 5개 부처를 중심으로 1995~1997년에 170억 엔을 투입하는 등 연구개발을 활발히 추진하였으며, 공공부문에서는 건설성이 ITS 관련 연구개발 투자의 90% 이상을 투자하고 있습니다.

유럽의 경우 [그림 9-17]에서 실제 구축 사례를 보여주고 있는데요.

---

6 교통수단·시설·운영 분야와 기존 도로 체계에 첨단 기술과 정보통신기술 및 자동차 제어기술을 도입한 21세기형 첨단시스템

7 차량과 차량 사이의 무선 통신(V2V: Vehicle to Vehicle), 차량과 인프라 간 무선 통신(V2I: Vehicle to Infra-structure), 차량 내 유무선 네트워킹(IVN: In-Vehicle Networking), 차량과 이동 단말 간 통신(V2P: Vehicle to Pedestrian) 등을 총칭

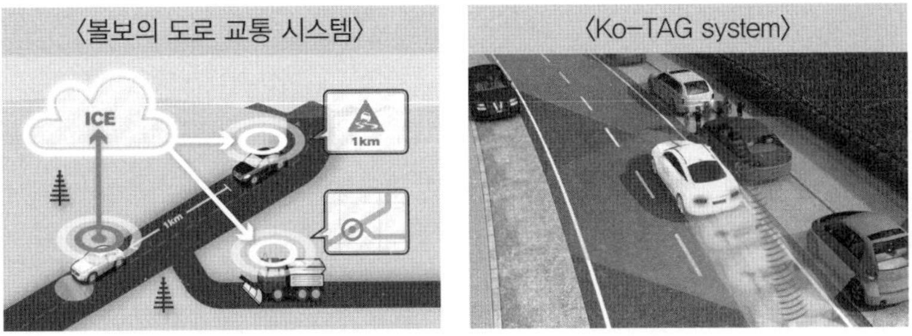

[그림 9-17] 스마트교통시스템

첫째, 스웨덴 볼보자동차의 도로 교통시스템으로서, 도로의 결빙이나 미끄럼 상태와 같은 도로 정보를 차량 간에 전달해주는 안전 시스템인데요. 스웨덴같이 추운 나라에서는 겨울철 도로에 얼어붙은 얼음으로 인한 교통사고 발생 위험이 높기 때문에 도로 결빙에 의한 사고를 미연에 방지하기 위해 앞에서 달리는 차량에서 센싱된 도로 상태 정보를 클라우드 서버를 통해 뒤쪽 차량에 전달해줌으로써 뒤따르는 운전자가 미리 서행 운전을 하도록 도와주는 시스템입니다. 그리고 제설 차량에 도로 정보를 전달하여 눈이나 얼음을 신속하게 제거할 수 있도록 도와주기도 합니다.

둘째, 독일 뮌헨 공대에서 개발한 Ko–TAG 시스템으로서, 교통사고 처리를 위해 차량 밖에 나와 있는 운전자의 안전을 위한 시스템인데요. 운전자가 착용하고 있는 스마트 워치가 차량 레이더 신호를 수신하여 재반사시킴으로써 사고 지점으로 접근하고 있는 차량이 전방의 사고를 인지하고 속도를 줄일 수 있도록 도와줍니다.

2) 국내 ITS 운영 현황은?

우리나라는 국가통합교통체계효율화법 제73조에 따라 국토교통부장관이 육상·해상·항공 교통 분야 지능형교통체계의 개발 및 보급 촉진을 위하여 10년 단위로 국가 차원의 기본계획 '지능형교통체계 기본계획'을 수립하도록 법적 장치를 마련하여 추진하고 있습니다.

우리나라 ITS의 역사는 오래된 편인데요. 시작은 COSMOS(Cycle, Offset, Split Model for Seoul)와 FTMS(Freeway Traffic Management Systems)가 시행된 1991~1995년으로 거슬러 올라갑니다. COSMOS는 서울지방경찰청에서 1991년~1993년 개발한 서울시 첨단교통신

호제어 시스템으로 2001년에 '실시간 신호제어시스템'으로 명명되기 시작하였으며, 주요 목적은 교통량에 대응하는 실시간 신호제어를 구현하여 교통처리능력을 향상시키고, 교통신호제어와 운영기능을 고도화하는 것이었습니다. 또한, 한국도로공사의 고속도로 교통관리 시스템인 FTMS는 한국도로공사에서 고속도로의 효율적인 운영을 위하여 구축하여 운영하기 시작하였습니다.

1999년에는 '교통체계 효율화법'을 제정하여 ITS 사업 추진체계를 확립하였으며, 2002년에는 월드컵 경기장 유치도시를 대상으로 ITS 모델 도시를 선정하여 ITS 사업을 추진하였습니다. 2009년에는 급격하게 변하는 정보통신기술과 교통체계의 연계를 강화하기 위하여 '국가통합교통체계효율화법'을 제정하여 모든 교통수단, 육상, 해상, 항공 교통분야를 통합한 ITS 계획을 수립하였으며, 2010년에는 부산에서 제17차 ITS 세계대회를 유치하여 전 세계에 우리나라의 발전된 ITS 기술 소개를 통해 ITS 사업의 해외경쟁력을 확보한 바 있습니다. 또한, 2011년에는 향후 10년간 국가 ITS 사업의 효율적인 시행을 위한 '국가 ITS 기본계획 2020'을 수립하여 추진하고 있습니다.

9.4.2 자율자동차에 대해 알아볼까요?

1) 자율자동차란?

자율자동차란 운전자 또는 승객의 조작 없이 자동차 스스로 운행이 가능한 자동차를 말하는데요. 차세대 자동차 산업으로 주목받고 있는 기술인데요. 자율자동차는 전기 배터리로 구동되며, 감지센서, 매핑기술, 인공지능 소프트웨어 등 각종 첨단기술과 시스템으로 움직이며, 자율주행을 위해서는 고성능 카메라, 충돌방지장치 등의 기술과 주행 상황 정보를 종합 판단·처리하는 주행 상황 인지·대응 기술이 필수적입니다.

자율자동차를 구성하는 자율주행기술에는 IoT, 빅데이터, 인공지능, 5G 등 첨단 ICT 기술이 융합되어 있는데, 차량에 탑재된 각종 센서와 단말기 그리고 자율주행을 지원하는 도로 인프라는 IoT 기술로 분류할 수 있습니다. IoT로부터 취득하는 다양하고 방대한 V2X 데이터는 빅데이터 기술을 통해 분석되며, AI를 통해 차량의 움직임과 도로 운영이 결정됩니다. 5G는 데이터의 초고속, 저지연, 초연결을 보장하여 안정적인 자율주행이 가능하도록 해줍니다.

2) 자율자동차의 자동화 단계를 알아볼까요?

자율자동차의 자동화 단계를 미국 교통부 산하 도로교통안전국(NHTSA)에서는 5단계(0~4단계)로 구분하고 있는데요. 1단계는 특정 기능의 자동화 단계인 선택적 능동제어 단계로서, 차선이탈경보장치나 크루즈 컨트롤 등이 이 단계에 속합니다. 2단계는 테슬라의 오토파일럿(Autopilot)[8]처럼 기존의 자율주행 기술들이 통합된 능동제어 단계인데요. 운전자들이 시선은 전방을 향하되 운전대와 페달을 밟지 않아도 됩니다. 3단계는 차량이 교통신호와 도로 흐름을 인식해 운전자가 독서, 스마트폰 감상 등 다른 활동을 할 수 있고, 특정 상황에서만 운전자의 개입이 필요한 제한적 자율주행 단계를 말하는데요. 구글의 자율주행차와 상용차로는 아우디, 캐딜락과 테슬라가 이 단계에 속합니다. 최고 등급인 4단계는 모든 상황에서 운전자의 개입이 필요 없는 완전자율주행 단계를 의미합니다.

반면, 미국 자동차학회(SAE: Society of Automotive Engineers)는 자동화 단계로 자율 수준을 공식 채택하였는데, [그림 9-18]에서는 자율주행 기술 단계를, 즉 비자동화에서 완전 자동화까지 6단계(0~5단계)로 간단히 도식화하였고, 〈표 9-1〉에 단계별로 분류하여 상세히 기술하였습니다.

8 교통인식 크루즈 컨트롤 등 자동으로 작동하는 반자율주행 기능

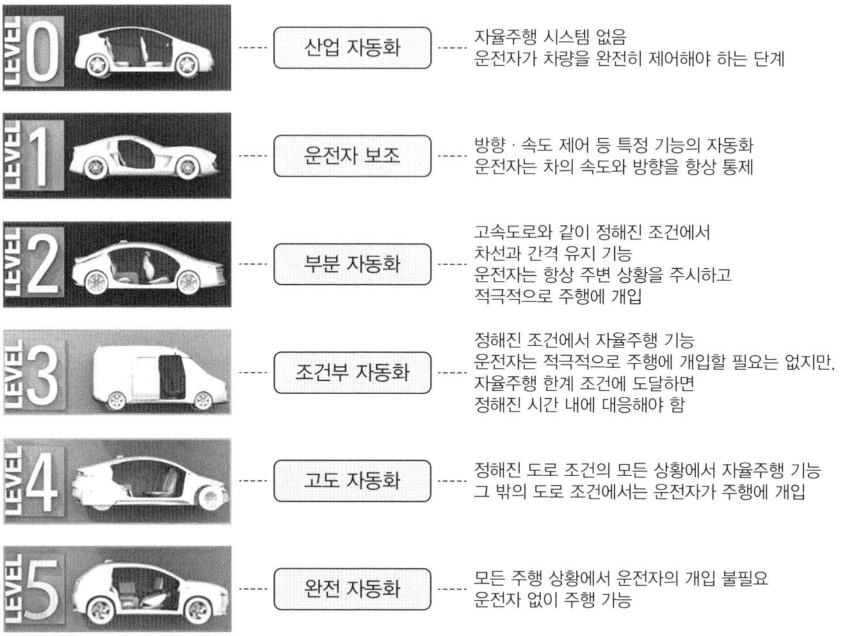

[그림 9-18] 단계별 자율주행기술 분류(출처: SAE)

〈표 9-1〉 미국 자동차기술학회의 자율주행기술 발전 6단계

자동화 단계	특 징	내 용
사람이 주행환경을 모니터링 함		
Level 0	비자동 (No Automation)	운전자가 전적으로 모든 조작을 제어하고, 모든 동적 주행을 조장하는 단계
Level 1	운전자 지원 (Driver Assistance)	자동차가 조향 지원시스템 또는 가속/감속 지원시스템에 의해 실행되지만, 사람이 자동차의 동적 주행에 대한 모든 기능을 수행하는 단계
Level 2	부분 자동화 (Partial Automation)	자동차가 조향 지원시스템 또는 가속/감속 지원시스템에 의해 실행되지만, 주행환경의 모니터링은 사람이 하며, 안전운전 책임도 운전자가 부담
자율주행 시스템이 주행환경을 모니터링함		
Level 3	조건부 자동화 (Conditional Automation)	시스템이 운전 조작의 모든 측면을 제어하지만, 시스템이 운전자의 개입을 요청하면 운전자가 적절하게 자동차를 제어해야 하며, 그에 따른 책임도 운전자가 보유

Level 4	고도 자동화 (High Automation)	주행에 대한 핵심제어, 주행환경 모니터링 및 비상시의 대처 등을 모두 시스템이 수행하지만, 시스템이 전적으로 항상 제어하는 것은 아님
Level 5	완전 자동화 (Full Automation)	모든 도로 조건과 환경에서 시스템이 항상 주행 담당

이와 같은 자율주행기술 단계를 실제 판매되고 있는 상용 자동차 스펙과 비교하면, 0단계는 운전자가 모든 것을 조작·제어하는 수동 운전 단계, 1단계는 차선 이탈 경보, 크루즈 컨트롤 등 운전자를 지원하는 수준의 단계, 2단계는 차선 유지, 어댑티브 크루즈 컨트롤 등 2개 이상의 자동 제어 기능이 함께 작동하는 수준의 단계, 3단계는 시스템이 교통 상황을 파악하면서 자동으로 운전하고 돌발 상황 시에만 운전자에게 운전 요청을 하는 수준의 단계, 4단계는 악천후 등 특정한 상황을 제외하고는 시스템이 운전하는 수준의 단계, 마지막으로 5단계는 시스템이 모든 도로 환경에서 직접 운전하는 수준의 단계를 의미합니다.

3) 현재 자율자동차 수준은?

자율자동차 분야 기술은 전기로 움직이는 Electric, 디지털 디바이스와 무선으로 연결되는 Connected와 스스로 주행·주차하고 위험을 피하는 Self-driving으로 정리될 수 있는데요. 이것은 자동차와 AI의 결합 추세를 반영하듯 기존 자동차 회사와 IT 업체와의 합종연횡을 의미합니다. 또한, AI 장착을 통해 더욱 지능화된 Level 4(완전자율주행 단계)를 목표로 자율주행차와 가상터치 스크린, 인포테인먼트(Infortainment)[9], 전기차 기술 등이 결합된 융합형 스마트카로 기술 개발이 진행 중입니다.

그럼, 국내·외 자동차 회사에서 판매 중인 상용 자동차의 자율주행 수준을 알아보겠는데요. 현대·기아차는 중·대형차에만 적용되던 반 자율주행 기능을 아반떼, K3 등 준중형차량에도 적용하고 있습니다. 첨단운전자보조시스템(ADAS: Advanced Driver Assistance System)이라 부르는 반자율주행 기능은 우선, 도로가 정체되거나, 돌발 상황으로 인하여 앞차가 갑자기 속도를 줄이거나 멈출 때 작동하는 전방 충돌방지 보조(FCA: Forward Collision-Avoidance Assist)가 있습니다. 그리고 주행 중 차량이 차로를 벗어나지 않

9 정보(information)와 오락(entertainment)의 합성어로 정보의 전달에 오락성을 가미한 소프트웨어 또는 미디어를 의미

도록 도와주는 차로 이탈방지 보조(LKA: Lane Keeping Assist), 차로 변경을 위해 방향지시등을 켰을 때 후측방에 차량이 있을 시 경고해주는 후측방 충돌방지 보조(BCA: Blind-spot Collision-Avoidance Assist), 차량 주차 후 하차 시 후측방에서 접근하는 차와 충돌 위험이 있을 시 전자식 차일드락 또는 파워 슬라이딩 도어를 누르면 뒷좌석 문의 잠금 상태를 유지하고 경고하는 안전하차 보조(SEA: Safety Exit Assist), 주행 시 도로의 제한속도를 초과하지 않도록 도와주는 지능형 속도 제한 보조(ISLA: Intelligent Speed Limit Assist) 등이 있습니다.

이외에도 운전 패턴 분석 후 운전자의 주의 운전 상태를 분석하고 필요 시 경고를 해주는 운전자 주의 경고(DAW: Driver Attention Warning), 사이드미러에서 보이지 않는 사각지대까지 클러스터 화면에 표시해주는 후측방 모니터(BVM: Blind-spot View Monitor), 앞차와의 거리를 유지하면서 운전자가 설정한 속도로 주행하게 도와주는 스마트 크루즈 컨트롤(SCC: Smart Cruise Control), 원격 스마트 주차 보조(RSPA: Remote Smart Parking Assist) 등이 있습니다. 이러한 반자율주행 기능들은 유용하면서도 기술 발전을 실감할 수 있는 기능들이지만, 완벽한 자율주행까지는 아직 갈 길이 먼데요. 자율주행단계 고려 시 반자율주행 기능인 ADAS는 2단계 수준임을 알 수 있습니다.

현대·기아차는 2022년 말 G90, 2023년 출시되는 EV9과 그랜저 및 2024년 출시 예정인 아이오닉 7 등에 3단계 기능을 순차적으로 적용할 계획입니다.

한편, 가장 진보한 자율주행 기술로 평가받고 있는 테슬라의 오토파일럿과 FSD(Full Self-Driving)[10]에 대해 알아보겠는데요. 우선, 테슬라에서는 오토파일럿, 향상된 오토파일럿(Enhanced Autopilot) 및 FSD 3가지 옵션을 제공하고 있습니다. 오토파일럿은 어댑티브 크루즈 컨트롤(TACC: Traffic Aware Cruise Control)[11], 오토스티어(Autosteer)[12] 기능을 제공하고, 향상된 오토파일럿은 TACC, 오토스티어 외 자동 차선 변경(Auto Lane Change), 자동 주차(Autopark), 자동 호출(Summon), 스마트호출(Smart Summon) 및 내비게이션 온 오토파일럿(Navigation on Autopilot)을 제공합니다. 그리고 FSD는 오토파일럿 및 향상된 오토파일럿의 모든 기능과 더불어 교통신호등 및 정지표지판, 제어, 시내에서 자동주행 기능이 제

10 완전자율주행모드로서 레벨 2.5~3단계로 평가됨

11 지정된 최고 속도로 운행하며, 앞차와 간격이 가까워지면 속도를 줄이거나 정차하고 앞차와 간격이 늘어나면 다시 최고 속도까지 가속하는 기능

12 현재의 차로를 계속 유지하면서 운행하는 기능

공되는데, 우리나라에서는 두 기능의 사용이 불가능하나, 미국과 캐나다 일부 지역에서는 사용 가능합니다.

[그림 9-19] FSD가 적용된 테슬라의 터치스크린 모니터

이렇듯 테슬라의 오토파일럿, 향상된 오토파일럿 및 FSD는 타 자동차 회사의 반자율주행 기술과 비교했을 때 상당히 높은 수준의 기술이지만, 자동차 자율주행단계에서는 2단계에 속하는 수준이라고 할 수 있습니다. 단, FSD의 경우 2.5~3단계로 평가되고 있습니다.

4) 자율자동차의 미래는?

한국경제연구원에 따르면 자율주행차의 세계 시장 규모는 2020년 71억 달러(약 8조 8,000억 원)에서 2035년 1조 달러(약 1,300조 원)로 연 평균 41% 성장할 것으로 전망되며, 2030년에는 판매되는 신차의 절반 이상이 고속도로 등 특정 조건에서 자율주행이 가능한 레벨 3 이상의 기술이 탑재될 것으로 예상됩니다.

주행 시 운전자의 적극적 개입은 필요 없지만, 돌발 상황 등 자율주행 한계 조건에 도달하면 운전자가 개입하는 수준을 의미하는 레벨 3 자율주행차 상용화 경쟁이 현재 세계 주요 완성차 기업을 중심으로 치열하게 전개되고 있는데요. 미국 테슬라는 완전자율주행모드(FSD) 옵션을 제공 중이며, 일본 혼다는 2021년 3월 레벨 3 기능을 갖춘 자율주행차 레전드를 출시한 바 있으며, 독일 메르세데스-벤츠는 2021년 말 레벨 3 수준의 자율주행 기술승인규정(UN-R157)[13]을 충족하는 S클래스를 출시한 바 있습니다. 국내 주요 완성차 업체인 현대차는 2022년 말 레벨 3 기술로 평가받는 고속도로 자율

13 자동차로유지장치에 대한 신규 UN 기준

주행인 HDP(Highway Driving Pilot)를 개발해 제네시스 G90에 탑재할 예정입니다.

한편, 한국경제연구원에 따르면 미국·일본·독일 등 주요 국가들은 레벨 3 자율주행차가 실제 주행할 수 있는 법률적 요건을 이미 구축하였으며, 기술 발전 단계에 맞춰 법과 규제를 지속해서 정비·보완 중입니다. 〈표 9-2〉를 참고하면, 미국은 2016년 연방자율주행차 정책(FAVP)을 발표하고, 자율주행 단계별 가이드라인을 제시해 각 주 정부의 법에 따라 레벨 3 이상 차량의 주행을 허용하기로 하였으며, 독일은 2021년 레벨 4 완전자율주행차의 운행을 허용하는 법률을 제정해 2022년 내로 상시 운행이 가능토록 할 예정입니다. 일본은 2019년 도로운송차량법을 개정해 레벨 3 자율주행차의 운행을 허용하기 위한 제도를 정비하고, 혼다의 레벨 3 자율주행 시스템 시판을 승인한 상태입니다.

〈표 9-2〉 주요 국가 자율주행 제도 비교(출처: 정보통신기획평가원)

주요 국가	제도 현황	주요 내용	현재 운행 가능 수준	
			레벨 3	레벨 4
미국	- 연방자율주행차정책(FAVP)자율주행단계별 가이드라인 제시(2016. 9) - 연방자동차안전기준 규칙 개정(2022. 3.10)	- 각 주 정부의 법에 따라 레벨 3 이상 차량 주행 허용 - 기존 제어장치를 장착하지 않은 자율주행차 허용	운행 가능	운행 가능
독일	레벨 4 실용화를 위한 자율주행법 제정(2021.5)	무인 자율주행차 허용	운행 가능	운행 가능
일본	- 도로운송차량법 개정 완료(2019. 5) - 자율주행차 안전기준 공포(2020. 3)	- 레벨 3 제도 정비 - 혼다 레벨 3 자율주행 시스템 시판 승인	운행 가능	임시 운행 가능
한국	- 자율주행차 분야 선제적 규제혁파 로드맵(2018) - 자동차손해배상보장법 개정(2021. 4)	- 2027년까지 레벨 4 자율주행 상용화 목표 추진 - 자율주행 기록장치 설치 의무화 등	임시 운행 가능 (2022년 말 운행 가능)	임시 운행 가능

하지만 한국은 레벨 3 자율주행 기반 마련을 위한 운전주체·차량장치·운행·인프라 등 자율주행차 4대 영역에 대한 규제 정비를 추진했지만, 아직까지 임시 운행만 가능한 실정이었는데요. 국토교통부에서 2022년 9월 발표한 '모빌리티 혁신 로드맵'에 따르면 2022년 말부터 레벨 3 부분자율주행 승용차 일반도로 주행 허용, 2023년 레벨 4

자율주행버스 운행, 2027년부터는 완전자율주행 승용차의 운행이 가능할 것으로 예상됩니다. 이는 일본과 독일에 이어 세계 세 번째로 레벨 3 자율주행차 운행이 허용됨을 의미합니다.

9.5 물류·유통 및 마케팅 분야는?

9.5.1 스마트물류 · 유통이란?

스마트물류·유통이란 기존의 물류·유통 분야인 주문 접수, 배송 등에 IT 기술이나 IoT 기술을 접목시켜 효율성과 수익성을 향상시키는 지능화된 물류·유통 과정을 뜻하는데요. 2000년대 초에는 RFID나 NFC와 같은 접속 기술 위주였으나, 오늘날에는 AI, 로봇, 드론 등과 같은 IoT 기술이 활용되고 있습니다. 물류·유통 분야 세계적 강자로 물류를 넘어 주문·배송, 오프라인 매장 영역까지 사업을 확장 중인 아마존의 현재와 미래를 표현한 그림을 통해 소개하고자 합니다.

[그림 9-20] 아마존 유통시스템

[그림 9-20]은 아마존의 현재를 보여주고 있는 아마존에서 서비스 중인 대표적 유통시스템 사례인데요. 먼저, 고객이 음성인식 인공지능 비서인 에코, 에코 닷 등을 통해 물건을 주문하면 미국 내 20곳의 물류창고에서는 45,000대의 로봇이 가동되기 시작합니다. 거대한 유압식 암 리프트인 로보-스토가 물류창고에 보관되어 있는 제품들 중 고객이 주문한 제품을 찾아 팰릿(화물 운반대)에 내려놓으면 자기 몸무게의 5배인 1.4t 팰릿

도 들어 올릴 수 있는 로봇 청소기처럼 작고 납작하게 생긴 키바(KIVA) 로봇에 실려 배송 데스크로 이동하게 됩니다. 배송데스크에서 분류된 배송 제품들은 번잡한 도시 내에서는 자전거를 이용하여 1시간 안에 배송을 완료하는 프라임나우(PrimeNow) 서비스, 도시 교외 지역에는 드론을 이용하여 30분 내에 배송을 완료하는 프라임에어(PrimeAir) 서비스와 연계하여 신속하게 배송이 완료됩니다. 그 외 딥러닝 기술을 활용한 계산대 없는 매장 아마존 고를 2016년 말 선보였는데, 이 서비스는 고객이 매장에 들어가 상품을 가방에 담는 순간 상품 모양, 가격 등을 학습한 인공지능이 고객의 구매 행위를 정확히 인식해 고객의 인터넷 계좌로 자동 결제합니다.

아마존의 미래는 [그림 9-21]에서 보여주는 공상과학 소설에 나올 법한 비행선 창고 사례입니다. 아마존은 4만 5,000ft(1만 3,700m) 공중에 비행선으로 만들어진 대형 창고를 띄운 후 드론을 이용하여 상품을 배달하는 시스템을 고안해 특허를 낸 바 있는데요. 공중수행센터(Airborne Fulfillment Center)라고 불리는 공중창고는 상공을 떠다니다가 최적의 위치에 자리를 잡고 고객들의 주문 수요에 대응하여 드론으로 주문된 상품을 배달합니다. 그리고 배달이 많지 않을 때는 낮은 고도로 항해하며 광고도 할 수 있어서 만약 이 프로젝트가 실현된다면 강력한 유통·마케팅 수단이 될 것으로 예상됩니다.

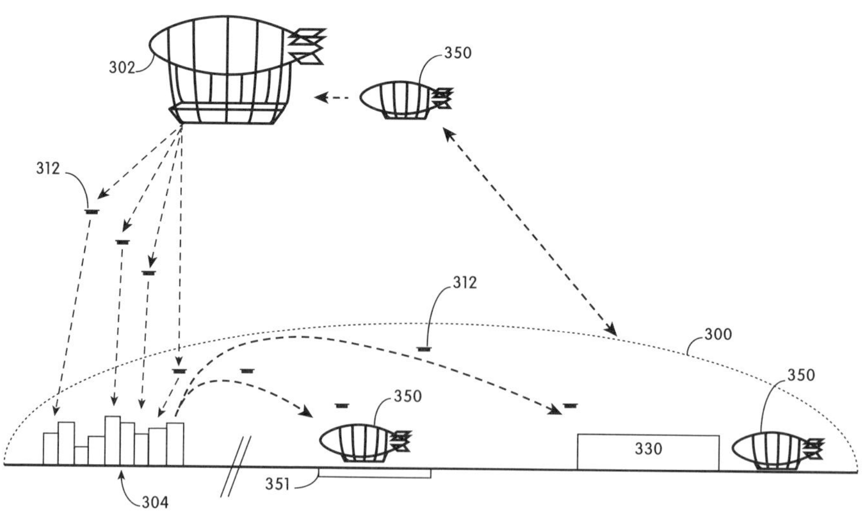

[그림 9-21] 하늘 위를 떠다니는 비행선 창고

9.5.2 스마트마케팅이란?

스마트마케팅의 한 사례로 [그림 9-22]와 같은 마케팅용 비콘(Beacon)[14]을 들 수 있는데요.

[그림 9-22] 스마트마케팅용 센서 비콘

이처럼 블루투스 4.0 이상을 지원하는 스마트폰과 최대 50m 범위 내에서 정보를 교환할 수 있는 저전력 블루투스 기반의 비콘을 활용하여 프로모션 정보를 알려주거나 할인 쿠폰 등을 제공하기도 합니다. 이렇듯 고객 방문이 빈번한 매장을 운영하는 회사에서는 제품정보를 제공하고 할인 쿠폰을 제공하여 고객을 유인하는 등 다양한 마케팅용 비콘 제품을 활용하고 있습니다.

실제 적용 사례로 맥도날드, 피자헛 등 글로벌 프랜차이즈 기업들은 비콘을 활용해 매장 근처를 지나는 고객들에게 푸시(Push) 알림으로 할인 쿠폰을 전송하고 고객 스마트폰에 있는 음악을 매장 플레이 리스트에 추가해 가게를 찾아오도록 유도하는 등 고객 충성도 제고 노력을 하고 있습니다. 그리고 방문 고객이 매장 SNS 페이지를 팔로우하고 매장 방문 시 사진을 공유하면 비콘이 이를 탐지하여 자동으로 포인트를 적립하며, 나중에 적립된 포인트를 현금처럼 활용할 수 있도록 해주어 고객의 방문을 유도하는 마케팅에 적극 활용하고 있습니다.

그 외 스마트마케팅 분야에서는 기존의 제품판매분석, 고객관계관리(CRM: Customer Relation Management)[15] 등 전통적인 마케팅 분야에 IT를 접목시켜 효율적인 마케팅 활동을

---

14 블루투스 4.0(BLE) 프로토콜 기반의 근거리 무선통신 장치

15 기업이 고객과 관련된 내외부 자료를 분석·통합해 고객 중심 자원을 극대화하고 이를 토대로 고객 특성에 맞게 마케팅 활동을 계획·지원·평가하는 과정

실현하고 있습니다.

9.6 스마트팜이란?

스마트팜(Smart Farm)이란 스마트폰을 이용해 비닐하우스 내부의 온도와 습도, 급수와 배수, 비료공급 등을 원격에서 제어할 수 있도록 지원하는 시스템인데 [그림 9-23]에서는 SK텔레콤에서 제주도 서귀포와 경북 성주지역에 제공하는 스마트팜 구성도를 보여주고 있습니다.

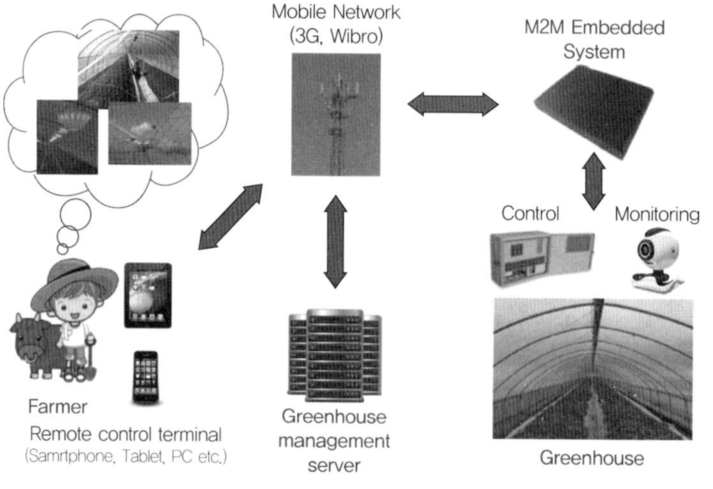

[그림 9-23] SK텔레콤의 스마트팜 구성도

이러한 기능을 활용하여 국내·외 여행, 개인 업무 등으로 영농인이 현장에 없더라도 농작물을 관리할 수 있도록 해주고 사물인터넷 기술의 적용으로 과학 영농이 가능하기 때문에 최근 늘어나고 있는 귀농인들이나 IT에 익숙한 젊은 영농인들에게 좋은 기회를 제공할 수 있습니다.

9.7 스마트금융(핀테크)이란?

스마트금융(Smart Finance)이란 금융(Finance)과 기술(Technology)의 합성어인 핀테크(Fintech)[16]를 지칭하는 용어로서, IT의 발달로 해당 기술을 기존 금융 산업에 접목시켜 간편하면서도 혁신적인 금융서비스를 고객들에게 제공합니다. 이러한 금융서비스에는 송금, 결제, 자산관리, 디지털 화폐[17], 불특정 다수로부터 자금을 모으는 Crowd Funding[18]과 인터넷 전문 은행 등이 있는데요. [그림 9-24]에서는 스마트금융의 다양한 영역들을 보여주고 있습니다.

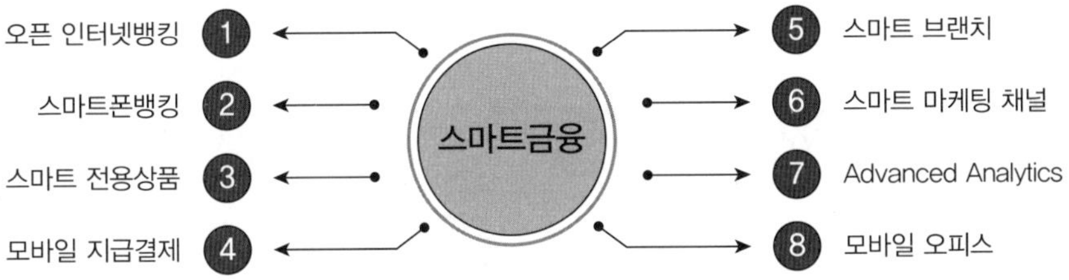

[그림 9-24] 스마트금융 영역(출처: KB국민은행)

한편, 우리나라에서는 2017년 4월에 인터넷 전문 은행인 K뱅크가 출범하였는데, 인터넷 은행에서는 스마트폰을 이용하여 간단히 계좌를 개설하여 인터넷에서 쉽고 빠르게 은행 업무를 볼 수 있습니다.

그 외 자동차 보험, 건강보험 등의 분야에서는 고객의 성별, 나이, 경제력 등 고객별로 특화된 보험료 설계가 필요하기 때문에 고객별 데이터를 수집할 목적으로 사물인터넷 디바이스와 결합된 보험 상품들의 출시가 잇따르고 있는데요. 예를 들어, 사용량에 따라 보험료를 적게 내는 사용량 기반의 보험(UBI: Usage Based Insurance) 상품[19]을 전 세계 80개 보험사가 출시했거나 출시 예정이고, 미국의 오스카 건강보험은 매일 새롭게 주어지는 목표량만큼 걷는 고객에게 1달러씩 적립해주는 건강 연계 보험을 제공 중이며,

---

16 모바일, SNS, 빅데이터 등 첨단 기술을 활용한 기존 금융 기법과 차별화된 새로운 형태의 금융기술

17 돈을 디지털 정보로 바꾸고 이를 다른 사람이 이용하지 못하도록 암호화하여 IC 형태의 카드로 만들어 휴대하거나 자신의 컴퓨터 속에 보관하고 이를 네트워크상에서 이용하는 화폐

18 후원, 기부, 대출, 투자 등을 목적으로 웹이나 모바일 네트워크 등을 통해 다수의 개인으로부터 자금을 모으는 행위

19 운전자의 운전 행태를 기반으로 보험료를 산정하는 자동차보험 상품

미국 프로그레시브(Progressive)의 스냅샷은 주행거리, 주행시간대, 운전 습관 및 운전 지역 등에 따라 최대 30%까지 보험료를 환급해 주는 등 다양한 스마트금융 상품들이 등장하고 있습니다.

9.8 스마트미디어(개인 맞춤형 서비스)란?

오늘날 미디어는 기존 엔터테인먼트 중심에서 가상현실(VR: Virtual Reality)[20], 증강현실(AR: Augmented Reality)[21], 디지털 사이니지(Digital Signage) 등을 접목한 스마트미디어로 발전하고 있습니다. [그림 9-25]는 영화 〈마이너리티 리포트〉의 한 장면인데요.

[그림 9-25] 개인 맞춤형 서비스의 예

도망 중인 주인공이 건물에 들어서자 그를 인식한 장치가 주인공의 신상 정보를 홀로그램[22] 등으로 표시하는 화면을 보여주고 있습니다. 이 기술을 활용하면 유동인구가 많은 지하 통로나 공항의 무빙 워커 등에서 이동 중인 사람들에게 개인별 취향에 맞는 동영상, 메시지 등의 디지털 사이니지 정보를 전달하는 개인 맞춤형 서비스 제공이 가능할 것으로 예상됩니다.

이러한 개인 맞춤형 서비스를 실현하기 위한 기술로는 센싱·연결 기술, 빅데이터 분석

20 컴퓨터 등을 사용한 인공적인 기술로 만들어낸 실제와 유사하지만 실제가 아닌 어떤 특정한 환경이나 상황 또는 관련 기술을 의미

21 실세계에 3차원의 가상물체를 겹쳐서 보여주는 기술을 활용해 현실과 가상환경을 융합하는 복합형 가상현실

22 홀로(holo)란 그리스어로 전체, 그램(gram)은 그리스어로 메시지 또는 정보란 뜻으로 완전한 사진이란 의미

기술, 서비스 플랫폼 등이 있는데요. 이 모든 기술들을 융합하기 위한 네트워크 구현이 필요합니다. 특히, 개인 맞춤형 서비스 특성 충족을 위해서는 이동 중인 개인에게 끊김 없이 네트워크가 연결되어 원하는 서비스를 지속 제공하는 형태의 실시간 맞춤형 네트워크가 실현되어야 합니다.

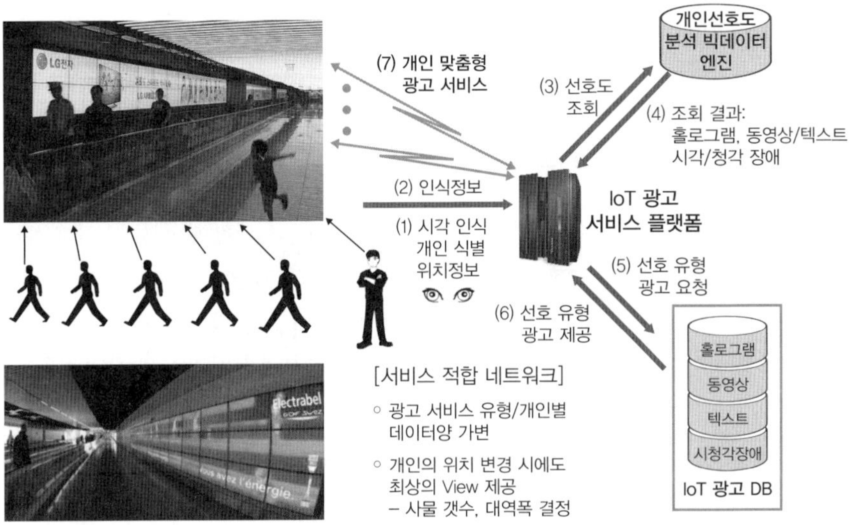

[그림 9-26] 개인 맞춤형 서비스 관련 기술

[그림 9-26]에서는 스마트미디어 서비스 사례인 개인맞춤형 서비스 관련 기술과 동작 절차들을 요약하였는데요. 우선 어떤 사람이 탐색 범위에 나타나면 주변 센서는 시각 인식, 개인 식별, 위치정보 등 인식 정보를 수집하여 서비스 플랫폼으로 연결합니다. 그러면 서비스 플랫폼은 개인의 선호도 조회 요청을 위해 수집된 개인의 인식 정보를 빅데이터 엔진으로 보냅니다. 정보를 받은 빅데이터 엔진은 개인정보 분석을 통해 선호하는 서비스 유형을 찾아내어 서비스 플랫폼으로 선호도 조회결과를 보내게 되는데요. 서비스 플랫폼은 개인의 선호도 결과를 토대로 원하는 유형의 광고를 DB로부터 제공받고, 네트워크는 개인의 이동 위치에 관계없이 쉽게 볼 수 있는 시각점에 광고 서비스를 지속적으로 제공하게 됩니다.

참고로 디지털 사이니지란 디지털 정보 디스플레이(DID: Digital Information Display)[23]를 이

23 공항이나 호텔, 전시관 등 공공장소에서 정보 및 광고 등을 제공하는 디스플레이

용한 옥외광고로서 관제센터에서 통신망을 통해 광고 내용을 제어할 수 있는 광고판을 말하는데요. 지하철 역사, 버스정류장, 아파트 엘리베이터, 은행 등 유동인구가 많은 곳에서 흔히 볼 수 있습니다. 현재는 단순히 동영상 형태에 소리를 곁들인 광고를 시간대별로 번갈아 노출하는 형식이 대부분이지만, 향후에는 모션 인식이나 NFC 등의 기술을 이용해 사용자와 쌍방향으로 통신하는 형식으로 점차 옮겨갈 전망입니다. TV, 인터넷, 모바일에 이어 제4의 미디어인 스마트미디어로 주목받고 있는 기술입니다.

9.9 실생활에서의 인공지능 활용 사례는?

구글의 인공지능 음성인식 서비스인 알렉사(Alexa)가 우리 실생활에 적용된 대표적인 인공지능 활용 사례라고 할 수 있는데요. 과거 인공지능의 일종인 인공지능 음성인식 서비스 초창기에는 애플의 시리가 아이폰과 아이패드에서 사용되면서 전화를 걸어주고 정보를 검색해주는 등의 비서 역할을 하기 시작하였는데요. 구글도 이와 비슷한 기능을 제공하는 구글 나우를 시작하면서 구글 나우를 구글 어시스턴트(Assistant)로 업그레이드하여 음성인식 비서 서비스를 제공하였습니다. 그러나 스마트폰에서 주로 사용되던 인공지능 음성인식 비서 기술이 이제는 가전제품들과 결합하는 등 인공지능 비서가 점차 스마트폰 밖으로 나오고 있는데 대표적인 모델이 바로 아마존의 인공지능 음성인식 비서인 알렉사입니다.

[그림 9-27]에서는 IoT 생태계를 주도하고 있는 알렉사의 현재와 미래를 한눈에 보여주고 있는데요. 알렉사는 처음 블루투스 스피커이자 스마트허브 역할을 하는 아마존의 에코에 내장되면서 대중에게 알려지게 된 이후 아마존은 에코 닷, 아마존 탭 등의 기기에 알렉사를 내장해 사용 범위를 넓혀왔는데요. 알렉사는 단순한 인공지능 음성인식 비서에서 인공지능 플랫폼으로 진화 중인데 기존의 아마존 에코 등 자사의 기기에만 탑재되던 폐쇄성에서 벗어나 레노버 등 타사의 음성인식 비서 기기, LG전자 냉장고, 포드 자동차, 월풀 세탁기 등 여러 업체의 700여 개 제품에 탑재됨으로써 최근에 가장 성공적인 사례로 많은 주목을 받고 있습니다.

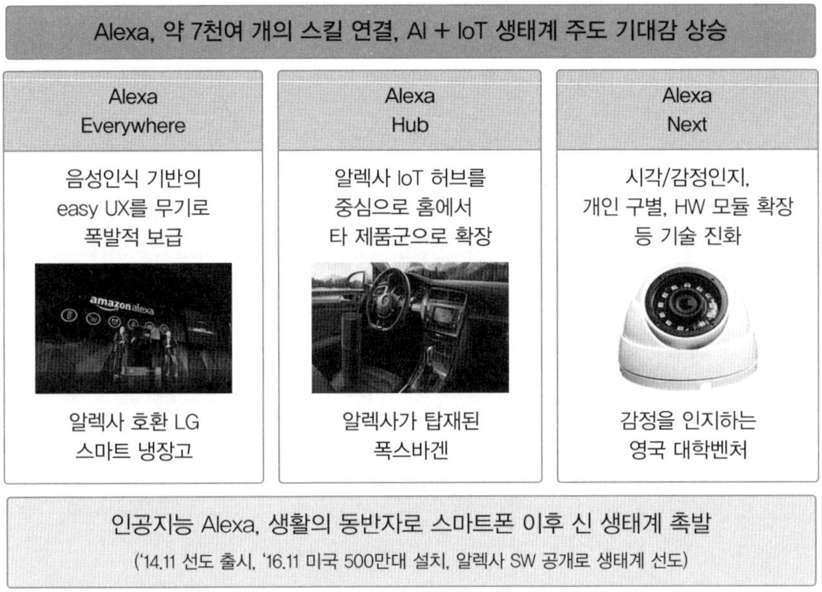

[그림 9-27] 아마존 알렉사의 현재와 미래

또한, 아마존의 알렉사는 자사의 클라우드 플랫폼을 기반으로 알렉사와 연관 서비스들로 구성되는 기반형 인공지능 플랫폼을 지향하는 스마트폰 앱과 유사한 개념인 알렉사 스킬스(Alexa Skills)로 제공됨에 따라 외부 개발자들에 의해 그 기능이 무한대로 확장될 가능성이 큰데요. 오늘날 수만여 개의 알렉사 스킬스가 제공되고 있는데, 아마존은 이런 점에서 단지 음성인식 서비스 자체보다 사용자에게는 실질적인 혜택을 제공하고 사업자에게는 수익으로 연결시켜줄 수 있는 비즈니스 모델을 제공하고 있습니다.

연습문제 EXERCISE

01 스마트홈의 정의를 기술하시오.

02 스마트홈 네트워크의 구성 영역이 아닌 것은?

① 댁내 망 영역 ② 무선 영역 ③ 전화교환망 영역 ④ 전달 망 영역

03 KT의 스마트홈 서비스 제공 분야가 아닌 것은?

① 화재 경보 ② 댁 내 방범 ③ 검침 ④ 전력제어

04 스마트홈 분야의 주요 플랫폼들이 아닌 것을 고르시오.

① 삼성전자 스마트싱스 ② 애플 홈킷
③ 구글 네스트 ④ 아마존 알렉사

05 스마트싱스 플랫폼이 앱을 통해 모니터링, 제어할 수 있는 제품이나 기기를 모두 고르시오.

① 냉장고 ② PC ③ 로봇청소기 ④ 자동 도어락
⑤ 세탁기 ⑥ 에어컨

06 스마트싱스에 사용하는 무선 기술은 무엇인가?

① WiFi ② ZigBee ③ Bluetooth ④ NFC

07 구글의 학습형 온도조절기(Thermostat)가 최적의 집안 온도를 제공하기 위해 활용하는 정보가 아닌 것은?

① 실내 온도 ② 외부 온도
③ 날씨 ④ 집주인의 생활 패턴 학습

08 구글 네스트 플랫폼에 연결할 수 있는 원격 카메라가 아닌 것은?

① Nest Cam ② Dropcam ③ Action Cam ④ Dropcam Pro

09 애플 홈킷 플랫폼에서 아이폰과 연결되는 기기나 장치에 포함되지 않는 것을 모두 고르시오.

① 스마트 잠금장치 ② 온도조절 ③ 조명 ④ 카메라
⑤ 세탁기 ⑥ 플러그 ⑦ 스위치 ⑧ TV

10 디바이스에서 수집된 데이터를 헬스케어 및 의료 서비스로 연결시켜주는 대표적인 헬스케어 플랫폼이 아닌 것은?

① 애플의 헬스킷 ② 삼성 SAMI ③ 구글의 구글 핏 ④ LG의 홈채트

11 삼성전자 S-Health 앱 측정 항목 중 칼로리 관리에 포함되지 않는 것을 고르시오.

① 푸드 트래커 ② 혈압 관리 ③ 운동 도우미
④ 걷기 도우미 ⑤ 혈당 관리

12 스마트헬스케어 플랫폼인 엠케어 서비스 제공 항목이 아닌 것은?

① 예약 ② 접수 ③ 진료
④ 수납 ⑤ 귀가

13 스마트시티의 개념을 기술하시오.

14 스마트시티의 구성 요소가 아닌 것은?

① 스마트빌딩 ② 스마트그리드 ③ 스마트공장 ④ 교통수단

15 스마트그리드에 대하여 기술하시오.

16 스마트빌딩 관리 플랫폼의 각종 센서와 IoT 게이트웨이 간 통신 수단이 아닌 것을 고르시오.

① Z-Wave ② Insteon ③ Zigbee ④ Bluetooth

17 Z-Wave 관련 내용 중 틀린 것을 고르시오.

① Zensys사 개발 ② 장거리 ③ 저전력 ④ 저대역폭 소요

18 Cisco에서 바르셀로나시에 구축한 스마트가로등에 부착된 센서를 통해 수집할 수 없는 데이터는?

① 오존 농도 ② 교통 상황 ③ 이산화탄소-산소 비율 ④ 주변 소음

19 시스코 스마트+커넥티드 시티 라이팅(Cisco Smart+Connected City Lighting)과 스마트+커넥티드 시티 멀티 센서 노드(Smart+Connected City Multi-Sensor Node)가 결합된 네트워크를 무엇이라고 하는가?

20 스마트주차에 대해 기술하시오.

21 런던시에서 운영 중인 스마트주차 시스템에서 운전자가 다운로드 받아 사용할 수 있는 앱을 무엇이라고 하는가?

22 한국도로공사에서 고속도로의 효율적인 운영을 위하여 구축하여 운영하는 교통시스템을 무엇이라고 하는가?

23 자율자동차의 정의를 기술하시오.

24 미국 도로교통안전국(NHTSA)에서 구분하는 자율주행차 자동화 레벨은 총 몇 단계인가?

25 미국 도로교통안전국의 자율자동차 기술 레벨 중 모든 상황에서 운전자 개입이 필요 없는 단계는 무엇을 의미하는가?

① 자율주행 단계 ② 통합된 능동제어 단계
③ 완전자율주행 단계 ④ 선택적 능동제어 단계

26 미국자동차학회에서는 자동화 단계의 자율 수준을 총 몇 단계로 나누는가?

27 사람이 주변 환경을 모니터링하는 자동화 단계의 특징에 포함되지 않는 것을 고르시오.

① 비자동 ② 운전자 지원 ③ 부분 자동화 ④ 고도 자동화

28 자율주행기술 발전 6단계 중 완전 자동화가 이루어지는 단계는?

① Level 0 ② Level 1 ③ Level 2
④ Level 3 ⑤ Level 4 ⑥ Level 5

29 자율자동차 분야 기술이 아닌 것을 고르시오.

① 전기로 움직이는 Electric
② 디지털 디바이스와 무선으로 연결되는 Connected
③ 차량 작동을 스스로 판단하는 Intelligent
④ 스스로 주행·주차하고 위험을 피하는 Self-driving

30 차로 변경을 위해 방향지시등을 켰을 때 후측방에 차량이 있을 시 경고해 주는 후측방 충돌방지 보조 장치는?

① FCA ② SEA ③ BCA ④ LKA

31 테슬라의 FSD는 자율주행단계 중 몇 단계인가?

① 1단계 ② 2단계 ③ 3단계 ④ 4단계

32 2022년 현재 자율주행 레벨 3가 허용되지 않는 국가는?

① 미국 ② 일본 ③ 영국 ④ 독일

33 우리나라에서 완전자율승용차 운행이 가능한 연도는?

① 2023년 ② 2025년 ③ 2027년 ④ 2030년

34 스마트교통 시스템이란?

35 스웨덴 Volvo사의 도로교통 시스템에 대하여 기술하시오.

36 스마트물류 · 유통이란 '기존의 물류 · 유통 분야인 주문 접수, 배송 등에 정보통신 기술이나 사물인터넷 기술을 접목시켜 효율성과 수익성을 향상시켜주는 ( )된 물류 · 유통 과정'에서 괄호 안에 들어갈 단어를 고르시오.

① 자동화 ② 고도화 ③ 지능화 ④ 최적화

37 스마트물류 · 유통에 활용되는 사물인터넷 기술이 아닌 것은?

① 인공지능 ② 빅데이터 ③ 로봇 ④ 드론

38 아마존 유통시스템에서 사용 중인 로봇은?

39 아마존의 배송 서비스 종류는?

40 프라임에어(PrimeAir) 서비스와 관련한 내용 중 틀린 것을 고르시오.

① 서비스 지역(도시 교외) ② 배송 시간(30분 내)
③ 배달 수단(드론) ④ 배송 제품 무게 제한(50kg 이하)

41 아마존의 미래 공중수행센터인 공중창고의 상공 체류 예상 높이는?

42 스마트마케팅에 사용된 장치를 고르시오.

① 비콘 ② 무선 태그 장치 ③ USB ④ 스마트폰

43 스마트마케팅용 센서 비콘의 기반 기술은?

① RFID ② WiFi ③ NFC ④ 저전력 Bluetooth

44 스마트팜 서비스에서 스마트폰으로 원격 제어할 수 있는 분야가 아닌 것은?

① 작물 성장 속도 ② 온도와 습도 ③ 급수와 배수 ④ 비료공급

45 핀테크에 적용된 기술이 아닌 것을 고르시오.

① 모바일 ② SNS ③ 클라우드 컴퓨팅 ④ 빅데이터

46 사용량에 따라 보험료를 적게 내는 사용량 기반의 보험 상품은?

47 스마트미디어의 주요 요소가 아닌 것은?

① 디지털 사이니지 ② 가상현실(VR) ③ 보이스피싱 ④ 증강현실(AR)

48 개인 맞춤형 서비스를 실현하기 위한 기술이 아닌 것을 고르시오.

① 3D 기술 ② 센싱·연결 기술 ③ 빅데이터 분석 기술 ④ 서비스 플랫폼

49 디지털 사이니지에 관한 설명 중 틀린 것을 고르시오.

① 디지털 정보 디스플레이(DID) 이용 ② 옥외광고
③ 관제센터에서 광고 내용 제어 ④ 증강현실(AR) 기술 활용

50 아마존의 클라우드 플랫폼을 기반으로 한 인공지능 플랫폼은 무엇인가?

① 네스트(Nest) ② 홈킷(Homekit)
③ 알렉사(Alexa) ④ 스마트싱스(SmartThings)

51 스마트폰 앱과 유사한 개념으로 외부 개발자들에게 제공되는 구글의 플랫폼을 무엇이라고 하는가?

Part

04

사물인터넷 기술 분야

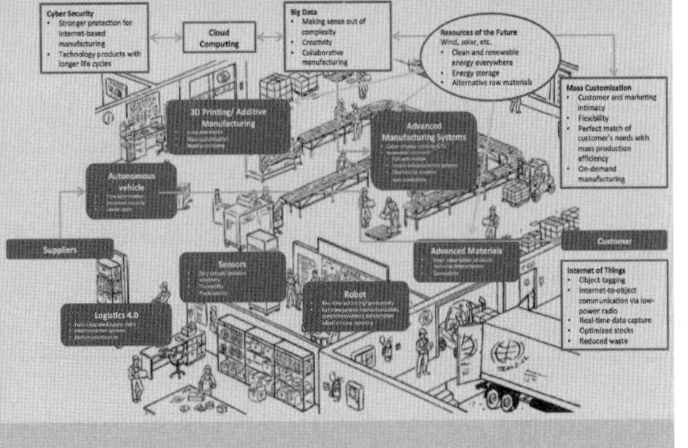

제10장 사물인터넷 디바이스 및 센서 | 제11장 사물인터넷 솔루션 칩 현황

제12장 반도체와 사물인터넷 | 제13장 접속망 기술

제14장 5G 네트워크 | 제15장 6G와 서비스

Chapter

10 사물인터넷 디바이스 및 센서

사물인터넷을 기술 측면에서 정의하면 한정된 범위의 특정 기술이 아닌 통합형 기술로서 이종산업에 IT를 적용하여 산업간 정보공유를 실현하는 서비스 중심의 기술이라 할 수 있습니다. 이러한 사물인터넷의 주요기술 구성 요소들을 살펴보겠는데요.

첫째, 장치 또는 기기라고 불리는 디바이스가 있는데요. 필요한 사물이나 장소에 센서를 부착하여 주변 상황 정보를 센싱하고, 실시간으로 정보를 전달하는 사물인터넷의 핵심기술인데 전통적인 온도·습도·열·가스·초음파센서 등에서부터 원격감지·전자파 흡수율(SAR: Specific Absorption Rate)[1]·레이더·모션·위치·영상 센서 등 주위 환경과 사물의 변화를 감지하고 정보를 얻는 물리적 센서들도 포함됩니다. 대표적으로 RFID와 USN(Ubiquitous Sensor Network) 등과 같은 기술요소를 포함하고 있으며, 표준화된 인터페이스와 정보처리 능력을 내장한 스마트센서로 발전하고 있습니다.

둘째, 사물인터넷의 필수 기술요소는 솔루션 칩과 반도체 기술로서, 오늘날 반도체는 세계 경제안보에 큰 영향을 미치고 있는데, 이는 반도체 분야의 중요 물자 공급망 강화, 첨단기술 연구개발 협력, 기간 인프라 안전 확보 등과 연관되어 있기 때문입니다.

마지막으로 유·무선 통신 및 네트워크 인프라인데요. 사물이 인터넷에 연결되도록 지원하는 기술로서 현재 일반적으로 이용하고 있는 다양한 네트워크 기술들을 포괄하며, 근거리무선통신(WiFi, Bluetooth, ZigBee 등) 기술 등을 의미하는 접속망(Access Network)과 유선통신망, 이동통신망(4G/LTE/5G 등) 등의 코어망(Core Network)으로 구분됩니다.

따라서 본 PART에서는 사물인터넷 기술요소인 디바이스/센서, 네트워크 기반인 솔루션 칩 현황, 반도체 기술, 근거리 무선통신과 같은 접속망과 5G 등 코어망 기술 및 미래 통신 기술인 6G와 서비스에 관하여 설명하고자 합니다.

---

1 휴대전화를 쓸 때 인체에 흡수되는 단위 질량당 전자파 흡수전력

10.1 디바이스란?

디바이스란 인터넷을 통해 연결되고 칩셋과 모듈을 이용해 통신이 가능한 하나의 기기로 만들어진 형태를 의미하는데요. 장치 또는 기기라 부르기도 합니다. 디바이스에는 상황을 인지할 수 있는 센서와 간단한 기능을 수행하는 경량 소프트웨어가 내장됩니다.

[그림 10-1]에서는 디바이스 구성 형태를 보여주고 있는데요. 사물인터넷 서비스를 위한 데이터가 생성되거나 서비스 요청에 따른 반응을 보이는 장치로서 사물들은 주변의 환경 정보를 전기적인 신호로 바꿔주는 센서나 전기적인 신호를 물리적인 변화로 바꿔주는 actuator(구동기)와 이러한 신호들을 주고받기 위한 통신 모듈 등이 포함됩니다.

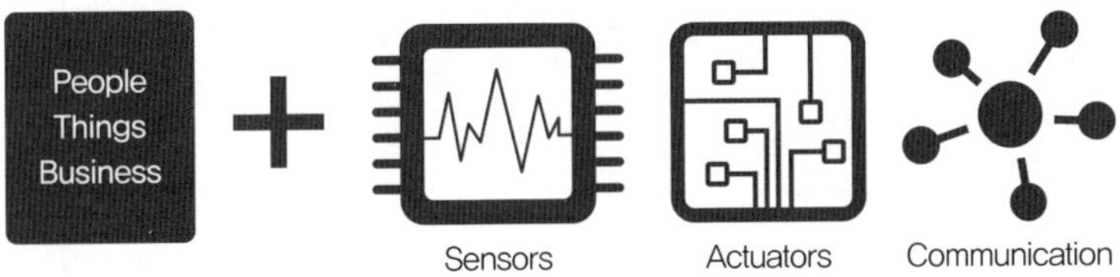

[그림 10-1] 사물인터넷 디바이스 구성

디바이스는 일상생활에서 존재하는 모든 기기가 대상이 될 수 있는데, 이미 PART 3 사물인터넷 서비스에서 다양한 디바이스를 소개한 바 있습니다. 또한, 스마트폰은 물론 스마트 시계 같은 웨어러블 기기, TV·냉장고와 같은 가전제품, 조명기기(전구 등), 헬스기기, IP 카메라와 차량에 장착하는 하이패스 등이 디바이스 종류에 포함될 수 있습니다.

디바이스의 주요 역할은 주위 상황을 감지한 후 데이터로 변형하여 해당 서비스를 제공하기 위해 네트워크를 통하여 클라우드 서버 등으로 전송하는 것인데요. 사물인터넷에서 중요한 자율형 디바이스는 사물의 주변 환경을 감지하여 유·무선 통신, 자동 접속, 상호 연동, 자율 판단·행동을 통해 실감·지능·융합형 서비스를 제공할 수 있는 스마트센서와 디바이스를 의미합니다.

따라서 본 장에서는 디바이스의 필수 요소인 센서에 관하여 주로 설명하고자 합니다.

[그림 10-2]에서는 각종 센서가 디바이스에 내장되어 어떤 일을 하는지를 표현한 센서 Map의 한 예를 보여주는데요. 디바이스 용도에 따라 각각의 다른 센서들이 디바이스에 내장되어 필요 데이터 수집 등의 기능을 수행합니다.

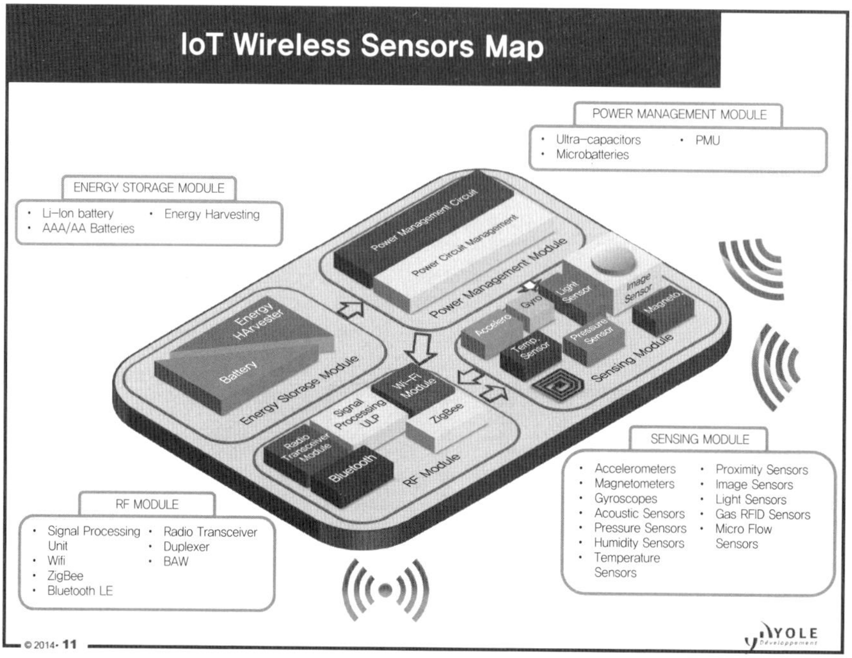

[그림 10-2] 센서 모듈 내장 디바이스 구성도(출처: Yole Developpement, 2014)

10.2 센서에 대해 알아볼까요?

10.2.1 디바이스별 센서 용도는?

센서는 사물인터넷 디바이스의 핵심인데요. IoT 서비스 용도별 목적에 맞는 서비스 구현을 위해 필요한 데이터는 센서를 통해 얻어집니다. 이러한 센서가 탑재된 디바이스나 시설은 [그림 10-3]에서 보는 바와 같이 헬스케어, 제조, 유통·물류, 빌딩, 홈, 자동차 및 환경 등 다양한 분야에 적용되는데 이를 시장별로 분류하면 자동차(Automotive), 소비제품(Consumer Products)과 메디컬 헬스케어(Medical Healthcare) 등입니다.

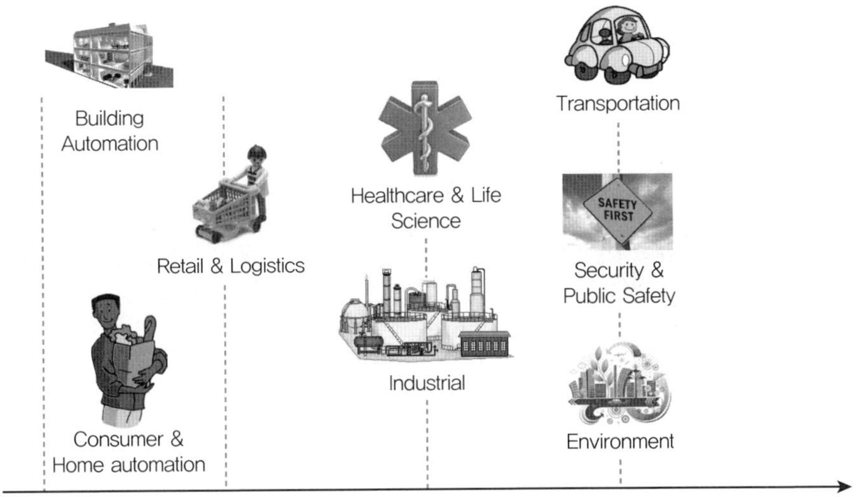

[그림 10-3] 센서 적용 분야(출처: Yole Developpement, 2014)

리서치앤마켓에 따르면 전 세계 IoT 센서 시장 규모는 2020년(69억 달러)에서 2027년(452억 달러)까지 매년 약 30.7%씩 성장할 것으로 예상되며, 또한 T 센서 서밋에 따르면 전 세계 센서 수요는 2024년에 1조 개를 넘어설 것으로 전망됩니다. 한편, 센싱 기술이 발전하고 IoT 장치 수가 늘면서 센서 시장 규모가 커지고 있는 반면, 가격은 [그림 10-4]에서 보듯 15년 이상 계속 하락해왔는데요. 골드만삭스(Goldman Sachs)에 따르면 2004년 이후 지속되는 센서 평균 가격 하락세의 원인으로는 센서 범용화를 들 수 있습니다. 이렇듯 센서의 고성능화와 가격 하락 추세가 IoT 산업 발전을 견인하고 있습니다.

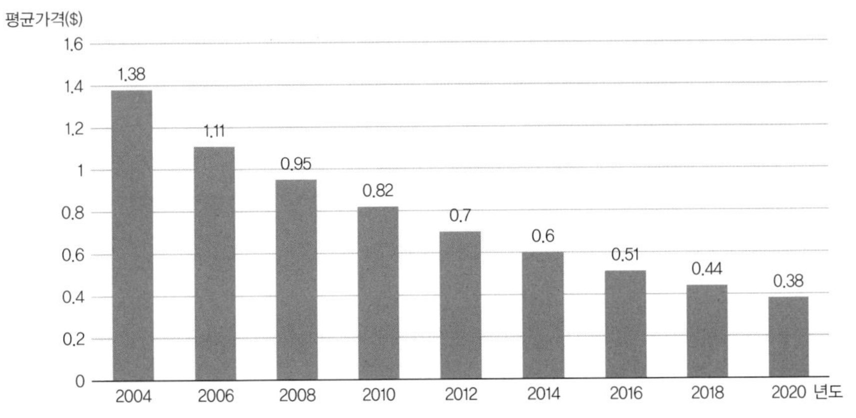

[그림 10-4] 2004~2020년 IoT 센서 평균 가격(출처: 골드만삭스)

〈표 10-1〉과 [그림 10-5]에서는 여러 분야별 디바이스와 시설 특성에 따라 탑재되는 다양한 종류의 센서 유형을 보여주고 있습니다.

〈표 10-1〉 사물별 적용 센서 유형(출처: 가트너, 2014.11)

구 분	센서 유형								
	관성 센서	자기 센서	압력 센서	온도 센서	음향 센서	화학 센서	습도 센서	질량 유량 센서	기타 센서
자동차	○	○	○	○		○	○	○	○
도시 (환경관리)				○	○	○	○		○
온도조절장치			○				○		○
완구	○	○	○						
흡연/탄소 센서 (소비자용)				○		○	○	○	○
헬스케어 모니터링 (소비자용)	○	○	○	○		○	○		
스마트워치	○	○							○
스마트의류	○	○	○	○	○		○		○
스마트 전자소켓 및 어댑터		○		○			○		○

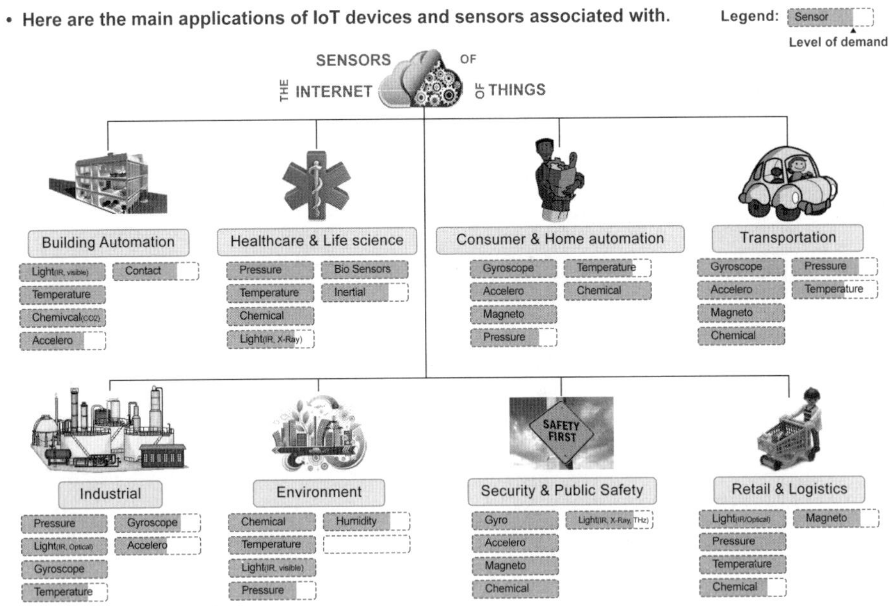

[그림 10-5] 센서 적용 기술 분야(출처: Yole Developpement, 2014)

[그림 10-6]에서는 스마트폰에 탑재된 다양한 종류의 센서들을 보여주는데요. 놀랍게도 사람들이 편리하게 사용하고 있는 스마트폰에는 온습도, 지자기, 자이로, 가속도 센서 등 9가지 다양한 센서가 탑재되어 사람들에게 편리한 기능을 제공하고 있습니다.

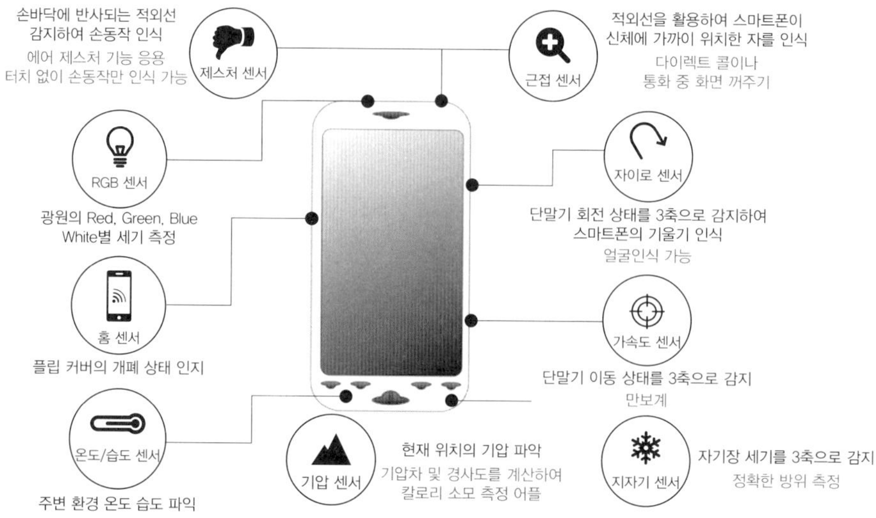

[그림 10-6] 스마트폰에 탑재된 각종 센서

결론적으로 센서는 이미지, 동작, 소리, 빛, 열, 가스, 온도, 습도 등 주변의 물리·화학·생물학적 정보를 감지하여 전기적 신호로 변환하는 모든 장치를 의미하는데요. 데이터를 센싱하고 이를 신호 처리하여 인터페이스를 통해 전달하는 기능을 수행합니다. 최근에는 미세전자제어기술(MEMS), 반도체 SoC(System on Chip)[2] 기술, 임베디드 소프트웨어 기술의 발전으로 과거보다 지능화된 스마트센서가 널리 활용되고 있으며, 스마트센서는 마이크로 센서 기술에 반도체 기술을 결합시킨 것으로 우수한 데이터 처리 능력, 판단 기능, 메모리 기능, 통신 기능 등을 갖고 있어 IoT 기기의 핵심 요소로 자리잡고 있으며, 기존 활용 범위를 넘어 스마트홈, 의료 및 건강, 가전, 환경 등 다양한 분야에 활용되고 있습니다.

이러한 센서의 주요 요소는 저가격(Lower Cost), 저전력(Lower Power), 소형화(Smaller) 및 무선연결성(Wireless Connectivity) 등이라 할 수 있습니다.

2 여러 가지 반도체 부품이 하나로 집적되는 기술 및 제품

10.2.2 주요 센서 종류는?

1) 동작인식 센서란?

동작인식 센서에는 [그림 10-7]에서 보여주듯이 단위 시간당 직선운동에 대한 속도 변화를 측정하는 가속도 센서(acceleration sensor), 가속도 센서가 생성한 값 중 중력가속도를 제외한 3차원 벡터값을 제공하는 선형가속도 센서(linear acceleration sensor), 중력이 어느 방향으로 작용하는지를 탐지하는 중력 센서(gravity sensor), 한 축 또는 여러 축 회전 움직임의 각 변화량(각속도)을 측정하는 자이로 센서(gyroscope sensor), 각(angle)과 축(axis)의 조합을 통해 디바이스 방향을 표기해주는 회전벡터 센서(rotation vector sensor) 등이 있습니다.

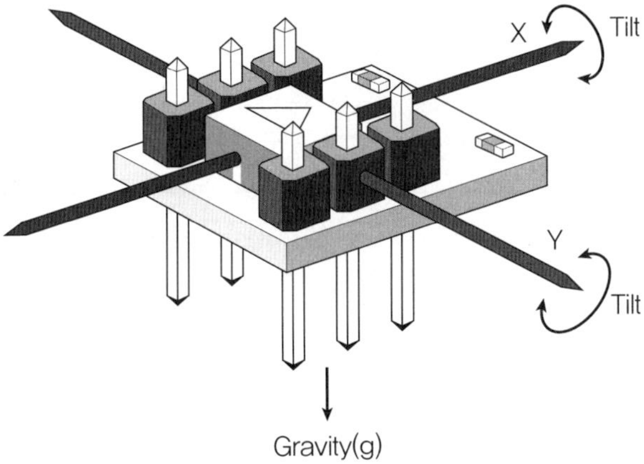

[그림 10-7] 가속도 센서

2) 위치 센서란?

위치 센서에는 절대적인 위치와 시간 정보를 제공해주는 위성기반 항법 시스템인 GPS(global positioning system), [그림 10-8]에서 보듯이 지자계를 이용한 절대적 방향 측정과 내비게이션 지도의 정확한 방향 표식에 사용되는 지자계 센서(terrestrial magnetism sensor), x, y, z 3축 상에서 변화하는 회전각을 측정하는 방향 센서(orientation sensor)와 디바이스에서 측정 대상까지의 근접도를 측정하는 근접 센서(proximity sensor) 등이 있습니다.

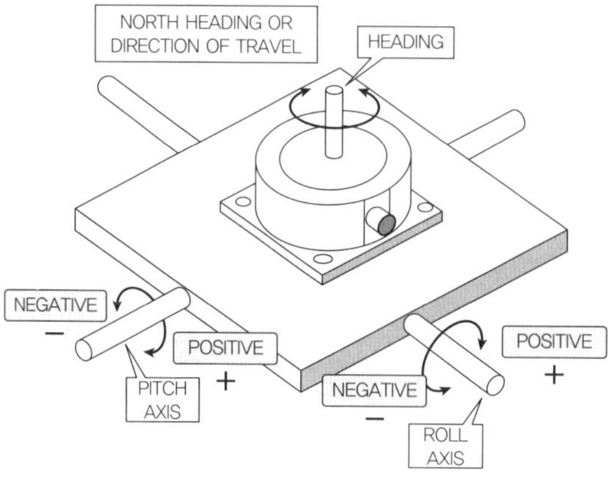

[그림 10-8] 지자계 센서

3) 환경 센서란?

환경 센서에는 스마트 디바이스 내부 또는 디바이스 주변 온도 측정에 사용되는 온도 센서(ambient temperature sensor), [그림 10-9]에서 보듯이 공기 중의 수분량이나 비율을 측정하여 백분율로 환산해주는 습도 센서(humidity sensor), 디바이스 주변의 밝기를 측정하는 데 이용하는 조도 센서(illumination sensor)와 대기압(air pressure)을 측정하는 기압 센서(pressure sensor) 등이 있습니다.

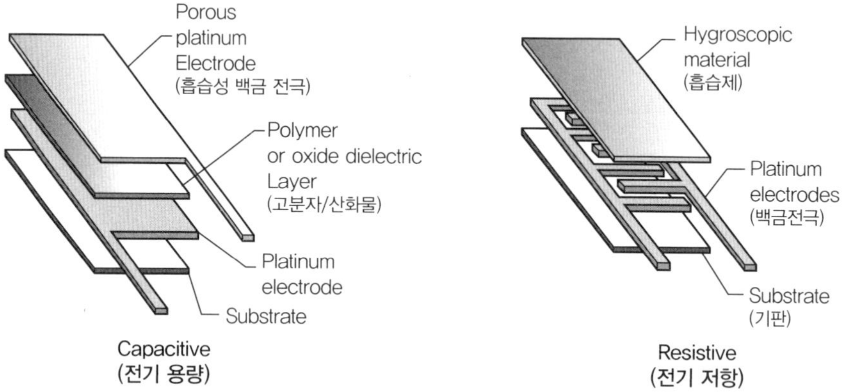

[그림 10-9] 습도 센서

4) 기타 센서들에는 어떤 것들이 있을까요?

인텔의 리얼센스(Realsense)는 3D 촬영이 가능한 이미지 센서로서 2차원의 평면 이미지만을 인식하는 다른 이미지 센서들과 달리 이미지 깊이까지 인식할 수 있는데요. [그림 10-10]의 리얼센스 기술은 영화 마이너리티 리포트나 아바타 같은 영화에서 허공에 손을 대고 화면을 이동시키거나 스크롤하는 동작인식 분야에 활용될 수 있습니다.

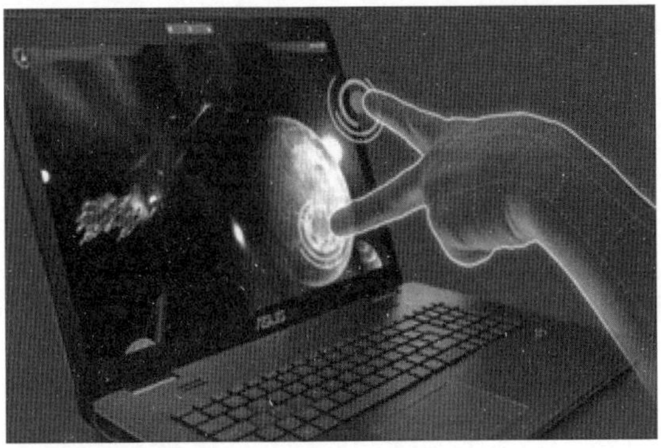

[그림 10-10] 인텔의 리얼센스(Realsense)

그 외 [그림 10-11]과 같은 BCI(Brain Computer Interface)는 사람의 뇌파 종류와 패턴을 측정하여 사람의 의도를 파악하는 센싱 기술의 하나인데요. 뉴로스카이(NeuroSky) 마인드 웨이브(MindWave)는 뇌파를 측정하여 생성된 제어신호를 퍼즐박스(Puzzlebox) 오빗(Orbit)이라는 헬리콥터 조정에 이용하고 있습니다.

[그림 10-11] BCI(Brain Computer Interface)

연습문제 EXERCISE

01 디바이스의 정의에 대해 기술하시오.

02 디바이스의 구성 요소 중 전기적인 신호를 물리적인 변화로 바꿔주는 역할을 하는 것은?
① 센서 ② 구동기(actuator) ③ 칩 ④ 통신 모듈

03 디바이스의 역할인 '주위 상황을 감지한 후 ( )로 변형하여 해당 서비스를 제공하기 위해 네트워크를 통하여 클라우드 서버 등으로 전송하는 것'에서 괄호 안에 들어갈 단어를 고르시오.
① 전기 신호 ② S/W ③ 통신 프로토콜 ④ 데이터

04 스마트센서와 디바이스 관련 설명에서 틀린 내용을 고르시오.
① 인공지능 기능 보유 ② 자율형 디바이스를 의미
③ 유·무선 통신 ④ 실감·지능·융합형 서비스

05 디바이스나 센서를 시장별로 구분 시 이에 속하지 않는 것은?
① 자동차 ② 소비제품 ③ 네트워크 장비 ④ 메디컬 헬스케어

06 센서와 모듈 관련 기술 분야의 매출이 IoT 전체 매출에서 차지하는 비중은 몇 %인가?

07 가트너에서 정의한 센서 유형에 속하지 않는 것은?
① 관성 센서 ② 자기 센서 ③ 온도 센서 ④ 스피드 센서
⑤ 음향 센서 ⑥ 화학 센서 ⑦ 가속도 센서 ⑧ 습도 센서

08 자동차에 적용되는 센서 유형이 아닌 것은?
① 자기 센서 ② 음향 센서 ③ 화학 센서 ④ 압력 센서

09 헬스케어 모니터링에 적용되는 센서가 아닌 것은?
① 음향 센서 ② 관성 센서 ③ 자기 센서 ④ 압력 센서
⑤ 온도 센서 ⑥ 화학 센서

10 스마트폰에 탑재되는 센서가 아닌 것은?
① 자이로 센서 ② 제스처 센서 ③ 온도/습도 센서 ④ 가속도 센서

11 반도체 SoC(System on Chip) 기술에 대해 설명하시오.

12 스마트센서의 주요 기능이 아닌 것을 고르시오.

① 우수한 데이터 처리 능력　② 판단 기능
③ 상황 인지 기능　④ 통신 기능

13 스마트센서의 활용 분야를 모두 고르시오.

① 스마트홈　② 판매 및 유통　③ 의료 및 건강
④ 가전　⑤ 스마트밴드　⑥ 환경

14 센서의 중요 요소가 아닌 것은?

① 저가격　② 무선연결성　③ 고전력　④ 소형화

15 동작인식센서에 속하지 않는 것들을 고르시오..

① 가속도 센서　② 지자계 센서　③ 중력 센서
④ 자이로 센서　⑤ 근접 센서　⑥ 회전벡터 센서

16 절대적인 위치 및 시간 정보를 제공해 주는 센서는 무엇인가?

17 디바이스 주변의 밝기를 측정하는 데 이용하는 센서는 무엇인가?

18 습도 센서에서 전기용량 및 전기저항 측정용 전극에 사용하는 물질은?

① 백금　② 금　③ 구리　④ 납

19 인텔의 리얼센스(Realsense)란 '(　　) 촬영이 가능한 이미지 센서로서 2차원의 평면 이미지만을 인식하는 다른 이미지 센서들과 달리 이미지 깊이까지 인식'에서 괄호 안에 들어갈 단어를 고르시오.

① 고속　② 근접　③ 이미지　④ 3D

20 사람의 뇌파 종류와 패턴을 측정하여 사람의 의도를 파악하는 센싱 기술을 무엇이라고 하는가?

Chapter 11

사물인터넷 솔루션 칩 현황

11.1 국내 현황은?

삼성전자는 [그림 11-1]과 같이 LTE 기지국 기반의 협대역 사물인터넷(NB-IoT: Narrow-Band-IoT)[3] 솔루션인 엑시노스(Exynos) i S111, WiFi 기반의 중거리용 엑시노스 i T200, 그리고 블루투스 및 Zigbee 기반의 단거리용 엑시노스 i T100을 개발하여 모든 거리를 수용하는 엑시노스 IoT 솔루션 칩셋 체계를 구축하였습니다.

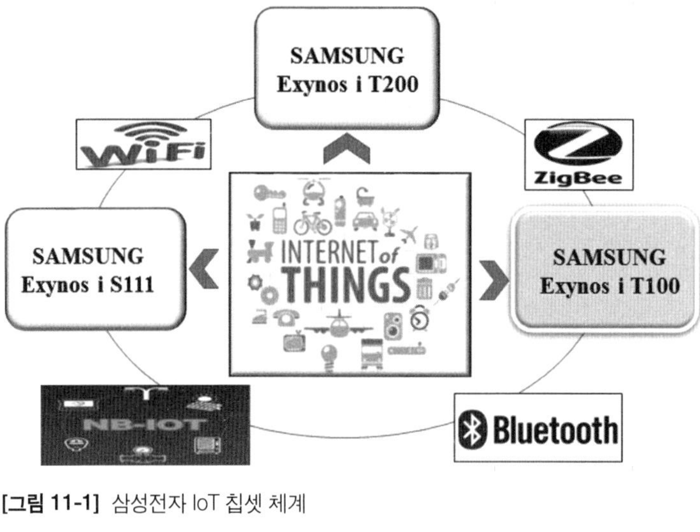

[그림 11-1] 삼성전자 IoT 칩셋 체계

3 LTE 주파수를 이용한 LPWAN 사물인터넷 기술 중 하나로 저용량 데이터를 간헐적으로 전송하는 추적, 센싱, 검침 등에 활용

11.1.1 엑시노스 i S111

협대역(NB) IoT 솔루션은 수도·가스·전기 사용량 검침이나 영유아·애완동물의 위치 추적, 가축 및 농작물 관리 등 원거리에서의 데이터 송·수신이 가능한데요. [그림 11-2]의 NB-IoT는 기존 LTE 기지국을 기반으로 통신사업자가 서비스하는 전 지역에서 저용량 데이터를 저전력으로 주고받는(LPWA: Low Power Wide Area) 통신표준기술로서, 사용 주파수는 기존 이동통신 주파수 대역의 3가지 동작 모드(In-band, Guard band, Stand alone)에서 가능합니다.

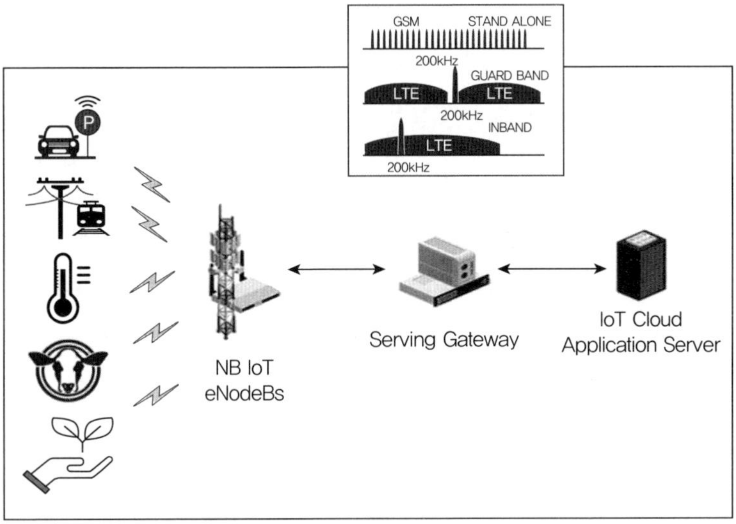

[그림 11-2] NB-IoT 네트워크 및 주파수 대역

이러한 NB-IoT를 지원하는 삼성 엑시노스 i S111은 IoT 솔루션 제품으로127Kbps의 다운로드 속도와 158Kbps의 업로드 속도를 제공합니다. 또한, IoT 제품에 필수적인 데이터 보안을 위해 암호화·복호화 관리 하드웨어인 보안서브시스템(SSS: Security Sub System)과 데이터 복제 방지 기능인 PUF(Physically Unclonable Function)를 탑재하였습니다. 그리고 모뎀, 프로세서, 메모리, GNSS(위성항법장치) 등의 기능을 하나의 칩에 모두 통합하였으며, 특히, 데이터를 송수신하지 않을 때 칩을 수면 모드로 전환시켜 전력 소모를 최소화하는 PSM(Power Saving Mode)과 eDRX(extended Discontinuous Reception) 기능이 포함되어 이용자는 AA 건전지 2개로 NB-IoT 완제품을 10년 이상 사용할 수 있습니다. 〈표 11-1〉에 i S111 모뎀의 특징을 상세히 기술하였습니다.

〈표 11-1〉 삼성 엑시노스 i S111의 특징

항 목	특징
CPU	Cortex-M7 200MHz
셀룰러 능력	LTE Release 14 NB-IoT, 하향링크(~127Kbps), 상향링크(~158Kbps)
칩 메모리	SRAM 512KB
인터페이스 지원	USI, UART, I2C, GPIO, eSIM I/F, SIDO, QSPI, SMC
보안 알고리즘 및 특징	eFuse, AES, SHA-2, PKA, Secure Storage, PUF
위치 및 측위	GPS, Galileo, GLONASS, BeiDou, OTDA

11.1.2 엑시노스 i T100

엑시노스 i T100은 스마트 조명, 창문 개폐 센서, 온도 조절 그리고 가스 감지 등 집과 사무실에 설치되는 소형 IoT 기기에 사용되며, 신체 활동과 운동량을 관리하는 웨어러블 기기에도 적용 가능한데요. 이 제품은 단거리 무선통신을 지원하는 블루투스 5.0(저전력), Zigbee 3.0 등 최신 무선통신기술을 지원해 다양한 기기와의 연결이 가능합니다. 특징으로는 암호화 및 복호화를 관리하는 보안서브시스템(SSS)과 데이터 복제 방지 기능인 PUF를 탑재해 보안성을 강화하였으며, 특히 엑시노스 i T100는 일반적인 동작 온도 범위(-40~85℃)를 넘어 최대 125℃의 고온에서도 정상 작동하여 다양한 온도 환경에서 안전하게 활용될 수 있습니다.

11.1.3 엑시노스 i T200

엑시노스 i T200은 IoT 전용 프로세서로 멀티코어를 탑재해 성능과 효율을 향상시킨 칩인데요. 고성능 연산을 담당하는 프로세서(Cortex-R4) 외에 독립적으로 동작하는 프로세서(Cortex-M0+)를 추가로 탑재해 별도의 칩 추가 없이 데이터 입출력 및 디스플레이 구동 등 다양한 작업을 처리할 수 있습니다. 또한, 보안 강화를 위해 SSS 및 PUB 기능을 탑재하는 등 보안 기능을 획기적으로 강화하였습니다. 그리고 802.11 b/g/n 2.4GHz의 와이파이 통신을 지원하며, 와이파이 연맹(WiFi Alliance) 인증, 마이크로소프트사의 클라우드 서비스인 애저(Azure) IoT 인증, IoT 프로토콜 표준 'IoTivity'를 지원해 폭넓은 기기와 호환 가능한 것이 장점입니다. IoTivity는 IoT 기기 간 상호 운용성 강화를 위해 OCF(Open Connectivity Foundation)에서 제안하는 오픈 소스 IoT 프로토콜 표준입니다.

11.2 국외 현황은?

협대역(NB) 사물인터넷 칩 해외 공급업체로는 Intel, Qualcomm, Nordic Semiconductor, Sierra Wireless, U-Blox, MEDIATEK 등이 있습니다.

IoT 시장의 주요 공급업체로 인식되어온 인텔(Intel)은 분석, 보안, 게이트웨이, 응용프로그램 인터페이스(API)를 포함하여 종단 간(end-to-end) 플랫폼 솔루션을 제공하고 있는데요. NB-IoT 용도로 인텔 XMM 7115 모뎀이 있으며, 인텔 XMM 7315 칩은 LTE-M과 NB-IoT 기술을 지원합니다. 다양한 네트워크 구현을 위해 다운링크로 최대 1Mbps(Cat. M)와 200kbps(IoT) 이하로 적용 가능합니다. [그림 11-3]에서는 사물, 게이트웨이, 네트워크(데이터센터), 클라우드 기반 분석 순으로 구성되는 인텔의 IoT 플랫폼의 예를 보여주고 있습니다.

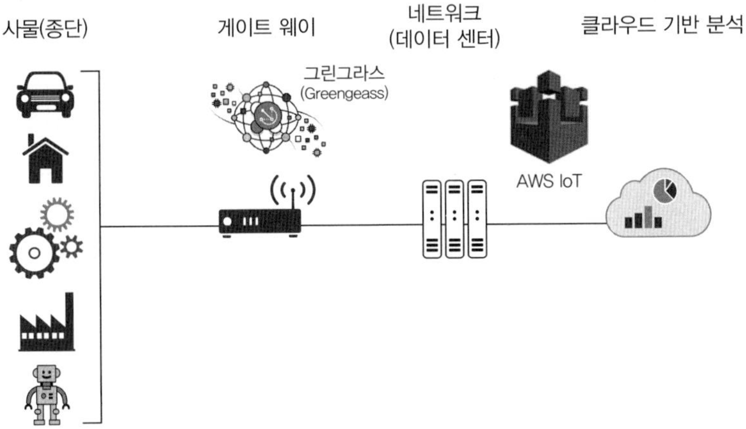

[그림 11-3] 인텔의 IoT 플랫폼의 예

한편, 퀄컴에서도 멀티 모드 연결 솔루션으로 MDM9206 LTE 모뎀을 개발하였는데요. 이 제품은 차세대 IoT 제품, 긴 배터리 수명과 적은 대역폭이 요구되는 서비스에 적합하도록 신뢰성 제고와 최적화에 기반한 셀룰러 연결 제공을 목표로 개발되었습니다.

〈표 11-2〉에 글로벌 멀티 모드 LTE IoT 모뎀의 특성을 기술하였습니다.

〈표 11-2〉 퀄컴 MDM9206 칩의 특징

항목	특징
통합 GNSS (글로벌항법위성시스템)	GPS, Glonass, Beidou, Galileo
CPU	통합 코텍스 A7 프로세서
보안 강화	안전 부팅/디버그, 저장, 키 프로비저닝, 신뢰 기반 실행 환경
단일 H/W 설계	eMTC/Cat-M1, NB-IoT/Cat-NB1, E-GPRS
단일 S/W 영상	어떠한 기술이 적용되더라도 문제없음
단일 RF	15RF 글로벌 대역 지원 (B1-5, B8, B12-13, B17-20, B26, B28, B39)

연습문제 EXERCISE

01 삼성전자 솔루션 칩 체계에 속하지 않는 것은?

① 엑시노스 i S111 ② 엑시노스 i S123
③ 엑시노스 i T200 ④ 엑시노스 i T100

02 솔루션 칩 중 잘못 짝지어진 것을 고르시오.

① RF 기반의 장거리용: 엑시노스 i S111
② WiFi 기반의 중거리용: 엑시노스 i T200
③ LTE-M과 NB-IoT 기술 지원용: 인텔 XMM 7315
④ 블루투스 및 Zigbee 기반의 단거리용: 엑시노스 i T100

03 엑시노스 i S111 성능은?

04 엑시노스 i S111에서 사용하는 이동통신 주파수 대역의 동작모드가 아닌 것을 고르시오.

① In-band ② Guard band ③ Stand alone ④ Out-band

05 엑시노스 i T100을 적용하는 웨어러블 기기에서 관리하는 설치 장치가 아닌 것을 고르시오.

① 스마트 조명 ② 창문 개폐 센서 ③ 스마트도어락
④ 온도 조절 ⑤ 가스 감지

06 엑시노스 i T200에 대해 기술하시오.

07 협대역(NB) 사물인터넷 칩 해외 공급 업체가 아닌 것은?

① NVIDIA ② Intel ③ Qualcomm ④ MEDIATEK

Chapter 12

반도체와 사물인터넷

12.1 4차 산업혁명 시대의 반도체란?

4차 산업혁명 시대의 도래로 인해 국내·외 ICT 환경이 IoT 중심으로 전환됨에 따라 반도체 산업의 패러다임 변화가 일어나고 있는데요. 과거 반도체 산업은 90년대 PC를 중심으로 활용되던 '고든 무어의 법칙(Gordon Earle Moore's Law)' 시대를 시작으로 '모바일 및 디지털 컨버전스' 시대를 거치며 크게 성장하였습니다.

최근 4차 산업혁명 시대의 도래와 함께 [그림 12-1]에서 보듯 2020년대에는 IoT 반도체의 중요성이 강조됨에 따라 기존의 디지털 반도체 산업의 혁신적 변화가 예상됩니다. 즉, 반도체가 기존의 PC, 모바일, 가전기기뿐 아니라 IoT, 정보보안 등 다양한 산업에 활용되어 반도체 산업의 대폭적인 성장이 예상되는데, 특히, 정보통신기술(IT: Information Technology), 생명공학기술(BT: Bio Technology)[4], 나노기술(NT: Nano Technology)[5]이 융합된 IoT 반도체 산업이 주를 이룸으로써 차별화 및 다양화에 초점을 맞춘 새로운 산업 환경이 조성될 전망입니다.

4 생물이 가지고 있는 고유한 기능을 높이거나 개량하여 필요한 물질을 대량으로 생산해 내거나, 유용한 물질을 만들어내는 기술

5 10억분의 1m 수준의 정밀도를 요구하는 극 미세가공 기술

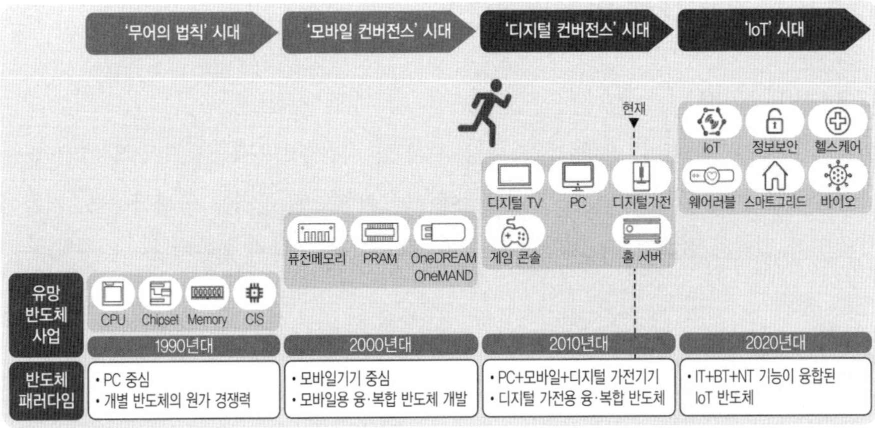

[그림 12-1] 반도체 산업의 패러다임 전환

네트워크를 통해 각종 기기를 연결하는 IoT 개념을 [그림 12-2]에 도식화하였는데, IoT 시스템에 필수적인 반도체는 세 종류로 구분합니다. 먼저 반도체 센서로서, 외부나 자연으로부터 발생되는 데이터를 수집하는 입력 기능을 수행합니다. 외부로부터 수집되는 데이터는 디지털 데이터와 아날로그 데이터로 나누어지는데, IoT 시스템은 자연으로부터 발생되는 데이터, 즉 온도, 압력, 습도, 소리 등의 아날로그 데이터를 디지털 데이터로 변환하기 위한 변환 칩이 필요합니다. 이렇게 디지털화된 데이터를 이용하여 원하는 연산을 처리하기 위한 CPU 또한 필요하며, 그 후 인터넷에 접근할 수 있는 통신 칩이 필요하고, 그 외 각종 데이터를 저장할 수 있는 메모리가 필수적으로 필요한데요. 위의 필수 반도체 중 메모리를 제외한 나머지 반도체를 시스템 반도체라고 합니다.

[그림 12-2] 네트워크를 통해 각종 기기를 연결하는 IoT 개념

12.2 반도체에 대해 알아볼까요?

12.2.1 반도체란?

인간은 다양한 색, 소리, 냄새, 촉감, 맛 특성의 차이를 오감(시각, 청각, 후각, 촉각, 미각)으로 구별합니다. 이와 달리 전기 및 전자회로에서는 저항으로 물질을 구분하는데, 저항이 낮을수록 전류가 잘 흐르며, 저항이 클수록 전류는 잘 흐르지 못합니다.

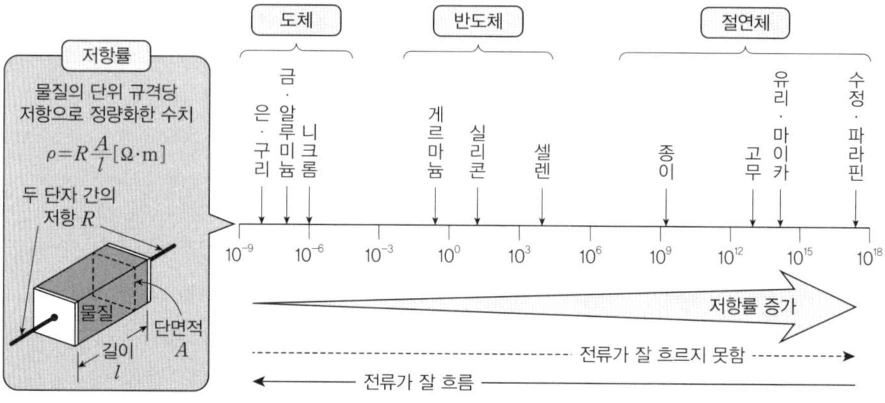

[그림 12-3] 물질과 저항률

[그림 12-3]에서 보듯이 저항률이 높은 물질일수록 전하의 이동을 방해하는 성질이 커져서 전류가 잘 흐르지 못하는 반면, 저항률이 매우 작으면 전류가 잘 흐르게 됩니다. 여기서 전류가 잘 통하는 물질을 도체라 하는데, 도선, 전극 등의 도전성 재료로 사용됩니다. 반대로 저항률이 매우 높아 전류가 잘 흐르지 못하는 물질을 절연체(부도체)라 하는데, 도선의 피복, 전선 지지대 등의 절연성 재료로 사용됩니다. 그런데 외부에서 인가하는 전원에 따라 도체가 되기도 하고 또는 절연체로도 작용하는 이중적인 특성을 갖는 물질을 반도체(semiconductor)라 하며, 다이오드와 트랜지스터 등의 반도체 재료로 사용됩니다.

반도체 재료는 고체 결정으로 이루어지기 때문에 결정격자 간 거리 또는 원자 간 거리가 매우 짧고, 각 결정의 격자에너지, 그리고 원자 간 에너지의 상호작용에 의해 전자가 가질 수 있는 에너지 준위가 [그림 12-4]에서 보듯 띠 모양을 나타냅니다. 이것을 에너지 밴드(band)라고 하는데, 여기서 전자가 채워진 가장 높은 에너지 밴드를 가전자대(valence band)라고 하고, 전자가 채워지지 않은 가장 낮은 에너지 밴드를 전도대(conduction band)라고 합니다. 가전자대에 있는 전자는 속박전자로 원자핵에 의해 구속된 상태로 움직일 수 없는 전자라고 할 수 있습니다.

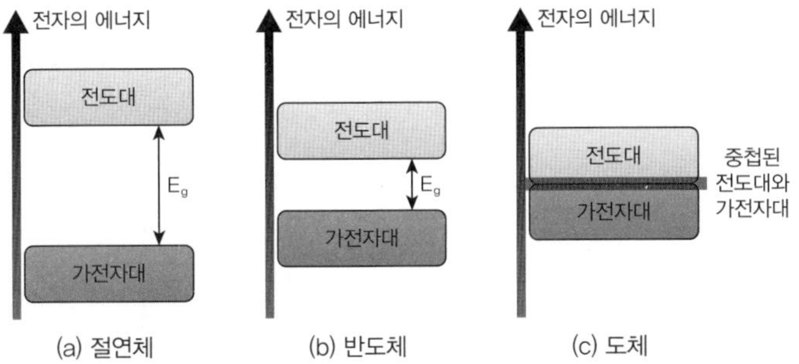

[그림 12-4] 물질의 에너지 밴드

가전자대와 전도대 사이에는 전자가 존재할 수 없는 빈 공간 같은 영역인 에너지 밴드 갭(gap)이 위치합니다. 전자가 전류 작용의 역할을 하기 위해서는 움직일 수 있는 자유전자가 되어야 하는데, 그러기 위해서는 가전자대에 있는 전자가 밴드 갭 이상의 에너지를 받아 전도대로 올라가야 합니다. 즉, 외부에서 밴드 갭 이상의 에너지를 받아 전자가 가전자대에서 전도대로 올라가면 도체의 역할을 하는 것입니다. 따라서 외부의 에너지로 부도체와 전도체의 전기적 상태를 조절할 수 있는데, 그것이 바로 반도체입니다. 일반적으로 절연체(부도체)는 에너지 밴드 갭이 4.0eV로 매우 크고, 반도체는 0.1~4.0eV, 도체는 0.1eV 이하로 대략 구분됩니다.

12.2.2 반도체 구분은 어떻게 하나요?

원소(element)란 더 이상 다른 물질로 분해되지 않고 물질을 이루는 기본 성분으로서 현재까지 약 110여 종이 존재하는데요. [그림 12-5]에서는 원소를 원자량의 증가 순서에 따라 원소의 주기성을 이용하여 족과 주기로 배열한 표인 원소주기율표(1869년 멘델레예프(Mendeleev)가 처음 제안)를 보여주고 있습니다.

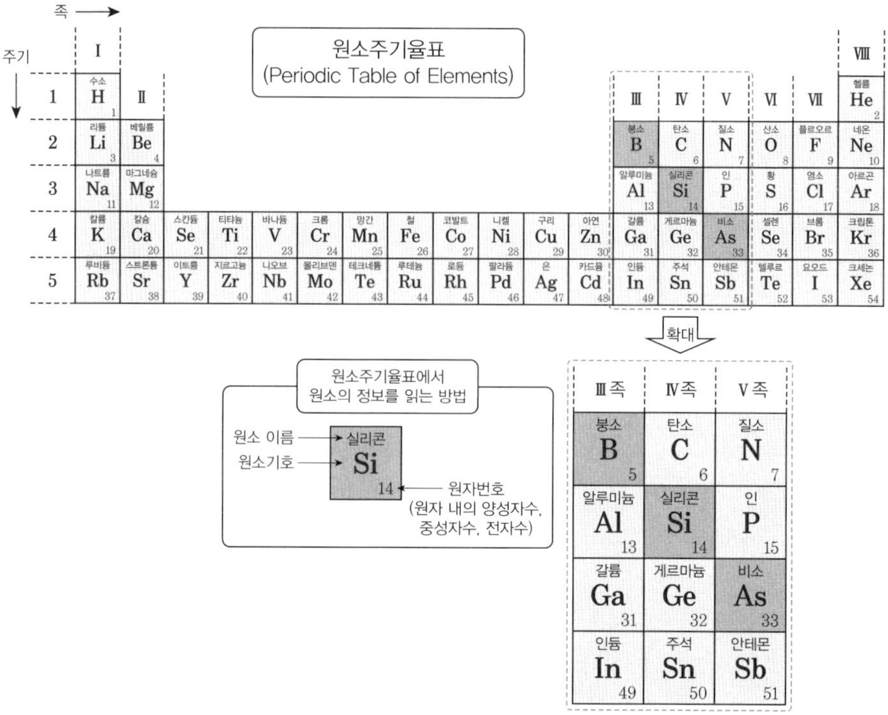

[그림 12-5] 원소주기율표(일부)

반도체의 종류는 크게 원소 반도체와 화합물 반도체로 나누어지는데, 전자는 단일 원소만으로 구성된 반도체로서, 주기율표 IV족에 해당하는 실리콘(Si), 게르마늄(Ge) 등이며, 후자는 두 종류 이상의 원소가 결합하여 구성된 반도체로서, III족–V족 화합물인 갈륨비소(GaAs), 인듐인화(InP), 갈륨인화(GaP) 등이며, II족–VI족 화합물인 카드뮴황화(CdS), 아연텔루화(ZnTe) 등이 있습니다.

일반적으로 화합물 반도체는 직접 밴드 갭 특성을 보유하고 있어 발광소자의 주요 재료로 사용되며, LED, LASER 등을 제조하는 기판 재료로도 사용됩니다.

12.2.3 원자 모델이란?

[그림 12–6]은 닐스 보어(Niels Bohr)의 원자 모델의 예로서, 원자 중심에는 원자핵이 있으며, 원자핵 주변에는 전자 궤도를 따라 공전 운동을 하는 전자(음전하)가 있는데요.

원자핵은 동일한 수의 양성자(양전하)와 중성자(중성)의 결합으로 존재합니다. 전자궤도별로 최대로 존재할 수 있는 최대 전자 개수는 $2\times n^2$으로서, n은 궤도 번호입니다. 따라서 첫 번째 궤도에는 최대 2개, 두 번째 궤도에는 최대 8개, 세 번째 궤도에는 최대 18개… 순으로 채워집니다. 최외각(valence) 전자는 원자핵에서 가장 멀리 떨어져 있어서 다른 궤도의 전자보다 원자핵과 전자 간에는 비교적 작은 전기적 인력이 작용하는데요. 외부의 힘에 의한 최외각 전자의 이탈이나 추가에 의한 양전하 또는 음전하로 대전이 가능합니다. 따라서 원자의 특성은 최외각 전자에 의해 크게 좌우됩니다.

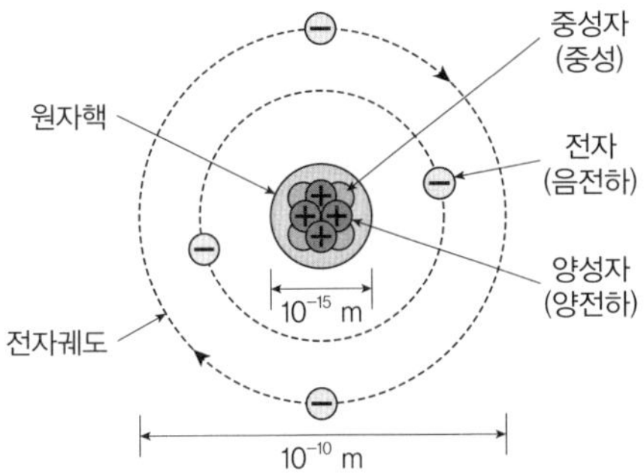

[그림 12-6] 보어의 원자 모델 예

12.2.4 진성 반도체와 불순물 반도체에 대해 알아볼까요?

진성(intrinsic) 반도체란 반도체 내부에 남은 자유전자나 정공이 없이 모두 공유결합구조로 안정화된 순수 반도체 결정을 의미하는데요. [그림 12-7]에서는 실리콘 원자 모델, 실리콘 결정과 순수 반도체인 실리콘 원자 모델의 코어(core)[6]단순화, 그리고 여러 개의 실리콘 원자들이 공유결합(covalent bond)된 구조로 하나의 실리콘 원자를 중심으로 인접한 4개의 실리콘 원자들과 최외각 전자를 공유결합한 형태를 잘 보여주고 있습니다.

6 원자의 최외각 전자를 제외한 내부 궤도와 원자핵에 존재하는 전하의 개수와 극성을 고려한 합산으로 표현한 것

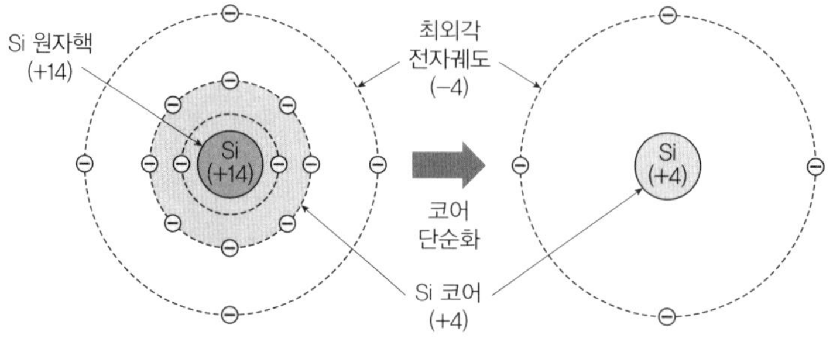

(a) 실리콘 원자

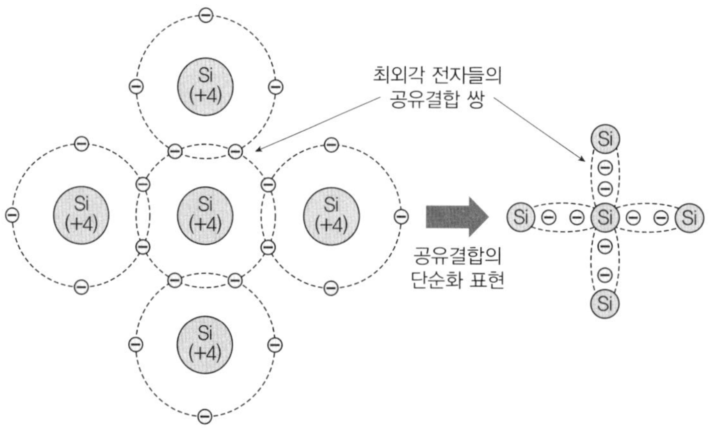

(b) 실리콘 결정

[그림 12-7] 실리콘 원자 모델과 실리콘 결정

절대온도 0°K에서는 열에너지가 0이기 때문에 Si의 공유전자가 모두 원자핵에 속박되어 전도 대역에 존재하는 자유전자가 하나도 없습니다. 따라서 전류 전도가 발생하지 않아서 절연체 특성을 띄게 됩니다. 그러나 [그림 12-8]과 같이 온도가 점점 상승하여 상온 상태가 되면 밴드 갭 에너지 이상의 에너지를 가지는 전자들은 원자핵의 속박을 끊고, 전도대로 이동하여 자유전자가 되고, 전자가 빠져나간 자리에는 정공(hole)이 생성되는데요. 여기서 전자는 음의 전하, 정공은 양의 전하가 됩니다.

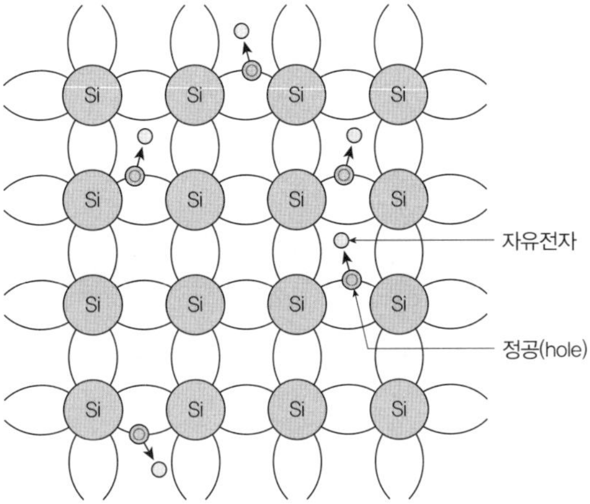

[그림 12-8] Si의 자유전자 및 정공 발생 개념도

실리콘의 경우 대략 상온에서의 자유전자 수는 실리콘 원자 10^{13} 중에 3개로 너무 적기 때문에 진성 반도체의 자유전자 수는 실용적으로 사용하기에는 턱없이 부족한 상태라 할 수 있습니다. 따라서 불순물을 도핑하여 자유전자 또는 정공 수를 증가시켜 실용적으로 사용할 수 있는 불순물 반도체를 만들게 됩니다.

불순물(impurity) 반도체란 저항률(또는 도전율)을 조절하기 위해 진성 반도체에 불순물을 첨가하여 자유전자 또는 정공을 전기 운반자(carrier)로 생성한 반도체로서, N–형 반도체와 P–형 반도체가 있는데요. N–형 반도체는 진성 반도체에 V족(5가) 불순물을 첨가하여 자유전자에 의한 음(negative)이 주된 특성을 가지는 반도체이며, P–형 반도체는 진성 반도체에 III족(3가) 불순물을 첨가하여 정공들에 의한 양(positive)이 주된 특성을 갖는 반도체입니다.

[그림 12–9](a)에서 보듯이 진성 반도체 물질인 실리콘(Si)이 5가 원자인 비소(As)에 도핑되면 비소 원자의 가전자 5개 중 4개는 Si와 공유되고, 나머지 1개는 핵에 느슨한 상태로 결합되어 쉽게 자유전자가 됩니다. 이때 As 원자는 여분의 전자를 제공해주기 때문에 도너(donor) 원자라고 합니다. 도핑된 반도체 물질에는 많은 도너 원자가 존재하므로 이는 많은 자유전자로 인해 전류를 흐르게 할 수 있습니다. 그리고 상온에서는 자유전자 수가 정공 수보다 많아 전자를 다수 캐리어, 정공을 소수 캐리어라 하며, 이러한 물질을 N–형 반도체라 합니다.

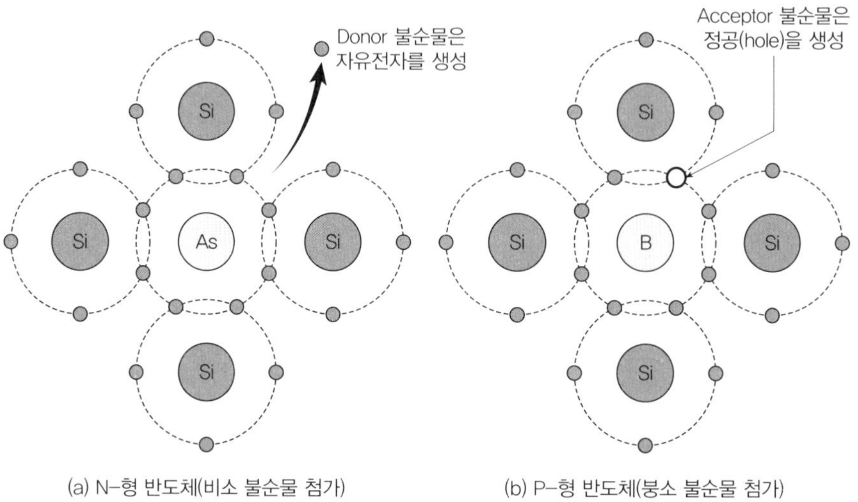

[그림 12-9] 비소 또는 붕소로 도핑된 실리콘 반도체

한편, [그림 12–9](b)를 보면 Si에 붕소(B)와 같은 3가 물질이 도핑되는 경우 붕소 원자는 3개의 인접한 Si 원자들과 함께 3개의 가전자를 공유하게 되고, 나머지 네 번째 Si와는 정공을 생성하게 됩니다. 이러한 부가적인 정공은 하나의 공유결합에서 다음 공유결합으로 전자를 쉽게 흐르게 하는데요. 정공이 쉽게 전자를 받아들이기 때문에 여분의 정공이 생성되도록 하는 원자를 억셉터(acceptor) 원자라고 합니다. 그리고 도핑된 반도체 물질에서 전류 흐름에 기여하는 것이 정공이며, 정상 상태에서는 전자 수를 초과하므로 정공을 다수 캐리어, 전자를 소수 캐리어라고 하며, 이러한 물질을 P–형 반도체라 합니다.

12.2.5 반도체 웨이퍼란 무엇인가요?

웨이퍼(Wafer)란 반도체 집적회로를 만드는 중요한 재료로서, 실리콘(Si), 갈륨아세나이드(GaAs) 등을 성장시켜 얻은 단결정 기둥(Ingot)을 적당한 지름으로 얇게 썬 원판 모양의 판을 말하는데요. 이 웨이퍼 위에 트랜지스터나 다이오드 등의 미소회로나 IC(집적회로)가 구현됩니다. [그림 12–10]에서는 실리콘 단결정 기둥과 웨이퍼, 그리고 웨이퍼 위에 집적회로가 설계된 형태를 보여주는데요. 현재 반도체 공정에 적용되는 웨이퍼는 8–인치(200mm), 12–인치(300mm), 18–인치(450mm)가 사용됩니다.

[그림 12-10] 실리콘 단결정 웨이퍼와 집적회로 칩

12.3 반도체 칩의 사용 목적에 따른 분류는 어떻게 되나요?

반도체 칩은 그 특성과 사용 목적에 따라 '메모리 반도체'와 '비메모리 반도체'로 구분하는데요. 메모리 반도체는 컴퓨터의 주기억장치로 사용하는 롬(ROM)과 램(RAM)을 비롯하여 플래시 메모리 등을 의미하고, 비메모리 반도체는 주로 마이크로프로세서가 주를 이루며, 논리와 연산, 제어 기능 등을 수행하는 반도체를 의미합니다.

12.3.1 메모리 반도체에 대해 알아볼까요?

먼저 ROM은 'Read Only Memory'의 약칭으로 '읽기 전용 기억장치'라고 할 수 있습니다. 전원이 끊겨도 기억된 내용이 지워지지 않는 특성이 있어서 비휘발성 메모리(Non-Volatile Memory)라고도 합니다. 그 후 기술이 발전하면서 다시 기록하는 기능을 가진 ROM이 등장하는데, 그 대표적인 것이 PROM(Programmable ROM), EPROM(Erasable Programming ROM) 및 EEPROM(Electrically Erasable Programmable ROM)입니다. PROM은 1회에 한해 새로운 내용을 기록할 수 있는 ROM으로, 사용자는 ROM 라이터라는 기기를 이용하여 내용을 기록할 수 있지만, 한번 기록된 내용은 바꾸거나 지울 수 없습니다. 이와는 달리 수시로 기억된 내용을 지우고, 다른 내용을 기록할 수 있는 ROM이 바로 EPROM인데요. 다만 기록을 지우는 방법이 자외선을 이용하는 경우를 통상 EPROM이라고 합니다. 자외선을 사용하여 데이터를 지우는 대신에 전기적 신호를 보내 기억된 데이터를 지우는 EEPROM이 있는데, 이러한 EEPROM의 동작 원리를 활용하여 만든 메모리 장치가 플래시(Flash) 메모리입니다. 위에서 설명한 메모리 반도체를 [그림 12-11]에 종류별로 도식화하였습니다.

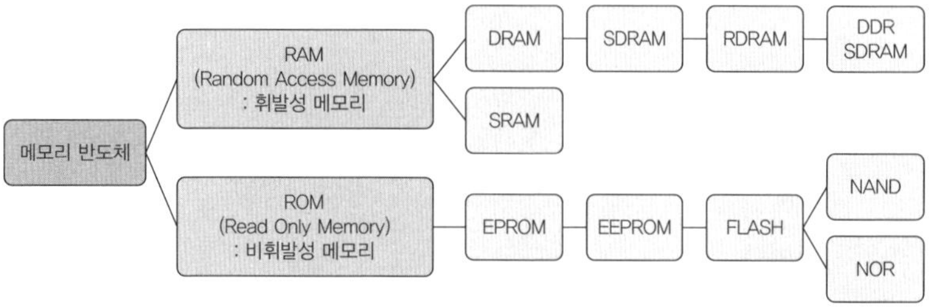

[그림 12-11] 메모리 반도체 종류

플래시 메모리는 [그림 12-12]와 같이 현재 거의 모든 분야에서 사용되고 있는데, USB 메모리, SD 메모리, CF 메모리, SSD 하드드라이브 등과 같이 메모리카드와 대용량의 펌웨어가 필요한 내비나 노트북 등 ROM이 필요한 부분은 거의 플래시 메모리로 대체되고 있습니다.

[그림 12-12] 플래시 메모리의 적용 기기

한편, RAM은 'Random Access Memory'의 약칭으로 대표적인 반도체 메모리로서 PC의 주기억장치로 쓰이고 있으며, 메모리라고 통칭하고 있습니다. RAM은 그 작동 원리에 따라 정적 램(SRAM: Static RAM)과 동적 램(DRAM: Dynamic RAM)으로 구분되는데, SRAM은 빠른 속도의 CPU와 연동되는 캐시 메모리로 주로 사용되고, DRAM은 기본 구조가 축전기 형태로 시간이 경과하면 전자를 누설하게 되므로 기억된 정보를 잃게 됩니다. 정보를 유지하려면 지속적인 전기 공급이 필요하기 때문에 DRAM을 휘발성 기억 장치(Volatile Memory)라고 부릅니다.

12.3.2 비메모리 반도체에 대해 알아볼까요?

[그림 12-13]에서는 시스템 반도체라 불리는 비메모리 반도체의 종류를 보여주고 있는데요. 정보를 저장하는 메모리 반도체와 달리 논리와 연산, 제어 기능 등을 수행하는 반도체인 시스템 반도체는 디지털화된 전기적 정보를 연산하거나 처리(제어, 변환, 가공 등)하며, 이것은 마이크로콘트롤러, 아날로그 IC, 로직 IC, 광학 반도체 등으로 구분합니다.

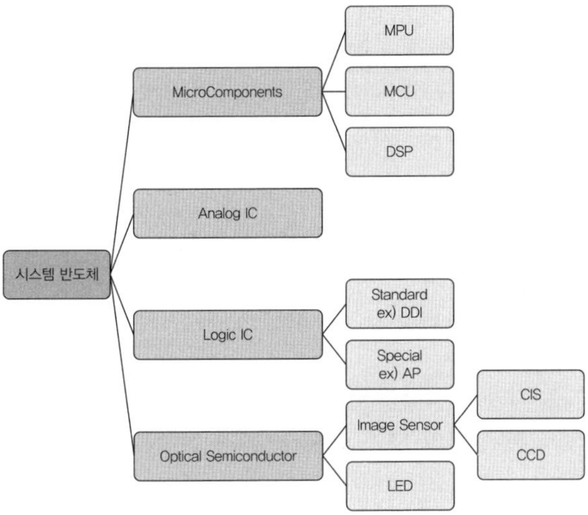

[그림 12-13] 비메모리 반도체 종류

비메모리 반도체, 시스템 반도체, 로직 칩, 시스템 LSI 등은 용어만 서로 다를 뿐 다 같은 반도체를 의미하는데요. 시스템 반도체는 삼성 내부에서 사용하는 용어이고, 해외에서 공식으로 사용하는 용어는 로직 칩(logic chip)입니다. 또한, 대만의 TSMC에서는 파운드리(foundry)라는 용어를 사용합니다. 비메모리 반도체를 설계하는 반도체 회사를 팹리스(FABless)라고 부르는데요. 즉, 설계만 하고 제조는 하지 않는 퀄컴이나 애플 같은 회사가 대표적이라 하겠습니다. 파운드리란 팹리스 회사의 주문을 받아 반도체를 제조하는 것을 의미하는데, 대표적인 회사가 TSMC입니다. 반면에 설계 및 제조를 병행하는 삼성과 같은 회사를 종합 반도체 기업(IDM: Integrated Device Manufacturer)이라고 합니다.

〈표 12-1〉에는 메모리 반도체와 시스템 반도체 시장, 생산, 사업구조 등을 비교·기술하였습니다.

〈표 12-1〉 메모리 반도체와 시스템 반도체의 특성 비교

구 분	메모리 반도체	시스템 반도체
시장구조	범용 양산 시장으로 표준제품 중심(D&S RAM 등), 경기 변동에 민감	응용 분야별 특화시장(유무선 통신, 정보기기, 자동차 등), 경기 변동에 덜 민감
생산구조	소품종 대량생산	다품종 소량생산
핵심 경쟁력	설비투자 및 자본력과 미세공정 등 하드웨어 양산기술의 가격경쟁력과 선행 기술 개발 및 시장 선점	설계 기술 및 우수인력으로 설계 및 소프트웨어 기술을 통한 시스템 기능과 타 업체와 성능 및 기능 위주 경쟁
사업구조	대기업형	중소기업형, 벤처기업형
참여 업체 수	소수로 높은 위험부담으로 인해 참여업체 수가 제한적임	다수이며, 비교적 위험부담이 낮아 참여업체 수가 많고 종류가 다양함

12.4 뉴로모픽(Neuromorphic) 반도체란 무엇인가요?

12.4.1 뉴로모픽 반도체란?

4차 산업혁명의 토대로는 IoT, AI, 빅데이터, 자율주행차 등 핵심 기술이 있는데요. 21세기 경쟁력을 좌우할 차세대 기술로서 인간의 뇌를 컴퓨터에 구현한 신기술, 바로 뉴로모픽입니다. [그림 12-14]에서 보듯이 '뉴로'는 신경, '모픽'은 형상을 뜻하는 말로서, 뉴로모픽은 '사람의 뇌신경을 형상화한 것'을 의미합니다.

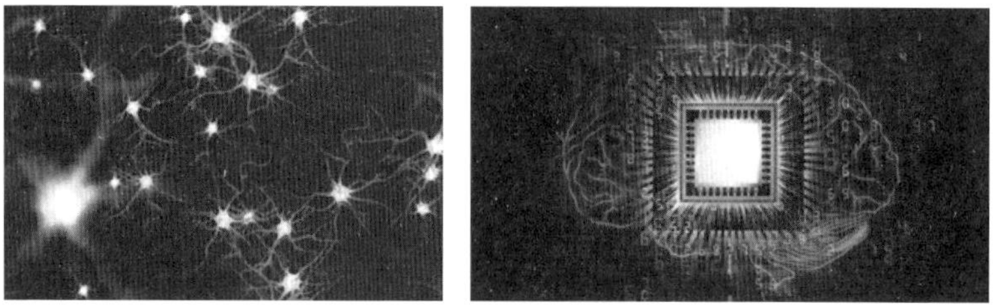

[그림 12-14] 두뇌의 신경세포와 뉴로모픽 칩 개념도

뉴로모픽 반도체는 인간의 뇌나 신경세포의 구조와 특성을 모방한 효율성을 높인 인

공지능형 반도체입니다. 특징은 첫째, 병렬 연산 구조로 정보처리 속도가 빠르며, 둘째, 두뇌의 핵심 기능인 패턴인식이 가능하며, 마지막으로 기존 반도체에 비해 전력 소모량이 크게 감소합니다.

컴퓨터는 '폰노이만(Von Neumann) 구조'라 일컫는 중앙처리장치(CPU), 주기억장치(RAM), 입출력장치(디스플레이, 마우스, 키보드 등)의 3단계로 구성되는데요. 이 구조는 고속 컴퓨팅 환경에서 데이터 병목현상이 발생하는데, 이는 명령을 순차적으로 수행하기 때문입니다. 반면에 뉴로모픽 칩은 인간의 뇌처럼 하나의 반도체가 저장과 연산은 물론 패턴인식까지 모두 처리하기 때문에 속도가 훨씬 빠른데요. 패턴인식은 인간의 두뇌가 감각기관을 통해 받아들이는 방대하고 무질서한 데이터 사이에서 패턴을 찾아 빠르게 추상화하는 과정을 말합니다.

12.4.2 뉴로모픽 반도체의 예는?

2014년 미국 IBM에서 생산한 트루노스(True North)는 코어 수가 4,096개로 뉴런 100만 개, 시냅스 2억 5,600만 개를 재현해 인간처럼 물체 식별과 패턴인식이 가능한데요. 이후 2016년 MIT의 병렬반도체 아이리스(Eyeriss), 2017년 인텔의 로이히(Loihi) 등이 발표되었습니다. 현재는 IBM과 퀄컴(Qualcomm)이 뉴로모픽 칩 개발을 주도하고 있으며, 인텔(Intel), 엔비디아(NVIDIA), 구글(Google), 애플(Apple), 자일링스(Xilinx) 등에서도 개발 중입니다.

한국은 삼성전자, 하이닉스, 한국과학기술연구원, 포스텍 등이 뉴로모픽 칩을 개발 중에 있는데요. 삼성전자는 2018년 뉴로모픽 칩의 전 단계라 할 수 있는 신경망처리장치(NPU: Numeric Processing Unit)를 내장한 시스템온칩(SoC: System on Chip) '엑시노스9(9820)'을 개발한 바 있습니다.

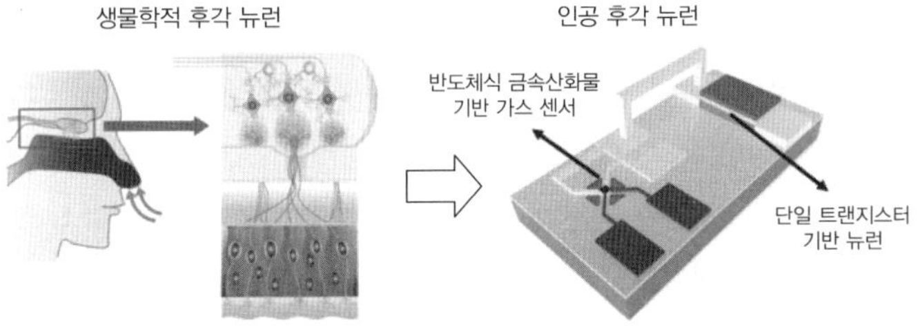

[그림 12-15] 인간 후각 뉴런을 모방한 뉴로모픽 반도체 모듈 개념도(출처: KAIST)

한편, KAIST에서는 [그림 12-15]와 같이 '22년 4월에 인간의 후각 뉴런을 모방한 뉴로모픽 반도체 모듈로 뉴로모픽 기반 전자코를 구현하여 국제학술지 〈어드밴스드 사이언스〉에 게재하였는데요. 개발된 모듈은 전자코에 적용할 수 있어 IoT 분야, 환경 및 음식 모니터링, 헬스케어 등에 적용이 가능하여 인-센스 컴퓨팅 시대를 개척하는 시금석이 될 것으로 예상됩니다.

12.5 반도체 시장과 기술 경쟁력은 어떠한가요?

12.5.1 반도체 시장은?

[그림 12-16]은 시장조사기관인 옴디아(Omdia)에서 예측한 전체 반도체(시스템 반도체, 메모리 반도체) 시장 규모를 보여주는데, 2030년에는 전체 반도체 시장 규모가 7,200억 달러를 상회할 것으로 보고 있습니다. 또 다른 시장조사기관 자료에 의하면 앞으로 차량 및 AI 등 관련 시스템 반도체 수요 증가에 따라 전체 반도체 시장에서 시스템 반도체 비중이 더욱 커질 것으로 예상됩니다.

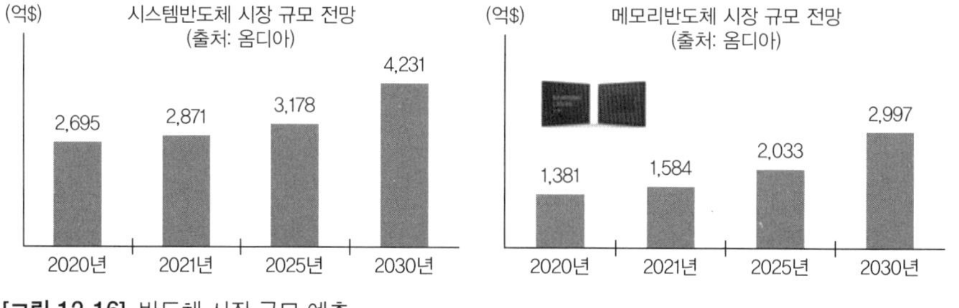

[그림 12-16] 반도체 시장 규모 예측

한편, [그림 12-17]에서는 파운드리 시장 매출과 점유율을 보여주고 있는데, 점유율 면에서 삼성이 TSMC의 약 1/3 정도임을 알 수 있습니다. 이러한 격차를 줄이기 위해 삼성은 반도체 파운드리 사업 전략을 변경하였는데, 이는 소품종 대량생산 체계에서 다품종 소량생산으로의 전환을 의미하는 것입니다. 애플이나 퀄컴 등 주로 대기업에 의존해 온 매출 구조를 벗어나기 위한 방안으로 이른바 '오픈 파운드리' 전략을 펼쳐 중소 규모 업체에도 파운드리 공장을 개방하였습니다.

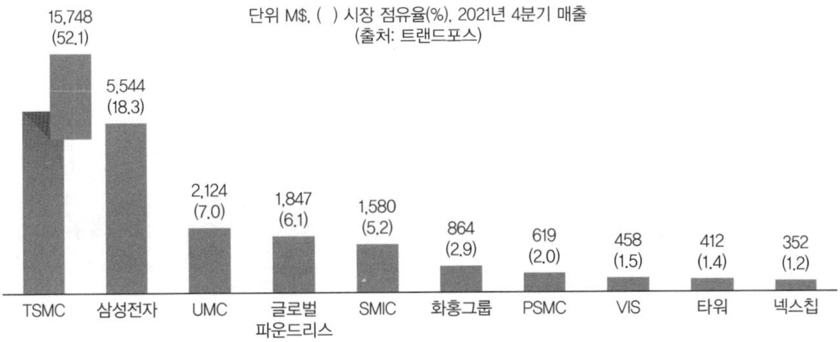

[그림 12-17] 세계 상위 파운드리 기업 매출

12.5.2 공정 기술을 알아볼까요?

현재의 웨이퍼 크기 및 반도체 공정에 따른 주요 제품들을 〈표 12-2〉에 상세히 기술하였는데요. 4나노 공정 기반의 12-인치 웨이퍼에서는 PMIC(전력관리 집적회로), CIS(이미지 센서)를 비롯해 전자제품에서 두뇌 역할을 하는 MCU(Micro Controller Unit), 차량용 AI 시스템 반도체 분야 등의 SoC에서 활용되고 있습니다.

〈표 12-2〉 반도체 공정 및 주요 제품(출처: Trendforce, 2022.7)

웨이퍼 크기	공정(프로세스 노드)	주요 제품
8-inch	350~110nm	DDI, CIS, PMIC, power discrete
12-inch	90/55nm	TDDI, CIS, Wi-Fi, MCU, PMIC TCON IC
	40/28nm	AMOLED DDI, MCU, CIS/ISP, 4G RF transceiver, Wi-Fi, TV SoC,TCON IC
	1Xnm	5G RF transceiver, 4G AP, FPGA, ASIC, Wi-Fi, TV SoC, PCH
	7~4nm	CPU, GPU, ASIC, 5G AP, FPGA, AI accelerator

〈표 12-3〉에서는 삼성전자의 연도별 반도체 공정 기술 변화를 보여주고 있는데요. 기존의 FinFET 공정과 더불어 세계 최초로 차세대 공정 기술인 GAA(Gate-All-Around) 기반의 3나노미터(nm) 반도체 공정 양산(2022.6)을 시작하였습니다. GAA 구조의 트랜지스터

는 AI, 빅데이터, 자율주행, 사물인터넷 등 고성능과 저전력이 요구되는 차세대 반도체에 널리 적용될 전망입니다.

〈표 12-3〉 차세대 반도체 공정(삼성전자)

구분(년도)	내 용	비 고
2016년	10나노 핀펫(FinFET) 공정 양산	1nm= 1/10억(m) FET: Field Effect Transistor
2017년	10나노 2세대 핀펫 공정 양산	
2019년	7나노 극자외선(EUV) 공정 양산	Extrem Ultra Violet
2022년 6월	3나노 GAA 양산	TSMC: 3나노 핀펫(2023년)
2025년	2나노 GAA 양산	TSMC: 2나노 GAA(2026년 예정)

[그림 12-18]은 삼성전자 화성캠퍼스에서 3나노 파운드리 양산을 기념하는 장면입니다.

[그림 12-18] 삼성전자 3나노 파운드리 양산 기념(출처: 삼성전자)

삼성은 3나노 반도체 생산으로 파운드리 1위인 TSMC와의 경쟁에서 좋은 기회를 선점했다고 할 수 있는데요. 10나노 미만 초미세 공정을 도입한 회사는 삼성과 TSMC이며, 경쟁사인 TSMC와 인텔은 각각 2023년 상반기와 하반기에 양산을 목표로 하고 있습니다. FinFET는 Fin(상어 지느러미)과 FET(Field Effect Transistor) 두 용어를 합친 것으로 인텔을 필두로 삼성전자 TSMC 등이 도입 중인 3차원(3D) 입체 구조의 칩 설계 및 공정 기술을 의미합니다.

[그림 12-19]에서는 FinFET 및 차세대 공정 GAA 트랜지스터 구조를 보여주고 있는데요. 왼쪽의 FinFET 구조에서는 게이트 사이에 채널이 세로로 파고들어 게이트와 채널이 닿는 녹색 선이 삼면인데, 이 삼면으로 전기가 지나갑니다. 반면에 GAA 구조에서는 게이트 속으로 채널 여러 개가 뚫고 지나가고 있어 녹색 선이 보라색 게이트와 회색 채널이 닿는 모든 면에 있습니다. 따라서 채널 4면을 게이트가 둘러싸고 있어 모든 면으로 전기가 지나가 전류의 흐름을 보다 세밀하게 제어할 수 있어서 높은 전력 효율을 얻을 수 있는 것이 큰 차이점입니다.

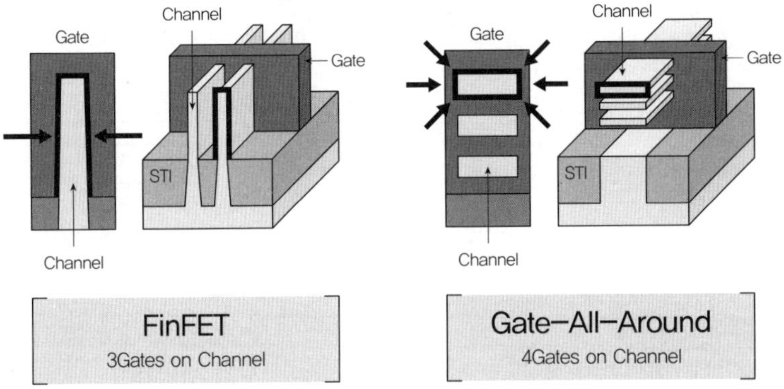

[그림 12-19] FinFET 및 GAA 구조(출처: 삼성전자)

12.6 반도체의 중요성과 강국 도약에는 무엇이 필요한가요?

12.6.1 반도체 산업과 경제안보와의 관계는?

반도체는 TV, 컴퓨터, 스마트폰, 자동차 등 우리 생활에 밀접한 전자기기에 대부분 들어가며, 디지털 행성 시대에 사용되지 않은 곳이 없어 이른바 '산업의 쌀'이라고 불리는데요. 4차 산업혁명의 가속화와 포스트 코로나19 팬데믹을 맞아 반도체 산업 성장과 기술 경쟁력이 날로 가속화되고 있습니다. AI, IoT, 자율주행차, 로봇 등에 필수적이며, 4차 산업혁명이 가속화됨에 따라 중요성이 더욱 커질 것으로 보입니다. [그림 12-20]에서는 반도체 산업의 생태계와 전·후방 산업을 잘 보여주고 있습니다.

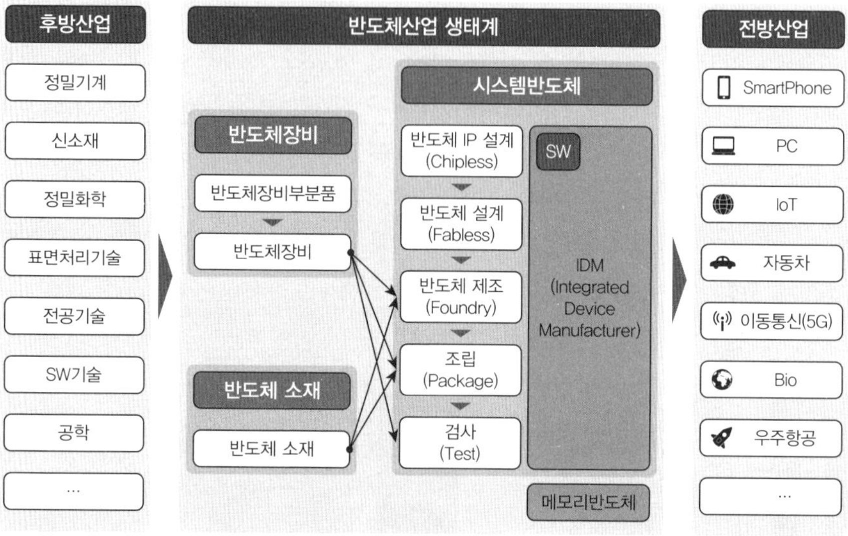

[그림 12-20] 반도체 산업의 생태계와 전 · 후방 산업

[그림 12-21]은 2022년 6월 방한한 미국 조 바이든 대통령이 삼성전자를 방문한 사진으로, 이 방문을 계기로 반도체가 세계 경제안보에 큰 화제가 되고 있는데요. 이는 반도체 분야의 중요 물자 공급망 강화, 첨단기술 연구·개발 협력, 기간 인프라 안전 확보 등과 연관되어 있기 때문입니다.

[그림 12-21] 조 바이든 미국 대통령의 삼성전자 평택공장 방문(출처: 연합뉴스)

첨단기술 분야, 특히 반도체에서 중국의 굴기에 대응하고 러시아의 우크라이나 침공으로 공급망 유지가 경제안보 정책을 강화하는 것으로 가치를 공유하는 국가와 긴밀히

협력해야 한다는 의미를 시사하고 있습니다.

12.6.2 반도체 인력 양성을 위한 정책은?

4차 산업혁명의 가속화에 따라 반도체는 그 중심에 자리하고 있는데, 고성능 정보처리를 위한 초고성능, 초저전력 특성 또한 요구되고 있습니다. 앞으로 한국이 세계 반도체 시장을 지속적으로 주도하기 위해서는 반도체 제품의 기술 경쟁력뿐만 아니라 반도체 생산 장비, 소재, 부품(이른바 소부장) 등 반도체 생태계가 함께 발전해야 합니다. 메모리 산업은 세계 최고 수준의 기술력을 보유하고 있으나, 시스템 반도체 설계(SoC)와 장비·소재 등 관련 산업의 기술 경쟁력은 상대적으로 열악한 현실인데요. 특히, 장비·소재·패키지 분야는 전자, 전기, 화학, 광학 등 기술 집약형 산업으로 기술 수명이 짧아 매출액 대비 R&D 비중이 타 산업 대비 높은 편으로 선진국과의 기술 격차를 줄이고 기술 입지 확보가 필요합니다.

이러한 상황을 고려하면 반도체 분야의 전문 인력 양성은 매우 시급한 현안으로 교육부뿐만 아니라 경제·산업·기술 소관 부처 등 범정부 차원과 학계·기업·연구기관 등이 역량을 초집중하고 있습니다. [그림 12-22]에서 보는 것처럼 향후 10년간 반도체 산업 인력 전망에 따르면, 정부는 2031년까지 15만 명의 반도체 산업 인력 양성을 목표로 하고 있습니다.

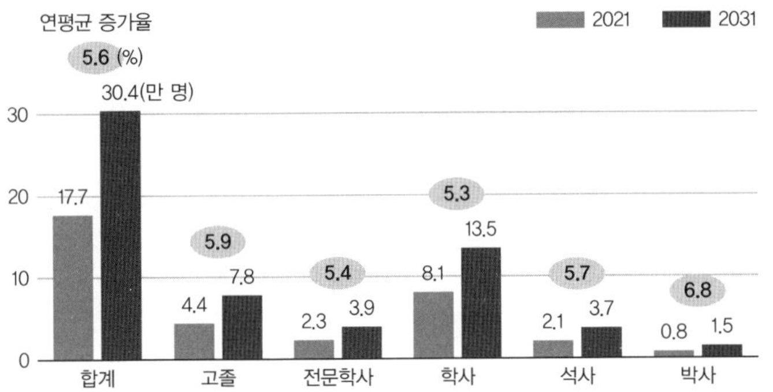

[그림 12-22] 향후 10년 반도체 산업 인력전망(출처: 교육부)

끝으로 정부의 시스템 반도체 생태계 육성으로 '2030년까지 종합 반도체 강국 도약'을 목표로 5대 정책을 제시하고 있는데요. 첫째, 팹리스 업계의 글로벌 경쟁력 확보를 위해 핵심 분야를 선택하고 집중하며, 둘째, 파운드리 업계의 첨단 분야와 틈새시장을 동시 공략하며, 셋째, 팹리스와 파운드리 간 상생협력 생태계를 조성하며, 넷째, 시장과 기업이 필요로 하는 고급 전문 인력 17,000명을 2030년까지 양성하고, 다섯째, 차세대 반도체 개발에 향후 10년간 1조 원 이상 투자하고 해외기술 유출을 방지하는 내용입니다.

이러한 정책의 결과로 정부는 2030년까지 파운드리 세계 1위, 팹리스 시장 점유율 10% 달성, 신규 일자리 27,000개를 창출할 계획을 수립하였습니다.

연습문제 EXERCISE

01 고든 무어(Gordon E. Moore)의 법칙과 그 한계에 대해 간략히 기술하시오.

02 2020년대의 반도체 패러다임의 내용에 적합한 것은?

① IT+BT+NT 기능이 융합된 IoT 반도체
② 모바일 기기 중심의 모바일용 융·복합 반도체 개발
③ PC+모바일+디지털 가전기기 등 융·복합 반도체
④ PC 중심, 개별 반도체의 원가 경쟁력

03 다음 중 시스템 반도체에 해당하지 않는 것은?

① 온도, 습도 등 아날로그 데이터를 디지털 데이터로 변환하는 칩
② 디지털 데이터를 연산하기 위한 중앙처리장치(CPU)
③ 컴퓨터와 인터넷에 접근하기 위한 통신 칩(chip)
④ 각종 데이터를 저장하기 위한 메모리

04 다음 설명 중 틀린 것을 고르시오.

① 저항률이 매우 높은 물질을 절연체(부도체)라 부르며, 전류가 잘 흐르지 못한다.
② 저항률이 매우 낮은 물질을 도체라 부르며, 은, 구리 그리고 금 등이 있다.
③ 공급 전원에 따라 도체 또는 절연체의 이중적 특성을 갖는 물질을 반도체라 한다.
④ 어떤 물질의 저항은 그 물질의 저항률과 길이에 비례하고, 단면적에 반비례한다.
⑤ 어떤 저항률을 갖는 물질에서 길이 및 단면적이 각각 2배씩 증가하면 저항은 4배가 된다.

05 다음 중 에너지 밴드에 관한 설명으로 틀린 것은?

① 에너지 밴드에서 전자가 채워진 가장 높은 에너지 밴드는 가전자대이다.
② 에너지 밴드에서 전자가 채워지지 않는 가장 낮은 에너지 밴드는 전도대이다.
③ 가전자대의 전자는 비속박 전자로 원자핵에 구속되지 않아 자유롭게 움직일 수 있다.
④ 절연체가 가전자대와 전도대 사이의 에너지 밴드 갭이 가장 크다.
⑤ 일반적으로 반도체의 에너지 밴드 갭은 0.1~4.0(eV) 정도이다.

06 다음 설명 중에서 틀린 것은?

① 반도체의 종류는 크게 원소 반도체와 화합물 반도체로 나눈다.

② 원소 반도체는 주기율표에서 IV족에 속하며, Si, Ge 등이다.

③ 화합물 반도체는 두 종류 이상의 원소가 결합하여 구성된 반도체로 III족-V족, II족-VI족의 화합물이 있다.

④ 원소는 물질을 이루는 기본 성분으로 지구상에 약 110여 종이 있으며, 원소 주기율표는 보어가 처음 제안한 것이다.

07 원자에 대한 설명으로 틀린 것은?

① 외부의 힘에 의해 최외각 전자가 이탈되면 그 원자는 음전하로 대전된다.

② 원자는 중심에 핵이 있고, 그 주변에는 전자 궤도를 갖고 공전하는 전자가 있다.

③ 원자핵은 동일한 수의 양성자와 중성자로 구성된다.

④ 전자 궤도별로 존재할 수 있는 최대 전자의 수는 어떤 규칙을 갖는다.

⑤ 최외각 전자는 원자핵으로부터 구속력이 약해 외부의 힘으로 전자를 이탈시킬 수 있다.

08 진성 반도체와 불순물 반도체의 설명 중 틀린 것은?

① N-형 반도체의 전류 흐름에 기여하는 다수 캐리어는 전자이고, P-형 반도체는 정공이다.

② 진성 반도체에 III족(3가)의 불순물을 첨가하여 자유전자에 의해 음이 주된 것을 N-형 반도체라 한다.

③ 불순물 반도체는 진성 반도체에 불순물을 첨가하여 자유전자 또는 정공을 전기 운반자로 생성한 것이다.

④ 진성 반도체는 Si, Ge 등으로 절대온도 0°K에서는 전도대에 자유전자가 없다.

⑤ 진성 반도체에 5가 원자를 도핑하면 여분의 전자가 생기게 해주므로 이를 도너라 한다.

09 반도체 집적회로를 만드는 중요한 재료이며, 실리콘(Si), 갈륨아세나이드(GaAs) 등을 성장시켜 얻은 단결정 기둥을 적당한 지름으로 얇게 썬 원판 모양의 판을 무엇이라 하는가?

10 메모리 반도체는 크게 휘발성 메모리인 (　　)과 비휘발성 메모리인 (　　)로 나눈다.

11 메모리 반도체와는 달리 논리와 연산, 제어 기능 등을 수행하는 반도체는 무엇인가?

12 퀄컴이나 애플과 같이 비메모리 반도체를 설계하는 반도체 기업을 (　　)라 부르며, 이러한 기업으로부터 주문을 받아 반도체를 제조하는 것을 (　　) 기업이라 한다.

13 설계 및 제조를 병행하는 삼성과 같은 종합 반도체 기업을 무엇이라 하는가?

① 팹리스 ② 파운드리 ③ 디자인하우스
④ 패키징 ⑤ IDM

14 다음 메모리 반도체의 특성으로 적절하지 않은 것은?

① 범용 양산 시장으로 표준제품 중심(D&S RAM 등)이며, 경기 변동에 민감하다.
② 소품종 대량생산이다.
③ 중·소기업형이다.
④ 참여 기업은 소수로 높은 위험 부담으로 인해 참여 업체의 수가 제한적이다.
⑤ 설비투자 및 자본력과 미세공정 등 하드웨어 양산 기술의 가격 경쟁력, 선행 기술 개발 및 시장 선점이 중요하다.

15 인간의 뇌나 신경세포의 구조와 특성을 모방한 효율성을 높인 병렬연산 인공지능형 반도체를 무엇이라 하는가?

16 '폰 노이만 구조'의 컴퓨터는 크게 3가지로 CPU, 주기억장치, 그리고 (　　)로 구성된다.

17 2022년 6월에 삼성전자가 3나노 반도체 공정 양산에 적용한 기법은 무엇인가?

18 반도체 공정 FinFET에서 GAA 기법을 적용한 주된 원인을 간략히 설명하시오.

19 다음 반도체 산업의 생태계에서 전방 산업에 속하지 않은 것은?

① 신소재 ② 표면처리기술 ③ SW 기술
④ 정밀화학 ⑤ IoT

20 시스템 반도체의 경쟁력 강화를 위한 정부 차원의 정책을 간략히 기술하시오.

Chapter

13 접속망 기술

13.1 근거리 무선통신 기술에는 어떤 것이 있나요?

13.1.1 WiFi란?

WiFi란 사무실처럼 특정한 공간에 위치한 디바이스들에 고품질의 무선통신 네트워크를 구성해 주는 기술로서, AP(Access Point)나 공공장소에 설치된 무선인터넷 공간인 핫스팟(Hot Spot)을 통해서 인터넷에 접속되는데요. WiFi는 ISM(Industrial Scientific and Medical) 대역으로 지정된 2.4GHz 대역과 5GHz 대역 주파수를 이용하며, 이 주파수 대역은 산업, 과학, 의료용 기기들을 위해 할당된 주파수 대역으로서 주어진 규칙만 지키면 누구라도 허가받지 않고 사용할 수 있습니다.

2001년 6월 우리나라에서는 2.4GHz 대역에 대해 '전기통신사업법령에 따라 허가 등이 필요한 통신사업에 해당되지 않으며, 새로운 기술 및 서비스 발전 촉진 등을 위해 바람직하다고 판단하여 혼신을 용인하는 조건으로 누구든지 동 주파수대의 Binary-CDMA, WiFi, 블루투스, 무선 LAN 기기 등을 이용하여 서비스를 제공할 수 있다.'라는 유권해석을 내림에 따라 WiFi가 활성화된 바 있습니다.

우리나라는 [그림 13-1]처럼 2.4GHz(2.400~2.483GHz) 대역에 83MHz의 주파수 대역을 할당하는데요. 83MHz의 주파수 대역에는 20/22MHz 대역폭이 5MHz 간격으로 13개 채널이 할당됨에 따라 같은 채널에서 여러 대의 WiFi 기기가 사용되거나 WiFi 기기들이 인접한 채널을 이용하는 경우, 서로 다른 기기들이 통신하는 과정에서 충돌이 발생하게 되는데, 이를 간섭(Interference)이라고 합니다.

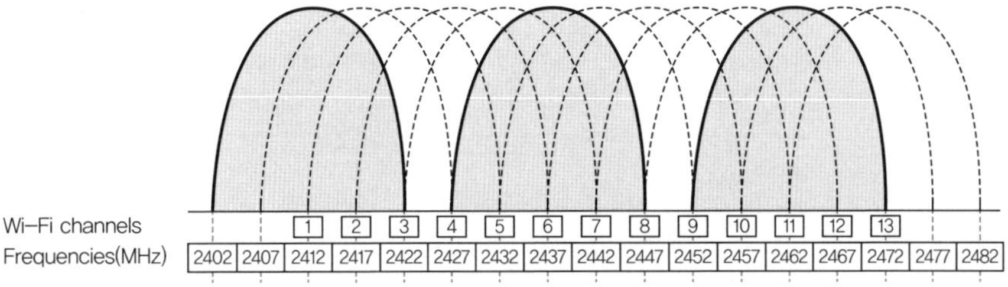

[그림 13-1] 2.4GHz 대역 채널 분포도

이러한 간섭 문제를 해결하기 위해 1, 6, 13번 채널 또는 1, 5, 9, 13번 채널처럼 서로 중첩되지 않는 채널들을 이용하도록 권장하고 있으나, WiFi를 이용하는 기기들의 폭발적인 증가로 인한 간섭을 피하고자 [그림 13–2]에서 보듯이 비중첩 채널이 20개 이상인 5GHz 대역에서 사용할 수 있는 IEEE 802.11n, IEEE 802.11ac 등과 같은 표준들의 이용이 늘어나는 추세입니다.

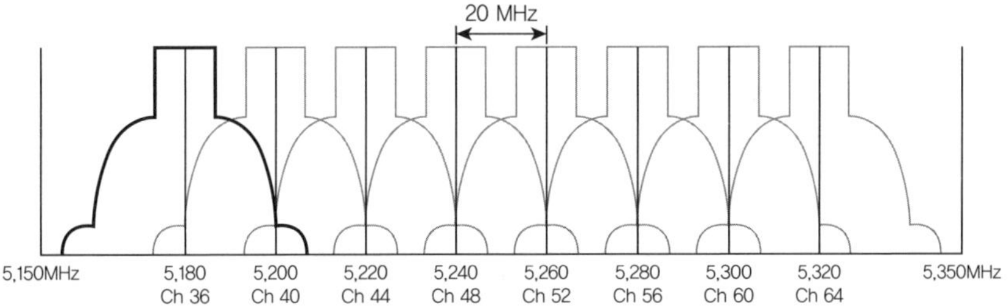

[그림 13-2] 5GHz 대역 중 일부 채널 분포도

마지막으로 다양한 표준이 존재하는 WiFi 기술의 표준별 주요 특성을 〈표 13–1〉에 상세히 기술하였습니다.

〈표 13-1〉 다양한 IEEE 802.11 표준 및 주요 특성

구분	내용
IEEE 802.11-1997	- 1997년에 발표된 IEEE 802.11 표준 최초 버전 - 무선 데이터 통신 환경에서 1Mbps나 2Mbps의 전송 속도와 데이터 전송 시 발생하는 에러를 제어하기 위한 FEC(Forward Error Correction)를 정의 - 물리계층에 대한 분산 적외선(Diffuse Infrared), 주파수 호핑 확산 스펙트럼(FHSS: Frequency-Hopping Spread Spectrum) 및 직접 시퀀스 확산 스펙트럼(DSSS: Direct-Sequency Spread Spectrum) 기술을 규정

IEEE 802.11a	- 5GHz 대역에서 최대 54Mbps 데이터 전송 속도 제공 - 혼잡한 2.4GHz 대역에 비해 간섭이 적고 전송 속도가 매우 빠름 - 높은 캐리어 주파수로 인해 장애물이 많은 환경에서 서비스 영역 축소
IEEE 802.11b	- 최초 표준에서 정의된 동일 매체 접근 방식인 DSSS를 적용해도 11Mbps의 최대 전송 속도 제공 - 2.4GHz 대역에서 동작 - 관련 제품의 급격한 가격 하락으로 인해 무선랜 표준으로 채택
IEEE 802.11g	- 2.4GHz 대역에서 최대 54Mbps 속도로 동작 - 물리계층에서 직교주파수분할(OFDM: Orthogonal Frequency Division Multiplexing) 전송 방식을 사용하며, FEC 기술을 이용하여 802.11b 하드웨어와 호환 - 2.4GHz의 간섭 문제 등 기존 문제는 상존
IEEE 802.11n	- 기존 802.11 표준에 다중입출력(MIMO: Multiple Input Multiple Output) 안테나 기술을 적용해 성능 개선 - 2.4GHz 및 5GHz 대역에서 동작하며, 빔포밍(Beam-Forming), 채널 결합(Channel Bonding) 기술 적용 - 최대 600Mbps 전송 속도 제공
IEEE 802.11ac	- 802.11n을 기반으로 802.11 표준 개정 - 40MHz 채널폭을 사용하는 802.11n에 비해 더 넓은 채널폭(80/160MHz)을 이용하며, 5GHz 대역에서 동작 - 최대 8개까지의 공간 스트림(Spatial streams)과 256-QAM 고차 변조 기술 이용 - 6.93Gbps의 최대 전송 속도 지원
IEEE 802.11ad	- 802.11 표준에 새로운 물리 계층을 정의한 표준 - WiGig(Wireless Gigabit Alliance)라는 이름으로도 지칭 - 60GHz 대역을 활용하며, 최대 전송 속도는 7Gbps임

13.1.2 Bluetooth Bluetooth®란?

Bluetooth란 10m 안팎의 초단거리에서 데이터나 음성, 영상 등 저전력 무선 연결에 사용하는 무선기술(2.4GHz)인데요. 1994년 스웨덴 Ericsson사에서 시작한 무선 기술 연구를 바탕으로 1998년 노키아, IBM, 도시바, 인텔 등으로 구성된 Bluetooth SIG(Special Interest Group)를 통해 본격적으로 개발된 무선 기술 표준으로서, 현재 스마트폰, 노트북, PC주변장치, 이어폰 등 휴대용 기기에 널리 이용되고 있습니다.

Bluetooth 무선 시스템은 ISM 대역인 2,400~2,483.5MHz를 사용하는데, 인접 주파수를 쓰는 다른 시스템들과의 간섭 방지를 위해 2,400MHz 이후 2MHz, 2,483.5MHz이전 3.5MHz까지의 범위를 제외한 2,402~2,480MHz 대역에서 총 79개 채널이 할당됩니다. 그리고 시스템 간 전파 간섭 방지를 위한 수단으로 Bluetooth는 주파수 호핑(Frequency Hopping)[7] 방식을 사용하는데, 할당된 79개 채널을 1초당 1,600번 호핑하며, 이 호핑 패턴이 Bluetooth 기기 간에 동기화되어야 통신이 이루어집니다.

Bluetooth 구성은 기기 간 마스터(Master)와 슬레이브(Slave)로 연결되는데, 마스터 기기가 생성하는 주파수 호핑에 슬레이브 기기가 앞서 설명하였듯이 동기화되지 못하면 두 기기 간 통신이 불가능하기 때문에 다른 시스템의 전파 간섭을 피해 안정적으로 연결될 수 있게 됩니다. 참고로 하나의 마스터 기기에는 최대 7대의 슬레이브 기기가 연결될 수 있으며, 마스터 기기와 슬레이브 기기 간 통신은 가능하나, 슬레이브 기기 간 통신은 불가능합니다.

초창기 Bluetooth의 전송속도는 최대 1Mbps에 불과해서 고품질 음악이나 동영상과 같은 대용량 데이터를 전송하기에는 부적합한 수준이었으나, 새로운 버전의 Bluetooth가 등장하면서 속도가 크게 향상된 바 있습니다.

[그림 13-3]에서는 Bluetooth 버전별 전송속도를 보여주는데요. Bluetooth는 지속적인 발전을 거치면서 전송속도, 전송거리, 저전력, 보안 및 통신 신뢰도 등을 개선해 왔습니다.

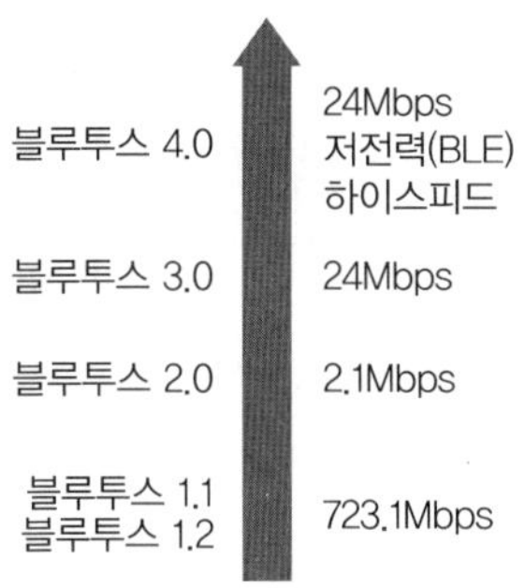

[그림 13-3] 블루투스 버전별 전송 속도

Bluetooth 발전에 따른 버전별 특징을 살펴보면, Bluetooth 1.1과 1.2의 경우 속도가 723.1kbps, Bluetooth 2.0의 경우 2.1Mbps의 속도를 제공합니다. Bluetooth 2.0부터는 향상된 전송률(Enhanced Data Rate)을 뜻하는 EDR 모듈을 사용함으로써 Bluetooth

---

7 주어진 주파수 대역을 다수의 협대역 반송 주파수로 나눈 후 의사 잡음 부호(PN code)에 따라 주기적으로 협대역 반송 주파수 중 하나를 선택해 정보를 전송하는 방식

2.0은 RS-232, 유선 USB를 대체할 수 있었습니다. Bluetooth 3.0(2009년)은 802.11 PAL(Protocol Adaptation Layer)을 채택해서 속도를 최대 24Mbps로 향상시켰는데, 이 속도를 구현할 수 있는 것은 Bluetooth 3.0+HS로 명명된 바 있습니다. 2010년 채택된 Bluetooth 4.0에서는 클래식/고속/저전력 Bluetooth 프로토콜이 합쳐졌는데, 여기에서 클래식 Bluetooth는 버전 1.0에서 2.1까지 이어져 온 기술이고, 고속 블루투스는 버전 3.0+HS 기술이 연장된 것이며, 전송 속도는 1Mbps, 3Mbps, Bluetooth High Speed를 지원하는 경우 24Mbps까지 가능합니다.

2016년 6월 공개된 Bluetooth 5.0은 전송 속도와 최대 거리를 개발자가 조절할 수 있는 것이 특징인데요. 예를 들어, 1.0Mbps와 10m를 기준으로 거리를 짧게 해서 전송속도를 2.0Mbps로 2배 높일 수 있고, 전송 속도를 희생시키는 대신 거리를 4배까지 늘릴 수도 있습니다. 지금은 Bluetooth 5.3까지 채택되었는데, 2021년 7월 발표된 Bluetooth 5.3은 최신 Bluetooth 버전으로서, 소비전력을 줄이면서, 통신 신뢰도를 향상시켰습니다. Bluetooth 1.0~5.3까지의 변화 방향은 통신 속도와 통신 거리의 증가, 저전력, 보안과 통신 신뢰도의 강화로 요약할 수 있습니다.

Bluetooth는 헬스케어/의료, 스포츠/휘트니스, 자동차, 전자제품, 시큐리티, 오토메이션, 엔터테인먼트, 웨어러블 기기, 산업기기 등 다양한 분야에 활용되고 있습니다.

13.1.3 RFID(Radio Frequency IDentification)란?

한국기술표준원에서 정의한 무선인식으로 불리는 RFID는 2차 세계대전 당시 영국이 자국의 전투기와 적군의 전투기를 자동적으로 식별하기 위해 개발하였으나, 태그(Tag)가 크고 값이 비싸 일반에 보급되지는 못하고 군사 분야에서만 사용되다가, 태그의 소형화와 반도체 기술의 발달로 저가격, 고기능 태그가 개발되면서부터 다양한 분야로 적용이 확대되고 있습니다.

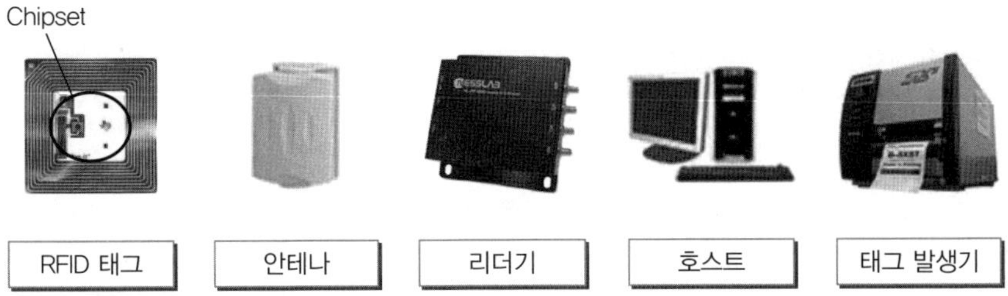

[그림 13-4] RFID 구성 요소

RFID는 [그림 13-4]에서 보듯이 태그, 안테나, 리더기 등으로 구성되는데요. 태그는 전원 공급 유무에 따라 전원을 필요로 하는 능동형(Active Type)과 내·외부로부터 직접적인 전원 공급 없이 리더기의 전자기장에 의해 작동되는 수동형(Passive Type)으로 구분되는데요. 능동형은 리더기의 필요전력을 줄이고 리더기와의 인식 거리를 멀리할 수 있는 장점이 있지만, 전원공급장치의 필요로 작동시간 제한이 있으며, 수동형에 비해 고가인 단점이 있습니다. 반면, 수동형은 능동형에 비해 매우 가볍고 가격도 저렴하면서 반영구적으로 사용 가능하지만, 인식 거리가 짧고 리더기에서 훨씬 더 많은 전력이 소모된다는 단점이 있습니다. 또한, 태그에는 반도체 칩과 연결된 안테나와 전파동조를 위한 콘덴서가 내장되어 있는데, 반도체 칩의 크기는 최근 0.4mm 크기까지 개발된 상태이며, 전자 태그 크기는 배터리 내장 여부와 주파수 대역에 따라 달라집니다.

한편, RFID 리더기에는 태그와 전파를 주고받는 전자회로가 내장되어 있는데요. 리더기 내의 마이크로프로세서는 정보를 메모리에 저장하며, 태그로부터 들어오는 신호를 변환시키거나 그 데이터 신호를 검증하며, 송신 기능도 포함하고 있습니다. 리더기에 사용되는 안테나에는 전파를 주고받을 수 있는 전자회로가 내장된 케이스로 구성되어 있습니다.

RFID 시스템은 〈표 13-2〉에서 보듯 동작 주파수에 따라 저주파, 고주파 시스템으로 구분되는데요. 300MHz 이하인 저주파 시스템은 표준 주파수 125KHz, 13.56MHz가 대표적으로서, 저렴한 태그, 소량의 데이터 저장, 짧은 판독 거리, 무지향성 안테나 등의 특징을 가집니다. 반면, 고주파 시스템은 동작 주파수가 400MHz 이상인 433MHz, 860~930MHz, 2.45GHz로서, 수 m에서 10m 이상 긴 판독 거리로 인해 움직이는 물체나 매우 빠르게 인식되어야 하는 다중 태그 패키지에 적합합니다.

〈표 13-2〉 RFID의 주요 특징

주파수	135KHz	13.56MHz	433MHz	860~960MHz	2.45GHz
응용분야	보안, 동물관리	교통카드, 도서관리	컨테이너, 자동차	유통, 물류	여권, ID 카드
능동/수동	수동형	수동형	능동형	수동형	수동/능동형
표준규격	ISO 18000-2	ISO 18000-3	ISO 18000-7	ISO 18000-6	ISO 18000-4

[그림 13-5]에서 RFID 동작 절차를 살펴보면,

① 칩과 안테나로 구성된 RFID 태그에 활용 목적에 맞는 정보를 입력하고 대상에 부착
② 게이트, 계산대, 톨게이트 등에 부착된 리더에서 안테나를 통해 RFID 태그를 향해 무선 신호 송출
③ 태그는 신호에 반응하여 태그에 저장된 데이터 송출
④ 태그로부터의 신호를 수신한 안테나는 수신한 데이터를 디지털 신호로 변조하여 리더로 전달
⑤ 리더는 데이터를 해독하여 호스트 컴퓨터로 전달

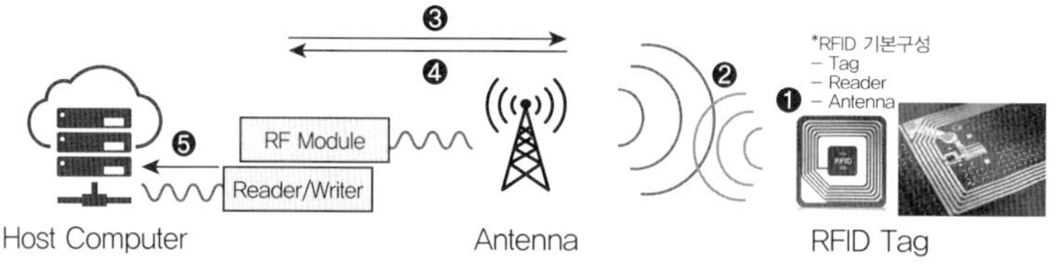

[그림 13-5] RFID 동작 절차

RFID는 다양한 분야에 활용되는데, 물품의 도난과 불법 양주 등 복제 방지, 교통 카드, 고속도로 무정차 톨게이트 결제 시스템(하이패스) 등 대중교통 요금징수 시스템, 도서관의 도서 출납, 의류 매장에서 판매되는 옷, 대형 할인 매장에서 판매되는 와인 등에 RFID 태그를 부착하여 이용되고 있습니다. 이 외에도 직원들의 근태 관리와 출입통제 수단, 반출·입 정보와 재고 파악 등 유통 분야, 한우나 인삼 등 농산물 이력 관리, 동물 추적 장치, 자동차 안전장치, 전자요금 징수장치, 생산관리 등 여러 분야에서 활용되고 있습니다.

13.1.4 NFC(Near Field Communication) 란?

NFC는 휴대전화, 스마트폰 등의 전자기기들이 스마트카드 및 다른 전자기기와 근거리 무선통신을 할 수 있도록 개발된 기술로서, 2002년 일본 SONY사와 네덜란드 필립스(현 NXP 반도체)가 공동으로 개발하여 13.56MHz 대역의 RFID 기술로 발전시킨 비접촉식 양방향 근접 통신 기술인데요. 2004년 NFC Forum이 설립된 후 기술 개발과 상용화가 본격화되었으며, 스마트폰에 NFC가 탑재되면서 대중화되었습니다.

RFID가 무선통신을 통해 원거리에서 태그를 읽어 들이는 기술로 개발된 반면, NFC는 휴대전화 같은 휴대용 기기에서 서로 다른 기기 사이에 정보를 공유하기 위해 RFID 기술을 응용하여 개발되었기 때문에 둘 간에는 차이점이 존재하는데요. 우선 RFID는 NFC보다 수신 범위가 길지만, NFC는 프록시미티 카드[8]를 위한 RFID 규격인 ISO/IEC 14443[9], FeliCa[10] 기술을 사용하고 있어 통신 범위가 10cm 내외 정도입니다.

또한, RFID는 태그와 리더 역할이 고정되어 있는 반면, NFC는 상황에 따라 태그와 리더 역할을 변경할 수도 있고, 둘을 거의 동시에 사용하여 송수신을 모두 할 수도 있습니다. 예를 들어, NFC 기능이 내장된 스마트폰의 경우 카드 모드를 사용할 때는 발신 기능만 있는 태그로서의 역할을 수행하고, NFC 태그에 갖다 대거나 다른 NFC 기기나 태그로부터 정보를 수신할 때는 리더 역할을 수행하는 것입니다.

NFC는 [그림 13-6]에서 보듯 별도의 절차 없이 NFC 기능이 내장된 스마트폰과 기기 간 접촉만으로도 연결이 가능, 즉 통신 거리가 짧기 때문에 기기나 카드에서 발산되는 통신 전파를 무단으로 읽어내 해당 신호를 복제하는 스키밍(Skimming)의 우려가 훨씬 덜하므로 NFC의 보안성이 일반적으로 RFID에 비해 높은 편입니다. 그리고 NFC는 모바일 기기 자체의 지문 인식 또는 비밀번호 등의 인증과 결합할 수 있으며, 기기 성능 상의 제약이 적어 RFID에 비해 강력한 보안 기능을 도입할 수 있습니다.

---

8 신용카드 사이즈의 스마트카드, IC 카드

9 비접촉식 프록시미티 카드에 대한 ISO/IEC의 국제표준

10 소니에서 만든 RFID 규격

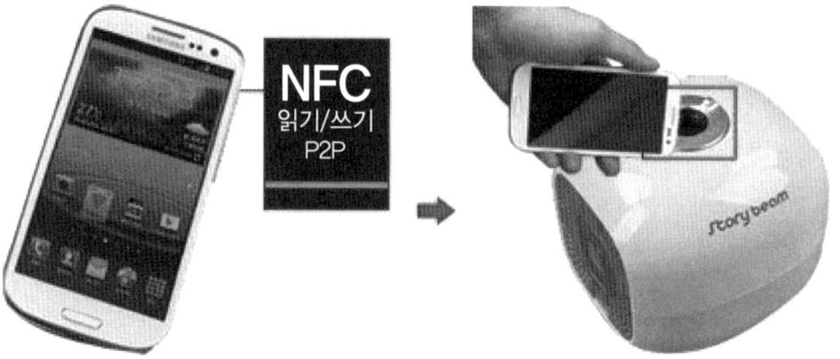

[그림 13-6] NFC 연결 절차

NFC 기능은 P2P 모드(Peer to Peer Mode), 태그 읽기/쓰기 모드(R/W Mode) 및 카드 에뮬레이션 모드(Card Emulation Mode)로 구분되는데, 각 동작 모드 별 특징을 〈표 13-3〉에 상세히 기술하였습니다.

〈표 13-3〉 NFC 동작 모드

구분	내용
피어 투 피어 모드 (Peer-to-Peer)	- 두 대의 NFC 디바이스가 상호 데이터 송수신 가능 - 각각 독자적인 RF 필드 생성으로 인해 전력 소모가 큼 예) 명함 교환, 개인 송금 등에 응용
리더/라이터 모드 (Reader/Writer)	- RFID 태그 인식을 위한 리더 - RFID 태그 인식을 위한 전력 필요 예) 광고 관심 보너스의 태그 지급 옥외광고 등에 응용
카드 애뮬레이션 모드 (Card Emulation)	- 기존 RFID 카드처럼 동작 - 전력 공급 불필요 예) 신용카드, 교통카드, 신분증 등에 응용

이렇듯 NFC는 데이터 읽기와 쓰기 기능을 모두 사용할 수 있기 때문에 교통요금, 티켓 요금, 슈퍼마켓이나 일반 상점 등에서의 요금 지불뿐 아니라 여행 정보 전송이나 출입통제 잠금장치 등 일상생활의 여러 분야에서 사용할 수 있어 적용 범위가 넓은 점도 장점입니다.

활용의 예로서, 지하철역이나 버스정류장 등에서 NFC 기능을 이용한 영화 광고의 경우, 스마트폰의 NFC(읽기쓰기)를 활성화한 뒤 광고판에 핸드폰을 대면 스마트폰으로 해당 광고의 예고편을 볼 수 있으며, 2017년 8월 8일 국내 최초로 코레일에서 클라우드 서버에서 카드 정보를 내려받는 HCE(Host Card Emulation) 방식의 모바일 교통카드인 모바일 레일플러스를 출시한 바 있습니다. 또한, 최근에는 전국 최초로 코로나19와 관련하여 강원도가 방문객의 발열 여부와 방문 시간을 효율적으로 파악하기 위해서 도내 관광지, 숙박업소 등을 방문하는 클린강원 패스포트 서비스를 하고 있습니다.

13.1.5 ZigBee 란?

ZigBee는 모토로라, 하니웰 등이 중심이 되어 사물인터넷 디바이스 간 통신에 필요한 요구사항들을 고려하여 꾸준히 발전시킨 표준기술로서, 소형·저전력·저비용·근거리 통신을 목적으로 IEEE 802.15.4 기반으로 개발되었는데요. 세계 대부분 지역에서 ISM 밴드인 2.4GHz 대역을 사용하지만, 무선 랜, Bluetooth와 같이 동일 주파수 대역을 사용하는 무선 기술들과의 간섭을 피하기 위해 일부 국가에서는 868MHz(유럽), 915MHz(미국/호주) 대역도 사용합니다. 또한, 반경 30m 내에서 20~250kbps의 속도로 데이터를 전송하며, 하나의 무선 네트워크에 최대 255대의 기기를 연결할 수 있으며, AA 건전지로 1~2년 작동할 정도로 전력 소모가 적고, 저가 제품 구현이 용이하여 산업, 전자, 군사용으로 널리 사용되고 있습니다.

ZigBee 장치는 [그림 13-7]과 같이 물리(PHYsical) 계층[11], 매체접속제어(MAC: Medium Access Control) 계층[12], 네트워크(Network) 계층[13], 응용(Application) 계층[14]으로 나누어지는 프로토콜로 구성되어 있으며, 물리 계층과 매체접속제어 계층은 IEEE에서 제정된 IEEE802.15.4 표준을 채택하고 있으며, 네트워크와 응용 계층은 산업체 표준 단체인 ZigBee 연합(ZigBee Alliance)을 결성하여 표준기술을 제정하고 있습니다.

---

11 1계층으로 통신 매체의 전기적, 기계적 인터페이스를 다루며, 접속 통신 및 접속 해제 과정을 포함하여 데이터가 통신 매체와 조화할 수 있는 신호로 변환 기능 수행

12 2계층으로 LAN 환경에서 물리적 전송선로의 특징과 매체 간 연결 방식에 따른 제어 기능 수행

13 3계층으로 여러 개의 노드를 거칠 때마다 경로를 찾아주는 역할을 하는 계층

14 최상위 계층으로 사용자에게 편리한 응용 환경을 제공하는 역할 수행

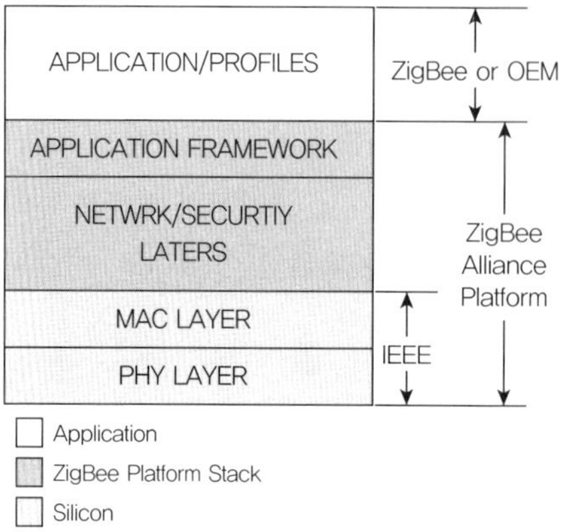

[그림 13-7] ZigBee 계층 구조

ZigBee 디바이스는 [그림 13-8]과 같이 코디네이터, 라우터 및 앤드 디바이스로 구성되는데요. 첫째, 코디네이터는 가장 중요한 디바이스로서, 네트워크를 형성하고 다른 네트워크들과 연결시키는데, 각각의 네트워크에는 단 한 개의 코디네이터가 있습니다. 그리고 코디네이터는 네트워크 관련 정보를 저장하고, trust center 또는 보안키를 위한 저장소로서의 역할도 수행합니다. 둘째, 라우터는 애플리케이션 기능뿐만 아니라, 코디네이터와 디바이스들 간 데이터 전달 기능과 다른 디바이스로부터의 데이터를 전달할 수 있는 라이터로서의 기능도 수행합니다. 마지막으로 엔드 디바이스는 부모 노드와 통신할 수 있는 기능을 가지는데, 이러한 관계로 노드가 오랜 시간 대기할 수 있도록 해주어 배터리 수명을 연장할 수 있게 됩니다.

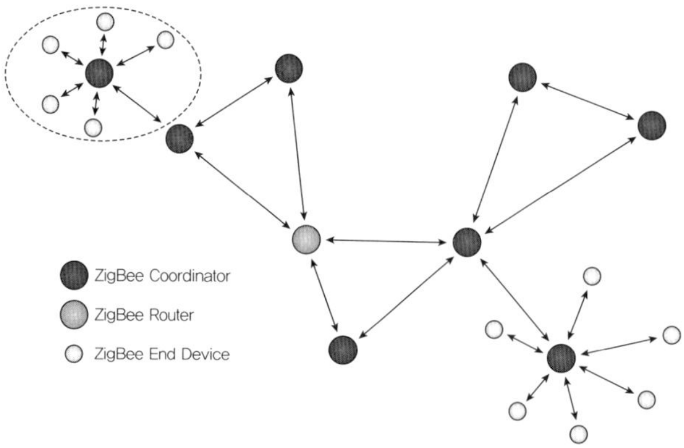

[그림 13-8] Zigbee 디바이스 구성 형태

ZigBee 네트워크는 클러스터 트리(Tree) 구조, 스타(Star) 구조, 메시(Mesh) 구조의 다양한 토폴로지를 지원하며, 네트워크에 접속 가능한 장치 수를 최대 65,000개까지 확장할 수 있습니다.

ZigBee 활용 분야로는 무선센서망 구축을 통해 버튼 하나로 집안 어디서든 또는 인터넷을 통한 전화 접속으로 전등 제어와 홈 보안 시스템 등의 작동이 가능한 홈오토메이션 서비스가 있으며, u-City, USN 등과 같은 신규 응용 분야, 그 외 산업과 상업용 제어 센서, 산업용 기기 자동화, 물류, 환경 모니터링, 개인 건강관리, 소비자 가전제품 등이 있습니다. 그리고 ZigBee를 정보가전, 스마트폰 등 IT 분야에 적용할 경우 제품에 대한 경쟁력을 높일 수 있습니다.

13.1.6 Z-Wave 란?

Z-Wave는 덴마크 젠시스(ZenSys)가 주축이 되어 2005년에 설립된 Z-Wave Alliance에서 개발한 홈오토메이션의 모니터링과 컨트롤을 위한 저전력 통신 기술로서, 우리나라는 919.7MHz, 921.7MHz, 923.1MHz, 미국은 908.42MHz와 주변 주파수 대역에서 동작하기 때문에 2.4GHz 대역을 사용하는 다른 표준에 비하여 통신거리가 길고, 같은 2.4GHz 주파수 대 통신 기술인 WiFi, Bluetooth, ZigBee 등이 활용처가 많아 혼잡한데 비해 Z-Wave는 간섭에 자유로운 장점이 있습니다. 하지만 단점은 ZenSys 단독 기술과 독자 칩 생산에 따른 폐쇄적 구조로 인해 타 기술에 비해 보급이 저조하고 가격 인하 속도가 더딘 점입니다.

전송 속도는 9,600bps~100kbps이며, Z-Wave 기기들은 동일 네트워크에 위치한 다른 벤더 제품과의 호환성이 뛰어나고, 투과성이 좋아 벽이 있어도 30m 정도의 거리에서 통신이 가능합니다. 그리고 전송 메시지에 경로 정보를 가지는 소스 라우팅 기반의 메쉬 네트워크 기법이 적용되었으며, 232개의 디바이스가 연결될 수 있으며, 같은 네트워크 내에 위치하는 경우에는 다른 벤더 제품이라도 호환성이 뛰어납니다.

Z-Wave는 스마트홈과 스마트공장(Smart Factory)이 주 응용 분야로서 특히 스마트홈 시장을 이끌고 있는 보안과 스마트도어락(Smart Doorlock) 분야에서 90% 이상의 시장 점유율을 차지하고 있습니다.

〈표 13-4〉에서는 대표적인 근거리 무선통신 기술인 ZigBee와 Z-Wave 간의 특징들

을 비교·기술하였습니다.

〈표 13-4〉 ZigBee와 Z-Wave의 특징 비교

구분	주파수	변조 방식	전송속도	거리	주 응용 분야
ZigBee	2.4GHz	QPSK[15]	250Kbps	10m	스마트그리드, 원격검침, 스마트홈
Z-Wave	908.42MHz	GFSK[16]	9.6/100Kbps	30m	스마트홈, 보안

13.1.7 6LoWPAN(IPv6 over Low power WPAN)란?

1970년대에 만들어진 주소체계인 IPv4[17]는 32bit 체계로 되어 있어 주소 수가 43억 개에 불과하여 기하급수적으로 늘어나는 공인 IP 수요를 감당할 수 없었는데요. 이 문제를 해결하고자 등장한 IPv6는 128bit 주소체계로 할당 가능한 IP 주소가 $3.4x10^{38}$개로 거의 무한대입니다. 그러나 이러한 IPv4와 IPv6 간에는 전혀 호환이 되지 않기 때문에 장기적으로는 인터넷을 IPv6 체계로 완전히 바꾸어야 합니다.

IPv6의 주소표현방식은 [그림 13-9]에 예시한 바와 같이 IPv4의 129.232.123.123과 같은 12자리 숫자가 아니라, 2진수 형식으로 표시되는데요. 즉, 00100001110110101001000…11010 등 128bit로 표시되고, 128bit 주소는 다시 16bit(0010000111011010) 단위로 나누어지며, 16bit 블록은 16진수로 변환되고, 21DA:00D3:0000:2F3B:02AA:00FF:FE28:9C5A와 같이 쌍점(콜론)으로 구분됩니다.

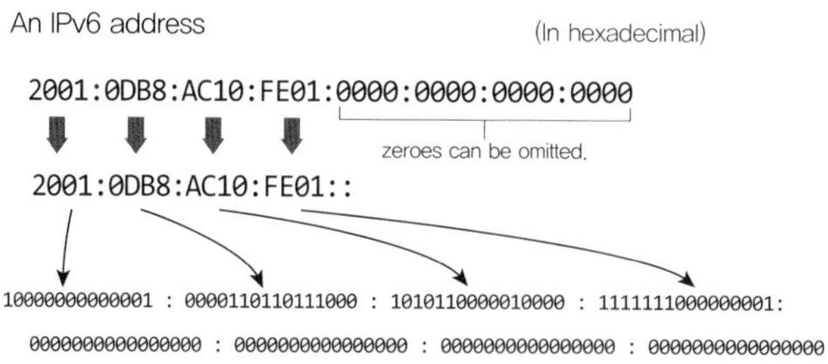

[그림 13-9] IPv6 주소 표현의 예

15 Quadrature Phase Shift Keying의 약어로서, 4상 편이변조 방식으로 불리는데 두 값의 디지털 신호의 0과 1의 2비트를 모아서 반송파의 4위상에 대응시켜 전송하는 방식

16 Gaussian Frequency Shift Keying의 약어로서, 가우시안 필터(Gaussian Filter)를 사용하여 이진수 1은 양의 편향으로, 이진수 0은 음의 편향으로 변환하는 방식

17 32bit 방식 인터넷 주소체계로서 43억 개의 한정된 주소로 인한 고갈이 예상되어 IPv6로 대체 중

IPv6의 한 패킷 크기는 1,280byte이며, 헤더 크기는 최소 40byte인데요. 기존의 인터넷 주요 링크 프로토콜인 이더넷과 달리 사물인터넷의 주요 링크 프로토콜인 802.15.4 프레임의 크기는 127byte이기 때문에 기존의 IPv6 프로토콜을 수용하기 위해서는 주소 압축, 헤더 압축 등의 여러 가지 처리가 필요한데요. 이를 수용하는 기술이 바로 6LoWPAN입니다.

6LoWPAN의 장점으로는 기 구현된 기술로서, 다양한 메커니즘들이 입증되어 IP 네트워크 이용에 따른 신뢰성 확보 가능, 기술 공개에 따른 자유로운 설치와 운용 가능, 확장된 주소 사용으로 주소 고갈 문제 해결 가능, 각 센서 노드에 직접적인 접근이 가능하고, 물리적 거리와 대량의 무선 센서 네트워크 구성의 용이함에 따른 확장성 등을 들 수 있습니다.

13.1.8 UWB(Ultra Wide Band)란?

UWB는 1950년대 미국 국방부가 군사용 레이더와 원격 탐지용으로 개발된 기술로서, 항공사와 휴대폰 제조업체들이 기존 통신 시스템을 방해한다는 이유를 들어 기술 사용을 반대해 미국 연방통신위원회(FCC)가 오랫동안 상업적 이용을 금지해 왔으나, 2002년 2월 상업적 이용이 허용되면서 근거리 광대역 통신용 기술로 표준화된 바 있습니다.

UWB는 FCC 규정 중심 주파수의 20% 이상 점유대역폭을 가지거나 500MHz 이상의 점유대역폭을 차지하는 무선전송 기술인데요. 일반적으로 [그림 13-10]에서 보는 바와 같이 3.1~10.6GHz 대역에서 100Mbps 이상 속도로 넓은 대역에 걸쳐 통신을 실현합니다.

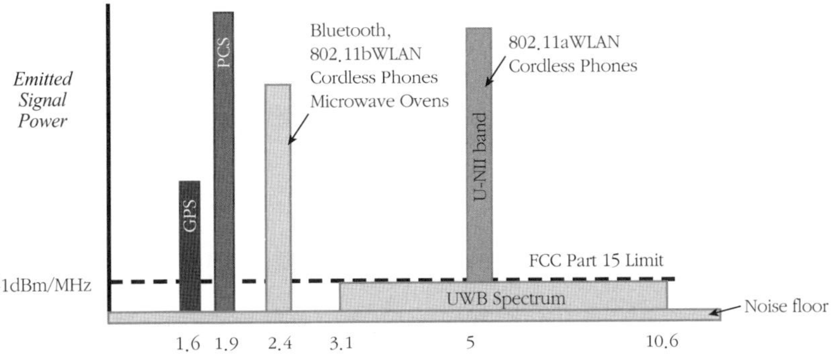

[그림 13-10] UWB 주파수 대역

UWB는 매우 낮은 출력으로 타 통신 시스템에 간섭을 최소화하면서 수백 Mbps 데이터 전송률을 제공할 수 있는 것이 장점인데요. 낮은 송신 출력으로 서비스 반경은 10m 이내로 제한되지만, 유선을 이용한 400Mbps급의 PC 주변기기 망 중심의 USB 응용 분야와 AV 기기(Audio Visual apparatus)[18]를 연결하는 직렬 인터페이스 규격인 IEEE1394 응용 분야를 무선으로 대체할 수 있는 유일한 무선전송 방식입니다. UWB에서 제공 가능한 480Mbps(60Mbyte/sec)는 700Mbyte 용량의 영화 파일을 무선으로 10여 초 이내에 전송할 수 있는 속도입니다.

13.2 저전력 장거리 통신(LPWA) 기술에는 어떤 것이 있나요?

13.2.1 TVWS(TV White Space) 활용 기술이란?

TVWS(TV 유휴 대역)는 TV 방송 주파수로 할당된 대역 중에 방송국에서 사용하지 않는 빈 대역 중 일부 주파수 대역을 의미하는데요. TV 방송 대역(채널 2~51번) 중 전파 간의 간섭을 방지하기 위하여 지역적으로 사용하지 않고 비워 둔 대역입니다. 따라서 TVWS는 기존 방송 수신에 지장을 주지 않으면 사용 가능합니다. [그림 13-11]에서 보듯이 TVWS의 UHF 대역(470~698MHz)은 무선 도달거리가 길고, 장애물 투과율이 높아 통신용 주파수로 활용 가치가 높습니다.

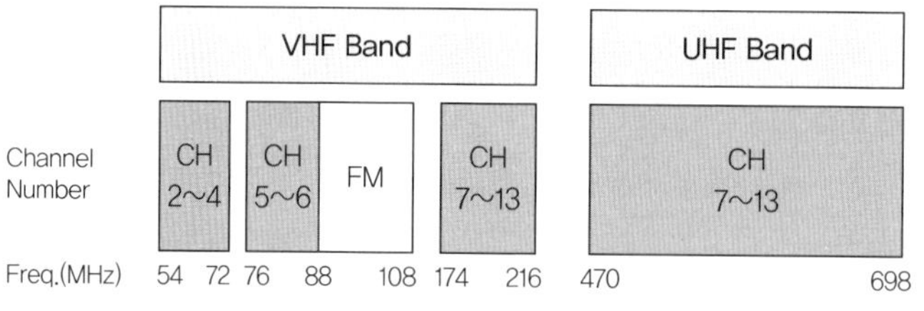

[그림 13-11] 채널별 주파수 대역

TVWS 이용 방법은 데이터베이스(DB) 방식과 센싱 방식이 있는데요. DB 방식은 이용 가능한 주파수를 사전 DB로 구축하여 이용하는 방법이고, 센싱 방식은 단말이 스스로 이용 가능한 주파수를 찾아내어 이용하는 방법입니다.

---

18 디스플레이나 테이프 리코더 등 청각이나 시각을 통해서 정보를 주는 장치의 총칭

TVWS 기술의 주요 활용 분야로는 WRAN(Wireless Rural Area Network), WLAN(Wireless Local Area Network), WMAN(Wireless Metropolitan Area Network), WPAN(Wireless Personal Area Network) 등으로 다양한데요. WRAN은 도심 외곽지역에서 무선으로 인터넷망을 구축하기 위한 용도로, WLAN은 서비스 지역을 확대하기 위해 사용하고, 명칭도 Super WiFi 또는 차세대 WLAN이라 부릅니다. WMAN은 M2M 용도로, WPAN은 RFID나 SUN(Smart Utility Network)[19] 서비스를 지원하기 위하여 사용됩니다.

13.2.2 Weightless 기술이란?

오픈 표준을 지향하는 Weightless는 영국 캠브리지 주변의 ARM(영국 반도체설계회사)과 늎(Neul), 캠브리지 실리콘 라디오(CSR) 등이 주축이 되어 만든 개방형 표준 기반의 저전력 장거리 통신망(LPWAN) 기술 개발 표준 협의체인데요. 유휴(white space) 주파수 대역을 사용하는 사물 간 통신 기술로서, 급증하는 사물 통신 요구사항을 만족하기 위해 제안된 바 있습니다. Weightless는 저비용, 초저전력, 광역 통신, 신뢰성, 보안, 다수 사물 단말 지원, 브로드캐스팅[20] 등을 지원하는 기술들을 포함합니다.

Weightless의 기능들을 지원하기 위하여 BPSK(BiPhase Shift Keying)[21], QPSK(Quadrature Phase Shift Keying)[22], 16-QAM(16-Quadrature Amplitude Modulation)[23] 등의 변조기술을 사용하며, 고속의 다운 링크는 500kbps~16Mbps, 저속의 다운 링크는 2.5kbps~500kbps의 속도를 지원합니다.

---

19 단거리 무선망(WPAN: Wireless Personal Area Network)의 범위를 확장하여 전력망, 가스망, 수도망 등 공공 분야 센서 네트워크를 구축하기 위한 서비스

20 점대점 방식과 달리 특정 호스트가 전송한 데이터를 네트워크에 연결된 모든 호스트에 전달하는 방식

21 동축 케이블을 통한 데이터 전송에 사용되는 디지털 주파수 변조 기술

22 디지털 주파수 모듈레이션 기술로서 데이터를 동축 케이블 네트워크를 통해 보낼 때 사용

23 진폭과 위상을 조합하여 이용하는 변조 방식으로 피변조파 1파당 4값의 진폭, 4값의 위상을 각각 판별할 수 있어 16개 정보 전달 가능

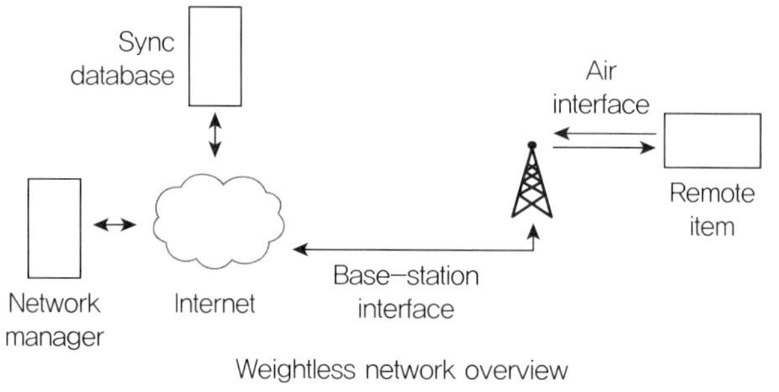

[그림 13-12] Weightless 기반 네트워크 구성도

Weightless 기반 네트워크는 [그림 13-12]에서 보듯 인터넷과 접속하기 위한 베이스 스테이션, 인증, 과금, 유지보수 등의 기능을 수행하는 네트워크 관리 서버, 사물의 위치정보 데이터를 저장하는 동기화 데이터베이스 등으로 구성됩니다.

Weightless 기술 적용 사례로는 영국의 뉼 네트워크(Neul Network)라는 회사가 BT와 협력하여 밀턴 케인스(Milton Keynes) 지역에 Neul Weightless 기지국 구축과 사물인터넷 네트워크 테스트, 주차 센서와 스마트쓰레기통 시범 서비스를 시행한 바 있습니다.

13.2.3 기타 LPWAN 기술은?

지금까지 사물인터넷 네트워크 분야에서 현재와 미래의 다양한 통신 방식인 WiFi, 5G, 근거리무선통신, LPWAN에 대해서 알아보았는데요. 또 다른 LPWAN 기술로는 LoRa(Long Range), SIGFOX 등이 있습니다.

[그림 13-13]에서는 2014년 이전까지의 사물인터넷 네트워크 구조 및 기존의 근거리 무선통신 기술인 WiFi, Bluetooth, RFID, ZigBee 등이 주로 적용되고 있음을 보여주고 있습니다.

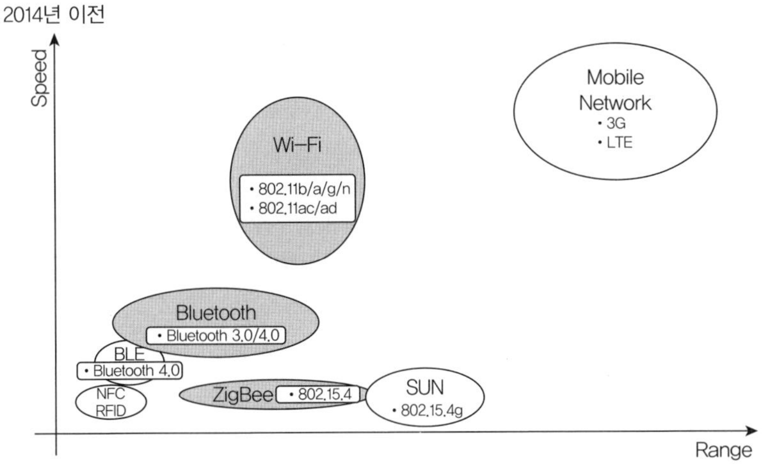

[그림 13-13] 과거(~2014) IoT 네트워크 적용 기술(출처: SK텔레콤 플랫폼기술원)

[그림 13-14]에서는 2015년 이후 사물인터넷이 저전력, 저용량의 소물인터넷(Internet of small Things)으로 발전됨에 따라, 기존의 WiFi, Bluetooth 등의 성능 개선과 동시에 LoRa, Sigfox 등 LPWAN 기술들을 적용하기 시작하였음을 보여주고 있습니다.

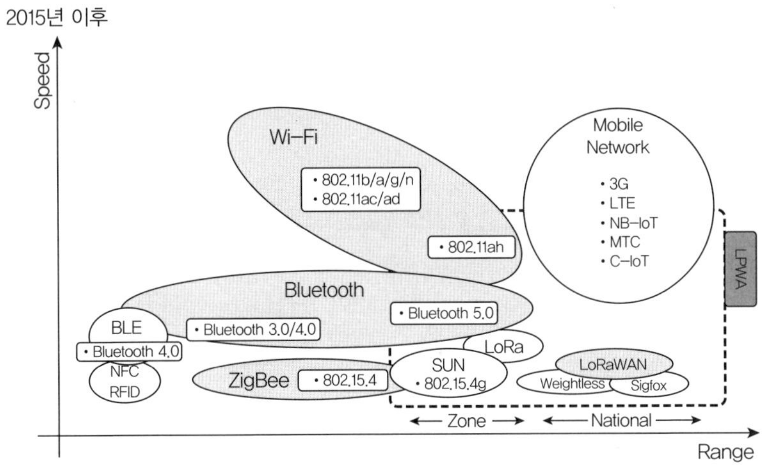

[그림 13-14] 미래(2015~) IoT 네트워크 적용 기술(출처: SK텔레콤 플랫폼기술원)

현재 LPWAN 기술 분야에서는 Sigfox, LoRa Alliance(LoRaWAN), NB-IoT 등이 경쟁 중인데요. LPWAN은 기존 가정용 근거리무선통신이나 일반 이동통신과는 다른 필요,

즉 저전력 소모, 저가 단말기, 낮은 구축비용, 안정적 커버리지, 대규모 단말기 접속 등의 조건을 충족해야만 합니다. 그리고 가정용 IoT는 Bluetooth, WiFi 등 근거리 무선통신을 활용해 서비스를 제공할 수 있지만, IoT 서비스 범위를 확대하기 위해서는 근거리 무선통신의 가장 큰 단점인 단거리를 극복해야 하는 한계가 있습니다.

LPWAN용 주파수로는 비면허 주파수 대역을 사용하거나, 기존 이동통신 주파수의 극히 일부(200KHz폭)를 사용하는 방법(LTE-MTC/NB LTE, LTE-Machine Type Communication/NarrowBand LTE)[24]이 제안된 바 있습니다.

사물인터넷은 특성상 연결기기 수가 매우 많으므로 안정적으로 데이터를 주고받으면서 비용을 줄이는 통신망을 구축하는 것이 매우 중요한 요소입니다. 그런데 이런 조건에 부합하는 LPWAN 기술은 NB-IoT와 LoRa가 대표적이라 할 수 있습니다.

그럼, 주요 LPWAN 기술 방식별 특징들을 살펴보겠는데요. 먼저 Sigfox는 2010년 설립된 프랑스의 글로벌 네트워크 사업자로 IoT 네트워크의 효시가 된 바 있습니다. Sigfox는 UNB(Ultra Narrow Band)[25] 기술을 사용하며, [그림 13-15]에 요약된 기술 특성에서 보듯 원거리에 배터리 교체 없이 몇 년간 사용할 수 있는 저전력 기반의 사물인터넷 네트워크 서비스를 제공하고 있으며, 특히 주파수 사용료가 없는 비면허 주파수 대역을 사용하고 있는 점이 특징입니다.

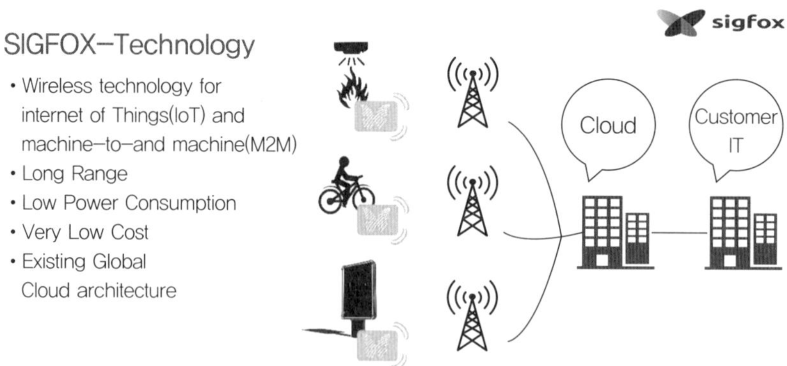

[그림 13-15] Sigfox 기술 특징(출처: Sigfox)

24 부록 주요영문약어 및 해설집 참조
25 LPWAN에 사용되는 변조 기술

Sigfox는 가장 먼저 IoT 네트워크 서비스를 제공한 만큼 현재 가장 넓은 커버리지(58억 km²)와 파트너를 갖고 있는데요. 2020년 11월 기준으로 Sigfox는 전 세계 72개국, 13억 명에게 IoT 네트워크 서비스를 제공하고 있습니다.

그에 반해 LoRaWAN(Long Range Wide Area Network)은 반도체 기업인 셈태크(SemTech)와 IBM 리서치가 개발한 LPWAN 기술인데요. 매우 적은 전력을 사용하여 넓은 대역으로 데이터를 분산해 동시에 송신이 가능한 확산 스펙트럼 CDMA 기술을 활용하고 있습니다. 이 기술은 UNB에 비해 전력 소모가 큰 것이 단점이지만, 전파 간섭이 작고 통신 범위가 넓어 가시거리가 확보된 환경에서는 최대 21km까지 통신이 가능하며, 많은 AP(Access Point)와 중계기(Repeater)가 필요 없어 구축 비용을 절감할 수 있는 등 3/4G 셀룰러 네트워크에 비해 비용 효율성과 확장 가능성이 높은 장점이 있습니다. 속도는 100kbps까지 낼 수 있으며, LoRa Alliance가 결성되어 표준화를 주도하고 있는데요. UNB와 마찬가지로 비허가 대역(ISM 밴드)을 이용합니다. 다음 그림은 LG U+의 IoT 전용망인 LoRa 네트워크 구성도입니다.

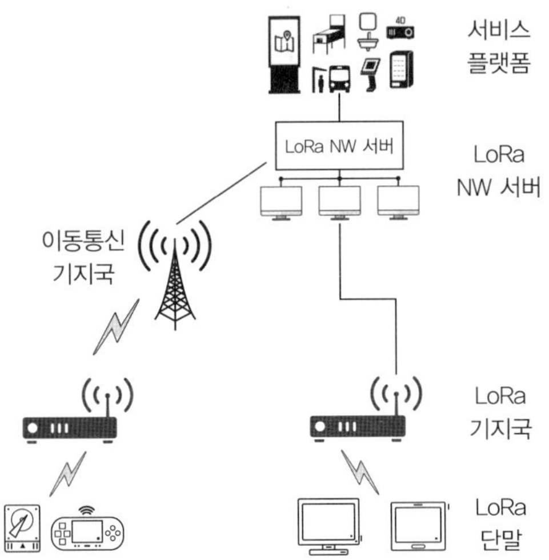

[그림 13-16] LoRa 네트워크 구성도(출처: LG U+)

한편, KT와 LG U+는 협대역 사물인터넷(NB-IoT) 방식의 공동 기술개발 협력을 통해 2017년 1/4분기에 NB–IoT를 상용화하고, 2017년 전국망 구축을 완료하였는데요. NB–IoT는 좁은 대역을 이용해 150kbps 이하의 데이터 전송 속도와 8km 이상의 장거리 서비스를 지원하는 NB-IoT 표준기술로서, 소물인터넷이지만 비면허 주파수를 사용하는 LoRa와 달리 LTE 전국망을 기반으로 하고 있어 커버리지가 넓고 안정적인 서비스 품질 제공에 유리한 기술입니다.

LTE 접속기술인 직교 주파수 분할 다중화(OFDM: Orthogonal Frequency Division Multiplexing)[26]는 주파수 분할 다중화(FDM: Frequency Division Multiplexing)[27]의 일종으로 여러 사용자가 주파수 자원을 나눠 사용하는 방식인데요. 무선 채널들이 상당 부분 중첩되지만, 직교성(Orthogonality)[28]이 있어 서로 중첩되어도 방해 없이 정보를 전송할 수 있는 장점이 있습니다. 이 기술은 전력 소비가 적으면서 가스·수도·전기 검침, 위치 추적용 기기 등과 같이 원거리에 있는 사물 간의 통신에 적합합니다.

앞에서 설명한 주요 LPWAN 기술 방식별 특징을 〈표 13-5〉에 비교·기술하였습니다.

〈표 13-5〉 LPWAN 기술 비교

구분	LTE-M (Cat-1+PSM)	NB-IoT	SIGFOX	LoRa
Coverage	~11km	~15km	~30km(rural) ~10km(urban)	~15km(rural) ~5km(urban)
배터리 수명	~10년	~10년	~10년	~10년
통신모듈가격	~$20	~$10	~$5	~$5
표준화	Cat-1 : 3 GPP Rel.8(완료) PSM : 3 GPP Rel.12(완료)	3GPP Rel.13 2016 2Q	ETSI(완료)	LoRa Alliance (완료)
주파수대역	면허 대역(LTE)	면허 대역 (LTE)	비면허 대역 (920MHz)	비면허 대역 (920MHz)
대역폭	20MHz	200KHz	200KHz	~500KHz
통신속도	<10/5Mbps(DL/UL)	~100Kbps	<1Kbps	<5Kbps
전국망 상용화시기	2016. 3(KT)	2017 2Q(KT)	-	2016 4Q(SKT)

26 주어진 주파수 대역에서 직각으로 교차하는 수백~수천 개의 주파수에 신호를 쪼개 실은 뒤 이를 다중화하여 전송하는 디지털 변조방식

27 통신 매체에서 이용 가능한 총 대역폭을 겹치지 않는 주파수 하부 대역으로 분리시킨 후 분리된 대역을 개별 신호 전달에 사용하는 기술

28 수신기의 복조기(demodulator)가 변조된 주파수에서 본래의 오디오와 비디오 신호를 추출하는 과정에서 다른 주파수와 혼동하지 않도록 반송파가 직각으로 배치되는 현상

그리고 국내 이동통신 3사 중 SKT는 2018년 4월 LTE Cat.M1 전국망을 구축하였는데요. LTE Cat.M1은 LTE-MTC(Machine Type Communication)로 3GPP에서 표준화한 기술로서, Cat.1[29] 단말을 이용하고 Release 12에서 정의된 PSM[30] 기능을 추가한 바 있습니다. 전국망이 구축되어 있는 LTE망을 이용하므로 전국 서비스가 가능하고, 면허 대역 주파수를 사용하므로 주파수 간섭으로 인한 품질 저하가 없으며, 로밍을 통해 글로벌 확장이 가능합니다.

또한, SKT는 서로 간에 기술적인 장·단점이 있는 LTE Cat.M1과 LoRa의 상호보완을 위하여 [그림 13-17]과 같은 네트워크 형태의 Hybrid Network 전략을 추구하고 있습니다.

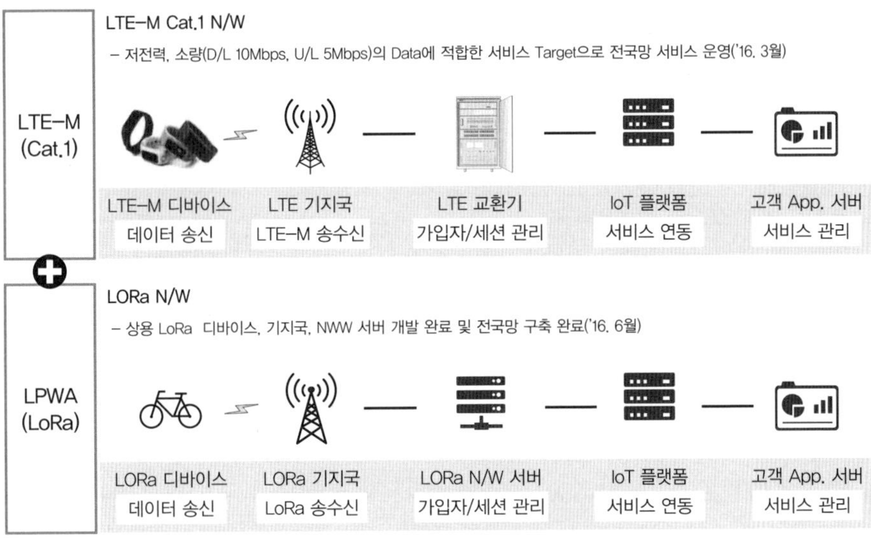

[그림 13-17] SKT의 IoT Hybrid Network 전략(출처: SKT)

29 전화용의 비차폐 쌍(UTP: Unshielded twisted pair) 케이블을 의미함

30 Power Saving Mod 약어로서, 초절전 모드를 의미함

연습문제 EXERCISE

01 WiFi란 '사무실처럼 특정한 공간에 위치한 (　　)에 (　　)나 공공장소에 설치된 (　　)을 통해 인터넷에 접속시켜 주는 기술'에서 괄호 안에 들어갈 단어를 아래에서 골라 순서대로 표기하시오.

Hot Spot, 디바이스, 인터넷, AP, PDA

02 WiFi 사용 주파수 대역을 모두 고르시오.

① 800MHz　② 1,800MHz　③ 2.3GHz
④ 2.4GHz　⑤ 5GHz　⑥ 26GHz

03 우리나라에서 WiFi 서비스 제공이 가능토록 허용한 법령은?

① 전기통신기본법　② 정보화촉진기본법　③ 전파법　④ 전기통신사업법

04 WiFi는 총 몇 개의 채널로 구성되는가?

① 20채널　② 10채널　③ 13채널　④ 6채널

05 간섭이란 무엇인지 기술하시오.

06 2.4GHz 대역에서 최대 54Mbps 속도로 동작하는 WiFi 표준을 고르시오.

① IEEE 802.11n　② IEEE 802.11g
③ IEEE 802.11a　④ IEEE 802.11b

07 Bluetooth 관련 설명 중 틀린 내용을 고르시오.

① 10m 안팎의 초단거리
② 데이터나 음성, 영상
③ 저전력 무선 연결에 사용하는 무선기술
④ 1994년 미국 AT&T사에서 연구 시작

08 Bluetooth는 어떻게 구성되는가?

09 하나의 마스터 기기에 연결될 수 있는 슬레이브 기기 수를 고르시오.

① 최대 7대　② 최대 14대　③ 최대 3대　④ 최대 10대

10 RS-232, 유선 USB를 대체한 Bluetooth 버전은 무엇인가?

11 현재까지 채택된 Bluetooth 버전은?

12 Bluetooth 기술 활용 분야가 아닌 것을 모두 고르시오.

① 교통요금 징수장치 ② 헬스케어/의료 ③ 유통 분야
④ 자동차 ⑤ 웨어러블 기기 ⑥ 시큐리티

13 RFID 구성 요소가 아닌 것은?

① 리더기 ② 태그 ③ 변복조기 ④ 안테나

14 RFID의 에너지 보유와 이용방법에 따른 형태가 아닌 것을 고르시오.

① 수동형 ② 반능동형 ③ 능동형 ④ 하이브리드형

15 RFID 활용 분야가 아닌 것을 고르시오.

① 고속도로 하이패스 ② 스포츠/휘트니스 ③ 도서 출납
④ 근태 관리 ⑤ 농산물 이력 관리 ⑥ 생산관리

16 불법 양주를 구분하는 데 활용 가능한 기술은?

① Bluetooth ② WiFi ③ NFC ④ RFID

17 NFC를 최초 개발한 회사는?

18 NFC 관련 설명 중 틀린 것을 고르시오.

① 1m 내의 근접거리 통신
② NFC 기능 내장 스마트폰과 기기 간 접촉만으로 연결 가능
③ 보안이 우수
④ 가격이 저렴

19 NFC 사용 분야가 아닌 것을 고르시오.

① 교통 요금 ② 여행 정보 전송 ③ 가전제품
④ 출입 통제 잠금장치 ⑤ 헬스케어 ⑥ 웨어러블 기기

20 NFC 동작모드 중 RFID 태그 인식을 위한 리더 모드는?

① 피어 투 피어 모드 ② 리더/라이터 모드
③ 통합 모드 ④ 카드 애뮬레이션 모드

21 ZigBee란 무엇인지 기술하시오.

22 ZigBee 개발 목적이 아닌 것을 고르시오.

① 소형 ② 저전력 ③ 저비용 ④ 장거리통신

23 ZigBee 장치 구성 계층에 속하지 않는 것은?

① 물리 계층 ② 매체 접속제어 계층
③ 서비스 계층 ④ 응용 계층

24 ZigBee 산업체 표준단체를 무엇이라고 하는가?

25 ZigBee 네트워크 구조에 속하지 않는 것을 고르시오.

① 링(Ring) 구조 ② 클러스터 트리(Tree) 구조
③ 스타(Star) 구조 ④ 메시(Mesh) 구조

26 Z-Wave란 무엇인지 기술하시오.

27 우리나라에서 사용하는 Z-Wave 주파수 대역이 아닌 것은?

① 919.7MHz ② 921.7MHz ③ 908.42MHz ④ 923.1MHz

28 Z-Wave의 높은 투과성으로 벽이 있어도 통신이 가능한 거리는?

① 10m ② 30m ③ 1m ④ 30cm

29 Z-Wave의 주 응용 분야가 아닌 것을 고르시오.

① 스마트홈 ② 스마트공장 ③ 스마트도어락 ④ 스마트가로등

30 6LoWPAN에서 사용하는 인터넷 주소 체계를 무엇이라고 하는가?

31 IPv6 주소 체계는 몇 bit인가?

32 IPv6의 한 패킷 크기와 헤더 크기가 바르게 짝지어진 것을 고르시오.

① 1,280byte : 40byte ② 1,024byte : 40byte
③ 2,048byte : 60byte ④ 512byte : 10byte

33 6LoWPAN 기술이란 '기존의 IPv6 프로토콜 수용을 위해 주소 ( ), 헤더 ( ) 등의 여러 가지 처리 방식을 적용한 기술'에서 괄호 안에 공통으로 들어갈 단어를 고르시오.

① 분석 ② 압축 ③ 검색 ④ 정렬

34 UWB는 최초 무슨 용도로 개발되었는가?

35 UWB는 낮은 송신 출력으로 서비스 반경이 몇 m 이내로 제한되는가?

① 30m ② 5m ③ 10m ④ 20m

36 'UWB에서 제공 가능한 480Mbps 속도는 ( )Mbyte 용량의 영화 파일을 무선으로 10여 초 이내에 전송'에서 괄호 안에 들어갈 숫자를 고르시오.

① 700 ② 1,024 ③ 512 ④ 1,500

37 TVWS는 무엇을 의미하는지 기술하시오.

38 TVWS UHF 대역과 관계없는 것을 고르시오.

① 채널 14~51번 ② 주파수 대역 470~698MHz
③ 무선 도달거리가 짧음 ④ 장애물 투과율이 높음

39 Siper WiFI로 불리는 네트워크를 무엇이라고 하는가?

① WRAN(Wireless Rural Area Network)
② WMAN(Wireless Metropolitan Area Network)
③ WPAN(Wireless Personal Area Network)
④ WLAN(Wireless Local Area Network)

40 Weightless에서 지원하는 기술에 속하지 않는 것을 고르시오.

① 초저전력 ② 고비용 ③ 신뢰성
④ 보안 ⑤ 근거리통신 ⑥ 브로드캐스팅

41 Weightless에 사용되는 변조기술이 아닌 것을 고르시오.

① BPSK ② OFDM ③ QPSK ④ 16-QAM

42 영국 늪 네트워크의 Weightless 시범 서비스에 포함되지 않는 것은?

① 기지국 구축 ② 주차 센서 ③ 원격 검침 ④ 스마트쓰레기통

43 2014년 이전의 사물인터넷 네트워크에 적용된 기술이 아닌 것을 고르시오.

① Sigfox ② RFID ③ WiFi
④ Bluetooth ⑤ ZigBee ⑥ LoRaWAN

44 저전력 장거리 통신(LPWAN)의 조건인 것을 모두 고르시오.

① 저전력 소모 ② 저가 단말기 ③ 고투과율
④ 낮은 구축비용 ⑤ 소형화 ⑥ 대규모 단말기 접속

45 LPWAN 기술인 SIGFOX의 특징에 속하지 않는 것을 고르시오.

① 저출력 ② 원거리 통신
③ 저전력 기반 ④ 비면허 주파수 대역 사용

46 LPWAN 기술인 LoRa의 장점이 아닌 것은?

① 전파 간섭이 작음 ② 통신 범위가 좁음
③ 구축비용 절감 가능 ④ 확장 가능성이 높음

47 KT와 LG U+가 공동 기술개발을 협력한 기술은 무엇인가?

① LoRa ② SIGFOX ③ LTE ④ NB−IoT

48 협대역 사물인터넷(NB-IoT) 기술의 특징이 아닌 것을 고르시오.

① 150kbps 이하의 데이터 전송 속도
② 8km 이상의 장거리 서비스 지원
③ 비면허 주파수 사용
④ 안정적인 서비스 품질 제공에 유리

49 LPWAN 기술별 주파수 대역이 올바르게 연결되지 않은 것을 고르시오.

① LTE−M: 면허 대역(LTE)
② SIGFOX: 비면허 대역(LTE)
③ NB−IoT: 면허 대역(LTE)
④ LoRa: 비면허 대역(920MHz)

50 LTE Cat.M1은 무엇을 의미하는가?

Chapter 14

5G 네트워크

14.1 5G 네트워크 개요

14.1.1 5G 이동통신이란?

5G 이동통신은 개념적으로 4G에 대비하여 10배~1,000배 성능 향상이 기대되는 차세대 이동통신을 뜻하는데요. 4G에 비해 20배 빠른 속도, 10배 감소된 저지연 기술, 그리고 사물과의 연결은 10배 증가 등을 특징으로 하고 있습니다. 따라서 5G 이동통신은 1GB 영화를 10초 만에 다운로드하는 것이 가능하고, 반경 1km² 내에 최대 100만 개의 사물과 연결이 가능하며, 고속전철(500km/h)에서도 끊어짐 없이 통신이 가능합니다. 이렇듯 5G의 최대 특징은 [그림 14-1]에서처럼 첫째, 초고속(Enhanced Mobile Broadband), 둘째, 초저지연(Ultra-Reliable and Low Latency Communication), 셋째, 초연결(Massive Machine Type Communication)로 압축됩니다.

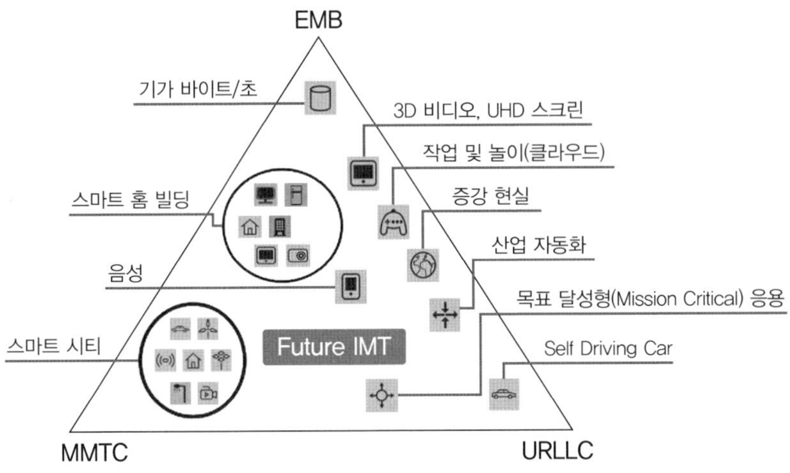

[그림 14-1] 5G 적용 시나리오(출처: ITU-R IMT-2020)

한편, 〈표 14-1〉에는 국제전기통신연합(ITU)에서 제시하고 있는 4G와 5G의 성능을 비교·기술하였습니다.

〈표 14-1〉 4G와 5G의 성능 비교

구 분	4세대(4G) 이동통신	5세대(5G) 이동통신
최대 전송속도	1Gbps	20Gbps
사용자 체감 전송속도	10Mbps	100~1,000Mbps
이동성	350km/h	500km/h
전송 지연	10ms(0.01s)	≤ 1ms(0.001s)
최대 기기 연결 수	10^5/km^2	10^6/km^2
에너지 효율성	-	100배(4G 대비)
데이터 처리용량	0.1Mbps/m^2	10Mbps/m^2

14.1.2 이동통신기술의 진화 및 발전 과정을 알아볼까요?

이동통신기술은 [그림 14-2]에서 보듯이 2~5세대까지 대략 10년 주기로 혁신과 더불어 진화하였으며, 3G에서는 무선인터넷, 4G부터는 데이터 및 영상 스트리밍 중심의 서비스가 본격적으로 이루어지게 되었습니다. 사물인터넷, 인공지능, 자율주행 등 서비스가 확산되고, 폭발적으로 증가하는 트래픽을 수용하기 위해 4G를 넘어서는 새로운 통신기술의 필요성에 따라 등장한 5G는 초고속, 초저지연, 초연결성의 특징을 기반으로 초고용량 실감형 데이터, 양방향 초실시간 통신, 증강·가상현실, 각종 센서 및 다양한 디바이스에 대한 실시간 통신 및 제어가 가능합니다.

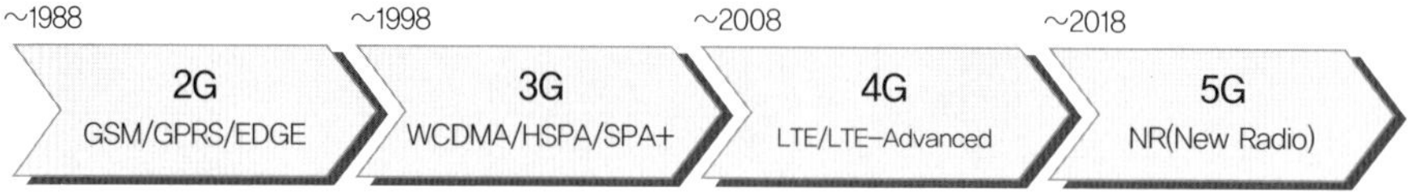

[그림 14-2] 3GPP 기술표준 연대표

〈표 14-2〉에는 ITU가 제시한 세대별 이동통신의 특징을 기술하였습니다.

〈표 14-2〉 세대별 이동통신의 특징

구 분	1G	2G	3G	4G	5G
상용 시기	1984년	2000년	2006년	2011년	2020년
초고속도	14kbps	144kbps	14Mbps	100Mbps	20Gbps
주요 서비스	음성	+ 문자	+ 화상통신, 멀티문자	+ 데이터, 동영상	+ 홀로그램, IoT, 입체영상
차별성	통신기기 휴대 가능	이동통신 보편화	인터넷 접근성 개선	인터넷 고속화	연결성, 저지연성

14.2 5G 네트워크 전망은?

14.2.1 향후 5G 시장 규모와 경제적 효과를 알아볼까요?

1) 시장 규모는?

[그림 14-3]에서 보여주는 세계 5G 이동통신의 시장 규모는 2026년에 전체 이동통신 시장의 50% 수준인 1조 1,588억 달러에 달할 것으로 전망되는데요. 한국의 5G 시장 규모는 2020년 국내 이동통신시장의 5% 수준에서 2026년에는 60%로 약 381억 달러를 점유할 것으로 예상됩니다. 5G 시장 수익은 일반소비자보다는 기업(B2B)에서 창출될 것으로 예상되며, 5G 초기에는 B2B 영역에서 다양한 신규 서비스를 제공하는 형태로 시장이 전개될 것으로 전망됩니다. 그리고 IoT를 활용한 스마트공장, 스마트시티 등 신규 수익 창출을 다양하게 모색할 필요가 있습니다.

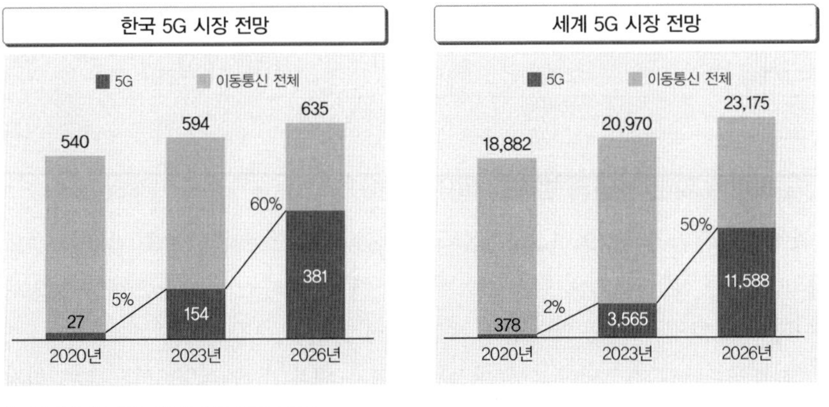

[그림 14-3] 5G 이동통신 시장 규모

2) 글로벌 경제적 효과는?

5G로 인한 전 세계의 경제적 효과는 〈표 14-3〉에 기술하였듯이 2035년 기준으로 12.3조 달러 규모로 예측되며, 같은 년도에 전체 예상되는 GDP의 4.6%에 달하는데요. 산업별로는 제조업이 27.3%로 가장 많은 비중을 차지하며, 통신(11.6%), 유통(10.5%), 공공서비스(8.7%) 등의 순입니다. 전 세계 5G 생태계와 직접적으로 연계된 생산유발 효과는 3.5조 달러로 전망되며, 전체 2,200만 개의 일자리가 창출될 것으로 예상됩니다. 또한, 우리나라는 통신, 단말·제조장비, 콘텐츠 등 5G 가치사슬 범주 내에서 1,200억 달러의 부가가치가 창출되고 96만 개 신규 고용이 발생할 것으로 예상됩니다.

〈표 14-3〉 2035년 산업분야별 5G 유발 경제적 효과(출처: IHS, 2017)

산업분야	5G 유발 경제적 효과		5G/산업별 GDP(%)
	금액(10억 달러)	비중(%)	
제조	3,364	27.3	4.2
정보통신	1,421	11.6	11.5
유통	1,295	10.5	3.4
공공서비스	1,066	8.7	6.5
건설	742	6.0	4.7
금융	676	5.5	4.6
운송 · 저장	659	5.4	5.6
기업서비스	623	5.1	3.7
숙박	562	4.6	4.8
농림 · 어업	510	4.1	6.4
기타	1,382	-	
합계	12,300		평균: 4.6

14.2.2 5G 등장에 따른 산업의 변화를 알아볼까요?

4차 산업혁명 시대의 5G는 초연결사회를 구축하는 핵심 인프라 역할을 담당할 것으로 예상되며, 모든 산업 및 사회 시스템을 네트워크로 관리하는 시대가 도래할 것으로 예상됩니다. 〈표 14-4〉에서는 2025년에 예상되는 IoT 연결 수를 보여주는데, 전체 IoT 연결은 약 252억 개로 추산되며, 그중에 이동통신과 허가 스펙트럼을 사용하는 저전력 장거리 통신(LPWA)과의 비중은 약 절반씩을 차지하고 있습니다.

〈표 14-4〉 2025년 IoT 연결 수(출처: GSMA Intelligence, 2018)

<table>
<tr><th>구 분</th><th colspan="2">2018년</th><th colspan="2">2025년</th></tr>
<tr><td>전체
IoT 연결</td><td colspan="2">91억 개</td><td colspan="2">252억 개</td></tr>
<tr><td rowspan="3">이동통신
연결</td><td colspan="2">11억 개</td><td colspan="2">35억 개</td></tr>
<tr><td>2G, 3G, 4G</td><td>Licensed Spectrum
LPWA</td><td>2G, 3G, 4G, 5G</td><td>Licensed Spectrum
LPWA</td></tr>
<tr><td>10억 개</td><td>1억 개</td><td>17억 개</td><td>18억 개</td></tr>
</table>

또한, [그림 14-4]에서 보듯이 5G는 산업 각 영역에서 새로운 가치 창출을 유발하며, 제조, 미디어·엔터, 공공안전, 에너지·유틸리티, 금융, 자동차, 헬스케어 등 타 산업의 디지털 혁신을 촉진시킬 것입니다.

[그림 14-4] 5G 기반의 새로운 가치 창출

제조 분야에서는 디지털 전환을 가속화하여 생산성을 향상시키며, 미디어·엔터 분야에서는 5G의 광대역을 이용하여 4K/8K 영상, VR 등 새로운 몰입적 경험을 제공할 것입니다. 공공안전 분야에서는 5G 및 IoT 기술로 구조물 실시간 모니터링, 공공장소의 보안 안전시스템 강화, 무인 로봇을 활용한 재해재난 복구 등 최소비용으로 시민안전에 활용될 것입니다. 에너지·유틸리티 분야에서는 5G 기술과 센서를 이용하여 원격지의 자산 모니터링 및 유지보수를 가능하게 하며, 가상 전력 발전소 등을 통해 실시간 에너지 분배·관리를 함으로써 비용 절감, 시설보안 등 효율성을 증대시킬 것입니다. 금융 분야에서는 5G 기반으로 AI, 빅데이터 등 첨단기술이 도입되어 지능형 금융서비스 구축으로 보안, 편의성 등 고객만족도를 높여 금융거래 활성화와 생산성 향상에 기여가 예측됩니다. 자동차 분야에서는 GPS 기반 실시간 교통정보 및 지도 업데이트를 제공하고, 초저지연의 기기 간 통신으로 위험 운전자 사전 탐지 및 자율주행 기능의 상용화를 촉진시킬 것입니다.

14.3 국가별 5G 추진 현황 및 사용 주파수 대역은?

14.3.1 국가별 추진 현황은?

한국의 이동통신 3사는 2019년 3월 초에 5G 상용서비스를 개시하였으며, 미국은 2016년 7월에 가장 먼저 5G 전용 주파수 할당을 승인한 바 있습니다. 중국은 상대적 후발주자이나 중국 정부 차원에서 상용화에 매우 적극적이며, 2022년 베이징 올림픽(동계)에서 5G를 개선한 '5G Advanced'를 출시하였습니다. 대표적인 5G 추진 사업자로는 한국의 이동통신 3사(SKT, KT, LGU+), 북미 사업자(버라이즌, AT&T), 일본 NTT Docomo, 중국 China Mobile 등이 있는데요. 〈표 14-5〉에 국가별 5G 추진 현황을 기술하였습니다.

〈표 14-5〉 주요 국가별 5G 추진현황(출처: 언론기사, 삼정KPMG)

구 분	미국	유럽	일본	중국	한국
주파수 할당	2016년 7월	-	2018년	-	2018년 6월
정부 주도 협력체	AWRI	5GPPP, METIS	5GMF	IMT-2020 프로모션 그룹	5G 포럼
주요 목표 시점	2017년 상용화 테스트	-	2020 도쿄올림픽	2022년 베이징 올림픽	2018년 평창올림픽
주요 기업	AT&T, 버라이즌, 퀄컴	노키아, 에릭슨, 도이치텔레콤	NTT 도코모	화웨이, 차이나 모바일	KT, SKT, 삼성전자

14.3.2 국가별 사용 주파수 대역은?

국제이동통신(IMT) 표준 진화로 5G 이동통신은 IMT-2020으로 정의되며, 주파수 대역은 기존 2.6GHz 이하뿐만 아니라 28GHz 주파수 대역도 사용이 가능합니다. 한국은 3.42~3.7GHz에서 280MHz 대역폭을 SKT, KT, LGU+가 각각 100MHz, 100MHz, 80MHz씩 경매를 통해 주파수를 낙찰받았습니다. 5G의 새로운 무선접속기술(New RAT: New Radio Access Technology)은 세계전파통신회의(WRC)-15 및 WRC-18에서 할당될 새로운 주파수 대역을 목표로 개발되는 새로운 기술을 의미하는데요. 높은 용량을 얻기 위해 고주파 대역(예: >10GHz)에서 동작하나, 일부 기능은 저주파 대역에서도 적용 가능합니다. [그림 14-5]와 같이 기존 주파수 대역 및 새로운 주파수 대역을 사용할 수 있으며, 이들 간에는 상호 밀접한 연동이 이루어져야 합니다.

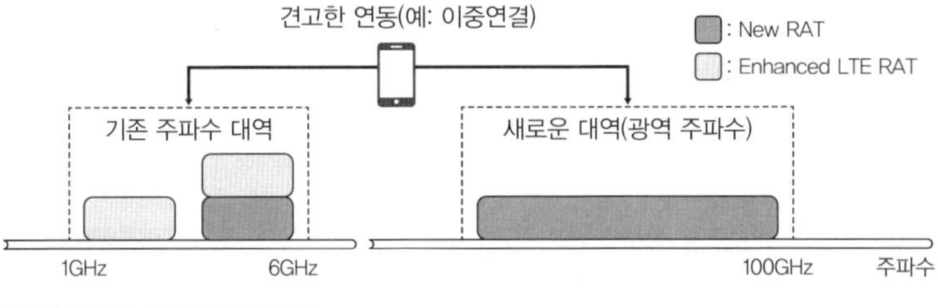

[그림 14-5] 5G 주파수 대역

이동통신기술은 흔히 세대로 구분되어 왔는데요. 다음 세대로 진화할 때마다 새로운 주파수와 무선접속기술과 네트워크가 정의되어 더 빠른 속도를 제공하고 새로운 서비스가 출현하였습니다. 4G(LTE)부터는 코어 망이 통합되어 서로 다른 RAN(2G/3G/4G/non-

3GPP)들이 코어 망을 같이 사용할 수 있게 되었습니다.

14.4 5G 네트워크 필요성은?

시스코는 세계 모바일 트래픽이 5년간('16~'21) 연평균 46.3% 증가할 것으로 전망하였으며, 5G가 상용화되면서 본격적으로 IoT 시장이 성장할 것으로 예측하였습니다. 또한, 에릭슨 모빌리티 보고서에 따르면 5G는 모바일 광대역의 강화로 인해 2024년까지 전 세계 인구의 40%를 커버하며, 15억 건의 5G 서비스 가입이 이뤄질 것으로 예측됩니다. 2018년에서 2024년 사이에 전체 모바일 데이터 트래픽은 5배 증가할 것으로 예상되며, 2024년에는 전 세계 모바일 데이터 트래픽의 25%가 5G 네트워크를 통해 발생할 것으로 예측하였습니다. NB-IoT 및 Cat-M1 기술의 도입으로 전 세계적으로 셀룰러 IoT 연결 건수 또한 증가하고 있는데요. 2024년 기준으로 셀룰러 IoT 연결 건수는 40억 건에 달할 것으로 예상되며, 그중 27억 건이 동북아 지역에서 발생될 전망입니다.

또한, 전자통신연구원(ETRI)에서도 5G 이동통신 시스템 성장이 트래픽 급성장을 이끌 것으로 예측하였는데, 〈표 14-6〉에 기술하였듯이 5G 이동통신 시스템의 데이터 트래픽이 2023년 2.8엑사바이트(EB: ExaByte)[31]까지 증가할 것으로 예측하였습니다. 5G 시스템 시장이 성장하면서 초고화질(UHD) 동영상 애플리케이션(앱) 활용이 늘어나는 추세인데요. 이동통신 가입자 수 전망을 보면 5G 시스템의 성장과 트래픽 증가 관계를 더욱 명확하게 볼 수 있습니다. 따라서 4차 산업혁명으로 초연결 및 지능화 사회로 진입하면서 실시간 처리가 가능하고 지연 현상을 최소화할 수 있는 대용량 통신 기술의 필요성이 대두되었습니다.

〈표 14-6〉 이동통신 가입자 수 및 데이터 트래픽 전망(출처: ETRI, '18. 1)

구 분	2017년 3분기	2023년
가입자 수	6,328만 명	7,464만 명
전체 데이터 트래픽	305PetaByte(PB)[32]	3.2ExaByte(EB)
4G LTE 트래픽	303.78PB	0.4EB
5G 트래픽	미상용화	2.8EB

31 1엑사바이트는 1,024페타바이트(PB)를 의미하며, 기가로 환산 시 10억 기가바이트(GB)임
32 1페타바이트는 1,024테라바이트(TB)를 의미하며, 기가로 환산 시 100만 기가바이트(GB)임

ETRI의 '5G 모바일 트래픽 전망' 보고서('21. 3)에 의하면 2026년 5G 가입회선이 4,408만 개를 상회하고, 전체 이동통신 시장에서의 5G 스마트폰 점유 비율이 55%에 이를 것으로 전망됩니다. 2020년 9월 기준 5G 가입자는 925만 명으로 전체 이동통신 가입자(7,021만 명)의 13%를 기록하였는데, 5G 기술 성숙 효과에 힘입어 가입자 확산세가 가속화될 것으로 보고 있습니다. 이것은 5G 스마트폰이 자율주행을 보조하고 AI를 활용한 정보처리 등 다른 산업과 융합서비스가 확산되어 사실상 필수재로 보고 있기 때문입니다. 그리고 2026년 5G 데이터 트래픽은 월 평균 최소 1.6EB에서 최대 2.9EB에 이를 것으로 예상됩니다.

14.5 5G 네트워크 기술에 대해 알아볼까요?

14.5.1 5G 네트워크 구조는?

5G 네트워크는 Multi-RAT(Radio Access Technology) 접속 기술을 이용하여 대규모 집적과 밀집 소형 셀, 유선과 무선 접속망 통합, 오픈 인터페이스의 가상화(Virtualized)와 지능화(Intelligent)된 네트워크 비전을 가져야 하며, 또한, [그림 14-6]에서 정의하고 있는 NFV/SDN(Network Function Virtualisation/Software Defined Network)[33] 구조에 기초한 융통성 있는 모바일 네트워크를 통해 융통성과 경제성을 확보하고, 다양한 무선망(4G/5G, D2D, WiFi, IoT 등) 통합을 위한 연결성과 신뢰성 제고가 요구됩니다.

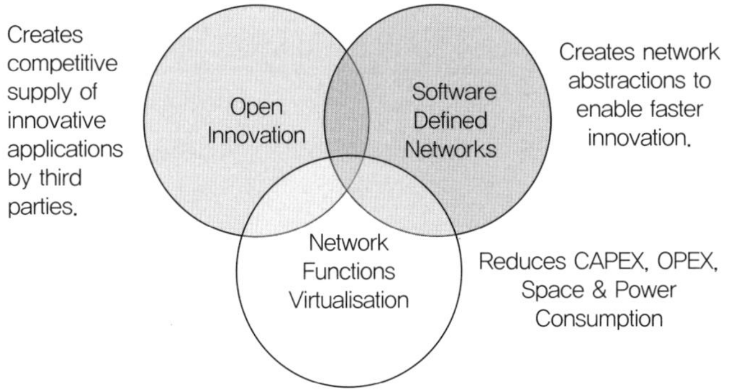

[그림 14-6] 5G 네트워크 구조 요소별 특징

33 네트워크 구성 기능을 가상화하는 기술/네트워크의 하드웨어 및 소프트웨어 기술을 근본적으로 변화시켜 네트워크 비용 및 복잡성을 해결할 수 있는 기술

그 외 밀리미터파(mmWave)[34] 기술과 두 개 이상의 기지국을 혼용하는 이종 네트워크인 HetNet(Heterogeneous Network)에 기초한 혁신적인 무선 접속기술을 활용한 용량, 지연, 에너지 효율 증대가 요구됩니다.

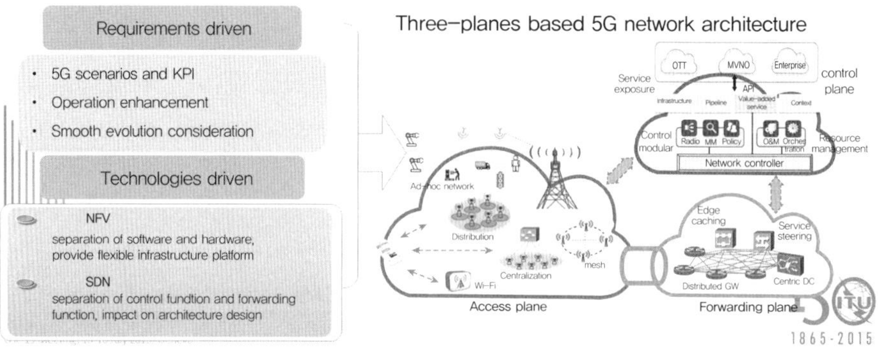

[그림 14-7] 5G Network Technology Architecture(출처: GSC-19, Geneva)

[그림 14-7]에서는 네트워크 가상화(NFV) 기술을 보여주고 있는데요. NFV란 네트워크를 플랫폼화 하는 기술로서, 기존의 H/W 장비인 라우터, 방화벽 등을 S/W로 변환시켜 서버에 올려 사용하는 방식인데요. 물리적으로 하나인 네트워크를 논리적으로 여러 개의 네트워크로 나누고 실시간 데이터 분석과 같은 기능을 구현함에 따라 다양한 신규 서비스 제공이 가능합니다.

소프트웨어 정의 네트워크(SDN) 기술은 스위치와 같은 네트워크 장비의 제어 부분을 데이터 전송 부분과 분리하고 이들 간 오픈 API를 제공하여 S/W로 다양한 네트워크 경로 설정과 제어가 가능하며, 오픈플로우(OpenFlow)[35]와 같은 산업표준 제어 프로토콜을 사용하고 컨트롤러를 통해 네트워크를 프로그래밍함으로써 관리 효율화와 서비스 생태계 조성이 가능한 기술입니다.

5G 네트워크 구조는 이러한 NFV와 SDN 기술을 바탕으로 디바이스와의 접속을 제공하는 접속 플레인(Access Plane), 각 통신망과의 연결과 전송을 제공하는 전달 플레인(Forwarding Plane) 및 두 플레인을 통제하는 제어 플레인(Control Plane)으로 구성됩니다.

---

34 주파수 대역이 30~300GHz의 전자파를 말하는데 파장이 1~10mm로 센티미터(cm)보다 짧음

35 네트워크를 경유하는 네트워크 스위치나 라우터 포워딩 플레인(Forwarding Plane)에 접근 권한을 제공하는 통신 프로토콜

14.5.2 5G 네트워크 주요 기술요소들은 무엇인가요?

5G 네트워크 기술요소에 반영할 일명 5가지 황금 기회들(Five Golden Opportunities)로 일컬어지는 모바일 서비스 주류(Megatrends)는 다음과 같습니다.

첫째, 디바이스와 서비스의 대역폭 소모에 따른 모바일 데이터 트래픽의 급증, 둘째, 사람, 사물, 데이터와 절차까지도 연결됨에 따른 커넥티드 디바이스의 급속한 증가, 셋째, 어디서든 스마트 클라우드 디바이스에 다양한 앱을 올릴 수 있는 클라우드 인프라를 통한 모든 무선 통합(All-Wireless Convergence) 서비스의 가속화와 초연결사회의 실현, 넷째, UHD+, 3D 홀로그램 같은 대규모 초현실(Hyper-Realistic) 콘텐츠용 쌍방향 미디어 및 통신의 확산과 마지막으로 스마트카와 서비스 로봇과 같은 지능적인 Machine과의 연결을 통해 빅데이터를 활용한 지식 기반 서비스의 활성화(Vitalization) 및 기계 간 학습(Machine to Machine Learning) 기술 통합을 의미합니다.

이러한 변화를 수용하기 위한 기술 바탕에는 앞서 5G 이동통신 개념에서 언급하였고, [그림 14-8]에서 보듯이 초고용량(Big Pipe) 실감형 데이터 서비스, 초실시간(Near-Zero Latency) 처리 서비스와 초연결(Massive Connectivity) 통신서비스 등이 자리하고 있는데요.

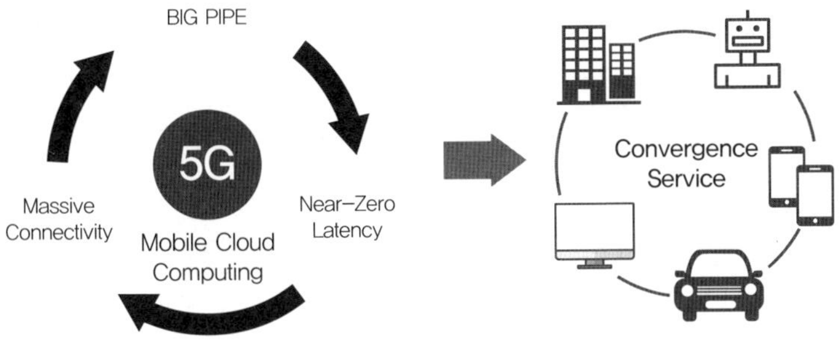

[그림 14-8] 5G 주요 기술요소

첫째, 초고용량(Big Pipe)은 개인당 1Gbps급 전송 속도의 서비스를 제공하여 3D 영상 또는 홀로그램과 같은 초고용량 영상 콘텐츠가 보편화됨을 의미하고,

둘째, 초실시간(Near-Zero Latency)은 네트워크 지연시간이 수 ms 이하로 감소하여 양방향 초실시간 서비스 제공이 가능함을 의미하며,

셋째, 초연결(Massive Connectivity)은 5G 초연결 기술에 기초한 IoT, 커넥티드카, 각종 센서

와 다양한 IoT Device에 대한 초연결 통신서비스를 제공하게 됨을 의미합니다.

14.5.3 5G 네트워크 기술 특성은?

[그림 14-9]에는 ITU에서 정의한 5G 네트워크의 혁신적인 기술 특성이 잘 표현되어 있습니다.

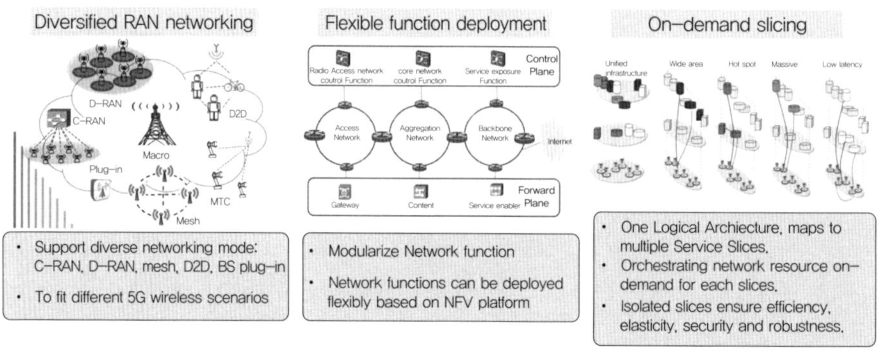

[그림 14-9] 5G 네트워크 기술 특성(출처: GSC-19, Geneva)

즉, 다양한 무선접속망(Diversified RAN: Radio Access Network) 네트워킹, 유연한 기능 전개(Flexible function deployment)와 주문형 슬라이싱(On- demand slicing)으로 요약할 수 있는데요. 이러한 기술 특성 중 네트워크 슬라이싱은 [그림 14-9]에서 보듯이 물리적으로 하나인 네트워크를 논리적 End-to-End로 분리하여 서로 다른 서비스를 제공하기 위해 네트워크 구조를 여러 가닥으로 나누는 기술로서, 가상화된 네트워크 환경에서만 구현 가능하며, SDN/NFV 시장 확대로 인하여 네트워크 슬라이싱 기술 수요가 증가하고 있습니다.

[그림 14-10]에는 서비스 용도별로 나누어진 네트워크 슬라이싱을 사례별로 예시하였습니다.

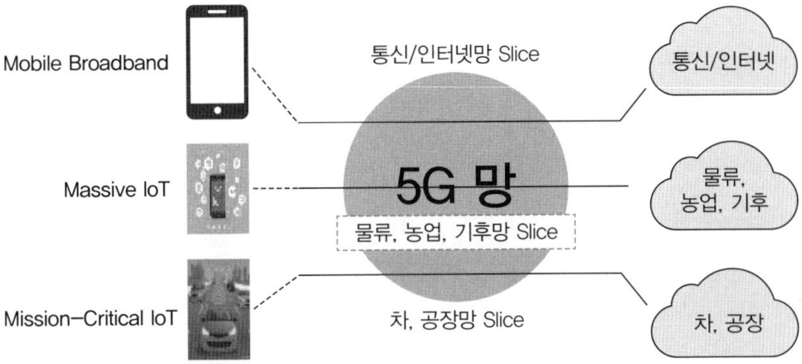

[그림 14-10] 네트워크 슬라이싱

14.6 5G 네트워크 서비스에 대해 알아볼까요?

[그림 14-11]에는 5G 기술 특성에 따른 예상 서비스가 예시되어 있는데요.

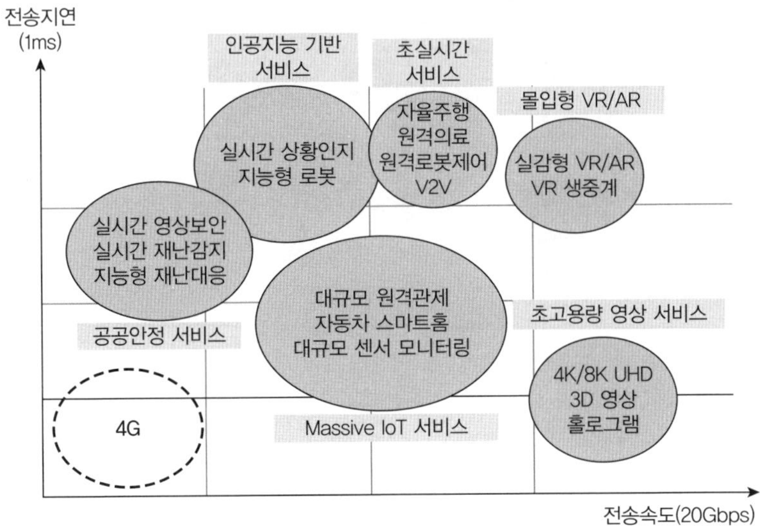

[그림 14-11] 5G 기술 특성에 따른 예상 서비스(출처: KT)

즉, 5G의 주요 특성인 초고속, 초저지연 및 초연결에 의한 서비스들이 창출될 것으로 예상됩니다. 첫째, 초고속은 홀로그램, VR·AR 등의 초고용량 콘텐츠를 이동 또는 밀집지역에서도 안정적으로 전송하는 것이 가능하며, 둘째, 초저지연은 자율주행차, 원격 의료 등 저지연이 매우 중요한 분야에 신뢰성 있는 서비스를 제공할 수 있습니다. 마지막으로 초연결은 에너지 효율이 높은 IoT 서비스로서, 스마트시티, 스마트홈, 대규모 센서 모니터링 등 새로운 시장을 창출할 것입니다.

한편, 5G 서비스를 또 다른 특성을 바탕으로 전망하자면 [그림 14-12]와 같이 정의할 수 있는데요. 즉, 초반응성(Hyper reactivity), 초연결성(Hyper connectivity), 초현실성(Hyper realistic), 초저가성(Hyper low cost), 초에너지 절감(Hyper energy saving), 초신뢰성(Hyper realiability)과의 연관성을 고려한 서비스를 예상할 수 있습니다.

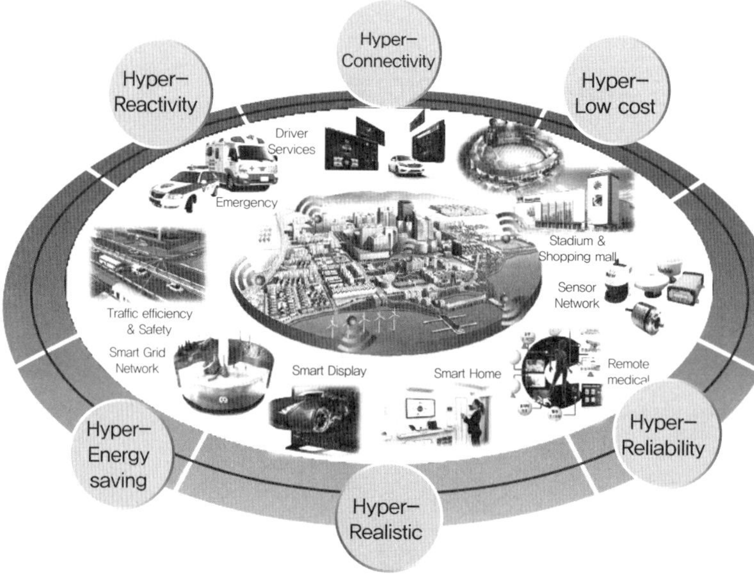

[그림 14-12] 5G 서비스 특성 및 주요 서비스(출처: 5G Forum)

이와 관련된 5G 주요 서비스들은 차량의 자율주행·정비 시스템, 보험 상품 연계와 교통 제어까지도 가능한 스마트카(커넥티드카) 서비스, 응급환자 수송 앰뷸런스의 실시간 응급조치와 원격진료 등 의료 서비스, 온라인·다자간 교육과 스마트교육 인프라 등 교육 서비스, 고해상도 홀로그램과 인식센서 등을 이용한 게임 서비스와 재난 발생 시

HD-CCTV[36], 환경 센서, 위치 기반 서비스(LBS: Location Based Service)[37] 등을 활용한 재난구호 서비스 등이 있습니다. 그 외 에너지 절감, 탄소 배출 규제, 위험물 누출 방지 등을 자동화하는 공장·건물·설비의 관리 시스템, 원격으로 가전 기기를 제어하거나 가정 내 기기 간 통신으로 가사를 자동화할 수 있는 스마트홈 서비스, 수질·대기질·소음 등 삶의 질과 관련된 분야에서도 다양한 사물인터넷 서비스가 가시화될 것으로 예상됩니다.

〈표 14-8〉에서는 5G 주요 서비스별로 적용되는 주요 특성들을 잘 보여주고 있습니다.

〈표 14-8〉 5G 주요 서비스별 적용 요소(출처: 5G Forum)

주요 서비스	초반응성	초연결성	초저가성	초신뢰성	초현실성	초에너지 절감
스마트카	○	○	○	○		○
의료서비스	○	○		○	○	
교육서비스	○	○	○		○	
게임서비스	○	○			○	○
재난구호 서비스	○	○	○	○		○

36 고선명 폐쇄 회로 텔레비전

37 이동통신망이나 위성항법장치(GPS) 등을 통해 얻은 위치정보를 바탕으로 이용자에게 여러 가지 서비스를 제공하는 서비스 시스템

연습문제 EXERCISE

01 5G 이동통신이란 '개념적으로 4G 대비하여 (   )배 성능 향상이 기대되는 차세대 이동통신'에서 괄호 안에 들어갈 숫자를 고르시오.

① 100~500 ② 10~1,000 ③ 50~1,500 ④ 100~1,000

02 5G에서 1GB 영화를 다운로드하는 데 걸리는 시간은?

03 5G의 최대 특징이 아닌 것은?

① 초고속 ② 초저지연 ③ 초연결 ④ 초저전력

04 5G 네트워크 구조가 갖추어야 할 조건이 아닌 것을 고르시오.

① 대규모 집적 및 밀집 소형셀
② 유선과 무선 접속망 통합
③ 셀 내 트래픽 용량 확장
④ 오픈 인터페이스의 가상화와 지능화된 네트워크 비전

05 5G 네트워크의 대표적인 구조는 무엇인가?

06 NFV의 특성에 포함되지 않는 내용을 고르시오.

① 네트워크를 지능화하는 기술
② H/W 장비인 라우터, 방화벽 등을 S/W로 변환
③ 실시간 데이터 분석과 같은 기능 구현
④ 다양한 신규 서비스 제공 가능

07 5G 네트워크 구조에 포함되지 않는 Plane은?

① Access Plane ② Interworking Plane
③ Forwarding Plane ④ Control Plane

08 산업표준 제어 프로토콜인 오픈플로우(OpenFlow)에 대해 기술하시오.

09 5G 네트워크 기술의 주요 핵심 요소가 아닌 것은?

① 지연(Latency) ② 연결성(Connectivity)
③ 커버리지(Coverage) 성능 ④ 주파수 대역(Frequency Band)

10 5G 네트워크 슬라이싱 중 Massive IoT에 속하는 Slice를 고르시오.

① 통신망 Slice ② 물류망 Slice ③ 공장망 Slice ④ 인터넷망 Slice

11 5G의 주요 특성 중 초고속에 기반한 서비스가 아닌 것을 고르시오.

① 홀로그램 ② VR ③ 원격의료 ④ AR

12 자율주행차 및 원격의료 제공에 필요한 5G 기술 특성을 고르시오.

① 초연결 ② 초고속 ③ 초고용량 ④ 초저지연

13 5G 서비스의 특성이 아닌 것을 고르시오.

① 초지능성 ② 초반응성 ③ 초연결성 ④ 초현실성
⑤ 초고속성 ⑥ 초저가성 ⑦ 초에너지 절감 ⑧ 초신뢰성

14 스마트카 서비스에 적용되지 않는 서비스 특성은?

① 초반응성 ② 초현실성 ③ 초연결성 ④ 초에너지 절감

15 초현실성이 적용되지 않는 서비스는?

① 스마트카 ② 의료서비스 ③ 게임서비스 ④ 교육서비스

Chapter 15

6G와 서비스

15.1 6G 통신 개요

15.1.1 6G 통신이란?

6G 통신은 2030년에 상용화가 예상되는데, 전송속도가 4G에 비해 100배, 5G에 비해 5배이며, 상용화 시점에는 모든 사람과 사물이 연결되는 이른바 '만물지능인터넷(AIoE: AI Internet of Everything)' 시대로의 진입이 예상됩니다. 그리고 5G 핵심 기반인 IoT도 한 단계 발전하여 공간과 데이터 등 사회 전반을 유기적으로 연결할 것으로 예상됩니다.

6G 통신은 위성까지 포함하여 전파 음영 지역 없이 전 세계 어디서든지 이용 가능하므로 지구의 통신 사각 지역 해소가 가능하며, 전파 송출범위가 대폭 확대되어 수중 통신의 실현도 가능할 것으로 예상됩니다. 또한, 전송속도가 빨라 실제와 가상 간의 구별이 모호해지는 세상이 실현될 것으로 예상됩니다.

〈표 15-1〉에는 세대별 이동통신에 따른 서비스 시기 및 전송속도를 기술하였습니다.

〈표 15-1〉 이동통신 생태계 진화(출처: ETRI)

구분	시기	속도
3G~4G	~2020년	~1Gbps
5G	2020~2030년	>=10Gbps
6G	2030~2040년	>=100Gbps
7G	2040년 이후	Tbps(6G 대비 10배 속도)

15.1.2 사용 주파수 대역은?

일반적으로 전송속도 100Gbps를 확보하려면 주어진 대역폭에 모뎀의 주파수 효율을 향상시키거나 대역폭을 확장시켜야 하는데요. 전자의 경우는 기술적 어려움으로 한계가 있으나, 후자의 경우는 주파수 THz 대역에서 넓은 대역폭과 적절한 변조 효율을 적용하면 가능합니다. [그림 15-1]에는 주파수에 따른 파장, 입자 에너지 및 응용 분야가 예시되어 있는데요. 6G 통신의 주파수 대역은 THz 대역까지 이용 가능함을 알 수 있습니다.

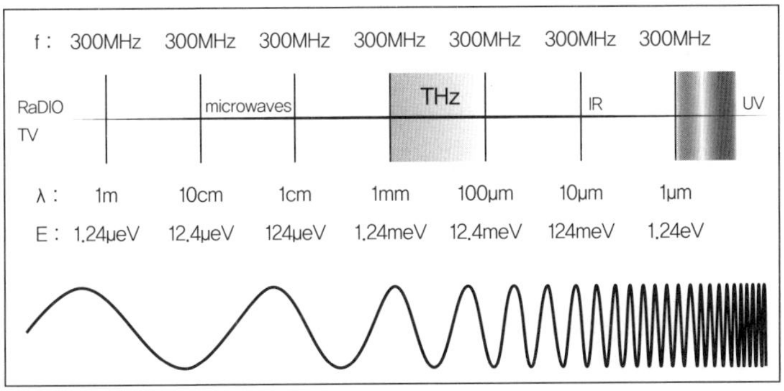

[그림 15-1] 6G THz 주파수 대역

그리고 6G 밀리미터파 및 THz 주파수의 적용 분야와 대상은 〈표 15-2〉에 기술하였습니다.

〈표 15-2〉 6G의 밀리미터파 및 THz 응용

적용 분야	적용 대상
무선인지(Wireless Cognition)	로봇 제어, 드론 함대 제어 등
센싱(Sensing)	대기질 탐지, 개인 건강 모니터링 장치, 움직임 탐지 및 비접촉 스마트폰, 폭발탐지 및 가스 센싱 등
영상(Imaging)	밀리미터파 카메라(어둠에서), 고선명비디오 분해능 레이더, 테라헤르츠 보안, 신체 스캔 등
통신(Communication)	백홀(backhall)용의 무선 광(wireless fiber)
측위(Positioning)	cm 수준의 측위

15.2 6G 개발현황과 관련 서비스를 알아볼까요?

15.2.1 6G 개발현황은?

이동통신의 역사를 되돌아보면 새로운 세대의 이동통신 서비스 시작 전에 차세대 이동통신기술 개발에 착수하는 것이 통상적인 관례가 되었는데요. 그 이유로는 기술 표준화에 결정적 영향을 미치는 국제통신단체에서의 주도적 발언권과 글로벌 시장 선점에 따른 지속 가능한 지배구조 확보에 있습니다. 따라서 5G 이동통신의 주요 특징인 초고속, 초저지연, 초연결 등을 통해 지금까지 경험해보지 못한 다양한 분야의 서비스로 새로운 세상이 전개되지만, 선진국들은 이미 5G를 넘어 6G 통신서비스를 준비하고 있습니다.

[그림 15-2]는 ITU 산하의 세계전파통신회의(WRC) 장면으로서, 이 회의는 전 세계 스펙트럼 문제(다양한 권고사항, 결의사항, 주파수 할당 등)를 논의하고 결정하는 국제 포럼입니다.

[그림 15-2] ITU 세계전파통신회의(WRC)

미국은 이미 방위고등연구계획국(DARPA)에서 6G 관련 개발을 착수하였으며, 일본은 NTT가 세계 최초(2018.3)로 100Gbps 무선전송 시연에 성공함으로써 6G 서비스 개발에 진입하였습니다. 한국은 전자통신연구원(ETRI)에서 2018년 6월에 THz 대역 주파수로 100Gbps 속도의 6G 이동통신기술 개발에 착수하였으며, 중국은 공업정보화부를 통해 6G 연구를 시작하였습니다. 〈표 15-3〉에 기술한 바와 같이 국내 대기업에서도 이미 자체 연구센터를 설립하거나 유수 대학과 공동연구센터를 설립하였습니다.

〈표 15-3〉 국내 6G 연구 현황

구분	기업	공동연구기관
차세대 통신연구센터	삼성전자	-
6G 연구센터	LG전자	카이스트
6G 통신 공동연구 협력	KT	서울대

15.2.2 서비스에 대해 알아볼까요?

[그림 15-3]에서는 인터넷의 과거, 현재(5G), 미래를 서비스 관점에서 보여주고 있는데요. 먼저 디지털 시대인 2000~2020년에는 웹(Web), 멀티미디어, 앱(APPs) 축을 중심으로 전개되었으며, 5G 이동통신 시대가 전개되는 2020~2030년에는 eMBB, mMTC, uRLLC 축을 중심으로 서비스가 전개됨을 볼 수 있습니다. 그리고 2030년에는 뉴 미디어(예: 홀로그램), 뉴 서비스(예: 텔레포트), 뉴 인프라(예: 신뢰)로의 전개가 예상됩니다.

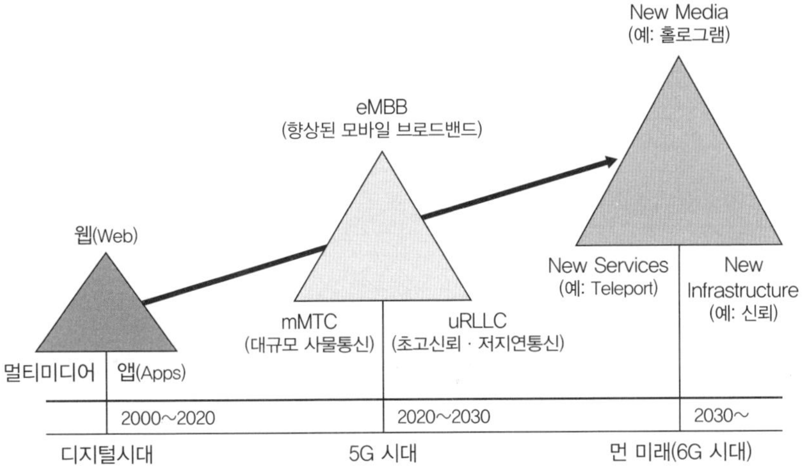

[그림 15-3] 인터넷 과거, 현재, 미래(출처: ITU)

또한, [그림 15-4]에서는 5G 이후 새로운 세대에서 IP는 3개 축인 뉴 미디어, 뉴 서비스, 뉴 아키텍처로 구성됨을 보여주고 있습니다.

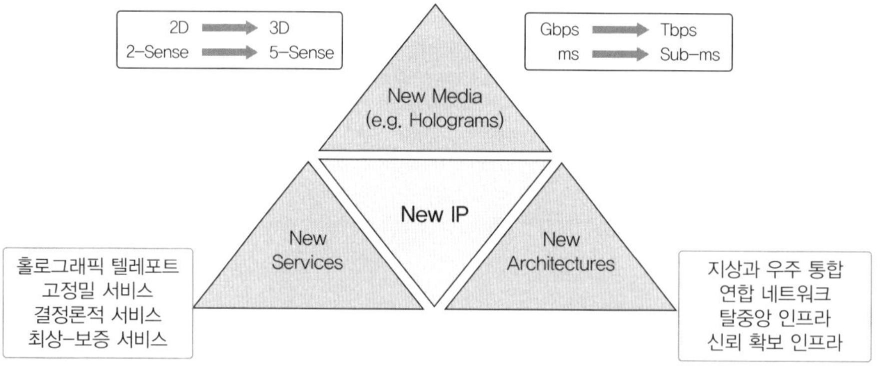

[그림 15-4] 5G 시대를 넘어 새로운 지평선(출처: ITU)

6G 시스템에 필요한 기반기술 영역 및 관련 이론에 관한 연구 주제 및 개방 문제들은 [그림 15-5]에서 제시하고 있는데요. 6G 시스템을 포함하는 첫 번째 타원 영역에는 필요한 기반기술들을 포함하고 있으며, 두 번째 타원 영역은 기반기술 구현에 필요한 관련 이론 또는 툴을 보여주고 있습니다.

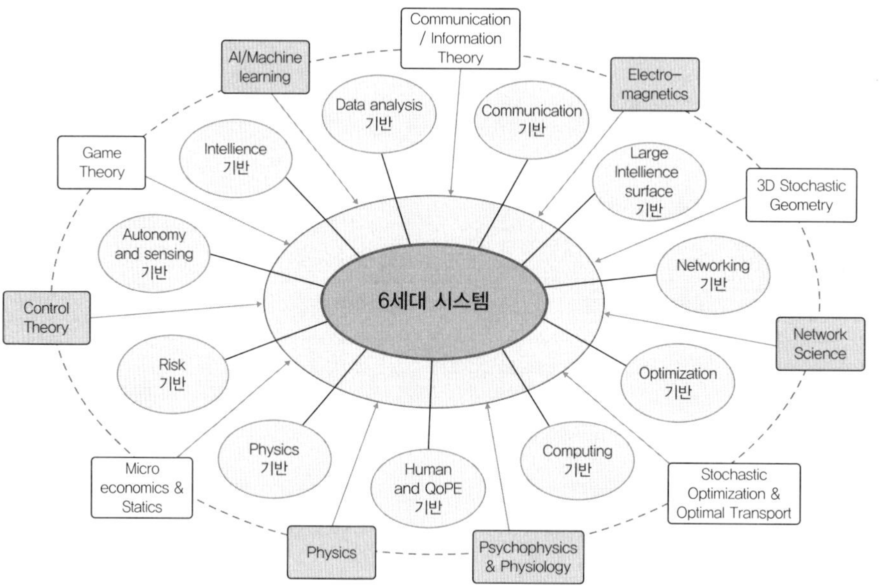

[그림 15-5] 6G 시스템의 필요 기반 기술 및 해석적 이론

삼성전자에서는 6G 비전으로 '새로운 차원의 초연결 경험(The Next Hyper-Connected Experience)' 제공을 목표로 하고 있는데요. 2028년 상용화에 들어가 2030년 본격적인 서비스가 이루어질 것으로 예상하고 있습니다. 또한, 6G 시대에는 사람뿐 아니라 기계 역시 주요 사용자가 될 것으로 예상됩니다.

6G 시대에 구현할 수 있는 초실감 확장 현실(Truly Immersive XR), 고정밀 모바일 홀로그램(High-Fidelity Mobile Hologram), 디지털 복제(Digital Replica) 등 주요 서비스를 [그림 15-6]에 예시하였습니다. 또한, 2030~2040년의 6G 시대에는 사람과 사물, 공간, 데이터, 프로세스가 유기적으로 연결되는 만물지능인터넷 생활환경이 실현될 것으로 전망하고 있습니다.

[그림 15-6] 6G의 주요 서비스(출처: 삼성전자)

한편, [그림 15-7]에서는 디지털 헬스케어, 실감콘텐츠, 자율주행차, 스마트시티, 스마트공장 등 주요 서비스에 대한 5G와 6G 간 차이를 비교하여 보여주고 있는데요. 각 영역에서의 초연결, 초저지연, 초광대역에 기반한 성능 개선이 이루어질 것으로 전망됩니다.

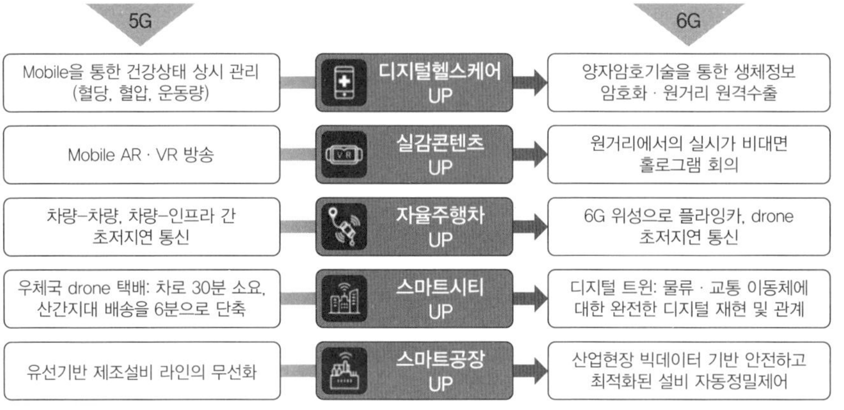

[그림 15-7] 5G와 6G 간 주요 서비스

15.3 6G를 넘어 7G 시대로

6G 통신에서는 어느 정도 예측 가능한 통신서비스가 제공되나, 7G 시대의 통신은 문자 그대로 꿈의 통신서비스 제공이 전망됩니다. 한국전자통신연구원(ETRI) 미래사회연구실의 보고서에 의하면 2040년경 등장이 예상되는 7G 서비스는 사람이 존재하는 모든 공간 자체가 네트워크화될 것으로 예측됩니다. 즉, 지구에 존재하는 모든 산업과 인프라가 조 단위의 센서로 연결되는 소위 '초연결' 생태계가 조성됨에 따라, 7G 시대에는 [그림 15–8]과 같이 텔레파시까지도 연결할 수 있을 것으로 전망하고 있는데요. 이는 우리에게 알려진 감각 채널이나 육체적 상호작용을 통하지 않고도 한 사람의 생각, 말, 행동 따위가 멀리 있는 다른 사람에게 전이되는 심령 현상을 말합니다.

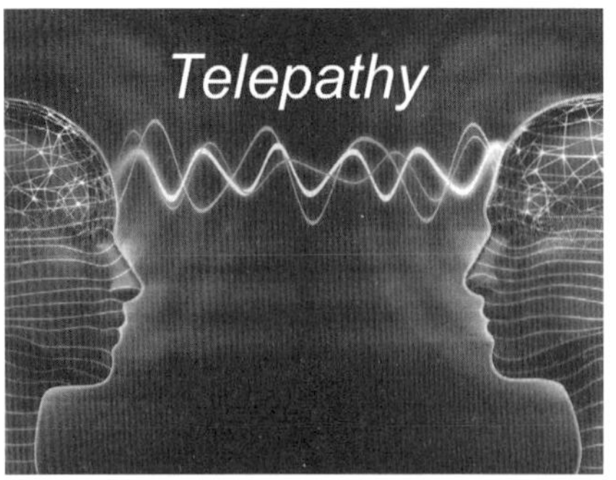

[그림 15-8] 텔레파시 통신

연습문제 EXERCISE

01 6G 통신은 '전송속도가 4G에 비해 ( )배, 5G에 비해서는 ( )배 목표'에서 괄호 안에 들어갈 숫자를 순서대로 고르시오.

① 100 ② 1,000 ③ 500 ④ 10

02 6G 통신으로 실현 가능한 것들에 포함되지 않는 내용을 고르시오.

① 지구의 통신 사각 지역 해소
② 수중통신 실현
③ 지능형 재난 대응 실현
④ 실제와 가상 간의 구별이 모호해지는 세상 실현

03 6G 통신의 주파수 대역은 어느 대역까지 이용 가능한가?

04 6G의 밀리미터파 및 THz 적용 분야가 아닌 것은?

① 영상 ② 센싱 ③ 측위 ④ 연결

05 무선인지(Wireless Cognition) 적용 대상을 기술하시오.

06 2030년 6G 시대 서비스 관점에서 예상되는 3개 축에 속하지 않는 것은?

① 뉴 미디어 ② 뉴 생태계 ③ 뉴 서비스 ④ 뉴 아키텍처

07 7G 등장이 예상되는 시기는 언제인가?

① 2040년 ② 2050년 ③ 2060년 ④ 2030년

Part

05

사물인터넷 서비스 애플리케이션 분야

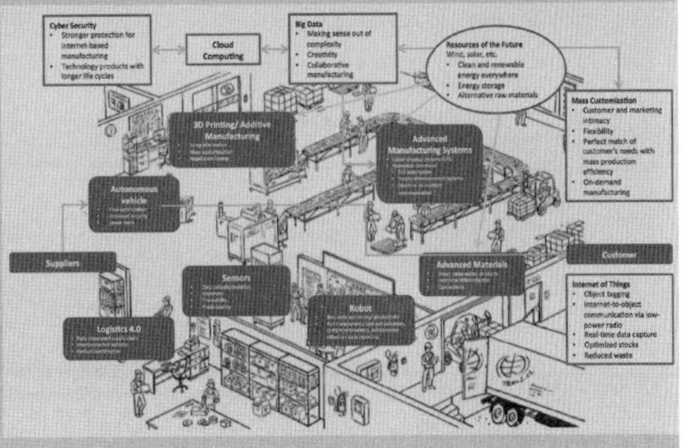

Chapter

16 사물인터넷 플랫폼

16.1 사물인터넷 플랫폼이란?

사물인터넷 플랫폼은 세상의 사물들을 네트워크로 상호 연결하여 사람–사물, 사물–사물 간에 언제 어디서나 서로 소통할 수 있도록 사물들로부터 데이터를 수집하거나 사물의 제어 방법을 제공하며, 사물들이 지능적으로 서비스를 제공하기 위해 특정 서비스에 종속되지 않으면서 데이터 수집·제공, 사물기기 관리, 연결 기능 등을 제공하는 공통시스템을 의미하는데요. 이러한 사물인터넷 플랫폼은 서비스를 구성하는 데 필요한 공통 요구 기능들을 포함하고 있으며, 개별 사물과 서비스로부터 독립적으로 동작할 수 있어야 하며, 플랫폼은 서버나 클라우드 형태로 제공되거나 디바이스에 속할 수도 있습니다.

사물인터넷 플랫폼 구성요소는 [그림 16–1]에서 보듯이 시스템 구성요소들의 기능 제공을 뒷받침하는 차원에서 디바이스 플랫폼, 네트워크 플랫폼, 데이터 분석 플랫폼, 서비스 플랫폼의 4가지로 분류됩니다.

[그림 16-1] 사물인터넷 플랫폼 구성요소

첫째, 디바이스 플랫폼은 디바이스가 제공하는 하드웨어 자원과 이러한 하드웨어 자원을 이용하는 플랫폼으로, 운영체제(OS), 센서와 소프트웨어 등을 포함한 오픈 소스 하드웨어, 하드웨어와 연동되는 센서와 구동기 등을 포함합니다.

둘째, 네트워크 플랫폼은 디바이스와 디바이스 간 연결 플랫폼인데요. 이것은 다양한 표준/비표준을 지원하는 IoT 통신 프로토콜을 포함하고 있습니다.

셋째, 데이터 분석 플랫폼은 다양한 디바이스로부터 획득되는 데이터를 수집·저장·분석하는 플랫폼입니다.

마지막으로 서비스 플랫폼은 다양한 응용 서비스의 용이한 생성 및 실행을 지원하는 플랫폼인데요. IoT 서비스 배포를 지원하는 애플리케이션 구현 및 유통 플랫폼이 이에 해당되며, 개발되는 서비스 종류가 많을수록 이를 지원하기 위한 플랫폼은 매우 다양하게 활용될 수 있습니다.

한편, 〈표 16–1〉에는 3가지 레벨로 구분되는 플랫폼의 종류별 특징을 기술하였습니다.

〈표 16-1〉 주요 플랫폼 종류 및 특징

플랫폼 종류	주요 내용
CDP(Connected Device Platform)	- SIM관리 등 디바이스 개통 관리 플랫폼 - 대표적으로 Jesper
AEP(Application Enabled Platform)	- 어떤 디바이스를 어떤 애플리케이션에나 연동시켜 주는 플랫폼 - 대표적으로 deviseWISE(Telit), ThingWorx(PTC)
Analytic Platform	- 수집된 정보를 빅데이터 기반으로 분석한 플랫폼 - 대표적으로 왓슨(IBM), Pledix(GE)

16.2 사물인터넷 플랫폼 동향을 알아볼까요?

사물인터넷 플랫폼은 전 세계에서 300여 개가 서비스 중인데요. 각각의 플랫폼은 국제표준이나 단체 표준 형태의 표준 사물인터넷 플랫폼과 비표준 사물인터넷 플랫폼으로 나누어집니다. 해외의 주요 IoT 플랫폼은 구글, 애플, 아마존 등이 대표적이고, 국내는 oneM2M 기반 IoT 플랫폼을 자체 개발하고 있는 KT, SKT 등 통신사업자와 전자부품연구원 등이 주요 플랫폼 기업이나 기관이라 할 수 있습니다.

해외 주요 IoT 기업의 플랫폼을 살펴보면, 첫째, 구글 플랫폼을 들 수 있는데요. 구글은 핵심 경쟁력인 안드로이드 OS를 중심으로 개방형 IoT 생태계를 구축하고 있습니다. IoT OS를 포함한 플랫폼인 브릴로(Brillo)[1], 자체 IoT 통신 프로토콜인 위브(Weave)[2], 네트워크 플랫폼 표준 기구인 스레드그룹(Thread Group), 홈 IoT 플랫폼인 네스트(Nest)와 구글 홈(Google Home), 인공지능인 구글 어시스턴트(Google Assistant) 등 각각의 IoT 플랫폼에 대응하면서 IoT 사업을 추진하고 있습니다.

둘째, 애플은 핵심 경쟁력인 iOS와 이를 최적화한 디바이스를 중심으로 한 폐쇄적 IoT 생태계를 구축하고 있는데요. IoT OS(iOS 8.1 이후 버전)를 포함한 홈 IoT 플랫폼인 홈킷을 중심으로 아이폰, 아이패드, 애플 워치, 애플 TV 등 자사 디바이스를 결합하여 통합적으로 IoT 사업을 추진하고 있습니다.

셋째, 아마존은 데이터 분석을 중심으로 인공지능과 하드웨어의 결합을 통해 생태계를 구축하고 있는데요. [그림 16-2]와 같은 데이터 분석 플랫폼인 AWS IoT, 인공지능인 알렉사와 알렉사를 탑재한 홈 IoT 허브인 에코(Echo) 스피커 등 개방형 IoT 사업을 추진하고 있습니다. AWS IoT는 개발자들에게 SDK(Software Development Kit)[3]를 제공하고 있으며, 현재 다수의 기업 및 개발자들이 다양한 AWS IoT 애플리케이션들을 개발하고 있습니다.

1 구글에서 발표한 OS 중의 하나로 사물인터넷 장치를 쉽고 빠르게 만들 수 있도록 돕기 위한 오픈 소스 OS 솔루션으로, 안드로이드에 기반을 둔 임베디드 운영체제, 코어 서비스, 개발 킷과 개발 콘솔로 구성된 통합 솔루션

2 브릴로의 통신계층에 해당되는 것으로 장치 간 발견(discovery), 배포(provisioning), 인증(authentication) 등을 위해 사용되는 표준 프로토콜

3 소프트웨어 개발자가 특정 운영체제용 응용 프로그램을 만들 수 있게 해주는 소스(Source)와 도구 패키지

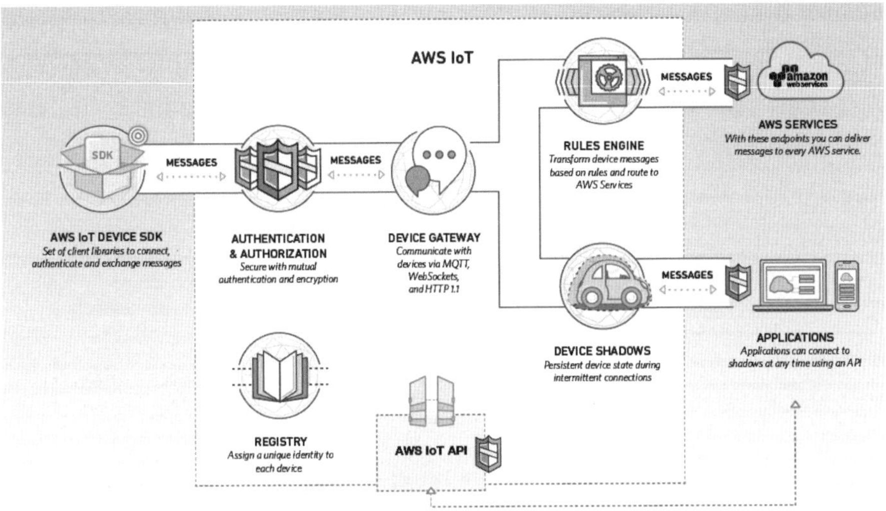

[그림 16-2] 아마존의 AWS IoT 플랫폼 구성도(출처 : Amazon)

넷째, 마이크로소프트(MS)는 자사 핵심 경쟁력인 윈도우 OS를 기반으로 한 IoT OS인 '윈도우 10 IoT', 데이터 분석 플랫폼인 애저 IoT를 중심으로 IoT 사업을 추진하고 있는데요. [그림 16-3]에서 보듯이 애저 IoT는 머신러닝(Machine Learning) 기술을 이용하여 IoT 기기들에서 발생하는 데이터를 클라우드에서 분석·처리하는 플랫폼으로 각종 센서 디바이스에서 생성되는 데이터를 기존 애저 클라우드 서비스 중 IoT에 해당하는 부분만 따로 수집·처리하고, 이를 머신러닝으로 분석하고 있습니다.

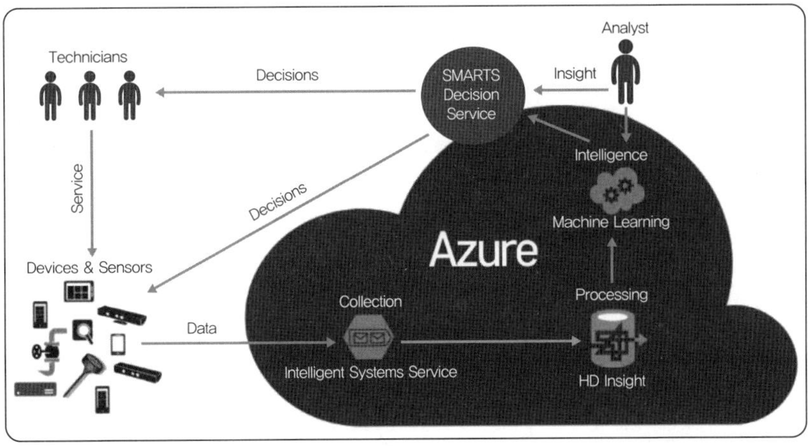

[그림 16-3] MS의 Azure IoT 플랫폼 구성도(출처: Microsoft)

마지막으로 [그림 16-4]에서 IBM의 '왓슨 IoT'는 인공지능을 기반으로 IoT 기기를 통해 습득한 데이터를 분석하는 대표적인 데이터 분석 플랫폼인데요. IBM은 빅데이터를 갖고 있거나 데이터 분석이 필요한 사업자에게 왓슨 IoT 플랫폼을 제공하고, 사업자들은 왓슨 IoT 플랫폼을 이용해 IoT 서비스를 제공하는 구조입니다. 왓슨 IoT는 의료 산업에서의 데이터 분석에서 시작해 기계, 자동차, 물류, 보안, 금융, 헬스케어, 로봇 응용 등 다양한 산업으로 확대 적용하고 있습니다.

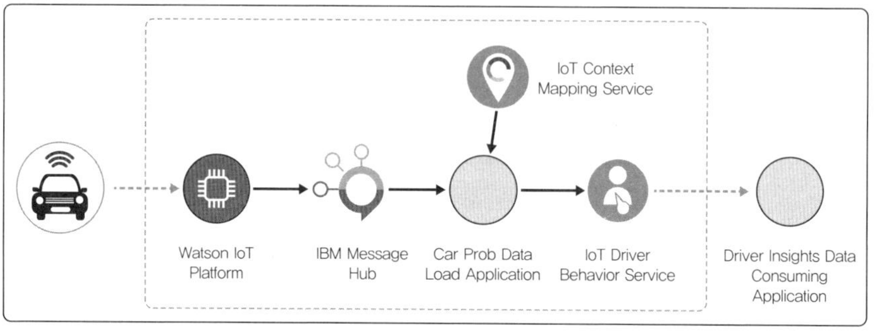

[그림 16-4] IBM 왓슨 IoT 플랫폼의 자동차 적용 개념도(출처: Medium)

다음은 국내 주요 업체와 기관의 플랫폼들에 대해서 살펴보겠습니다. 첫째, [그림 16-5]는 SKT ThingPlug 플랫폼인데요. oneM2M 기반의 플랫폼으로 SKT 사물인터넷 서비스 플랫폼으로 기 상용화한 바 있습니다.

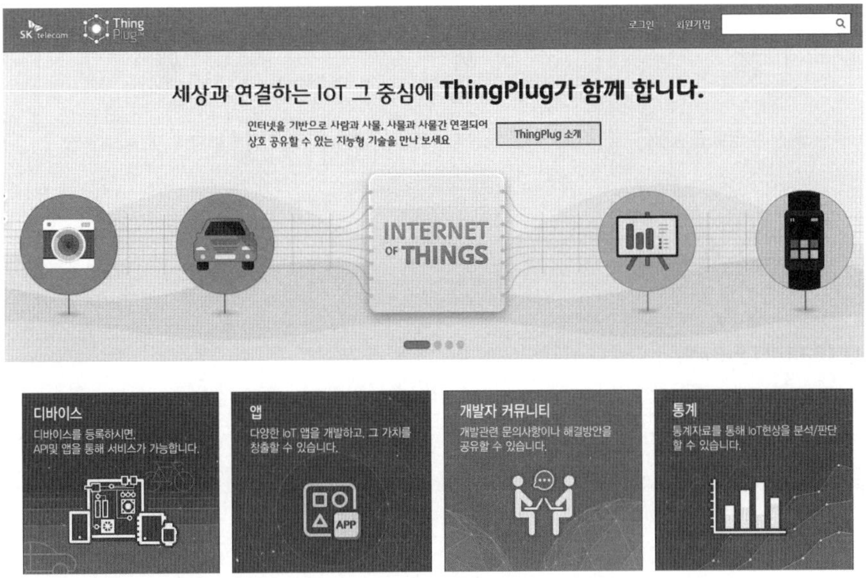

[그림 16-5] SKT ThingPlug 플랫폼 홈페이지 화면

둘째, KT IoTMakers 플랫폼은 IoT Player들이 쉽게 IoT 생태계에 참여할 수 있도록 지원하는 oneM2M 기반의 개방형 IoT 플랫폼인데요. 사람들은 IoTMakers 플랫폼을 통해 손쉽게 IoT 디바이스를 연결하여 테스트할 수 있고, 수집된 데이터를 관리하며, 제공되는 Open API를 통해 원하는 IoT 서비스를 만들 수 있습니다. 이렇듯 KT는 B2C, B2B, B2G 서비스 제공으로 축적해온 노하우와 IoTMakers 플랫폼 제공으로 다양한 개발자, 스타트업, 중소기업들이 별도 플랫폼에 투자하지 않고도 신속하게 서비스 아이디어를 실현하여 IoTMakers가 되도록 지원하고 있습니다. IoTMakers 플랫폼 제공 기능의 예를 [그림 16-6]에 기술하였습니다.

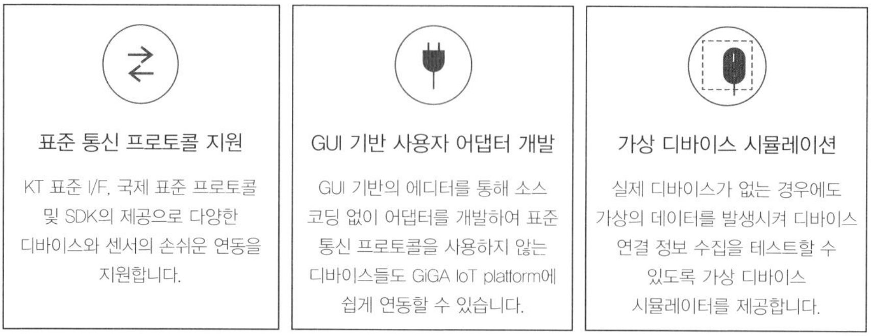

[그림 16-6] KT IoTMakers 플랫폼 제공 기능의 예

마지막으로 [그림 16-7]은 전자부품연구원의 Mobius 플랫폼인데 전자부품연구원이 oneM2M 국제 표준화에 기반하여 개발한 국내 최초 플랫폼입니다.

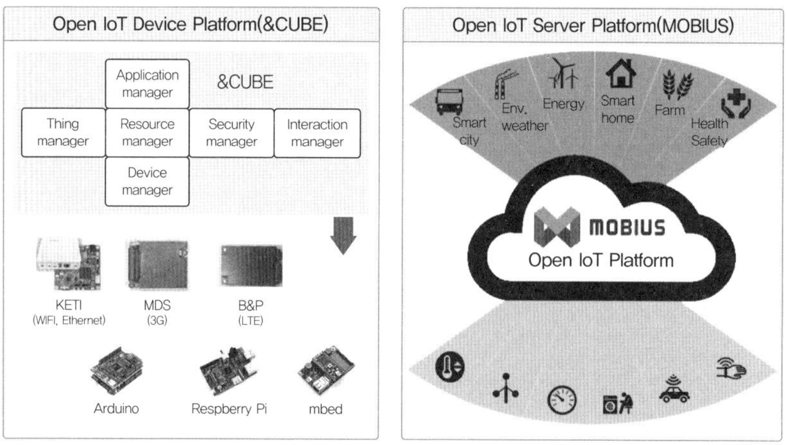

[그림 16-7] 전자부품연구원 Mobius 플랫폼

16.3 개방형과 저가 H/W 플랫폼들을 알아볼까요?

사물인터넷 시대가 본격적으로 시작되면 우리 주변에 존재하는 수많은 사물만큼이나 다양한 IoT 디바이스 제품들이 등장할 것으로 예상되는데요. 생활환경에 따라 사용자들이 필요로 하는 기능이나 디자인이 모두 다르기 때문에 다양한 제품들이 개발될 수밖에 없을 것입니다. 예를 들어, 웨어러블 디바이스의 경우, 시계, 팔찌, 반지, 안경, 목걸이, 신발, 모자, 의류 등 여러 형태의 제품군이 존재하며, 착용 특성, 크기 및 패션의 속성 등 여러 요소가 반영된 다양한 디자인의 제품들을 선보이게 될 것입니다.

이러한 사물인터넷 디바이스를 개발하기 위한 수단으로 [그림 16-8]에 예시된 저가의 개방형 H/W 플랫폼이 유용하게 활용될 것으로 예상되는데요.

[그림 16-8] 저가 개방형 H/W 플랫폼

초보자라 하더라도 이미 H/W 회로도가 공개된 17~30달러 수준의 아두이노 보드를 구입하여 각종 센서나 부품을 연결하고 이를 S/W에서 코딩으로 제어하는 방식으로 로봇, 알람시계 등 다양한 제품을 만들 수 있습니다. 그리고 초소형 컴퓨터인 라즈베리 파이는 35달러 정도의 저렴한 가격으로 인하여 많은 개발자로부터 관심을 받고 있으며, SD카드 크기의 HW 플랫폼인 인텔의 에디슨은 기존 PC에 있는 SD카드 슬롯에 끼워서 간편하게 사용할 수 있습니다.

이 책의 PART 08에서는 저가 H/W 플랫폼인 아두이노 키트(Kit)를 활용한 실습을 통해 아두이노 H/W, S/W 이해와 작동 원리 등의 습득 기회를 제공합니다.

16.4 사물인터넷 플랫폼 기술로는 무엇이 있을까요?

16.4.1 식별체계 기술이란?

특정 대상을 유일하게 식별할 방법을 제공하는 기술을 식별체계 기술이라 하는데요. [그림 16-9]에서 보여주는 바와 같이 주민등록번호, 학생번호, 사원번호, 차량번호 등을 식별하는 기술들이 활용되고 있으며, 출입 통제 장치나 자동 입출 주차장 등에서 이러한 기술들이 활발하게 사용되고 있습니다.

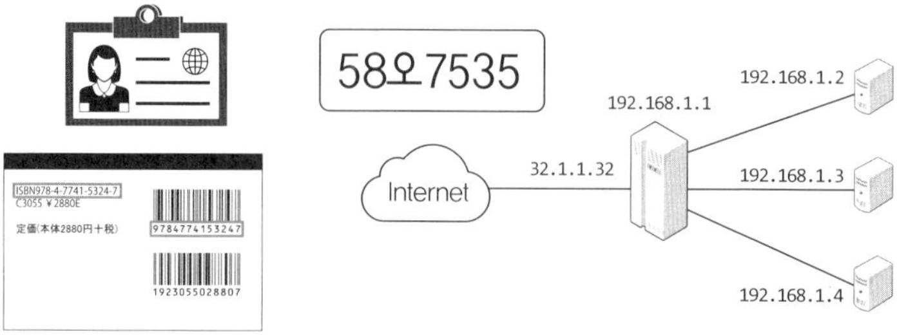

[그림 16-9] 각종 식별 대상

16.4.2 검색 기술이란?

검색 기술이란 사용자가 원하는 서비스를 제공받기 위하여 정보나 리소스 등을 검색하여 확보한 결과를 활용할 수 있도록 해주는 기술인데요. 〈표 16-2〉에는 검색 기술별 주요 내용을 기술하였습니다.

〈표 16-2〉 주요 검색 기술

구 분	내 용
클라이언트-서버	- 클라이언트의 검색 요청 시 서버는 자체 저장소에 있는 디렉토리부터 검색 결과를 알려줌 - 일반적으로 글로벌 환경의 검색 서비스 제공 가능 - 대표적으로 oneM2M과 같은 표준이 이러한 방식을 채택
P2P (Peer-to-Peer)	- 리소스를 찾고자 하는 디바이스가 네트워크에 검색 요청을 보내면 요청받은 디바이스는 자신이 해당 리소스를 가지고 있으면 응답 - 모든 디바이스는 자신이 갖고 있는 리소스 정보를 주기적으로 광고 - 네트워크상에서 리소스를 찾고자 하는 디바이스는 원하는 리소스 광고를 수신하여 리소스 검색 - 대표적인 P2P 검색 방식은 Alljoyn 검색 서비스임

16.4.3 기기 관리 기술이란?

기기 관리 기술은 사물인터넷 디바이스의 초기 설정, 소프트웨어·펌웨어 다운로드, 디바이스 고장 진단 및 배터리·메모리 등 하드웨어 모니터링, 디바이스 주변장치(USB, 카메라 등) 컨트롤, 시스템 리부팅, 시스템 로그인 등을 제공하는 기술인데요. 기기 관리 기술은 [그림 16-10]에서 보듯이 사물인터넷 서비스에 이용되는 다양한 디바이스들을 관리하고 있습니다.

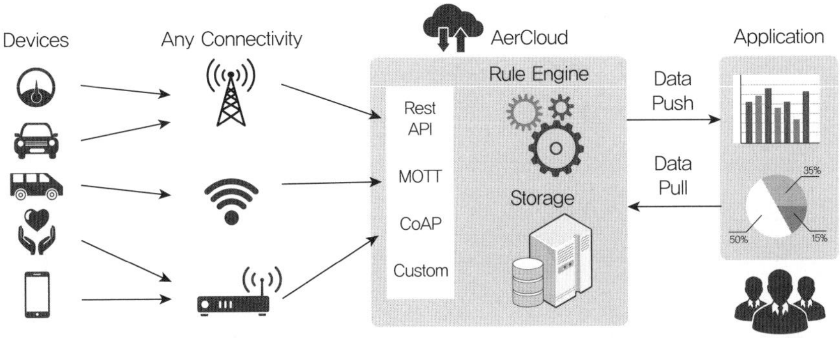

[그림 16-10] 기기 관리 기술 개념도

16.4.4 사물 가상화 기술이란?

사물 가상화 기술은 물리적 환경에 존재하는 다양한 사물 정보를 플랫폼이나 디바이스에 표현하기 위해 추상화된 형태로 리소스를 생성하는 기술인데요. [그림 16-11]에서는 사물인터넷 개요에서 설명하였던 실세계와 가상세계를 연결시켜 주는 사물 가상화 기술의 개념을 보여주고 있습니다. 사물 가상화를 통해 실세계에 존재하는 사물이 지원하는 네트워크, 정보 체계 등과 관계없이 가상화된 리소스를 손쉽게 서비스와 연결하거나 매쉬업 서비스를 구성할 수 있는데, 독일의 Industry 4.0이 여기에 해당하는 사례라 할 수 있습니다.

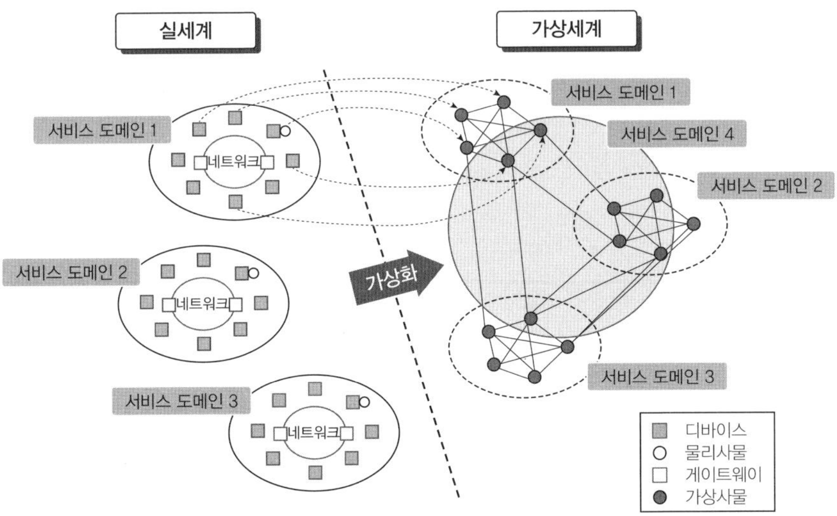

[그림 16-11] 사물 가상화 기술 개념도

16.4.5 서비스 구성(Composition) 기술이란?

서비스 구성 기술은 서비스 지향 구조(SOA: Service-Oriented Architecture)에서 다양한 서비스를 연동하기 위한 개념에서 출발한 기술인데요. Service Orchestration(통합) 또는 Service Choreography(연출/안무) 기술의 하부 기술로 사용됩니다. 〈표 16-3〉에는 기술별 주요 내용을 기술하였습니다.

〈표 16-3〉 주요 서비스 구성 기술

구분	내용
Service Orchestration	사용자 또는 애플리케이션으로부터 특정 서비스 요청을 받았을 때 사물인터넷 플랫폼의 오케스트레이터가 해당 서비스를 검색하고 이와 관련된 서비스를 찾아 제공해주는 기술
Service Choreography	Service Orchestration으로부터 특정 서비스를 요청 받았을 때 정의된 순서 및 명시된 서비스에 따라 서비스를 검색하고 이를 기반으로 서비스를 제공해주는 기술

연습문제 EXERCISE

01 사물인터넷 플랫폼은 '실세계의 사물을 ( )로 연결하여 ( ), 사물-사물 간 언제 어디서나 소통할 수 있도록 사물에서 ( )를 수집하거나 사물의 제어 방법을 제공하는 ( )시스템'으로 정의하는데 괄호 안에 들어갈 단어를 순서대로 고르시오.

데이터, 센서, 네트워크, 공통, 자율, 사람-사물

02 사물인터넷 플랫폼의 구성 요소가 아닌 것을 고르시오.

① 디바이스 플랫폼 ② 네트워크 플랫폼 ③ 서비스 플랫폼
④ 데이터 분석 플랫폼 ⑤ 인터넷 플랫폼

03 디바이스 플랫폼에 포함되지 않는 항목을 고르시오.

① 운영체제(OS) ② 펌 웨어 ③ 오픈소스 하드웨어 ④ 센서와 구동기

04 네트워크 플랫폼이란?

05 데이터 분석 플랫폼의 역할과 다른 항목을 고르시오.

① 수집 ② 저장 ③ 분석 ④ 환류

06 해외 주요 IoT 플랫폼 기업들을 모두 고르시오.

① 구글 ② 닌텐도 ③ 인텔 ④ 애플
⑤ 아마존 ⑥ 마이크로소프트 ⑦ 퀄컴 ⑧ IBM

07 구글의 IoT 플랫폼이 아닌 것은?

① 구글 어시스턴트(Google Assistant) ② 구글 홈(Google Home)
③ 스마트싱스(SmartThings) ④ 네스트(Nest)

08 애플의 홈 IoT 플랫폼인 홈킷과 결합되지 않는 기기를 고르시오.

① 갤럭시 10 ② 아이폰 ③ 애플 TV ④ 아이패드

09 아마존의 AWS IoT 플랫폼 관련 내용 중 틀린 것을 고르시오.

① 데이터 분석 플랫폼
② 홈 IoT 허브인 에코(Echo) 스피커 등 폐쇄형 IoT 사업 추진
③ 개발자들에게 SDK(Software Development Kit) 제공
④ 기업 및 개발자들이 다양한 AWS IoT 애플리케이션 개발 중

10 마이크로소프트사의 데이터 분석 플랫폼인 애저 IoT에 사용한 기술은?

11 IBM 왓슨 IoT 활용 분야에 속하지 않는 것은?

① 의료 ② 기계 ③ 게임 ④ 자동차
⑤ 물류 ⑥ 보안 ⑦ 재난감지 ⑧ 헬스케어

12 oneM2M 표준에 기반한 국내 최초의 플랫폼은?

13 국내 SKT, KT 및 전자부품연구원 플랫폼들의 공통점은 무엇인가?

14 착용 특성, 크기 및 패션의 속성 등 여러 요소가 반영된 다양한 디자인의 웨어러블 디바이스를 개발하기 위한 플랫폼을 무엇이라고 하는가?

15 아두이노에 대해 기술한 내용 중 틀린 것을 고르시오.

① H/W 보드를 구입하여 각종 센서나 부품을 연결한 후
② 인터넷을 통해 클라우드에 연결하여
③ 이를 S/W 코딩으로 제어하는 방식을 이용하여
④ 로봇, 알람시계 등 다양한 제품 제작 가능

16 식별체계 기술의 식별 대상이 아닌 것은?

① 차량번호 ② 사원번호 ③ 신용카드번호 ④ 주민등록번호

17 사용자가 원하는 서비스를 제공받기 위하여 정보나 리소스 등을 검색하여 확보한 결과를 활용할 수 있도록 해주는 기술을 무엇이라고 하는가?

18 기기관리 기술에 속하지 않는 것은?

① 사물인터넷 디바이스의 초기 설정 ② 소프트웨어·펌웨어 다운로드
③ 시스템 리부팅 ④ 소프트웨어 모니터링

19 사물가상화 기술의 대표적인 사례는 무엇인가?

① 독일의 Industry 4.0 ② 미국의 스마트아메리카

③ 중국제조 2025 ④ 일본의 Society 5.0

20 주요 서비스 구성 기술을 기술하시오.

Chapter 17

사물인터넷 응용계층 프로토콜

17.1 HTTP(HyperText Transfer Protocol)란?

HTTP는 웹상에서 클라이언트와 서버 간 정보를 주고받을 수 있는 애플리케이션 계층 프로토콜로서 클라이언트와 서버 사이의 요청·응답 기반 데이터 교환방식인데요. 1996년 버전 1.0, 2015년 2월 HTTP 2.0이 IETF에서 승인된 바 있습니다.

동작 방식은 클라이언트인 웹 브라우저가 서비스 요구, 서버와 TCP 연결 생성 → 웹 브라우저는 HTTP 표준에 따라 형식화된 요청 메시지 발송 → 웹 서버는 클라이언트의 요청을 읽고 해석한 후 HTTP 응답 메시지를 클라이언트에 보냄(응답 메시지는 요청 성공 또는 실패 여부 및 필요 시 클라이언트 요청 내용 포함) 등의 절차로 이루어집니다.

17.2 REST(REpresentational State Transfer)란?

REST란 사물인터넷 기기들의 상태 전송이란 뜻으로 인터넷의 정보를 조직하고 전송하는 규칙의 조합을 의미하는데요. REST는 리소스라는 이름으로 인터넷상의 문서, 이미지, 서비스와 같은 정보를 지칭하고 클라이언트 서버의 네트워크 환경에서 리소스의 CRUD(Create, Read, Update, Delete) 처리를 지원합니다.

17.3 CoAP(Constrained environments Application Protocol)란?

CoAP는 인터넷에서 센서 노드와 같이 제한된 컴퓨팅 성능을 갖는 디바이스들의 통신을 실현하기 위해 IETF의 CoRE(Constrained RESTful Environments) 워킹그룹에서 만들고 있는 응용계층 표준 프로토콜인데요. 웹 서비스의 경우, 전송 지연과 높은 패킷 손실률 등 제약이 많은 환경에서는 TCP, HTTP와 같은 무거운 통신 프로토콜을 사용할 수 없기 때문에 웹 서비스에 사용할 수 있는 가벼운 프로토콜로서 설계된 기술입니다.

17.4 MQTT(Message Queuing Telemetry Transport)란?

MQTT는 제한된 컴퓨팅 성능과 빈약한 네트워크 연결 환경에서의 동작을 고려하여 설계된 대용량 메시지 전달 프로토콜로서 1999년 IBM에 의해 개발되고 OASIS(Organization for the Advancement of Structured Information Standards)에 의해 사물인터넷 표준 프로토콜로서 선정된 기술인데요. 지연과 손실이 심한 네트워크 환경에서 검침기, 센서 등 작은 기기들의 신뢰성 있는 메시지 전달(원격 모니터링)을 위해서 사용되는 기술입니다.

17.5 XMPP(eXtensive Messaging and Presence Protocol)란?

XMPP는 인스턴트 메신저용으로 2004년 IETF에서 제정한 국제 표준 프로토콜로서 다수의 클라이언트 간에 Publish/Subscribe 구조를 바탕으로 확장성 있는 XML(eXtensible Markup Language)[4] 기반 실시간 메시지 교환이 가능한 프로토콜인데요. 현재 Google, MSN, Yahoo 메신저에서 널리 사용되고 있습니다.

4 인터넷 웹 페이지를 만드는 HTML(Hypertext Markup Language)을 획기적으로 개선하여 만든 언어

연습문제 EXERCISE

01 HTTP 프로토콜을 간단히 설명하시오.

02 REST의 의미를 설명하시오.

03 다음 중 틀린 것을 고르시오.

① CoAP는 센서 디바이스의 웹 서비스를 지원하는 경량 프로토콜이다.
② CoAP는 IEEE 802.15.4 표준과 IPv6를 사용한다.
③ CoAP는 전송 지연과 패킷 손실률이 높은 네트워크 환경에서 TCP, HTTP와 같은 무거운 통신 프로토콜을 사용할 수 있다.
④ CoAP는 무선 센서 네트워크(WSN)에 적용할 수 있다.

04 MQTT 프로토콜을 개발한 회사는?

05 XMPP는 어느 기관에서 표준화가 되었는가?

Chapter

18 사물인터넷 보안 기술

사물인터넷이 인간에게 편리함과 풍요로움을 제공하는 반면, 대부분의 사물인터넷 디바이스들이 아무런 암호화 과정 없이 정보를 수집함에 따라 보안에 취약한 약점이 있습니다. 예를 들어, 스마트홈 서비스의 경우 사용자 행동패턴 데이터가 쉽게 유출되어 언제 집이 비어있는지 여부가 손쉽게 외부로 노출되어 집이 빈 동안 도둑이 드는 보안 사고(도난)가 발생할 수 있습니다. 실제로 2013년 8월 미국 휴스턴의 한 가정집에서 발생한 사례인데요. 부모와 따로 자는 아기의 수면 상황을 살피기 위해 설치한 CCTV 베이비모니터를 해킹한 해커가 WiFi 제품의 보안 취약성을 파고들어 기기를 조작해 욕설을 퍼부은 사건입니다. 그리고 미국 보안업체 프루트포인트가 2013년12월 말에서 2014년 1월 초 발송된 악성 스팸메일 75만 건을 분석한 결과 이중에 1/4이 통신 기능이 있는 TV와 냉장고 등 가전제품에서 발송된 사실이 확인되었는데 이 사건은 해커가 추적을 피하기 위해 가전제품 IP마다 메일을 10건 이하만 보내도록 하는 치밀함을 보여준 사례입니다.

위 사례들은 인터넷으로 가전기기와 자동차, 의료기기 등 각종 사물을 연결하는 사물인터넷 기술이 발달하면서 해킹 위험도 그만큼 늘고 있는 반증인데요. 이렇듯 해킹의 표적이 컴퓨터와 서버에 집중되었던 이전과 달리 IoT 시대에는 사람 주변의 모든 물건이 표적이 될 수 있음을 보여주고 있습니다.

〈표 18-1〉에서는 사물인터넷의 보안 취약점을 이용하여 일으킬 수 있는 보안 위협 사례들을 기술하였습니다.

〈표 18-1〉 사물인터넷 보안 위협 사례

구 분	주요 내용
정보통신망 침입	- 보안 수준이 낮은 기기를 노려 통신망 침입 - 가정 내 CCTV 해킹 등 범죄 악용 가능성
디도스 공격	- IoT 기기를 디도스 공격 좀비 PC로 활용 - 공격 단말기 최대 수십억 대까지 가능
악성 프로그램 유포	- IoT 기기로 악성 프로그램 유포 가능 - 냉장고, TV 등 가전제품을 통한 스팸 메일 발송 가능
데이터 침해	실시간 도청, 위치 확인 등 사용자 정보 침입
IoT 이용 살상 행위	자율주행차, 의료기기 해킹 시 신체 위협 가능
기간시설 위협	스마트 전력망, 공항, 고속도로 등 기반시설 공격

또한, 사물인터넷은 특성상 다양한 기술과 이종 기기와 기술들을 융·복합적으로 활용하여 특정 서비스를 제공하기 때문에 사물인터넷 서비스 보안 기술을 검토하기 위해서는 〈표 18-2〉에 기술된 구성요소별 보안 위협 요소들을 먼저 파악해야 할 필요가 있습니다.

〈표 18-2〉 사물인터넷 구성요소별 보안 위협

구성 요소	보안 위협 요인
디바이스/센서	장치의 기밀성 · 무결성 침해, 비인가 접근, 복제 공격 등
네트워크	데이터 위 · 변조, 인증 방해, 신호 데이터의 기밀성/무결성 침해, 정보 유출, 서비스 거부(DoS: Deny of Service) 등
서비스	데이터 위 · 변조, 데이터의 기밀성 · 무결성 침해, 프라이버시 침해, 비인가된 애플리케이션 및 사용자의 접근 등

그리고 〈표 18-3〉에서는 언급된 사물인터넷 보안 공격 유형과 구성요소별 보안 위협 요인 등과 관련된 보안 기술들을 설명하고 있는데요. 그럼 지금부터 앞에서 언급한 사례들과 보안 위협, 공격 요인들에 대해 알아보겠습니다.

〈표 18-3〉 보안 공격 유형

보안 공격 유형	내용
비인가 접근	- 특정 장치나 지원, 서비스에 비인가 접근 시도 후 내용을 조작하거나 물리적 손상을 입힘 - 원격으로 제어되는 기기들은 비인가 접근 공격에 더 취약 - 비인가 접근을 방지하기 위해 역할 기반 접근 제어(RBAC: Role-Based Access Control), 속성 기반 접근 제어(ABAC: Attribute-Based Access Control) 등의 접근 제어기법 사용
정보 유출	- 사물인터넷 환경에서의 정보 유출은 기존 정보통신 서비스의 정보 유출과 거의 동일한 형태 - 유・무선 통신 공간에서의 도청, 스니핑(sniffing), 비인가 접근에 의한 유출 등이 있음
데이터 위・변조	- 비인가 장치나 센서를 인가된 것처럼 가장하여 데이터를 전송하거나 가로채어 데이터 위・변조 - 위・변조된 데이터는 정상 데이터인 것처럼 재전송되어 잘못 인증되거나 서비스 결과에 영향을 줌
프라이버시 침해	- 사물인터넷 서비스는 이름, 전화번호, 신용카드 번호 등의 개인정보 제공 가능 - 프라이버시 침해 방지를 위해서는 사물을 다른 사물과 구별・식별하기 위한 식별자(Identifier) 관리 필요
서비스 거부 (DoS)	사람이나 사물에 부착된 센서나 소형 장치들은 사물인터넷 서비스 제공을 위해 연결 요청 시 대량의 접속신호를 한꺼번에 발생시켜 요청 처리 자원 소모, 서비스 연결시간을 지연・마비시킴

18.1 사물인터넷 디바이스 보안에 대해 알아볼까요?

18.1.1 디바이스 인증・식별 기술이란?

사물인터넷에서 디바이스 인증과 식별은 매우 중요한 요소인데요. 예를 들어 좀비 PC[5]와 같은 악의적 역할을 수행하는 디바이스로 인해 오동작이나 의도하지 않은 기능이 수행되는 것을 방지하기 위해서는 디바이스에 대한 인증・식별이 반드시 필요합니다. 이러한 목적의 사물인터넷 디바이스 인증・식별 기술로는 인증서를 사용하는 방법, ID/패스워드를 이용하는 방법, 권한을 가지는 토큰을 사용하는 방법, 가입자 확인 모듈(SIM: Subscriber Identity Module)과 같은 식별 장치를 사용하는 방법과 유일한 식별자를 사용하는 방법 등 다양한 방법들이 있습니다.

이 중에서 우리가 실생활에서 많이 사용하고 있는 인증서를 이용한 방법을 좀 더 자세히 살펴보면 이미 이 방법은 다양한 분야에서 사용되고 있고 강력한 인증 기능을

5 바이러스에 감염됐지만 스스로 인지하지 못한 채 스팸을 보내는 등 원격조종 당하는 PC

제공하는 장점이 있지만, 복잡한 암호 처리 필요성으로 인하여 자원이 제약적인 디바이스에는 제한적으로 사용될 수밖에 없으며, 인증서를 활용하기 위해 CA(Certification Authority)[6]와 같은 서버가 추가적으로 필요한 것이 단점입니다.

그리고 ID/패스워드를 이용한 방법은 인증서 방법에 비해 매우 단순하여 사용하기 편리한 장점이 있지만, ID/패스워드 관리의 어려움과 안전도에 취약하다는 점이 단점이라 할 수 있습니다.

18.1.2 디바이스 경량 암호 · 보안 프로토콜 기술이란?

사물인터넷 디바이스는 다양한 형태와 특성을 가지고 있는데요. 단순한 센싱 기능으로는 직렬 주변장치 인터페이스(SPI: Serial Peripheral Interface)[7] 수준의 시리얼 통신을 수행하는 디바이스에서부터 스마트폰과 같은 다양한 센싱 기능과 고성능 계산 능력을 지닌 디바이스에 이르기까지 다양한 형태가 있습니다. 이러한 다양한 디바이스에서 센싱된 데이터에 대한 기밀성[8], 무결성[9] 등 기본적 보안 요구사항을 만족하기 위해선 암·복호화와 해시(Hash)[10]값, 메시지 무결성 코드(MIC: Message Integrity Code)[11]값 등을 생성할 수 있는 암호 알고리즘이 제공되어야만 하므로 다양한 국제표준과 단체표준 암호 알고리즘을 디바이스 특성과 사용 환경에 따라 적합한 것을 사용할 수 있습니다.

주요 암호화 기술로는 [그림 18-1]과 같은 대칭키(Symmetric Key) 암호화 방식[12]인 데이터 암호화 규격(DES: Data Encryption Standard)[13]이 주로 사용되었으나, 키의 길이가 56bit로 너무 짧아서 해독될 수 있는 문제점이 발견된 바 있습니다.

---

6 전자상거래 붐이 일기 시작하면서 전자서명을 위한 인증관리체계를 갖추고 정보통신망을 통해 가입자 전자서명 검증키를 인증하는 업무

7 2개의 데이터 회선과 2개의 제어 회선 등 4선을 사용하여 주변 장치와 연결하는 전이중(full duplex) 동기식 직렬 인터페이스

8 보안의 세 가지 요소 중 하나로 인가(authorization)된 사용자만 정보 자산에 접근할 수 있음을 의미

9 정밀성, 정확성, 완전성, 유효성의 의미로 사용되며, 데이터베이스 정확성을 보장함을 의미

10 복사된 디지털 증거의 동일성 입증을 위해 파일 특성을 축약한 암호 같은 수치

11 데이터 무결성을 보호하기 위해 사용되는 해시 키 기능

12 전자상거래에서 쓰이는 암호방식 가운데 암호화할 때 사용한 키와 암호를 해석할 때 사용하는 키가 같은 암호 알고리즘

13 64비트 평문을 46비트 암호문으로 만드는 블록 암호 시스템으로 64비트 키를 사용

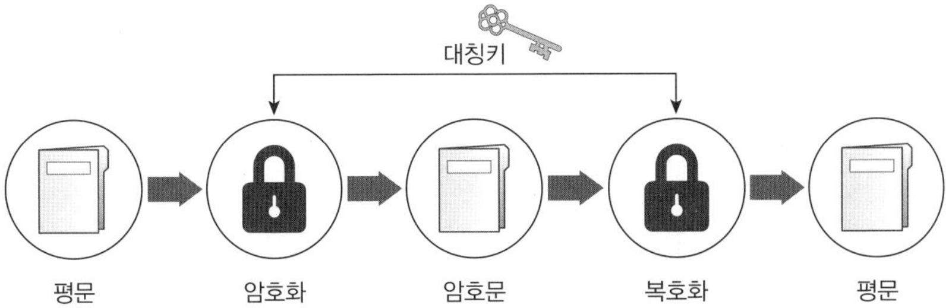

[그림 18-1] 대칭키 암호화 방식

이러한 DES 암호화 기술 문제를 해결하기 위해 개발된 암호화 방식이 [그림 18-2]와 같은 고급 암호 표준(AES: Advanced Encryption Standard)인데요.

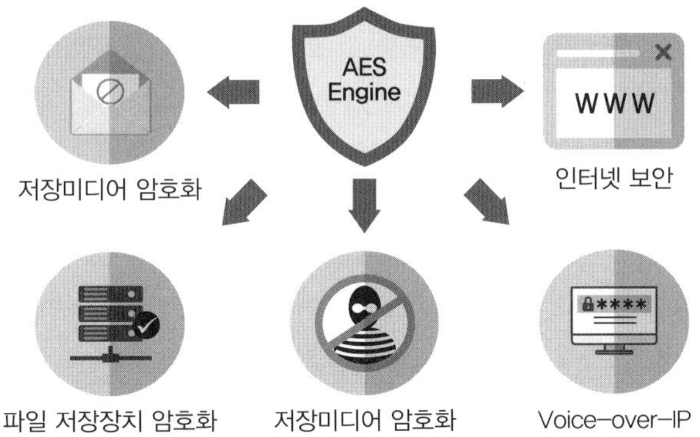

[그림 18-2] AES 암호화 사용 분야

AES 기술 역시 암호화와 복호화 과정에 같은 키를 이용하는 대칭키 방식을 이용하지만, 128bit의 블록을 128bit, 196bit 혹은 256bit의 키 길이로 처리할 수 있다는 점이 DES와의 가장 큰 차이점입니다. 우리가 가장 많이 이용하는 근거리 무선통신 기술인 WiFi와 Bluetooth 4.0이 AES 표준을 이용하고 있습니다.

그 외 암호화 기술로는 UDP(User Datagram Protocol)[14] 보안 프로토콜인 DTLS(Datagram Transport Layer Security)가 있습니다.

---

14 인터넷에서 정보를 주고받을 때 서로 주고받는 형식이 아닌 한쪽에서 일방적으로 보내는 방식의 통신 프로토콜

18.2 통신·네트워크 보안에 대해 알아볼까요?

18.2.1 CoAP, LWM2M 보안이란?

CoAP과 LWM2M 보안은 이들 프로토콜에 사용되는 보안 방식을 의미하는데요. 사물인터넷 디바이스 간 통신에 사용되는 전용 프로토콜의 대표적 사례가 CoAP과 LWM2M이라고 할 수 있습니다. 그중에서 CoAP는 제한적 자원을 가지는 디바이스와 HTTP 기반의 응용 서비스 간 통신에 주로 사용되며, REST 통신이 용이한 응용계층 프로토콜입니다. 또한, CoAP는 HTTP로 쉽게 변환되어 웹 서비스에 디바이스가 쉽게 통합되도록 해줍니다.

암호화는 대부분의 경우 사물인터넷 디바이스에서 사용되는 통신 기술에 의해 결정되는데 앞에서 설명한 AES와 DTLS 등이 대표적인 암호화 기술이라 할 수 있는데요. 표준에서는 CoAP 보안에 DTLS 사용을 제안하고 있지만, 표준에서 권고하는 보안 기술에 취약점이 많으므로, 실제 서비스에서 CoAP를 사용하기 위해서는 보안 측면에서 개선되어야 할 여지가 많습니다.

또한, CoAP에 기반을 둔 LWM2M은 클라이언트와 서버 간 상호 인증을 기반으로 서비스가 제공되는데요. CoAP 보안에 기반을 두고 있기 때문에 LWM2M도 통신 메시지에 대한 기밀성과 무결성을 제공할 수 있습니다.

18.2.2 MQTT 보안이란?

MQTT 보안은 MQTT 프로토콜에 사용되는 보안 방식을 말하는데, 여기서 MQTT 프로토콜이란 사물인터넷 서비스 환경에 특화된 프로토콜로서 이기종 기기와 서비스 간 통신에 사용될 수 있습니다. MQTT 프로토콜은 전송 계층 프로토콜이므로 주로 메시지 전송에 관해 정의되어 있으나, 실제 구현 시에는 사용자와 디바이스에 대한 인증 메커니즘을 구체화할 필요가 있는데요. 더불어 자원에 대한 접근제어, 통신 메시지의 무결성과 프라이버시 보호를 위한 기법도 정의될 필요가 있습니다.

MQTT 표준 문서에는 구체적 암호 알고리즘이나 보안 프로토콜이 정의되어 있지 않고 보안 요구사항만을 정의함으로써 서비스 제공자에게 보안에 대한 책임을 부여하고 있습니다.

18.3 서비스 보안에 대해 알아볼까요?

18.3.1 접근 제어 · 권한 제어 기술이란?

서비스 영역의 대표적 보안 이슈는 서비스에 대한 접근 제어인데요. 일반적 환경에서 접근 제어를 위해 주로 사용되는 기법은 접근 제어 주체와 방법에 따라 임의적 접근 제어(DAC: Discretionary Access Control), 강제적 접근 제어(MAC: Mandatory Access Control), 역할 기반 접근 제어(RBAC: Role-Based Access Control), 속성 기반 접근 제어(ABAC: Attribute-Based Access Control)들로 나누어집니다. 그러면 이러한 접근 제어 기법들을 사물인터넷 서비스 관점에서 알아보겠습니다.

서비스 제공자가 서비스 사용자에 대한 권한을 직접 부여하는 방식의 임의적 접근제어 기법은 사물인터넷 서비스 유연성 확보 측면에서는 용이하지만, 서비스 제공자의 실수나 고의로 인한 보안 문제가 생길 수 있습니다. 임의적 접근제어 기법의 보안 문제를 보완하기 위해 개발된 강제적 접근제어 기법은 서비스 제공자 대신에 공통 플랫폼을 통해 IoT 관리자와 같은 최고 권한자가 서비스 사용자에 대한 권한을 설정하는 방식입니다. 역할 기반 접근제어는 비임의적 접근제어(Non DAC)로 분류되는데 서비스 사용자에게 각각 역할을 부여하고 특정 역할마다 서비스에 대한 접근 권한을 부여하는 방식으로 접근제어 작업을 단순화할 수 있습니다. 속성 기반 접근 제어 기법은 사용자의 인증을 수행하고, 사용자의 권한이 아닌 속성에 따라 접근 제어를 수행하는 기법인데요. 속성 기반 접근 제어 기법에서 사용되는 속성(Attribute)에는 할당된 역할, 사용자 ID, 소속, 거주지 등의 정보가 포함될 수 있습니다.

18.3.2 Open API 기술이란?

사람들이 매일 매일 접속하는 구글앱, 페이스북 API, 트위터 API 등을 통칭하여 Open API라고 하는데요. 사물인터넷 서비스에서 Open API는 다른 서비스 자원에 접근하기 위해 사용됩니다. 사물인터넷 서비스 제공업체도 자신의 서비스 일부를 다른 서비스에서 사용할 수 있도록 허용하거나 자원에 대한 접근 허용을 위해 Open API를 제공하는데요. 이때 가장 중요한 요소가 사용 권한 확인 부분인데 이를 위해 사용자 인증 메커니즘이 존재합니다.

초기에는 웹에 등록된 사용자 아이디와 비밀번호를 사용하여 인증하였으나, 트래픽 분석으로 인한 사용자 정보유출 문제가 발생되자 Open API에 접근 시 인증에 관해 관심을 가지기 시작하였고, 이 해결 방법으로 OpenID[15], SAML(Security Assertion Markup Language)[16], OAuth[17] 등이 제안되었습니다.

첫째, Open ID 방식은 ID를 제공해주는 3자 서비스를 통해 Open ID를 인증받고 공개 API를 사용하는 기법인데요. Open ID 방식에서는 사용자와 RP(Relying Party)[18], OP(Open ID 제공자)가 참여하여 인증을 수행하게 됩니다. 인증 과정 중에 사용자는 RP를 통해서 OP로부터 Open ID를 인증받는데, 이 같은 특징 때문에 Open ID 방식은 악의적인 RP에 의한 피싱 공격의 위험이 있습니다.

둘째, SAML은 OASIS에서 제안한 모델로서 XML에 기반하여 인증과 인가를 수행하는데요. SAML은 사용자, 인증정보 제공자(idP: ID Provider), 서비스 제공자(SP: Service Provider) 등 세 개의 개체로 나누어지며, 사용자는 인증 승인을 위해 SP로부터 받은 SAML 요청을 통해서 인증과 인가를 수행합니다.

셋째, OAuth 1.0 인증 방식은 2010년에 RFC 5849로 처음 제안되었는데요. OpenID와 SAML 프로토콜이 SSO(Single Sign On)[19]를 목표로 제안되었지만, OAuth는 공개 API에 대한 인가를 목표로 개발되었습니다. OAuth는 사용자, OAuth 제공자, OAuth 고객으로 나누어지는데 사용자가 API를 이용하기 위해서는 OAuth 고객인 서비스에 로그인하고 OAuth 고객은 OAuth 제공자로부터 요청 토큰과 비밀키를 발급받고 사용자는 해당 요청 토큰과 비밀키를 인증 받아 최종적으로 접근 토큰(Access Token)을 획득합니다. OAuth 1.0은 공격자가 인가된 사용자의 세션을 고정시키는 세션 고정 공격에 취약하지만, 구글, 페이스북, 트위터 등 공개 API를 사용하는 서비스에서 가장 보편적으로 사용되고 있습니다.

---

15 비영리 재단인 OpenID 재단에서 관리하는 인증 수단

16 인증 정보 제공자(identity provider)와 서비스 제공자(service provider) 간의 인증 및 인가 데이터 교환을 위한 XML 기반의 개방형 표준 데이터 포맷

17 OpenID로 개발된 표준 인증 방식으로 페이스북과 같은 SNS 서비스를 다른 애플리케이션 또는 다른 기기(PC, 스마트폰 등)에서 사용자 정보에 접근할 때 사용

18 안전한 소프트웨어 애플리케이션에 접근할 수 있도록 해주는 서버

19 모든 인증을 '하나의 시스템에서'라는 목적으로 개발된 가장 기본적인 인증 시스템

18.3.3 서비스 보안 기술이란?

사물인터넷 서비스는 사용자 편의성을 높이기 위해 웹 서비스 기반으로 많이 개발되는데요. 웹 서비스에는 WSDL(Web Service Definition Language)[20], UDDI(Universal Discovery and Integration of Business for Web)[21], SOAP(Simple Object Access Protocol)[22] 표준이 많이 사용됩니다. 특히, SOAP은 XML 기반의 원격 절차 호출(RPC: Remote Procedure Call)[23] 프로토콜로서 실제 메시지 송·수신의 핵심 프로토콜인데요. 많은 사업자들에 의해 상품화되어 현재 널리 활용되고 있습니다.

또한, 웹 서비스 표준 중 SOAP의 보안성을 높이기 위한 보안 기술로는 OASIS에서 제안한 WS-Security(Web Services Security)[24] 표준, SAML과 확장성 접근 제어 생성 언어(XACML: eXtensible Access Control Markup Language)[25] 등이 있으며, 그 외 W3C(World Wide Web Consortium)에서 제안한 XML Signature/Encryption, XKMS(XML Key Management Specification) 2.0, SOAP-SEC 등이 있는데요. 이들 중 WS-Security는 웹 서비스 사업자들로부터 많은 지원을 받고 있고, XACML은 전사적 관리와 보안 플랫폼을 위해 중요한 역할을 하고 있으며, XKMS는 XML 기반 응용 서비스의 복잡한 키 관리 효율화 측면에서 중요하다고 할 수 있습니다.

18.3.4 ID 관리 기술이란?

사물인터넷 서비스 이용 시 사용자 인증 절차를 통해 인가된 사용자에 대해서만 접근이 허용되어야 하는데요. 이를 위한 가장 간단한 인증 기법으로는 식별자(ID)를 통한 인증이 있습니다. 최근에는 정보통신 발전으로 인하여 서비스 제공자가 관리해야 하는 ID 정보가 기하급수적으로 증가함에 따라 ID 관리 문제로 인한 개인정보 누출, 주민번호 도용 등의 문제가 발생하여 사회적 문제가 되고 있는데요. 이러한 시점에서

---

20 웹 서비스 기술 언어 또는 기술된 정의 파일의 총칭으로 XML로 기술됨

21 인터넷에서 전 세계의 비즈니스 업체 목록에 자신의 목록을 등록하기 위한 XML 기반 규격

22 웹 서비스를 실제로 이용하기 위한 객체 간 통신규약으로 인터넷을 통하여 웹 서비스가 통신할 수 있도록 해주는 기술

23 프로세스 간 통신을 위한 기법의 하나로서 분산 체계에서 다른 컴퓨터에 있는 절차를 호출할 때 같은 컴퓨터에 있는 절차인 것처럼 호출할 수 있는 구조

24 웹 서비스 보안에 적용되는 SOAP의 확장형

25 세분화된 속성 기반 접근 제어 정책 언어

URL(Uniform Resource Locator)[26] 기반으로 인증을 수행하는 방식인 OpenID는 ID 관리를 위한 대체 기술로 주목받고 있습니다.

18.4 시스템 보안은?

사물인터넷 디바이스와 AP, 응용 서비스, 데이터베이스 등은 스택 오버플로(Stack Overflow) 공격[27]이나 정수 오버플로(Integer Overflow) 공격[28], 구조화 조회 언어 주입(SQL: Structured Query Language injection) 공격[29], 요청 변조(CSRF: Cross Site Request Forgery)/XRF 공격[30] 등 이미 알려진 다양한 악의적 시스템 공격을 감내할 수 있어야 하는데요. 이를 위해 시스템의 보안 취약성은 적절한 방법으로 패치되어야 하며, 공격이 발생할 경우 이를 감지하여 대응할 수 있어야 합니다. 안티바이러스 S/W, 방화벽, 샌드박스, 침입 탐지·방지 기법 등 다양한 형태의 시스템 보안 Tool을 사물인터넷 구성요소에 적용하여 시스템 보안성을 강화할 수 있습니다.

---

26 인터넷상 어느 사이트에 정보가 있는지를 나타내는 주소

27 너무 많은 메모리가 콜 스택에 사용될 때 발생하는 공격

28 산술연산이 지정된 비트 수 표현 가능 값 범위를 벗어난 숫자를 생성할 때 발생하는 공격

29 웹 애플리케이션 사용자 입력 값에 필터링이 제대로 적용돼 있지 않을 때 발생하는데 웹 클라이언트의 반환 메시지를 이용하여 불법 인증 및 정보를 유출하는 공격

30 공격자가 정해 놓은 Request를 통해 발생하는 악의적 공격

연습문제 EXERCISE

01 사물인터넷 보안 위협 사례들에 해당되지 않는 것을 고르시오.

① 정보통신망 침입 ② 디도스 공격 ③ 비인가 접근 ④ 악성 프로그램 유포
⑤ 데이터 침해 ⑥ 프라이버시 침해 ⑦ IoT 이용 살상행위 ⑧ 기간시설 위협

02 IoT 기기를 디도스 공격 좀비 PC로 활용하는 것을 무엇이라고 하는가?

03 사물인터넷 구성요소 중 디바이스/센서의 보안위협 요인이 아닌 것은?

① 장치의 기밀성·무결성 침해 ② 데이터 침해
③ 비인가 접근 ④ 복제 공격

04 서비스 거부(DoS)는 '사람이나 사물에 부착된 센서나 소형 장치들이 사물인터넷 연결 요청 시 대량의 (   )를/을 한꺼번에 발생시켜 요청 처리 자원 소모, 서비스 연결 시간 지연 · 마비'에서 괄호 안에 들어갈 단어를 고르시오.

① 데이터 ② 스팸 ③ 접속신호 ④ 명령어

05 사물인터넷에서 디바이스 보안 방식들을 열거하시오.

06 디바이스 인증 · 식별 기술이 아닌 것을 고르시오.

① 인증서 사용 방법 ② ID/패스워드 이용 방법
③ 권한 보유 토큰 사용 방법 ④ 주민등록번호 사용 방법

07 대칭키 암호화 방식인 DES 방식의 해독 문제점 해결을 위해 개발된 암호화 방식은 무엇인가?

08 AES 기술의 암 · 복호화를 위한 키 길이가 아닌 것은?

① 56bit ② 128bit ③ 196bit ④ 256bit

09 사물인터넷 디바이스 간 통신을 위한 전용 프로토콜은 무엇인가?

10 CoAP 상에서의 보안을 위해 사용 제안된 보안 방식은?

11 서비스 보안 기술에 속하지 않는 것은?

① 접근 제어·권한 제어 기술 ② 시스템 보안 기술
③ Open API 기술 ④ ID 관리 기술

12 접근 제어를 위해 주로 사용되는 기법이 아닌 것을 고르시오.

① 임의적 접근 제어 ② 역할 기반 접근 제어
③ 속성 기반 접근 제어 ④ 자동 접근 제어

13 Open API의 사용 예에 속하지 않는 것을 고르시오.

① 구글 ② 페이스북 ③ 텔레그램 ④ 트위터

14 사물인터넷 서비스 이용 시 사용자 인증 절차를 통해 인가된 사용자에 대한 접근만 허용하는 인증 기법을 무엇이라고 하는가?

15 시스템 보안 Tool들을 모두 고르시오.

① 접근 토큰 ② 안티바이러스 S/W ③ 방화벽
④ URL ⑤ 샌드박스 ⑥ 침입 탐지·방지 기법

Chapter

19 블록체인과 사물인터넷의 융합

19.1 블록체인 개요

19.1.1 블록체인이란?

블록체인(Blockchain)이란 [그림 19-1]에 예시한 바와 같이 거래(Transaction) 대상 데이터를 블록(Block)이라고 하는 상자에 저장하고 P2P(Peer to Peer)[31] 기반의 네트워크에 전파한 후 블록에 대한 참여 노드(Node)들의 합의를 거쳐 체인 형태의 연결고리에 연결되는 분산 데이터 원장관리 기술입니다.

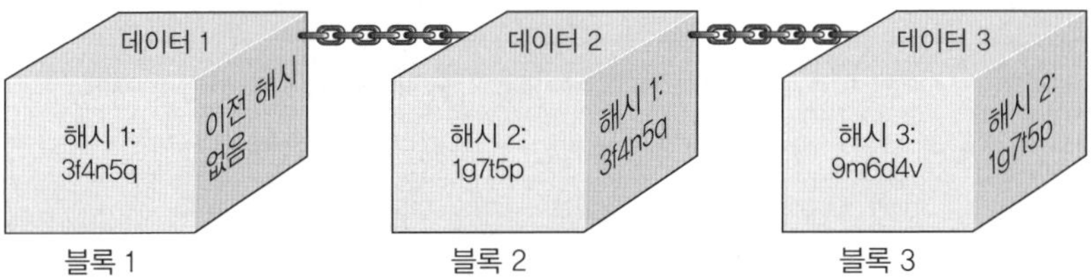

[그림 19-1] 블록체인 구성도

블록체인은 3가지 관점 즉, 기술적 측면에서는 공개적으로 분산원장을 유지하는 백 엔드 데이터베이스라고 할 수 있고요. 비즈니스 측면에서는 개인 간 가치자산 이동으로 예상할 수 있으며, 마지막으로 법 관점에서는 중개자가 필요 없는 거래검증장치라고 할 수 있습니다. [그림 19-2]에서는 블록체인 기술을 사용한 응용서비스 관계도를 보여주고 있습니다.

31 중앙화된 서비스 개념 없이 분산자원의 공유를 목적으로 동등한 자격을 가진 객체로 이루어진 자율구성 시스템

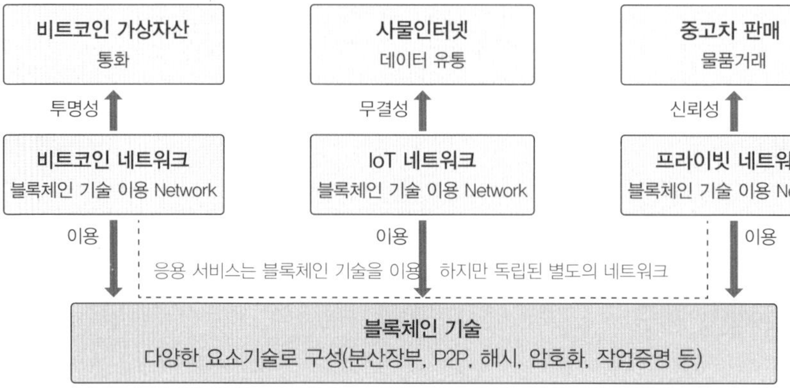

[그림 19-2] 블록체인 기술과 블록체인 네트워크, 응용 서비스와의 관계

앞 페이지 그림에서 보듯 블록체인 기술은 비트코인(Bitcoin)을 비롯한 대부분의 암호 화폐 거래에 사용되는데요. 암호 화폐 거래과정은 탈중앙화된 전자장부에 쓰이기 때문에 블록체인 소프트웨어를 실행하는 많은 사용자들의 컴퓨터에서 서버가 운영되므로 중앙은행 개입 없이 개인 간의 자유로운 거래가 가능합니다.

이러한 블록체인은 사물인터넷, 인공지능, 빅데이터 기술과 융합하여 사람들에게 실질적인 가치를 제공함에 따라 세계 경제포럼에서는 블록체인을 자율주행자동차, 나노센서, 차세대 배터리와 함께 떠오르는 10대 기술로 선정한 바 있습니다.

19.1.2 블록체인 탄생 배경과 특징을 알아볼까요?

블록체인은 2008년 글로벌 금융위기 때 금융기관에 대한 신뢰가 무너짐에 따라 만들어 쓰는 화폐에 대한 논의를 시작으로 디지털 화폐 애플리케이션을 지원하기 위한 관련 기술이 개발되면서 탄생되었는데요. 이전에도 사이버 공간에서 디지털 화폐 사용에 대한 시도가 있었으나, 은행과 같은 중앙기관이 없어서 디지털 기록 또는 디지털 증빙에 대한 원본 확인 방법이 존재하지 않아 이중지불에 대한 해결책이 없던 상황이었는데, 이때 등장한 것이 바로 블록체인 기술 기반의 암호화폐인 비트코인 입니다. [그림 19-2]에서 보듯이 비트코인은 블록체인 기술을 암호화 화폐 분야에 적용한 서비스의 일종인데요. 즉, 블록체인 기술이 그 바탕이고, 비트코인은 블록체인 바탕 위에서 구현된 하나의 서비스 또는 상품이라 할 수 있습니다. 그래서 블록체인은 비트코인 뿐만 아니라 다른 코인의 바탕이 될 수도 있으며, 이러한 개념에서 블록체인은 코인 외 다른 서비스나 상품의 바탕이 될 수도 있습니다. 재미있는 사실은 비록 블록체인이 비트코인 서비스의 바탕이 되는 체계이지만, 블록체인이 만들어지고 비트코인이 만들어진 것이 아니라 비트코인을 만들기 위해 고민하던 중에 블록체인이라는 기술이 탄생했다는 점입니다.

한편, 블록체인의 특징은 분산시스템으로서, 분산 환경에 저장된 데이터는 누구라도 임의로 수정할 수 없는 반면, 누구나 변경 결과를 확인할 수 있는데요. 이것은 분산데이터 저장기술의 한 형태인데, 지속적으로 변경되는 데이터를 모든 참여노드에 전파하며, 분산노드의 운영자가 임의로 조작하는 것이 불가능하도록 개발되었습니다. 블록체인 분산시스템은 해커 공격과 같은 외부 공격에 강한 특성이 있는데요. 이러한 해커 공격은 서비스를 무력화시키는 것 외에 데이터를 절취하는 목적도 있습니다. 외부 공격은 특정 서버만 무력화시키는 것이 아니라, 네트워크에 참여하고 있는 모든 노드를 무력화시켜야 하기 때문에 현실적으로 외부 공격자가 목적을 달성하기 어려운데요. 이것이 바로 블록체인이 안전하다고 하는 이유입니다. 그러나 외부 해커가 데이터를 절취하고자 하는 경우에는 전혀 안전하지 않는데요. 그 이유는 블록체인에 기록된 모든 데이터는 모든 노드가 공유해서 들여다볼 수 있도록 되어 있기 때문입니다. 이러한 이유로 데이터를 절취하려는 해커의 목적에는 보호되지 않지만, 블록체인에 기록된 데이터를 위·변조하려는 공격에는 안전하게 보호되는 데이터 안전의 양면성을 지니고 있습니다.

19.1.3 블록체인 발전 과정을 알아볼까요?

블록체인 패러다임은 [그림 19-3]과 같이 3단계로 나눌 수 있는데요.

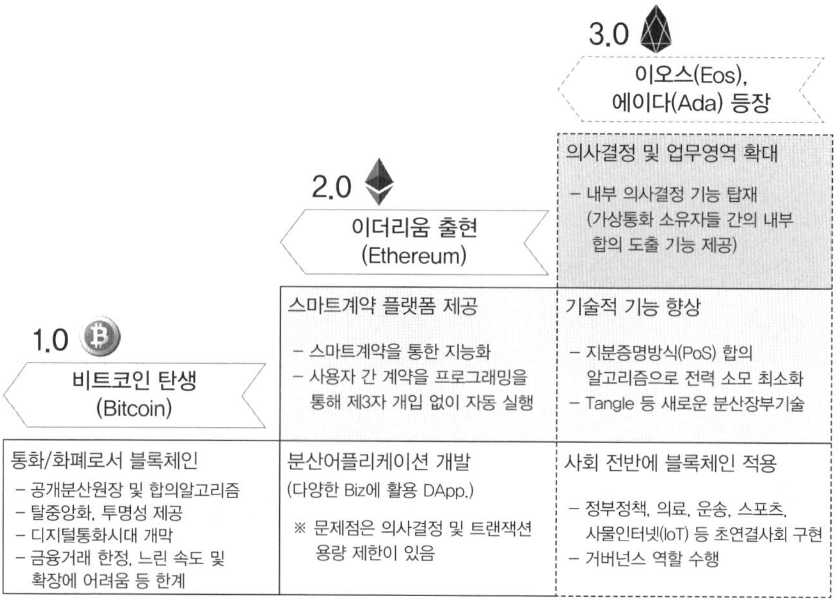

[그림 19-3] 블록체인의 진화 단계

첫째, '블록체인 1.0' 단계는 디지털화폐 즉, 블록체인이 비트코인을 통해 통화 화폐로서 활용되는 단계로 분권화, 탈중앙화, 투명성을 제공하고 본격적인 디지털 통화시대의 개막을 의미합니다. 한계점으로는 금융 등 한정적인 분야에만 활용되고 낮은 확장성, 느린 거래 속도로 인하여 실시간 거래가 불편하며, 합의 도출이 어려운 의사결정 시스템 구조라는 점입니다.

둘째, 이보다 진보한 '블록체인 2.0' 단계는 스마트계약을 중심으로 금융과 경제 산업 전반에 걸쳐 혁신 도구로 블록체인 기술이 활용되는 단계를 의미하는데요. 거래나 계약 시 국가나 정부 같은 중앙집권적인 조직이나 중개기관, 개인 등 제3자의 개입 없이 계약을 프로그램 코딩으로 제공하고, 조건 충족 시 거래가 자동 실행되도록 신뢰를 구현하였습니다. 또한, 분산 애플리케이션(dAPP)[32]을 통해 다양한 비즈니스에 적용·활용할 수 있게 되었습니다.

마지막으로 '블록체인 3.0' 단계는 사회 전반에 기술이 적용되는 상황으로 현재 월드

32 dAPP(Decentralized Application): 이더리움이나 퀀텀 등의 플랫폼 위에서 작동하는 탈중앙화된 앱

와이드웹이나 모바일 인터넷을 쓰는 것처럼 생활 패턴이 자연스러워지고, 사회 전체에 또 한 번 변화를 가져올 것으로 예상되는데요. 처리시간 지연에 대한 문제점 해결을 위한 합의 알고리즘의 변화, 방향성 비순환 그래프(DAG: Directed Acrylic Graph)[33]를 기반으로 한 분산장부관리 기술의 등장과 하드포크(Hard Fork)[34] 방지를 위해 블록체인 내 자체 의사결정 합의 기능을 탑재한 Cardano[35] 플랫폼의 대두 등 기술적 기능도 향상되었습니다.

19.2 블록체인은 어떻게 작동할까요?

19.2.1 블록체인의 전체 메커니즘은?

블록체인의 전체 메커니즘은 [그림 19-4]에서 보여주듯이 거래 정의 및 인증을 통해 블록이 생성·검증되고, 네트워크 분산노드들의 합의를 거쳐 신뢰성 있는 데이터 블록이 블록체인에 등록되는 일련의 과정으로 이루어짐을 알 수 있습니다.

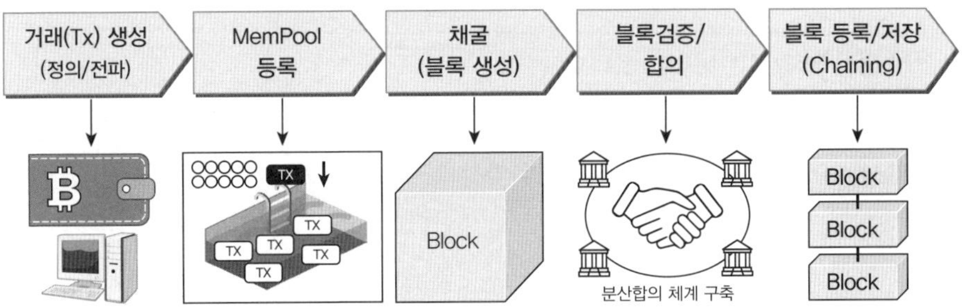

[그림 19-4] 블록체인의 생성 메커니즘

위 그림에서 첫 번째 단계는 거래(송금 등)를 정의하고 거래를 생성하는 단계로서, 생성된 거래들은 마이너들에 의해 유효성이 검증됩니다. 이때 기존 블록 내 거래 정보를 확인하는데요. 송금자 잔고에 송금하려는 돈이 충분히 있는지를 점검하고 네트워크를 통해 다른 노드에 전파됩니다. 두 번째 단계는 거래들이 블록에 묶이기 전 임시로 저

33 트랜잭션이 갑자기 몰리면 전송 속도가 급속히 느려지는 문제점 해결을 위해 채택되었는데, 한 트랜잭션이 다음 트랜잭션을 증명해 주는 방식

34 블록체인 프로토콜이 어느 한 시점에서 급격하게 변경되는 것을 말함

35 완전한 오픈 소스로 운영되는 탈중앙화 퍼블릭 블록체인으로서, 자체 의사결정 합의 기능

장되는, 즉 메모리 풀(Pool)에 등록되는 단계입니다. 세 번째 단계에서는 메모리 풀에 등록된 거래를 모아 마이너들이 블록 형태를 구성하고 해시 작업을 통하는 채굴 과정이 수행되는데요. 즉, 블록헤드에 포함된 정보를 모아 해시값을 구하고 목표값과 비교하여 조건이 만족되면 블록의 해시값을 생성하며, 채굴 이후 해당 블록을 네트워크에 전파하여 유효성을 검증받게 됩니다. 네 번째 단계는 분산합의 단계로 블록을 검증·합의하는 단계로서, 네트워크 참여자들과 블록의 유효성을 상호 검증하는데, 블록해시값이 맞는지 확인하고 검증된 값을 참여자들이 확인하는데요. 이것을 분산합의(증명)라고 하며, 비트코인의 경우 네트워크 참여자의 50% 이상이 유효하다고 확인하여야 합니다. 마지막 단계는 블록체인에 등록하는 단계인데요. 이 단계를 거치면 해당 블록은 공신력을 갖게 되고 블록체인의 마지막 블록 뒤에 등록됩니다. 체인에 등록된 블록은 네트워크 참여자들의 노드에 분산 저장되고 이 블록들을 계속 활용하게 되는데요. 이렇게 저장되면 이 블록체인은 분산원장이 되는 것입니다.

19.2.2 거래에 대해 알아볼까요?

1) 거래 생성 및 검증은 어떻게 하나요?

거래(Transaction)란 블록체인 네트워크에서 가상자산(코인 등) 이동에 따른 약속된 전송서식으로서, 가상자산을 보유한 소유주의 가상자산 일부를 다른 사람에게로의 전송 승인을 네트워크에 공지해 주는 것과 같은 의미인데요. 송금되는 가상자산의 금액(입력값) 각각에 대한 소유권을 소유주의 디지털 서명을 통해 증명하는 과정이 거래에 포함되며, 누구든지 독립적으로 거래를 검증할 수 있습니다. [그림 19-5]에서는 모바일 지갑을 통한 거래 생성 사례를 스마트폰 화면에서 보여주고 있습니다.

[그림 19-5] 모바일 지갑을 통한 거래(Tx) 생성의 예

거래 생성 절차 및 검증 절차는 모바일 지갑을 통해 수신자에게 가상자산이 이동되는 거래가 생성되어 노드(Node)에 전달되면 이 거래에 대한 유효성 검증이 이루어지는데요. 즉, 송금자의 잔액 보유 여부와 송금자 본인이 맞는지를 검증한 후 연결되어 있는 다른 노드에 해당 거래를 전파합니다.

2) 거래 정보에 대해 알아볼까요?

거래(Tx) 정보는 전송번호(TXID), 이전 전송번호(Before TXID), 송신자의 서명, 수신자 주소, 금액 등으로 구성되는데요. 송신자의 잔액 여부는 이전 전송번호를 통해 검증하고, 송신자가 맞는지 여부는 송신(Send) 시 송신자는 개인키로 서명하고 수신측에서는 송신자의 공개키로 검증하게 됩니다. [그림 19-6]의 사례를 통해 거래 정보에 대해 알아보겠습니다.

❸

요약	
크기	1406(bytes)
무게	5624
수신 시간	2017-01-30 14:06:31
잠금 시간	블록: 450738
블록에 포함됨	450863(2017-01-31 10:10:49 + 1,204 의사록)
승인	143988
시각화	트리 차트 보기

❹

입력 및 출력	
총 거래량	13.91969992BTC
총 출력	13.91919992BTC
거래 수수료	0.0005BTC
1바이트당 수수료	35.562sat/B
무게 단위당 요금	8.89sat/WU
예상 BTC 거래량	13.9091761BTC
스크립트	스크립트 보기 & coinbase

[그림 19-6] 거래(Tx) 정보의 예

①은 TXID 정보인데요. TXID는 트랜잭션 ID 정보로 해당 거래 내역의 식별자 역할을 수행합니다. 비트코인에서도 거래를 하기 위해서는 보내는 주소, 받는 사람의 주소, 금액, 수수료 등에 정보를 작성해야 하는데요. 이렇게 작성된 문자열이 바로 트랜잭션입니다. TXID는 내가 전송한 비트코인이 잘 전송되었는지 확인하기 위한 용도로 사용될 수 있으며, 블록의 거래정보가 유효한지에 대한 유효성을 검사하기 위한 용도로도 사용됩니다. ②는 누가 누구에게 비트코인을 전송했는지에 대한 주소 정보이고, ③은 해당 거래의 요약 정보이며, ④는 해당 거래의 상세 정보입니다.

3) 거래 정보 전파 방법에 대해 알아볼까요?

앞에서 블록체인은 거대한 분산 공개 장부라고 설명한 바 있는데요. 이 분산 공개 장부는 여러 개의 노드에 복사되어 있으며, 여러 개의 노드는 P2P로 연결되어 블록체인 네트워크를 형성합니다. 그리고 하나의 거래 정보가 발생하면 이 거래 정보는 블록체인 네트워크에 분산되어 있는 수많은 노드에 전파되어야 합니다.

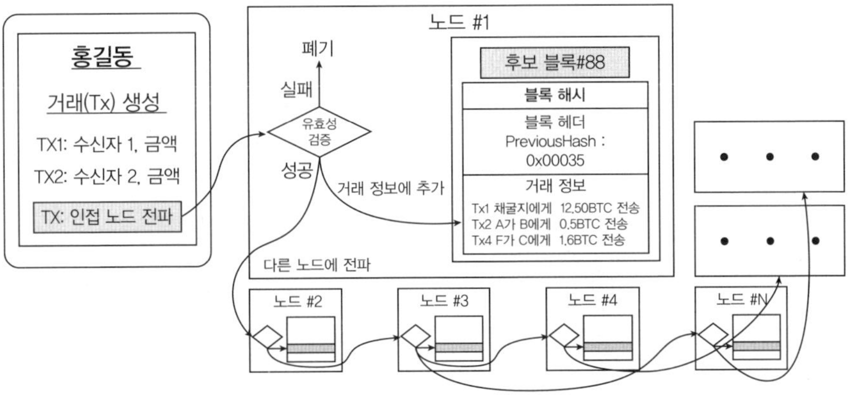

[그림 19-7] 거래(Tx) 정보 전파

[그림 19-7]에서는 거래 정보 전파 과정을 보여주고 있는데요. 사용자 홍길동이 지갑 앱에서 수신자 1에게 일정 금액(송금액 2.5BTC 및 수수료 0.002BTC)을 보내면, 지갑 앱은 블록체인 네트워크상의 노드 A에 거래 정보를 전송합니다. 거래 정보를 받은 노드 A는 먼저 해당 거래의 유효성을 검증한 후에 그 거래를 아직 블록 생성 작업이 시작되지 않은 후보블록에 추가하고, 인접한 다른 노드에 그 거래 정보를 전파합니다. 거래 정보를 전파 받은 노드 B도 마찬가지 방식으로 다른 노드에 거래 정보를 전파하며, 모든 노드는 전달된 거래의 형식과 내용을 검증하고, 검증된 거래만 다른 노드에 전파합니다. 이 거래는 결국 블록체인 네트워크 전체 노드에 전파됩니다.

19.2.3 거래의 Memory Pool 등록은 어떻게 하나요?

블록체인 네트워크상에 있는 거의 대부분의 노드들은 메모리 풀(Memory Pool) 혹은 거래 풀(Transaction Pool)이라고 불리는 미승인 거래로 이루어진 임시 목록을 보관하고 있는데요. 가상자산 거래를 위한 트랜잭션을 생성하고, 각 노드들에 해당 트랜잭션을 전파하게 됩니다. 각 노드는 해당 트랜잭션이 유효한 거래인지 여부를 검증한 후 검증된 트랜잭션을 Mempool에 업데이트 하게 되는데요. Mempool은 아직 거래가 성립되지 않은, 즉 0 confirm 상태의 트랜잭션들이 저장되는 공간으로서, 블록체인 네트워크에서 트랜잭션을 보내면 모든 마이너들은 해당 거래를 검증하게 됩니다. 그리고 올바른 트랜잭션이라고 검증된 후에 블록에 들어갈 자격을 얻게 되는데요. 블록 하나를 발행하는 데는 10분이 걸리지만, 이 트랜잭션을 검증하는 데는 몇 초도 걸리지 않습니다. 즉, 블록에 포함될 올바른 거래라는 것만 검증하고 승인해 주는 것이 바로 0 confirm인데요. 비트코인에서는 이 0 confirm을 인정하지 않고 6번의 confirm이 이루어져야 최종적으로 거래가 확정됩니다.

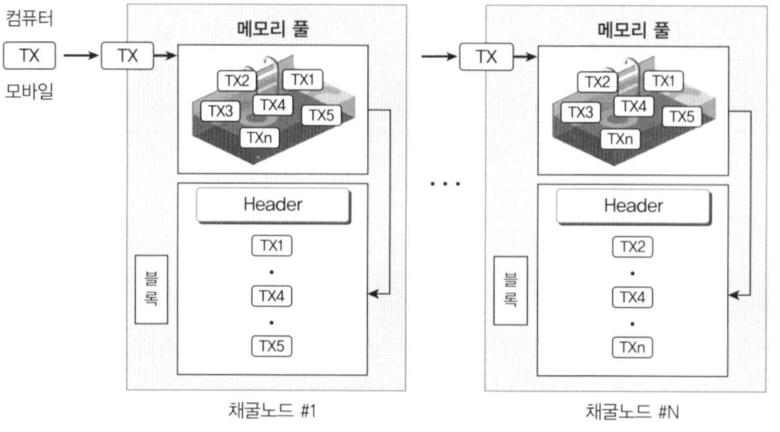

[그림 19-8] 거래 풀(pool)에 포함되는 과정

[그림 19-8]에서는 거래 풀 과정을 보여주고 있는데요. 즉, 채굴노드 #1과 #2가 서로 경쟁하여 한쪽이 채굴에 성공, 즉 채굴노드 #1이 채굴에 성공한 경우, 해당 블록은 메인체인에 연결되고 블록체인상의 모든 노드에 전송합니다. 아직 채굴이 진행 중인 채굴노드 #2는 이와 같이 새로 생성된 블록을 받게 되면 자신의 작업증명(PoW: Proof of Work)을 중지한 후, 자신이 작업 중인 헤더에서 새로운 블록에 포함된 거래(#1 노드의 거래)를 제거하고 다시 거래 풀에서 새로운 거래들을 가져와 새로운 헤더를 구성하고 다시 작업증명(PoW)을 시작합니다. 채굴노드는 이 과정을 무한 반복하게 됩니다.

19.2.4 채굴(블록 생성)에 대해 알아볼까요?

1) 블록(Block)이란?

블록이란 유효한 거래 정보의 묶음, 즉 'A가 B에게 100원을 송금한다.'와 같은 것이 하나의 거래이며, 하나의 블록에는 여러 개의 거래가 포함되는데요. 비트코인의 경우 블록 하나에는 평균 약 2,000개의 거래 정보가 포함되며, 블록 하나의 물리적인 크기는 평균 약 1Mbyte입니다.

블록해시(Block Hash), 블록헤더(Block Header)와 블록바디(Block Body)로 구성되는 블록의 이름을 높이(Height)라는 용어로 표현하기도 하는데요. 이것은 [그림 19-9]에서 보듯이 블록체인은 길게 이어진 수평선 형태가 아니라 한 칸 한 칸 쌓아나가는 탑의 형태로 구성된다는 의미입니다.

[그림 19-9] 블록 구조도

첫째, 블록헤더는 블록에서 가장 중요한 부분으로서 80byte 크기의 6개 정보로 구성됩니다. 즉, ① 버전(version): 소프트웨어/프로토콜 버전으로서, 이 블록헤더를 만든 프로그램의 버전 정보, ② 이전블록해시(previousblockhash): 바로 앞에 위치하는 블록의 해시정보로서, 이전 블록의 주소값을 가리키는 요소, ③ 머클루트(merkleroot): 개별 거래 정보의 거래 해시를 2진 트리 형태로 구성할 때 트리루트에 위치하는 해시값으로서, 블록바디 부분에 저장된 트랜잭션(거래 정보)들의 해시 트리, ④ 타임스탬프(time): 블록이 생성된 시간으로서, 타임스탬프는 유닉스[36] 기준일자로 표시되며, 1970년 1월 1일 자정부터 경과한 시간을 초 단위로 계산한 값, ⑤ 난이도목표(bits): 난이도 조절용 수치로서, 난이도 해시 목표 값을 의미하는 지표, ⑥ 논스(nonce): 블록 채굴 과정에서 유일하게 변하는 값으로서, 최초 0에서 시작하여 조건을 만족하는 해시값을 찾아낼 때까지 1씩 증가하는 계산 회수이며, number+once라는 의미의 한 번 쓰이는 숫자입니다.

둘째, 블록보디는 코인베이스(Coinbase) 트랜잭션과 여러 거래(트랜잭션) 정보로 구성되는데요. 여러 거래 정보는 머클트리(Merkel Tree)라 불리는 구조로 구성된 후 저장됩니다. 이 머클트리의 최상위에 위치하는 해시값을 머클루트(Merkle Root)라고 하는데요. 기존의 이진 트리 구조가 부모 노드에서 자식 노드로 향하는 구조였다면, 머클트리는 [그림 19-10]에서 보듯이 자식 노드에서 부모 노드로 상향하는 구조임을 알 수 있습니다.

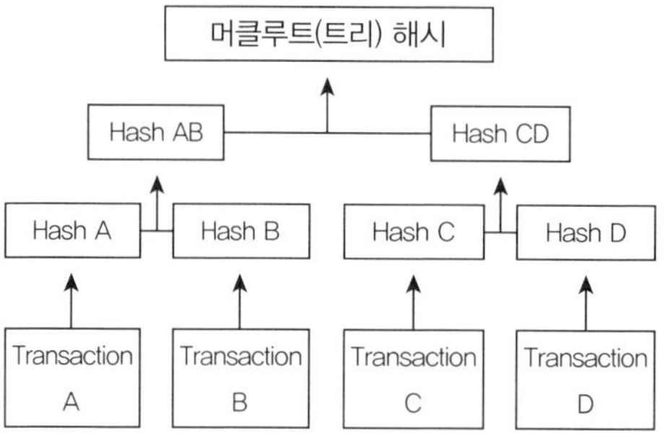

[그림 19-10] 머클트리 구조

머클루트 생성 과정은 최초 거래 데이터를 SHA256 형태의 해시값으로 변환하고 가장 가까운 노드 2개를 한 쌍으로 묶어 합친 후 그 값을 해시값으로 변환해 가면서 하나가 남을 때까지 상기 과정을 계속 반복하다가 최종적으로 남는 하나의 블록에 모든 거래를 합친 해시값을 산출하는데요. 머클루트의 용량은 아무리 거래가 많이 발생하여도 항상 하나로 압축된 32바이트[37]입니다. 한편, 머클루트의 또 다른 역할은 머클루트(머클해시)값을 통해 단일 블록 내에 존재하는 트랜잭션의 무결성을 검증하는 것인데요. 머클루트값을 이용하여 블록해시값을 생성하였기 때문에 블록해시의 무결성도 함께 검증 가능합니다. 쉽게 말해, 해당 블록이 유효한지에 대한 무결성을 검증하기 위

36 1969년 미국의 전신전화회사 AT&T사의 벨 연구소에서 어셈블리어로 개발한 운영체제
37 머클루트값 예: 2d61440c56956ebe2c50890c8f0dbb5def7d7d9e608eb0515fec45217261dc99

한 요소가 머클루트 또는 머클해시입니다.

마지막으로 블록해시는 블록의 식별자 역할을 수행하는 블록의 이름 정보로서 앞에서 설명한 블록헤더의 6개 정보를 모두 더하여 합을 구한 후 SHA256[38]을 적용하여 변환한 결과값인데요. 블록헤더의 6개 정보 중 nonce를 제외한 5개 정보는 블록해시를 구하는 시점에 이미 확정되어 변하지 않으므로 nonce 값만 결정되면 최종적으로 블록해시값을 구할 수 있습니다. 이 과정을 채굴이라고 합니다.

[그림 19–11]에서는 블록해시 산출과정의 예를 보여주고 있는데요. 6개 정보를 역순(Reverse Order)으로 변환 후 하나로 합치게 됩니다. 6개 정보 내용은 버전(01000000)+이전블록해시[39]+머클루트[40]+시간(c7f5d74d)+난이도 목표(f2b9941b)+논스(24b14695)이며, 해시 결과값은 64개 문자열[41]로 표현됩니다.

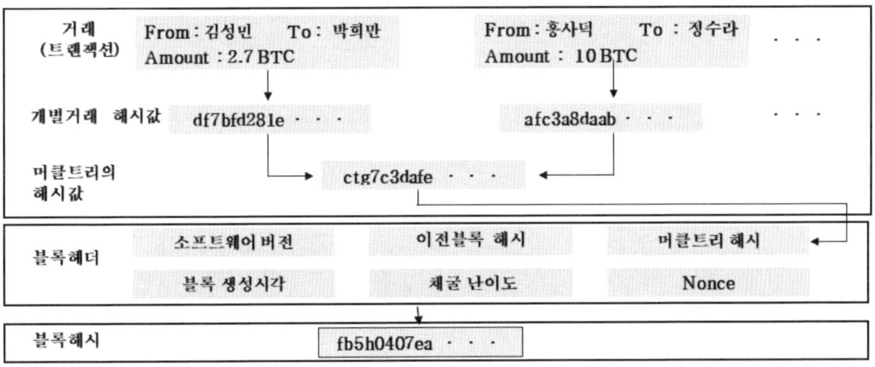

[그림 19-11] 머클루트 및 블록해시 산출 과정

[그림 19–12]의 블록별 구조 비교를 통해 블록의 구조를 알아보면, 최초 생성 블록인 제네시스(Genesis)[42]블록(블록 #0)은 생성일이 2009년 1월 3일 18:15:05, 첫 블록이기 때문에 이전 블록에 대한 정보가 없으며(Unknown), 포함된 거래 수는 1건이고, 블록의 생

38 Secure Hash Algorithm의 약어로서, 미국 국립표준기술연구소인 NIST(National Institute of Standards and Technology)가 표준으로 채택한 암호 해시 함수(cryptographic hash function)인데, 256bits로 구성되며 블록체인에서 가장 많이 사용 중임

39 이전블록해시: 81cd32ab34df792bc36abdd83a24ff90c8f056edbb5def7d7d9e000000000000

40 머클트리해시: 7d7d9e608eb0515fec45217261dc992c50890c8f0dbb5def440c56956ebe2def

41 블록해시: fb5h0407ea0000000010654b3ac8cd4af01e856ca1b9fef368147fe3da120850

42 2009년 1월 3일 블록체인에서 최초로 생성된 블록으로 블록 0으로 불림

성 순서를 뜻하는 블록의 높이는 0임을 알 수 있습니다. 채굴보상은 신규 블록이 생성됨에 따라 50BTC, 채굴 난이도는 1임을 또한 알 수 있습니다. 그리고 블록 #594,847은 0부터 594,847번째 생성된 블록으로서, 생성일은 2019년 9월 14일 15:20:42, 거래 수는 2,609건, 신규 블록생성에 따라 12.5BTC를 보상받았고, 채굴 난이도는 11,890,594,958,795.76으로서 제네시스 블록 채굴 난이도 1보다 상당히 어려워졌음을 알 수 있습니다.

블록 #0

요약	
거래 수	1
출력 합계	50BTC
예상된 거래량	0BTC
거래 수수료	0BTC
높이	0(주 체인)
타임 스탬프	2009-01-03 18:15:05
수신 시간	2009-01-03 18:15:05
릴레이된 곳	Unknown
난이도	1
Bits	486604799
크기	0.285kB
무게	0.896kWU
번역	1
해시 난수	2083236893
블록 보상	50BTC

블록 #594847

요약	
거래 수	2609
출력 합계	3,056.29531673BTC
예상된 거래량	183.6726314BTC
거래 수수료	0.11887003BTC
높이	594847(주 체인)
타임 스탬프	2019-09-14 15:20:42
수신 시간	2019-09-14 15:20:42
릴레이된 곳	SlushPool
난이도	11,890,594,958,795.76
Bits	387427317
크기	1135.272kB
무게	3419.265kWU
번역	0x20000000
해시 난수	604747253
블록 보상	12.5BTC

[그림 19-12] 블록별 구조 비교

2) 채굴(Mining)이란 무엇이며, 채굴은 어떤 과정을 거치나요?

채굴이란 일반인들이 비트코인을 쉽게 이해할 수 있도록 만든 용어로서, 블록해시값을 식별자로 가지는 유효한 블록을 만들어내는 작업증명(PoW)을 의미하는데요. 작업증명은 새로운 블록을 블록체인에 추가할 작업을 완료했음을 증명하는 것입니다. 즉, 새로운 블록을 블록체인에 추가하려면, 그 새로운 블록의 블록해시를 계산해내야 하고 그 블록해시를 계산해내려면 그 블록의 블록헤더 정보 중의 하나인 nonce값 계산을 통해 구해야 합니다. 이와 같이 nonce값을 구하는 과정을 작업증명이라고 하며, 작업증명은 분산 환경에서 필요한 합의 알고리즘(Consensus Algorithm)의 한 종류입니다.

앞서 블록해시에서 설명한 바와 같이 블록채굴과정에서 블록헤더의 6개 정보 중 유일하게 변하는 값이 nonce이므로 nonce를 0부터 시작하여 무수히 많은 숫자까지 증가시키며 목표값보다 낮은 해시 결과값을 찾는데요. nonce를 제외한 'version', 'time'은 채굴하는 순간의 값이며, 난이도 'bits'는 자동 설정되어 있으며, 'previousblockhash'와 'merkleroot'는 단순 계산으로 구할 수 있습니다. 따라서 채굴자들은 모든 값을 준비해 놓은 후 nonce값을 바꿔가며 현재 블록의 헤더를 해시함으로써 채굴을 수행합니다.

[그림 19-13]에서는 nonce값 증가를 통해 채굴을 진행하는 과정을 보여주고 있는데요. 즉, nonce값이 0일 때의 해시 산출 결과가 목표값인 000000a84...보다 큰 Ba8cbaeed...로서 작업증명에 실패했습니다. 다시 nonce가 1일 때의 해시 산출 결과가 832d16e2e...로서, 또 실패, 또 다시 nonce가 2일 때의 해시, 3일 때의 해시를 반복해서 산출한 결과 또 실패, nonce가 82,764,351일 때의 해시를 구해보니 마침내 000000a84...보다 작은 000000a83..이 산출되어 작업증명에 성공했습니다. 그리고 작업증명 성공 여부의 기준이 되는 000000a84...라는 값은 작업 난이도인 bits값 조절에 의해 정해집니다.

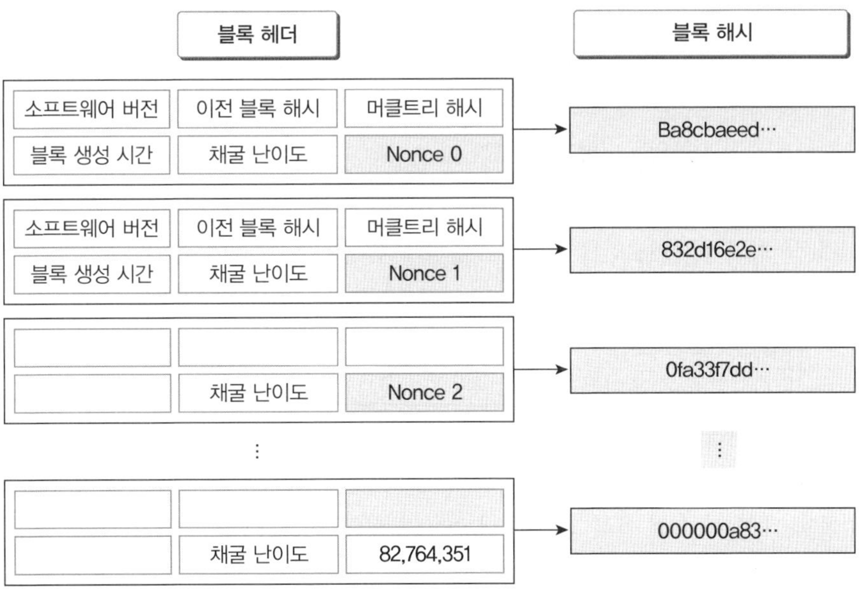

[그림 19-13] nonce값을 증가시키는 채굴 과정

19.2.5 분산합의에 대해 알아볼까요?

1) 분산합의란 무엇인가요?

채굴단계가 완료되면 이후 해당 후보블록을 네트워크에 전파하여, 네트워크 참여자들이 블록의 유효성을 상호 검증하고 검증된 값을 참여자들이 확인하게 되는데요. 이것을 분산합의라고 하며, 분산합의를 구현하는 것을 합의 알고리즘(Consensus Algorithm), 즉 다수의 참여자들이 통일된 의사결정을 하기 위해 사용하는 알고리즘이라고 합니다.

퍼블릭(탈중앙화된) 블록체인은 분산화된 시스템으로 구성되어 있으며, 중앙 권위체에 의존하지 않기 때문에, 분산화된 노드는 트랜잭션의 유효성에 합의가 필요한데요. 이곳이 바로 합의 알고리즘이 시작되는 지점입니다. 합의 알고리즘은 프로토콜 규칙이 준수되고 있는지 확인하며, 모든 트랜잭션이 신뢰할 수 있는 방식으로 진행되는 것을 보장해 데이터의 무결성을 보장합니다.

비트코인 분산합의 정책은 인센티브 정책(Incentive Policy), 작업증명 정책(Proof-of-Work Policy) 및 가장 긴 체인(Longest Chain)을 메인 체인으로 선택하는데요. 예를 들어, 인센티브 정책에서는 최종적으로 승인된 블록을 생성한 채굴자가 블록보상(Block Reward)과 거래 수수료(Transaction Fee)를 보상받게 됩니다.

2) 후보블록 검증과 합의는 어떻게 하나요?

블록체인은 중앙통제기관(신뢰 기관)이 없고, 전 세계에 분산화된 독립적인 노드는 수천 개이며, 특정 규칙을 따르면서 합의를 도출하게 됩니다. 이러한 합의는 다음과 같은 4가지 프로세스가 상호작용하여 만들어지는데요. 즉, ① 풀노드(모든 블록을 보관)가 각 거래마다 독립된 검증을 실시하고, ② 작업증명을 통해 증명된 채굴 노드들이 검증된 거래들을 새로운 블록에 독립적으로 추가하며, ③ 모든 노드들이 새 블록을 독립적으로 검증한 후 체인에 블록을 연결하고, ④ 모든 노드가 작업증명을 통해 이루어진 가장 긴 체인(Longest Chain)을 선택하게 됩니다. 노드들은 수신한 블록을 검증한 후 저장하고 신규블록 생성 시 이전 블록 중에서 더 큰 블록의 해시값을 선택함으로써 해당 블록에 투표하게 됩니다. 투표한 블록의 해시값을 이전 블록 해시값으로 선택해서 블록을 생성하므로 이전 블록과 연결되고 가장 긴 체인을 이루게 됩니다. 즉, 가장 긴 체인을 선택하면 이것이 50% 이상 참여자들의 동의를 확보하는 효과를 얻게 되고, 이전 블록으로 연결되어 블록체인이 완성됩니다.

3) 합의 알고리즘은 어떻게 적용되나요?

합의 알고리즘이란 앞에서 설명하였듯이 분산합의를 구현하는 것을 의미하는데요. 블록체인을 이야기할 때 빠질 수 없는 것이 비트코인, 그리고 비트코인에서 반드시 해결해야 할 문제가 [그림 19–14]와 같이 '비잔틴 장군의 딜레마'로 표현되는 분산컴퓨팅 난제입니다.

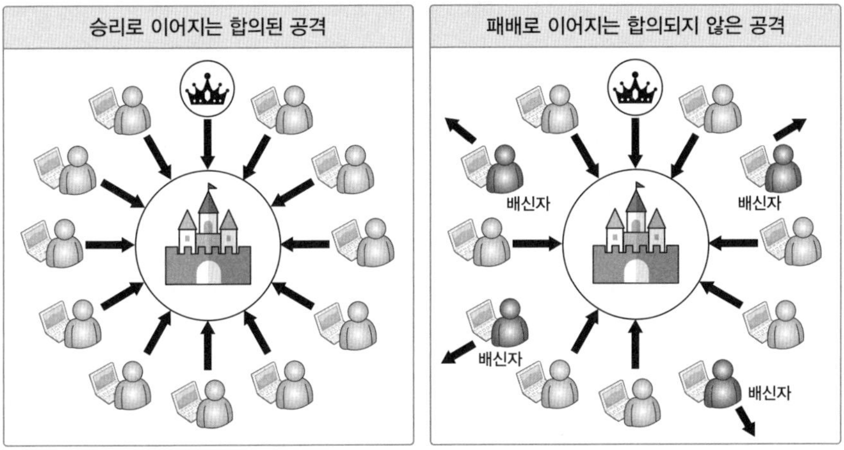

[그림 19-14] 비잔틴 장군의 딜레마 구성

지리적으로 떨어져 있는 장군들(분산 네트워크 상황)은 적군의 성을 같은 날 같은 시간에 과반수(50%) 이상의 군대로 동시에 공격하지 않으면 패하게 되며, 전체 장군들 중에는 승리를 원하지 않는 배신자가 포함되어 있지만, 누군지 알 수가 없는 상황을 분산컴퓨팅의 난제, 즉 어떻게 신뢰를 얻을 수 있는지에 대한 해법에 비유하여 다음과 같이 설명하고 있습니다. 먼저, 전체 장군은 수학 문제를 10분 안에 풀어야만 공격시간을 알 수가 있으며, 문제를 푼 장군은 다음 장군에게 해답과 풀이 과정을 전달합니다. 전달받은 장군은 해답을 확인한 후 다시 10분간 문제를 풀어 해답을 찾고, 그것을 이전 해답에 붙이는(연결) 과정을 반복하여 연속된 해답을 만들어냅니다. 만약 중간에 배신자가 거짓 정보가 포함된 해답을 전달하게 되면, 이전 값과 비교하여 잘못된 해답임을 알 수 있기 때문에 해당 정보는 리스트에 포함되지 않습니다. 이 과정이 모두 완료되면 전체 장군들은 정답 리스트를 신뢰할 수 있게 되고, 공격시간이 정확한 시간임을 확신할 수 있게 됩니다.

이러한 난제의 해결 방법을 비트코인 개발자인 사토시 나카모토가 그의 논문에서 제시하였는데요. 즉, 계산한 값을 블록에 포함하여 체인에 연결하고, 이 과정을 반복하여 체인을 늘려 가는 과정을 비트코인에서의 합의 알고리즘이라고 합니다. 그렇다면 블록체인에서 왜 합의 알고리즘이 필요할까요? 블록체인은 수많은 노드가 P2P 네트워크로 연결되어 트랜잭션을 처리하고 기록하는 분산원장 시스템이기 때문에 해당 시스템 내의 모든 분산원장에는 동일한 거래 기록 내용을 공유해야 하는데요. 이때 모든 노드가 동일한 하나의 체인을 가질 수 있도록 특정 메커니즘으로 블록을 생성하고 연결해야 하기 때문입니다.

4) 분기점(Fork) 발생 시 Longest Chain 선택은?

비트코인 암호화폐가 지금에서야 블록체인과 함께 나올 수밖에 없었던 또 하나의 이유는 이중지불(Double Spending)[43] 문제를 해결했기 때문인데요. 예를 들어, 고객 A가 가지고 있는 25비트코인을 고객 B에게 전송하면 블록에 그 거래가 포함됩니다. 그와 동시에 고객 C에게도 보낸다면 가지고 있지 않은 25비트코인을 전송하는 것과 같으므로 새로운 거래가 포함된 고객 B와의 거래를 대체하는 블록체인 분기점이 생성됩니다. 즉, 고객 C와의 거래를 포함하는 블록은 고객 B와의 거래를 포함하는 블록과는 전혀 다른 내용이므로 서로 다른 작업증명을 거쳐야 합니다. 그리고 큰 연산력을 가진 노드들이 신규 블록을 빠르게 생성하여 체인에 연결하면 가장 긴 체인이 되어 결국 살아남고, 둘 중 하나는 없던 거래가 됨으로써 이중지불 문제가 해결되는 것입니다.

---

43 원본 파일에 저장된 가치를 지불한 뒤, 해당 파일을 복사하여 다른 사람에게 또 지불하는 것

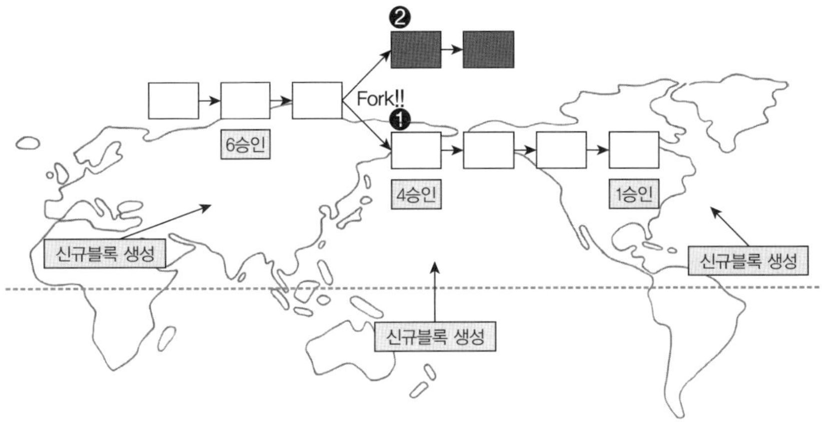

[그림 19-15] 메인 체인의 분기(Fork)

[그림 19-15]에서는 전 세계에서 발생한 신규블록들의 분기 사례를 보여주는데요. 즉, 전 세계에서 발생된 후보블록들의 전파시간 차이로 인하여 블록체인의 분기점(Fork)이 형성되어 어떤 거래가 참인지를 알지 못하지만, 6차례 승인을 거쳐 더 강한 연산력을 가진 노드가 합의하는 더 긴 블록체인(①번 블록)이 참인 블록체인이 되고 ②번 블록은 없는 거래가 됩니다. 즉, ②번 블록과 같이 블록의 유효성은 통과되었지만, 최종블록으로 인정받지 못하여 고아블록으로 이루어진 체인의 첫 번째 블록을 엉클블록(uncle block)이라고 합니다. 그리고 길이가 같은 블록체인이 충돌하더라도 곧바로 블록체인의 길이가 달라져서 분기에 의한 충돌이 해소되게 됩니다. 결국 ①번 블록을 가진 체인으로 통합되는데요. 이것이 분산합의 알고리즘의 가장 긴 체인(Longest Chain) 선택을 의미합니다. 이후 블록체인은 모든 노드가 동일한 트랜잭션에 대한 처리 기록을 가지도록 하여야 합니다.

19.2.6 블록 등록(Chaining) 및 저장기술에 대해 알아볼까요?

1) 블록은 어떻게 체인으로 구성되나요?

블록체인 구성 과정은 [그림 19-16]에서 보듯이 비트코인 기준으로 10분마다 생성되는 여러 거래 내역을 하나의 블록으로 묶어 기존에 생성된 블록과 체인 형태, 즉 링크드 리스트로 연결한 자료 구조인데요. 이처럼 블록체인은 블록이 이어져서 만들어진 블록의 집합체라고 할 수 있습니다. 또한, 블록체인은 모든 거래 정보를 포함하는 거대한 분산장부이기도 한데요.

이런 이유로 블록체인은 분산되고, 독립적이며, 공통장부(원장, Ledger) 관리 기술이라도 합니다.

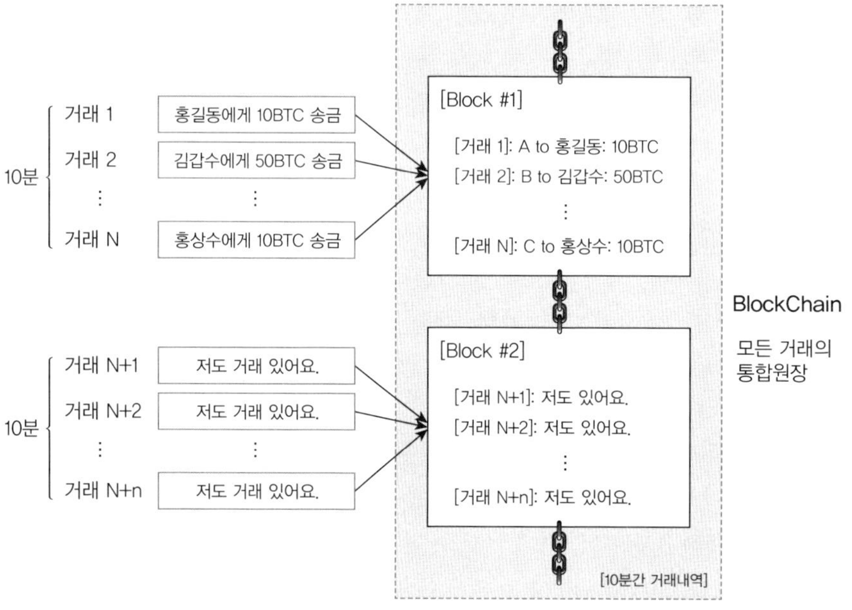

[그림 19-16] 블록과 블록체인 구성 과정

[그림 19-17]에서는 최초 블록에서 최종 블록까지의 연결도를 보여주는데요.

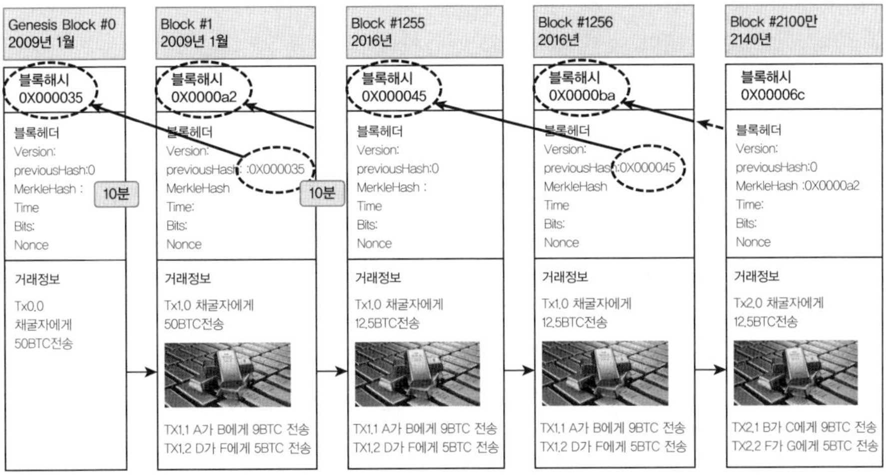

[그림 19-17] 제네시스(Genesis) 블록부터 최종 블록까지 체인 연결도

즉, 블록헤더의 6가지 정보 중 하나인 이전블록해시(previousblockhash)값은 말 그대로 현재 생성하고 있는 블록 바로 이전에 만들어진 블록의 블록해시값을 의미하며, 새로운 생성 블록은 바로 앞의 블록해시값 즉, 이전블록해시값을 포함하는 방식으로 앞의 블록과 이어지게 됩니다. 그리고 각 블록의 헤더정보에는 이전 블록의 해시정보가 포함되기 때문에 각 블록이 서로 연결되는 구조가 가능하게 됩니다. 이러한 블록은 최초 생성되는 제네시스 블록부터 2040년까지 2,100만 개 블록이 생성될 때까지 체인으로 연결되어 저장·보관하게 됩니다.

2) 블록체인 데이터 관리는 어떻게 하나요?

[그림 19-18]에서는 블록체인 네트워크에서 생성되는 데이터 종류 및 관리 현황을 보여주고 있는데요. Unconfirmed TX는 Mempool, Confirmed TX는 Blockchain과 UTXO에서 관리되는데, 이러한 데이터 저장장치로는 구글의 LevelDB가 있습니다.

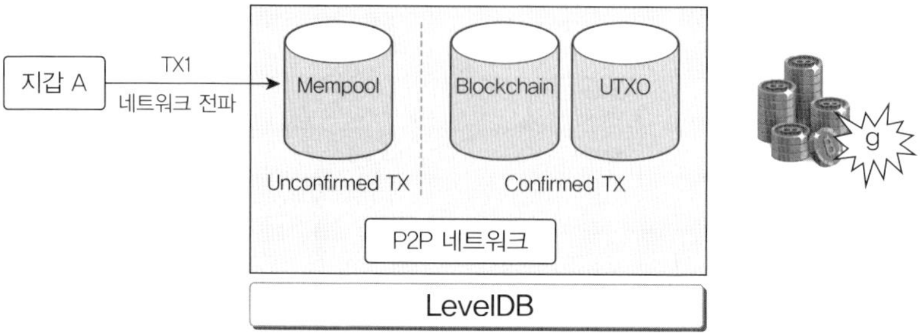

[그림 19-18] 블록체인 네트워크의 데이터

가. UTXO(Unspent Transaction Output)란?

UTXO는 미사용 트랜잭션 출력값을 의미하는데요. 미지출 거래 출력이라고도 합니다. 비트코인은 이더리움의 '계좌 잔고 모델(Account Balance Model)'과 달리 계정이나 잔고가 없고, 블록체인에 기록된 '소비되지 않은 출력값'을 통해 거래의 유효성을 검사하여 코인의 존재 여부를 확인합니다.

비트코인 네트워크에서는 잔액이라는 개념은 애초에 존재하지 않고 트랜잭션에 의한 결과물의 합을 잔액이라는 개념으로 사용하는데 이를 UTXO 데이터로 대체하며, 이러한 사용되지 않은 코인 관리를 위해 UTXO라는 데이터베이스를 운용합니다. 또한, 구글에서 개발한 메모리 DB인 Level DB를 사용하는데요. 이는 트랜잭션의 빠른 검증을 위한 일종의 캐시 메모리의 역할을 합니다. [그림 19-19]를 통해 UTXO 생성 과정을 알아보겠는데요.

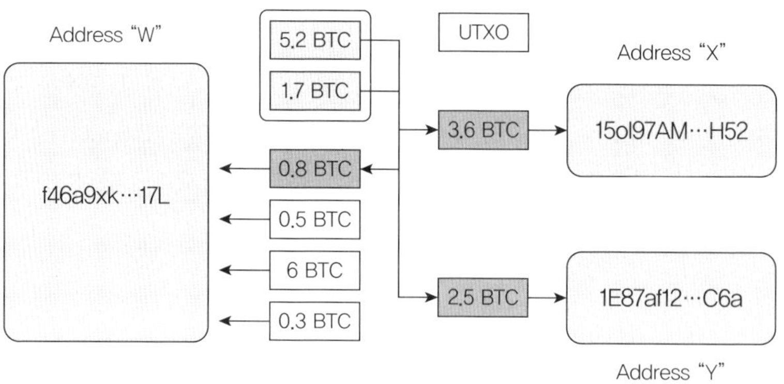

[그림 19-19] UTXO 생성 과정

즉, 'W' 주소를 blockchain.info에서 검색하면, 총 13.7BTC를 가지고 있는 것으로 표시됩니다. 하지만 실제로는 각각의 5.2/1.7/0.5/6/0.3짜리 방 또는 어음(수표)이 'W' 주소의 소유 아래 있는 상태입니다. 'X'에게 3.6BTC를, 'Y'에게 2.5BTC를 동시에 보내준다고 가정해 볼까요? 일단 합쳐서 3.6+2.5만큼 빠져나가야 되는데 딱 떨어지는 UTXO가 없으므로 기존 칸의 것을 나누게 됩니다. 일단 출금에 필요한 금액을 채우기 위해 '소비해야 할' UTXO들이 선택되고, 'X'에 줄 3.6짜리 UTXO를 하나 만들어서 'X'에 보내주고, 'Y'에 줄 2.5짜리 UTXO를 하나 만들어서 'Y'에 보내주고, 남은 금액인 0.8짜리 UTXO를 하나 만들어서 다시 'W' 자신에 연결해주는 트랜잭션을 생성해서 블록체인으로 내보내게 됩니다. 그리고 이 트랜잭션이 채굴자들에 의해 confirm 받게 되면 송금이 완료되는 것입니다. 이때 기존의 5.2 /1.7짜리 수표는 spent, 즉 긁어버린 문화상품권처럼 소비되어 버린 유효하지 않은 존재가 됩니다. UTXO의 소멸은 곧 새로운 UTXO의 생성으로 연결됩니다. 결국 6개의 UTXO가 남게 됩니다.

나. 구글의 LevelDB란?

블록체인 사용법은 어떻게 보면 시스템에서 데이터베이스(DB)를 다루는 것과 비슷한데요. LevelDB는 구글이 공개한 빠르고 가벼운 키/밸류 데이터베이스입니다. 그리고 Bitcoin Core[44]와 go-ethereum[45]은 LevelDB 데이터베이스를 사용하여 블록체인 메타 데이터를 저장하는데요. LevelDB는 '키(항목명)'와 그에 대한 '값(내용)'을 바이트 문자열로 저장하며, 키는 데이터들을 정렬시킬 때 쓰입니다. [그림 19-20]에서는 구글의 LevelDB로 저장된 블록의 내용을 예시하고 있습니다.

DB의 Prefix, Key, Value 구분	데이터베이스 캡처본 Sample
0x44 : [DatabaseVersion,]	[44 6174616261736556657273696f6e,]
0x48 : [블록해시, 블록번호]	[48 414435344a4dab254a3c84013f9078023a47661714e981501c8c89fe726e61b3, 0000000000000002]
0x62 : [블록번호, 블록해시, 값]	[62 0000000000000000 be1919e148bae41b9ce2ddae6c4cf0a3c3d725f30230657ad3bcd6ed0767efe1, c2c0c0]
0x62 : [블록번호, 블록해시, 값]	[62 0000000000000001 ff76c73fed84b6e62a20ef89bc56eca920c8d3a31b3255e3ef1817532c143132, c2c0c0]
0x68 : [블록번호+6e, 블록해시]	[68 0000000000000000 6e, be1919e148bae41b9ce2ddae6c4cf0a3c3d725f30230657ad3bcd6ed0767efe1]
0x68 : [블록번호, 해시, 난이도]	[68 0000000000000000 be1919e148bae41b9ce2ddae6c4cf0a3c3d725f30230657ad3bcd6ed0767efe174, 821000]
0x72 : [r+블록번호, 해시, 결과값]	[72 0000000000000000 be1919e148bae41b9ce2ddae6c4cf0a3c3d725f30230657ad3bcd6ed0767efe1, c0]

[그림 19-20] 블록이 저장된 형태(출처: https://steemit.com/@sigmoid)

44 비트코인 코어(Bitcoin Core)는 비트코인의 레퍼런스 클라이언트입니다. 처음에 이 소프트웨어는 사토시 나카모토에 의해 배급되었으며, '비트코인'이라는 이름에서 나중에는 '비트코인-Qt(Bitcoin-Qt)'라는 이름으로, 이후에 '비트코인 코어(Bitcoin Core)'로 이름이 변경되었습니다.

45 go-ethereum(geth)은 이더리움을 구동할 수 있는 클라이언트로 go언어로 개발됨

[그림 19-20]의 좌측 파트는 데이터베이스를 설명하기 위한 자료이며, 우측 파트는 LevelDB로 저장된 블록의 캡처본 샘플을 보여주고 있는데요. DB의 Prefix 0x44는 ASCII 코드로 'D'이고 값들을 문자열로 표시하면 'DatabaseVersion'이며, 0x48은 'H'로서 Header를 의미하며, 내용은 블록해시[46]와 블록번호[47]가 정의되는데, 이때 Key-Value로 표현하면 블록해시는 Key이고 Value는 블록번호입니다. 0x4c는 'L'로 표시되며, 내용은 LastBlock, LastFast, LastHeader로 정의되는데요. 0x62는 'b'이며, body를 의미합니다. 내용은 블록번호, 블록해시 및 블록해시값으로 나타내며, c2c0c0은 정의된 블록의 결과값이 없음을 의미합니다. 이때 블록번호와 해시가 Key가 되며, 블록해시값이 Value가 됩니다. 0x68은 'h'로서 블록번호에 6e(n)와 블록해시가 붙을 수 있고 또는 블록해시 및 채굴 난이도(821000)가 붙는데, 0x72는 'r'이며 영수증 결과(result)입니다. r+블록번호+블록해시로 키가 구성되고, 값인 C0는 실행한 게 없는 바이트 어레이라는 의미로 해석됩니다.

19.3 블록체인 관련 기술에 대해 알아볼까요?

19.3.1 블록체인에는 어떤 기술들이 사용되었을까요?

블록체인을 구성하는 요소에는 과거 기반기술, 즉 블록(Block), P2P(Peer to Peer) 네트워크 기술, 암호화 해시 및 전자서명 기술, 합의 알고리즘인 작업증명(PoW) 기술 그리고 스마트계약 기술이 사용되었는데요. 블록체인은 이러한 기존에 존재하던 기술들을 새로운 방식으로 조합·집대성하여 소프트웨어로 개발한 것이라 할 수 있습니다.

첫째, 블록은 전산학에서 흔히 쓰이는 일반명사로 논리적인 데이터의 단위인 블록이 순서대로 나열되어 마치 쇠사슬에 묶인 것처럼 일렬로 보관되는 모습을 묘사하는 고유명사입니다. 또한, 블록이라는 용어는 오라클 데이터베이스에서 데이터를 저장하는 최소 논리 단위이기도 합니다. 둘째, P2P 네트워크 기술은 토렌트(Torrent)[48]에서 사용되었는데요. P2P란 기존의 서버와 클라이언트 개념에서 벗어나 개인 컴퓨터들이 네트워

46 블록해시: 414435344a4dab254a3c84013f9078023a47661714e981501c8c89fe726e61b3

47 블록번호: 0000000000000002

48 인터넷 상에 존재하는 파일을 여러 조각으로 나누어, 사용자들 간에 서로 직접 공유하는 프로토콜 또는 프로그램

크로 연결되어 서로 정보와 자료를 공유하는 것으로서, 중앙 서버를 사용하지 않는 방식으로 인하여 네트워크에 참여하는 모든 컴퓨터는 똑같이 Server/Client 역할을 겸하며 검색, 데이터 전송 시 같은 책임을 집니다. 셋째, 암호화 해시함수(Cryptographic Hash Function)는 해시함수의 일종으로, 해시값으로부터 원래의 입력값과의 관계를 찾기 어려운 성질을 가지는 경우를 의미하는데요. 암호화 해시함수는 프로그램이나 파일의 변조 검출, 패스워드 암호화에 사용됩니다. 넷째, 합의 알고리즘인 작업증명 기술의 경우, 작업증명 방식을 최초로 고안하여 적용한 것은 1997년 아담 백(Adam Back)이 개발한 해시캐시(Hashcash)였는데요. 해시캐시는 대량 스팸메일을 막기 위해 개발한 암호화폐를 의미합니다. 즉, 이메일을 보낼 때 우표 대신 해시캐시를 지불하게 함으로써 시간과 비용 부담 때문에 대량 스팸메일 발송을 못하게 하려는 목적으로 개발되었는데요. 해시캐시가 도입한 작업증명 방식은 2009년 사토시 나카모토가 개발한 비트코인에 적용되었습니다. 마지막으로 스마트계약의 경우는 1994년 닉 사보(Nick Szabo)가 처음으로 Smart Contract라는 단어를 사용하였는데, 특정 계약을 스스로 수립·검증·이행하기 위한 컴퓨터 프로토콜이었는데요. 이는 계약의 보안성을 높이고 계약비용을 감소하기 위한 방안이었습니다. 그 후 2013년 비탈릭 부테린(Vitalik Buterin)이 블록체인에 스마트계약 데이터를 기록하면서 블록체인 2.0이 되었습니다.

19.3.2 블록체인 네트워크는?

1) P2P(Peer-to-Peer) 네트워크란?

P2P 네트워크의 P2P는 Peer-to-Peer의 약자로 Peer는 대등한 자라는 의미인데요. 즉, P2P 네트워크란 대등한 관계의 컴퓨터 그룹이 직접 통신을 수행하는 중심이 없는 네트워크를 의미합니다. P2P 네트워크에 상반되는 개념으로 서버-클라이언트형 네트워크가 있는데요. [그림 19-21]에서는 각 네트워크의 구성을 비교하여 보여주고 있습니다.

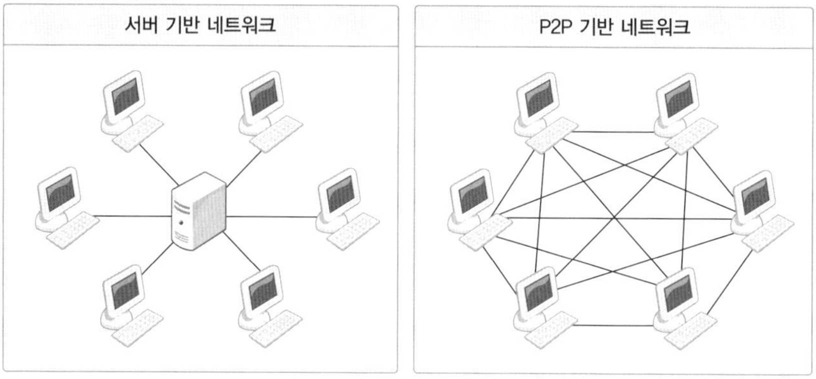

[그림 19-21] 서버-클라이언트와 P2P 네트워크 구성도

P2P형은 서버를 준비할 필요가 없고 참여하는 각 노드의 자원과 네트워크 회선을 이용해 부하를 분산시키면서 시스템이 운영되기 때문에 노드 증설 시에도 서비스를 유지할 수 있는 높은 확장성을 가지나, 다수의 노드가 참여하는 P2P 네트워크를 구축하거나 다른 노드를 찾는 기능을 설계하기 위해서는 많은 노력이 필요합니다.

그리고 순수 P2P 파일 전송 네트워크는 클라이언트나 서버 개념 없이, 동등한 계층 노드(Peer Nodes)들이 네트워크 위에서 서로 클라이언트와 서버 역할을 동시에 하는데요. 최근의 P2P 서비스는 순수 파일 전송 네트워크에서 발달하여 그리드 컴퓨팅 기술로 진화해 웹 하드 형태로 서비스되고 있습니다. 외부적으로는 웹 하드 형식으로 보이지만, 실제로는 각 유저들의 저장장치로 파일이 직접 전송되어 순수 초기 P2P 네트워크와 마찬가지로 유저들의 시스템에 부하를 유발하는 공통점이 있습니다.

2) 블록, 블록체인 및 블록체인 네트워크와의 관계는?

[그림 19–22]에서는 앞서 설명한 블록, 블록체인과 블록체인 네트워크의 관계를 요약·정리하였는데요. 첫째, 블록은 앞서 설명하였듯이 Header와 Body로 구성되고 거래내역은 Body에 기록되며, Header에는 이전 블록의 해시값을 포함하여 블록의 정보가 포함되어 있습니다. 둘째, 블록체인은 블록들이 생성될 때마다 기존 블록들의 연결에 새롭게 추가 연결되기 때문에 체인으로 연결된 것처럼 보입니다. 이전 블록의 해시값이 다음 블록의 헤더에 기록되므로 블록끼리 연결고리가 되는 것입니다. 마지막으로 블록체인 네트워크는 전체 블록체인을 노드가 복제하여 자기 노드에 저장하는데

요. 모든 노드는 동일한 블록체인 데이터베이스를 복제하여 각각 저장하고 네트워크상에서 타 노드와 정보를 주고받습니다.

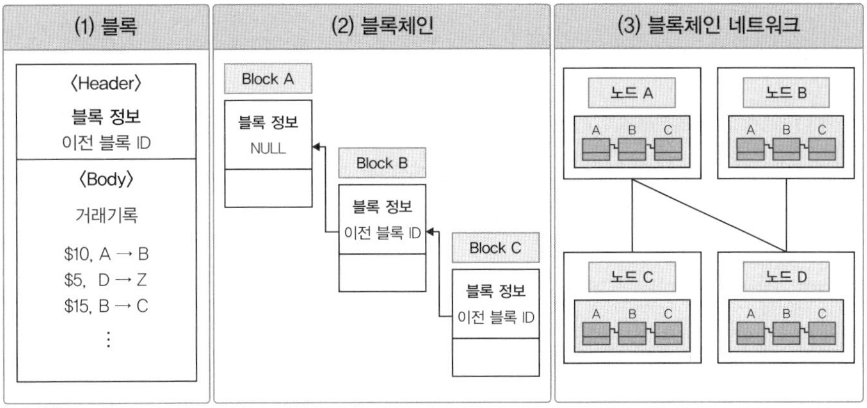

[그림 19-22] 블록, 블록체인과 블록체인 네트워크 비교

19.3.3 블록체인 암호기술이란?

블록체인을 활용한 암호화폐에 사용되는 암호기술은 해시함수(Hash Function), 전자서명(Digital Signature), 공개키 암호화(Cryptography) 알고리즘이 있습니다.

1) 해시함수란?

해시함수는 임의 길이의 데이터를 고정된 길이의 문자, 숫자로 조합된 해시값으로 변환하는 암호 알고리즘의 일종으로서, 해시함수에서 산출되는 값은 지문(Fingerprint)이라고 하는 해시값, 해시 코드와 해시 체크섬(Hash Checksum)인데요. 블록체인에서 블록해시를 계산하거나 메시지를 전송할 때 해시함수를 사용하며, 암호 알고리즘에는 키를 사용하지만, 해시함수에는 키를 사용하지 않기 때문에 같은 입력에 대해서는 항상 같은 출력이 나오게 됩니다.

블록체인은 해시함수를 3가지 목적으로 활용하는데요. 첫째, 암호화폐의 전자지갑 주소에 공개키 기반의 암호화 알고리즘에서 생성된 공개키의 해시값을 사용하여 익명 거래를 수행합니다. 또한, 송신자의 계좌정보 없이 익명화된 거래를 통해 송금자의 신원을 감추고 송금할 수 있습니다. 둘째, 해시함수를 사용하여 2가지의 무결성 검증을 수행합니다. 하나는 체인으로 연결된 블록헤더의 해시값을 활용하여 해시값 체인으로 연결된 블록의 무결성 검증에 사용되고, 또 다른 무결성 검증은 각 블록의 전체 거래를 하나의 해시값으로 저장하고, 필요할 경우에 언제든, 해당 블록의 해시값으로 블록 내에 포함된 개별 거래의 위·변조 여부를 검증할 수 있습니다. 마지막으로 합의 알고리즘에서 작업증명 방식을 사용할 경우, 해시값을 활용한 채굴 문제에 활용되는데, 해시값을 활용한 채굴 문제를 먼저 맞추는 채굴자에게 채굴 권한과 보상을 제공함으로써 채굴자가 채굴 경쟁을 하고 자율적으로 새로운 블록을 생성하도록 유도합니다.

[그림 19-23]에서 보여주는 바와 같이 해시함수는 단방향 함수로서 역연산이 불가능하기 때문에 출력된 결과 값을 토대로 입력값을 유추할 수가 없으며, 어떤 입력값에도 항상 고정된 길이의 해시값이 출력됨을 알 수 있습니다. 그리고 해시함수는 충돌 회피 기능을 통해 입력의 사소한 변화(space나 period 변경)만으로도 완전히 다른 결괏값이 출력됨으로써 문서나 데이터의 위·변조를 찾아낼 수 있습니다.

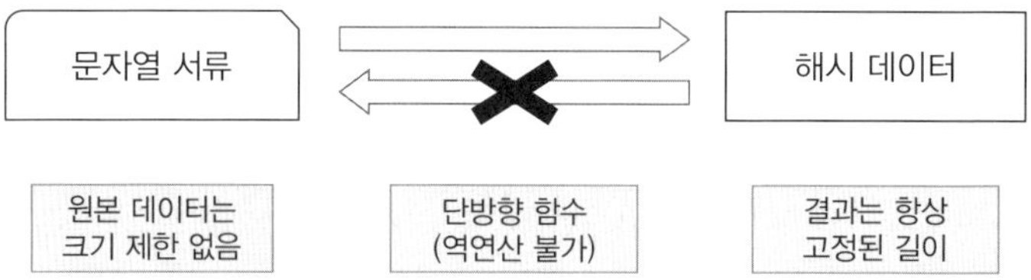

[그림 19-23] 해시함수 기능도

해시 알고리즘별(MD5, SHA256 등) 입력에 대한 출력 문자열을 [그림 19-24]에 기술하였는데요. 해시 알고리즘별 입력 해시값에 따른 출력 해시값을 알아보면, MD5 알고리즘을 이용한 경우, 출력 비트수 128비트의 32개 문자열, SHA1의 경우 160비트의 40개 문자열, SHA256의 경우 256비트의 64개 문자열, 마지막으로 SHA512의 경우 512비트 128개 문자열이 출력됨을 알 수 있습니다.

입 력

해시값 산출한다

▶ 버튼

출 력

알고리즘	해시값
MD5	0A74AD8D1F8F9257B4D571EC805DD576
SHA1	079A63C3155C397679CF6919D75EFE851EEAA9E6
SHA256	6CCF7F6B82F0F61C5B468EF81A0C654067636E99A7E1D0840879D6650A75F229
SHA512	16F1E351267BC9C9D52E1250B2AF42B1E0495D965B484E7B53EBB804E5277C29 3F91962A7B7F09C16C111D2B09F9B5BBD412E680BBF6FBC7765862E6E50D1F09

[그림 19-24] 해시 알고리즘별 출력 문자열(출처: 도메인[49])

2) 전자서명이란?

전자서명은 네트워크에서 송신자의 신원을 증명하는 방법으로, 송신자가 자신의 개인키로 암호화한 메시지를 수신자가 송신자의 공용키로 해독하는 과정인데요. 전자서명은 보통 3개의 알고리즘으로 구성됩니다. 첫째는 공개키 쌍을 생성하는 키 생성 알고리즘이고, 둘째는 이용자의 개인키를 사용하여 서명(전자서명)을 생성하는 알고리즘이며, 마지막은 이용자의 공개키를 사용하여 서명을 검증하는 알고리즘입니다.

[그림 19-25]에서는 이러한 개인키와 공개키를 활용한 데이터 검증 과정을 예시하였는데요. ① 송신자 검증 기능은 전송받은 데이터를 보낸 사람이 누구인지를 검증하는 절차로서, 송신자의 개인키로 만든 데이터의 해시값이 수신자가 가지고 있는 공개키로 복호화한 해시값과 일치하는지를 확인하여 공개키와 짝을 이루는 개인키를 가진 사람이 데이터를 보냈음을 확인하는 절차입니다. ② 전송 과정에서 해시값의 일치를 확인하여 데이터의 변조 여부를 확인하는 절차인데요. 즉, 송신자 측에서는 송신할 데이터의 해시값을 만들고, 생성된 해시값을 송신자의 개인키로 암호화하여 서명을 만든 후, ③ 데이터와 서명을 함께 수신자에게 송신합니다. ④ 수신자 측에서는 전달받은 데이터를 송신자와 같은 해시함수로 해시값(A)을 구한 후, ⑤ 전달받은 서명을 송신자의 공개키로 복호화(B)하는데요. ⑥ A와 B 두 해시값을 비교하여 일치 여부를 확인합니다.

49 해시 알고리즘별 출력 문자열 생성 도메인: http://www.blockchain-basics.com/HashFunctions.html

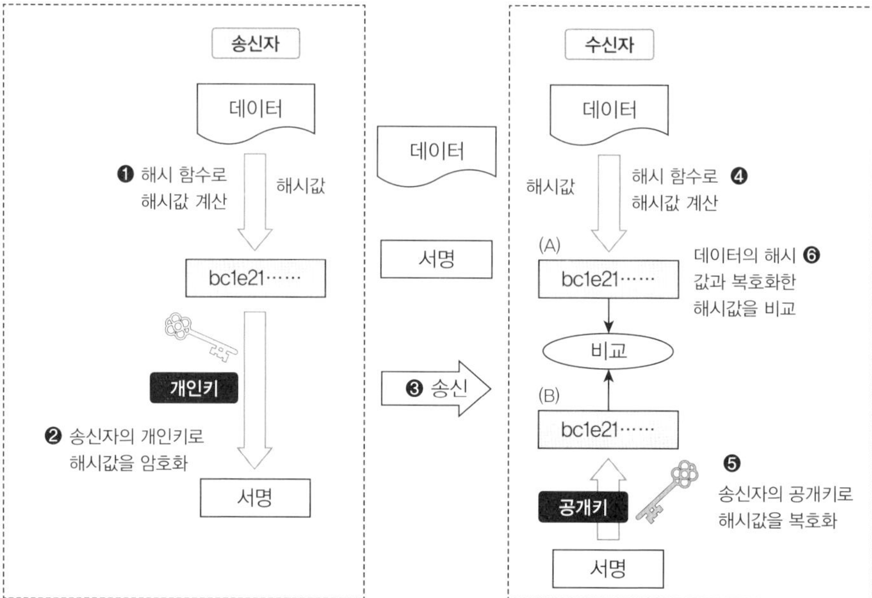

[그림 19-25] 개인키와 공개키를 활용한 데이터 검증 과정

또한, 전자서명은 메시지의 인증 기능도 제공하는데요. 메시지는 전자메일, 계약서, 또는 더 복잡한 암호화 프로토콜로 송·수신되는 데이터 등을 포함합니다. 인증기관이 발행하는 공인인증서는 인증기관의 사회적인 신뢰성을 담보로 이용자 공갯값과 이용자의 관계를 보증하는데요. 이 때 인증서가 인증기관에서 발급된 것임을 증명하기 위해 전자서명을 사용하고 있습니다.

3) 공개키 암호화란?

공개키 암호방식은 사전에 개인키를 나눠가지지 않은 사용자들이 안전하게 통신할 수 있도록 해주는 방식인데요. 공개키와 개인키 두 종류가 있습니다. 공개키는 누구나 알 수 있지만, 그에 대응하는 개인키는 키의 소유자만이 알 수 있습니다. 공개키 암호는 특정한 개인키를 가지고 있는 사용자만 내용을 열어볼 수 있으며, 공개키 서명은 특정한 비밀키로 만들어졌다는 것을 누구나 확인할 수 있습니다. 공개키 암호방식은 편지함에 비유할 수 있는데요. 열쇠로 잠겨 있고 좁은 투입구가 있는 편지함은 위치(공개키)만 알면 투입구를 통해 누구나 편지를 넣을 수 있지만, 열쇠(개인키)를 가진 사람만이 편지함을 열어 내용을 확인할 수 있는 원리와 같습니다.

한편, 공개키 기반구조(PKI: Public Key Infrastructure)는 공개키 암호방식(Public-Key Cryptography)을 바탕으로 한 디지털 인증서를 활용하는 S/W, H/W, 사용자, 정책 및 제도 등을 총칭하는데요. 공개키 기반구조의 인프라는 [그림 19-26]을 통해 인증기관(CA: Certificate Authority), 등록대행기관(RA: Registration), 검증기관(VA: Validation Authority)과 사용자로 구성됨을 알 수 있습니다.

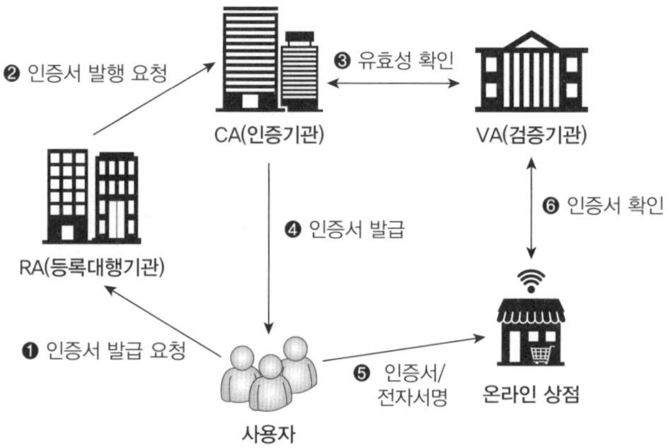

[그림 19-26] 공개키 기반 구조

인증서 발급 절차를 살펴보면, ① 사용자는 등록대행기관(RA)에 인증서 발급을 요청합니다. ② 등록대행기관(RA)은 사용자 신원 확인 후 인증기관(CA)에 인증서 발행을 요청합니다. ③ 인증기관(CA)은 검증기관(VA)으로부터 유효성을 확인하여 인증서 발행 및 저장소에 보관합니다. ④ 사용자에게 인증서를 전달함으로써 발급이 완료됩니다. ⑤ 사용자는 이 인증서를 이용해 온라인 상점 등에서 거래를 시도할 수 있습니다. ⑥ 검증기관에서는 인증서의 유효성을 검증함으로써 온라인 거래를 성사시킵니다.

19.3.4 블록체인 키(Key)와 주소(Address)에 대해 알아볼까요?

블록체인상에서의 모든 거래가 블록체인에 포함되려면 유효한 서명이 필요하고, 서명에는 유효한 디지털 키가 필요하며, 디지털 키는 네트워크상이 아닌 지갑 속에 생성·저장되는데요. 디지털 키는 은행계좌번호와 유사한 공개키(Public Key), 비밀번호(PIN)와 유사한 개인키(Private Key)쌍으로 구성됩니다.

[그림 19-27]에서는 키와 지갑주소의 생성 과정을 보여주는데요. 블록체인 지갑에는 여러 개의 개인키와 공개키 쌍이 동시에 저장될 수 있습니다. 지갑주소는 공개키를 사용하여 생성되며, 생성 순서는 타원곡선 곱셈함수[50]를 통해 개인키가 공개키를 생성하고, 공개키는 해시함수를 통해 지갑주소를 생성합니다. 각각의 변환은 단방향으로 각각 역방향으로의 디코딩이 불가능합니다. 즉, 비트코인 지갑주소를 통한 공개키 추출과 공개키를 통한 개인키 추출이 불가능하다는 의미입니다.

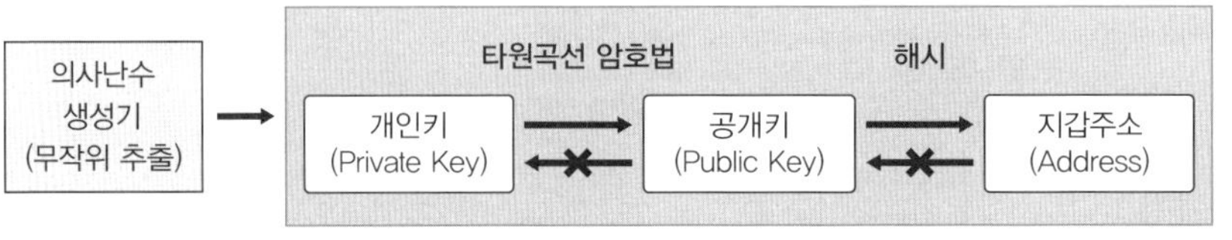

[그림 19-27] 개인키, 공개키, 지갑주소 생성 과정

개인키는 무작위로 추출한 단순한 숫자로 구성되어 있는데요. 이에 대한 소유권과 통제 여부가 해당 개인키에 대응하는 주소와 연관된 자산에 대한 사용자 통제의 핵심입니다. 개인키는 절대 다른 사람에게 공개되어서는 안 되며, 개인키는 한 번 분실하면 다시 찾을 수가 없고 해당 개인키로 묶여있는 자산 또한 영원히 찾을 수 없기 때문에 개인키 분실에 대비하여 개인키를 백업하거나 보호해야 합니다. 개인키로 사용할 256bits 난수는 프로그래밍 언어가 제공하는 단순한 난수생성기(RNG: Random Number Generator)[51] 사용을 피하고, 암호학적으로 안전한 의사난수생성기(PRNG: Pseudo Random Number Generator)[52]를 사용하여 절대 중복되지 않도록 생성되어야 하는데요. 이러한 개인키는 아래와 같이 256비트 길이의 숫자로 생성되며, 64개의 16진수로 표현됩니다.

개인키 k(예):
1E99423A4ED27608A15A2616A2B0E9E52CED330AC530EDCC32C8FFC6A526AEDD

50 메시지와 개인키를 더해서 산출된 트랩도어함수(Trapdoor Function)로서, 이 함수는 한 방향으로의 계산(곱셈)은 쉬우나, 반대 방향으로의 계산(나눗셈)은 불가능

51 무작위성 기회보다 이론적으로 예측을 더 할 수 없도록 일련의 숫자나 심볼을 생성하는 장치

52 임의로 수를 선택하는 것과 유사한 결과를 갖는 수들의 연속체를 생성하는 장치

공개키 방식의 암호는 암호학적으로 연관된 두 개의 키를 만들어서 하나는 자기가 안전하게 보관하고 다른 하나는 상대방에게 공개하는 식으로 이루어지는데요. 이때 본인만 갖고 있는 키를 개인키라고 하며, 상대방에게 공개하는 키는 공개키라고 합니다. 공개키는 타원곡선 곱셈함수 연산과정을 거쳐 개인키로부터 계산되며, 그 과정을 거꾸로 진행할 수는 없습니다. 누구에게나 공개된 키라서 노출이 되어도 상관이 없는 데이터입니다. 무작위로 생성된 숫자인 k라는 개인키를 출발점으로 k값에, 곡선 위에서 미리 정해진 값인 생성 포인트 G를 곱해서 곡선상의 다른 곳에 위치한 포인트를 확보하는데요. 바로 이 포인트가 공개키인 K가 됩니다. 즉,

K = k * G(K: 공개키, k: 개인키, G: 생성 포인트 상수)입니다.

따라서 공개키 K(예):
1E99423A4ED27608A15A2616A2B0E9E52CED330AC530EDCC32C8FFC6A526AEDD * G가 됩니다.

19.3.5 블록체인 지갑이란?

블록체인 지갑은 개인키를 보관하는 장소로 [그림 19-28]에서 보여주는 바와 같이 대개 구조화된 파일이나 간단한 데이터베이스 형태로 구현되는데요. 현금자산이 아닌 키를 보관하고 있음을 알 수 있습니다.

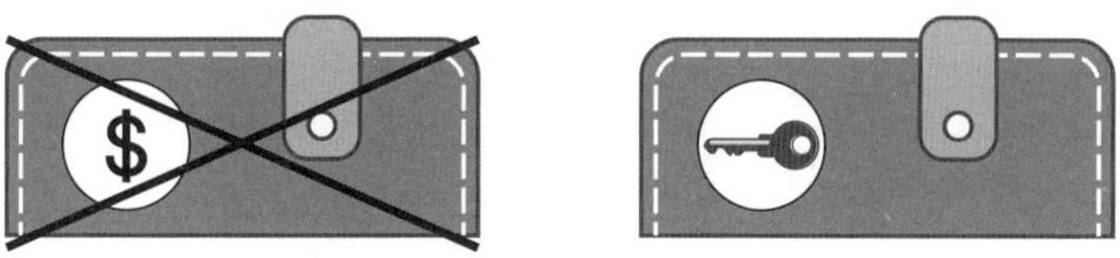

지갑 속에 현금이 없음 　　　　 지갑 속에 Key가 존재

[그림 19-28] 블록체인 지갑

넓은 의미로의 블록체인 지갑은 송금, 잔액 확인, 키와 주소 관리 등의 기능을 제공하는 애플리케이션인데요. 비트코인을 예로 들면, 비트코인 지갑은 비트코인이 아닌 키를 담고 있습니다. 즉, 각 사용자들은 키가 들어 있는 지갑을 보유하고 있으나, 실제로 지갑은 개인키, 공개키 쌍이 담겨있는 열쇠고리라고 할 수 있습니다. 이용자들은 키를

이용하여 거래에 서명함으로써 자신들이 거래 자산(출력값)을 소유하고 있음을 입증합니다.

그렇다면 가상자산은 어디에 있을까요? 참여자 모두가 공유하는 블록체인 속에 있습니다. 내 자산, 만약 비트코인이라면 내 키와 연결된 주소의 UTXO(Unspent Transaction Output)합, 이더리움이라면 내 키와 연결된 계좌의 밸런스를 뜻하는 내 자산이 블록체인에 기록되어 있습니다.

블록체인 지갑은 크게 핫월렛과 콜드월렛으로 나눌 수 있는데요. 이것을 나누는 기준은 인터넷 연결 유·무입니다. 즉, 핫월렛 또는 온라인 지갑은 인터넷 주소가 네트워크에 연결되어 있어 온라인 상태에서만 거래를 주고받을 수 있으며, 실시간으로 거래 정보를 주고받습니다. 반면, 콜드웰렛은 인터넷에 연결되어 있지 않고, 오프라인 상태에 있기 때문에 온라인 거래가 불가능해 오프라인 지갑, 하드웨어 지갑이라고 부릅니다. 이렇듯 각각 장단점이 있는데, 핫웰렛은 인터넷을 통해 실시간으로 편리하게 이용 가능하지만, 개인키를 온라인에 연결해서 입력하기 때문에 해킹 등 보안 문제에 취약합니다. 반면, 콜드월렛은 인터넷이 차단된 하드웨어 장치에 가상자산을 보관하고, 개인키를 오프라인에서 처리해서 보내기 때문에 보안 측면에서 더 안전하나, 실시간 거래가 불가능한 점이 단점입니다. [그림 19-29]에서는 종이 지갑[53]과 하드웨어 지갑인 트레저(Trezor)[54]를 보여주고 있습니다.

(A) 종이 지갑

(B) 하드웨어 지갑

[그림 19-29] 종이 지갑과 하드웨어 지갑

53 물리적인 형태의 오프라인 지갑으로서, 저장할 수 있는 종이에 인쇄된 비트코인 키 집합
54 하드웨어 변조 방지 지갑의 형태로서, 비트코인을 안전하게 보관하는 것이 가능함

19.4 스마트계약에 대해 알아볼까요?

19.4.1 스마트계약이란?

스마트계약(Smart Contract)이란 법률가인 Nick Szabo가 1994년대에 자신의 아이디어를 발표한 것으로서, 프로그래밍된 조건이 모두 충족되면 자동으로 계약을 이행하는 자동화 계약 시스템인데요. 기존에는 계약이 체결되고 이행되기까지 수많은 문서가 필요했다면, 스마트계약은 계약 조건을 컴퓨터 코드로 지정해두고 조건이 맞으면 계약을 이행하는 방식입니다. [그림 19-30]을 통해 기존 종이 서류로 되어 있는 계약서가 디지털 문서로 바뀜을 알 수 있습니다. 이러한 스마트계약을 통해 사람들은 부동산, 주식 등 다양한 것을 거래할 수 있고 제3자 없는 당사자 간 거래가 가능합니다.

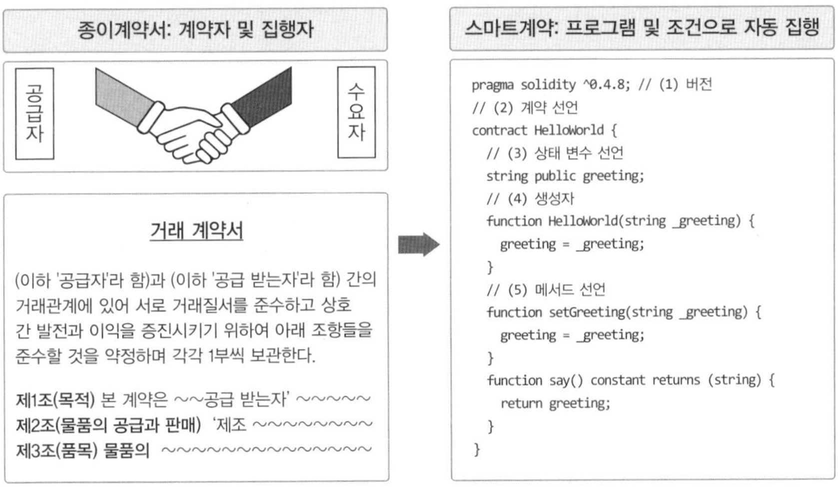

[그림 19-30] 스마트계약 구성

디지털로 된 계약서는 조건에 따른 계약 결과가 명확하고, 계약 내용을 즉각 이행할 수 있는데요. 각자의 자산이 연결된 디지털로 양자 합의를 하고 계약서를 작성하고 실행하기로 한다면 계약을 이행하는데 복잡한 프로세스는 엄청나게 간소화될 것입니다. 블록체인은 디지털 데이터를 신뢰할 수 있게 만들어 주는 기술로서, 다수의 노드가 같은 데이터를 공유하고 검증하는 방식을 통해 디지털 상에 신뢰관계를 만들었습니다. 스마트계약은 이러한 블록체인과 함께 급부상하였는데요. 비트코인 트랜잭션에 원시 언어인 OPCODE(Operation Code)[55]로 스크립트를 작성해서 보내면 조건에 따라 자동으로 거래를 수행합니다. 스크립트가 정상이면 거래를 정상으로 본다는 일종의 계약(Contract) 개념이 있으므로 Contract Code로 불리기도 합니다.

2013년 비탈릭 부테린(Vitalik Buterin)이 비트코인의 블록체인 기술을 이용하여 대금 결제, 송금 등 금융거래뿐 아니라 모든 종류의 계약을 처리할 수 있도록 기능을 확장하면서 널리 확산되었는데요. 부테린은 비트코인을 포크(Fork)하여 새로 이더리움(Ethereum)이라는 가상화폐를 만들고 스마트계약 기능을 구현하였고, 블록체인 2.0이라 명명하였습니다. 이 기능을 사용하면, 개발자가 직접 계약 조건과 내용을 코딩할 수 있기 때문에, 원칙적으로 인간이 상상할 수 있는 모든 종류의 계약을 이더리움 플랫폼을 이용해 구현할 수 있습니다. 다만, 솔리디티(Solidity)[56]라는 자바 기반의 독립적인 프로그래밍 언어를 알아야 코딩하기 용이한데요. 이것은 일종의 AI Escrow[57]라고 할 수 있습니다.

19.4.2 스마트계약 사례(카셰어링)는?

블록체인 기반 IoT 응용 서비스 사례인 스마트계약 기반 카셰어링 사례를 [그림 19-31]을 통해 살펴보겠는데요. 즉, ① 서비스 소유주가 Smart Switch를 생성합니다. ② 서비스가 생성되면 IoT 이용자는 payToSwitch 함수로 가상자산(비트코인, 이더리움 등)을 송금합니다. ③ IoT 장치가 송금을 확인한 다음 서비스를 시작합니다. ④ 이용시간이 종료되면 IoT 장치가 다시 스테이트를 업데이트하고 서비스를 종료합니다. ⑤ 서비스 소유자는 출금 함수로 스마트스위치에 송금된 가상자산을 수납합니다.

55 컴퓨터에서의 연산(operation) 종류를 나타내기 위한 코드로서, 덧셈을 ADD, 제곱근을 SQR 등으로 기억하기 편리하도록 기호화한 코드

56 계약 지향 프로그래밍 언어로 다양한 블록체인 플랫폼의 스마트계약 작성 및 구현에 사용

57 구매자와 판매자 간 신용관계가 불확실할 때 제3자가 상거래가 원활히 이루어질 수 있도록 중계하는 매매 보호 서비스

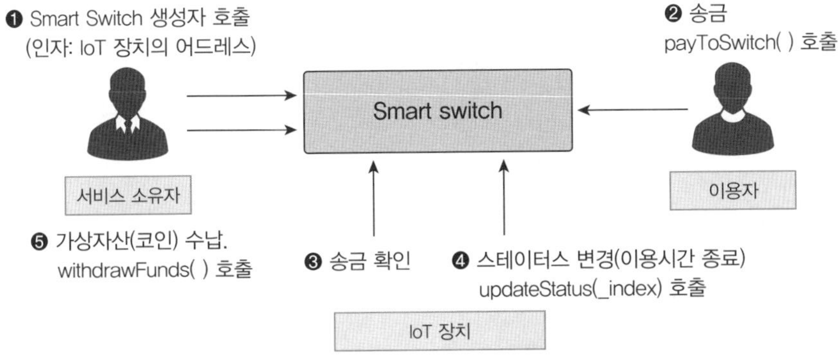

[그림 19-31] 스마트계약 서비스 사례

19.5 사물인터넷에서 블록체인의 역할은?

사물인터넷 기술은 사람들에게 편리함을 제공해주는 반면, 다양하고 방대한 사물의 접속으로 인해 해킹 등 보안에 취약한 점이 약점이라 할 수 있습니다. 사물인터넷 시대에 해결할 또 다른 문제는 해킹뿐 아니라 방대한 사물인터넷 데이터가 기업이나 기관에 의해 운영·관리됨에 따른 정보의 중앙 집중화인데요. 즉, 설비 구축부터 데이터 전송·분석·처리에 이르기까지의 모든 핵심 정보를 인터넷에서 끊임없이 저장하고 공유하는 관리의 중앙 집중화 구조로 인한 해킹 리스크는 커질 수밖에 없습니다. 그리고 해당 관리 기관에서 보안 문제 해결을 위해 주기적으로 장비를 검사하고 확인하는 과정에서 관리·운영비용도 함께 커질 수밖에 없습니다. 이와 같이 사물인터넷 발전을 가로막는 보안, 정보의 중앙화, 저장관리의 신뢰성, 고비용 문제를 해결할 대안으로 [그림 19-32]와 같은 블록체인 사물인터넷(BIoT: Blockchain IoT)이 주목받고 있는데요. 이렇듯 사물인터넷의 문제점 보완을 위해 보안에 강한 블록체인 기술과 사물인터넷의 융합은 필수적이라 할 수 있습니다.

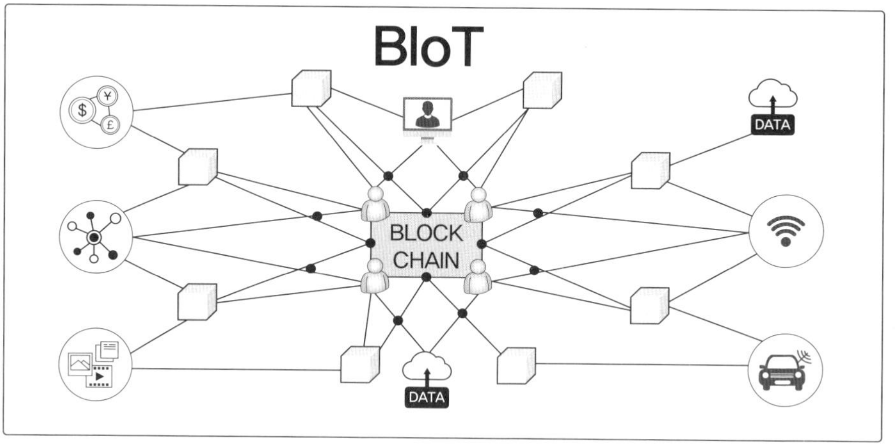

[그림 19-32] 블록체인 사물인터넷(BIoT) 개념도

블록체인 사물인터넷에서는 노드가 독립적으로 존재하고, 네트워크상의 수많은 단일화된 노드가 P2P 형식으로 데이터를 전송 및 교환하기 때문에 혹시 개별 노드에 문제가 생겨도 전체 네트워크 운영에 영향을 미치지 않습니다. 그리고 수많은 사물인터넷 데이터는 위·변조가 불가능하도록 해주는 암호화 해시함수를 이용하는 해시값을 가지고 있으면 누군가가 데이터를 위·변조하더라도 쉽게 검증 가능하며, 데이터의 신뢰성 있는 저장 또한 가능해집니다. 사물인터넷 데이터는 블록체인을 통해 해당 데이터를 플랫폼과 연결된 스토리지에 분산·저장합니다.

블록체인과 사물인터넷 플랫폼 연동은 사물인터넷 플랫폼에 수집된 데이터를 블록체인 프록시를 거쳐 블록체인 형태로 데이터를 변환하는 방식인데요. 기존 사물인터넷 플랫폼과 블록체인은 공존 가능하나, 사물인터넷 플랫폼에 의존하여 동작합니다. [그림 19-33]에서는 블록체인과 사물인터넷 연동 구성의 예를 보여주고 있는데요.

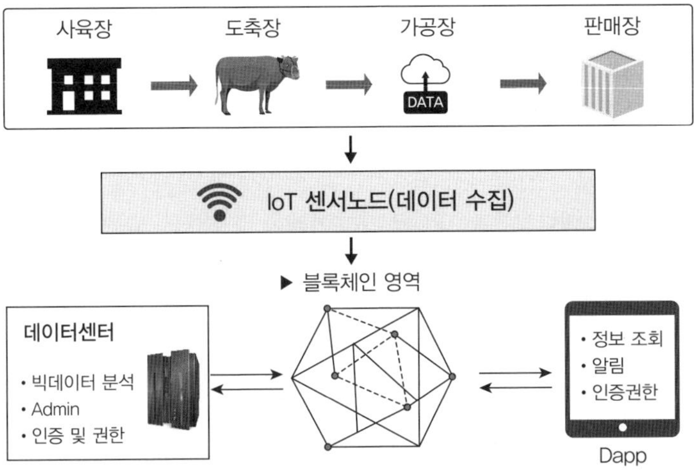

[그림 19-33] 블록체인 사물인터넷 연동의 예

축산물 이력관리시스템에 사물인터넷과 블록체인 기술을 접목하여 다양한 편의 기능을 제공하는 사례로서, 사육장에서 판매장에 이르는 과정을 추적하는 시스템으로 각 단계별로 사물인터넷 센서에서 정보를 수집하여 블록체인에 저장하는 과정을 보여주고 있습니다. 즉, 사육 단계에서는 농장 정보, 개체 정보(출생)를, 도축 단계에서는 도축 신청 및 등급 판정 결과를, 가공 단계에서는 포장처리, 묶음번호 및 매입·출 정보를, 판매 단계에서는 판매장 및 급식장 정보를 처리하며, '변조할 수 없는' 기록을 만듭니다.

19.6 BIoT(Blockchain IoT)에 대해 알아볼까요?

19.6.1 사물인터넷에 블록체인 적용 이유 및 BIoT의 미래는?

사물인터넷은 주로 초경량, 저전력 장치를 사용하므로 기존 PC에서 사용되던 암호화 알고리즘을 사용하기가 어려워 기본적인 공격에 취약하며, 이러한 공격에 의해 사물간의 통신 데이터가 위·변조될 가능성이 높은 반면, 블록체인의 특징은 블록체인에 올라간 데이터를 위·변조하기가 어렵다는 점입니다. 이러한 블록체인 특징을 사물인터넷에 적용한다면 사물인터넷의 보안 안정성을 높일 수 있습니다. 또한, 사물인터넷은 여러 개의 디바이스를 같이 사용하고 중앙집중형 시스템을 사용하기 때문에 확장성과 비용 효율성에서 많은 문제점이 있는데요. 이 문제점 역시 사물인터넷에 블록체인을 적용하여 해결할 수 있을 것으로 예상됩니다.

하지만 사물인터넷에 블록체인을 적용하기 위해서는 해결해야 할 문제점들이 많은데요. 첫째, 블록체인은 분산된 네트워크를 사용하므로 기존의 중앙화된 시스템 방식보다 거래 인증 속도가 느린 것이 문제입니다. 특히, 빠른 속도로 거래를 주고받아야 하는 사물인터넷 서비스에 기존의 블록체인 기술을 그대로 적용하기에는 거래 처리 속도 측면에서 한계가 존재합니다. 둘째, 사물인터넷 기기들의 컴퓨팅 능력 제한 문제인데요. 사물인터넷에 사용되는 기기들은 대부분 초소형, 저전력 장치를 사용하기 때문에 컴퓨팅 능력이 일반 PC에 비해 상당히 제한되어 있습니다. 따라서 기존 블록체인에서 사용되는 합의 알고리즘인 작업증명 방식을 그대로 적용하기에는 컴퓨팅 능력에 한계가 있습니다. 마지막으로 수수료 문제인데요. 블록체인 네트워크상에서 트랜잭션을 처리하기 위해서는 일정량의 수수료를 지불해야 합니다. 이는 기존의 사물인터넷에서 발생하는 트랜잭션을 처리하기 위해 불필요한 금액이 지불되는 문제가 있습니다.

지금까지 블록체인을 사물인터넷에 적용할 때 발생할 수 있는 문제점에 대해 알아보았는데요. 결론적으로 이러한 문제점들의 해결이 선행된다면 사물인터넷과 블록체인 기술 융합의 산물인 BIoT의 미래는 밝다고 할 수 있습니다. 즉, BIoT가 사람들의 일상에 안착되면 누구나 투명하고 원활하게 소통하면서 각자의 삶을 편리하고 효율적으로 만들어갈 수 있을 것입니다.

19.6.2 사물인터넷과 블록체인 융합의 진화는?

사물인터넷은 인터넷을 통해 사물과 사물 간(M2M: Machine to Machine) 통신을 기반으로 기존의 수동 방식 및 제어, 감시 등을 벗어나 스스로 판단하고 움직이는데요. 특히, 4차 산업혁명 기술 중 상용화가 가장 원활하게 이루어진 기술로 평가받고 있습니다. 초연결사회의 도래로 사물인터넷에 연결되는 사물기기의 수요가 폭발적으로 증가되고 있는 이면에는 빅브라더(Big Brother)의 문제[58]를 유발할 수 있는 중앙집중 형태라는 문

58 정보를 독점하고 사회를 통제하는 절대 권력이며, 겉으로는 사회를 돌보는 '보호'의 기능이라고 하면서 속으로는 나와 내 주변을 끊임없이 감시하고 침해하는 문제

제점이 있는데요. 이러한 문제의 해결 방안으로 분산형 블록체인이 등장하게 되었습니다.

[그림 19-34]에서 보듯이 과거에는 폐쇄적이고 집중화된 사물인터넷 네트워크였고, 현재는 개방형의 집중화된 클라우드 사물인터넷 네트워크라면, 미래에는 개방형의 분산화된 클라우드 사물인터넷 네트워크가 될 것입니다.

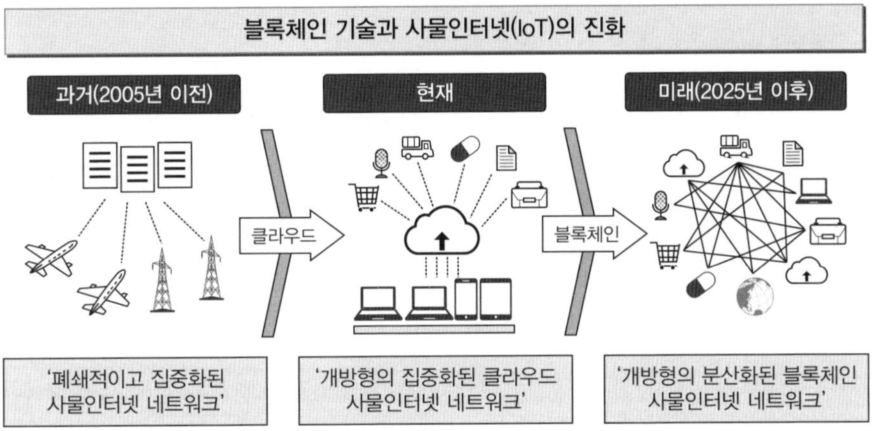

[그림 19-34] 블록체인 기술과 사물인터넷의 진화

연습문제 EXERCISE

01 블록체인을 분산장부라고 하는 이유를 설명하시오.

02 이더리움이나 퀀텀 등의 플랫폼 위에서 작동하는 탈중앙화된 앱을 무엇이라고 하는가?

03 블록체인 전체 메커니즘(프로세스)을 설명하시오.

04 블록체인 네트워크에서 가상자산(코인 등) 이동에 따른 약속된 전송서식을 무엇이라고 하는가?

① 머클루트 ② 거래(Tx) ③ bits ④ MemPool

05 약 2,000개의 거래 정보가 포함되며, 물리적인 크기는 평균 약 1Mbyte인 유효한 거래 정보의 묶음을 무엇이라고 하는가?

① 작업증명 ② 체인 ③ 해시 ④ 블록

06 블록해시(Block Hash), 블록헤더(Block Header)와 블록바디(Block Body)로 구성되는 블록의 이름을 무엇이라고 하는가?

① 높이(Height) ② Nonce ③ 머클루트 ④ 엉클블록

07 개별 거래 정보의 거래 해시를 2진 트리 형태로 구성할 때, 트리 루트에 위치하는 해시값을 무엇이라고 하는가?

① version ② previousblockhash
③ merklehash ④ nonce

08 이전 블록해시(previousblockhash)에 대해 설명하시오.

09 블록 헤더란에 포함된 6가지 정보 중에서 확정되지 않아서 값을 바꿀 수 있는 유일한 항목은 무엇인가?

① nonce ② time ③ difficulty ④ merklehas

10 네트워크에 의해 정해지는 값으로 작업 난이도인 bits값 조절에 의해 정해지는 값을 무엇이라고 하는가?

① 난이도 ② Nonce ③ 블록해시값 ④ 목표값

11 비트코인에서 블록 채굴(mining)에 사용된 합의 알고리즘은?

① PoW(Proof of Work) ② PoS(Proof of Stake)
③ dPoS ④ PoN(Proof of Nonce)

12 이중지불(Double Spending)이란 무엇인지 기술하시오.

13 두 개의 블록이 동시에 승인되었을 때, 메인 체인으로 연결되지 못해 떨어진 블록을 무엇이라고 하는가?

① 고아블록 ② 엉클블록 ③ 라스트블록 ④ 제네시스블록

14 블록 헤더 정보에 포함되어 있으며, 각 블록이 서로 연결되는 구조를 가능하게 하는 것은 무엇인가?

① bits ② Nonce ③ previousblockhash ④ version

15 제네시스 블록부터 2140년까지 몇 개의 블록이 생성되는가?

16 비트코인에서 미사용 트랜잭션 출력값 또는 미지출 거래를 무엇이라고 하는가?

① UTXO ② Output Point ③ Transaction ④ Database

17 구글의 LevelDB란 무엇인가?

18 블록체인 탄생 이전 기반 기술에 대해 설명하시오.

19 P2P 네트워크란 무엇인가?

20 임의의 길이 데이터를 고정된 길이의 문자, 숫자로 조합된 해시값으로 변환하는 암호 알고리즘은 무엇인가?

① 암호화폐 ② 공개키 암호화 ③ 전자서명 ④ 해시함수

21 SHA256 해시 알고리즘 활용할 경우 입력에 대한 출력 해시값은 몇 개의 문자열로 출력되는가?

① 32 ② 40 ③ 64 ④ 128

22 개인키, 공개키, 지갑주소 생성 과정을 설명하시오.

23 구조화된 파일이나 간단한 데이터베이스 형태로 구현되는 블록체인 지갑 속에는 무엇이 있는가?
① 비트코인 ② 현금 ③ 개인키 및 공개키 ④ 이더리움

24 스마트계약에 대해 기술하시오.

25 Blockchain IoT(BIoT)란 무엇인가?

Chapter

20 빅데이터

20.1 빅데이터란?

빅데이터는 기존의 기술로는 데이터를 수집·저장·관리·분석하는 것이 어려울 정도로 방대한 규모의 데이터를 의미하는데요. [그림 20-1]에서 보여주는 통계들을 보면 현재 우리가 얼마나 많은 데이터의 홍수 속에서 살아가는지를 알 수 있습니다. 예를 들어, 1분 동안 구글에서는 200만 건의 검색이 이루어지고, 유튜브에서는 48시간의 비디오가 업로드되며, 트위터에서는 10만 건의 트윗이 생성되고 있습니다.

[그림 20-1] 대용량 빅데이터의 세계

빅데이터가 방대한 데이터라는 기준에는 이견이 없으나 업체에 따라 빅데이터를 정의함에 약간씩의 차이를 보이는데요. 세계적인 컨설팅 기관인 Mckinsey는 빅데이터를 기존 데이터베이스 관리 도구의 데이터를 수집·저장·관리·분석하는 역량을 넘어서는 규모로서의 정의는 주관적이며, 앞으로 변할 것이라고 강조하고 있고, Gartner는 데이터를 19세기의 원유로 정의한 바 있습니다. 어떤 그룹에서는 빅데이터를 테라바이트(TB: TeraByte)[59] 이상의 데이터라고 정의하기도 하고, 대용량 데이터를 처리하는 아키텍처라고 정의하기도 하는데요. 최근에는 데이터를 통하여 원하는 가치(Value) 창출 여부로 빅데이터를 정의하기도 합니다.

이처럼 다양하고 방대한 규모의 데이터는 미래 경쟁력의 우위를 좌우하는 중요한 자원으로 활용될 수 있는데요. 대규모 데이터를 분석해서 유의미한 정보를 얻으려는 시도가 예전에도 있었으나, 현재의 빅데이터 환경은 과거와 비교했을 때 데이터 양은 물론이고 질과 다양성 측면에서 엄청난 차이가 있습니다. 이러한 관점에서 빅데이터는 1차 산업혁명 시대의 석탄처럼 IT와 스마트혁명 시대인 오늘날 혁신과 경쟁력 강화, 생산성 향상을 위한 중요한 원천으로 인식되고 있습니다.

마지막으로 빅데이터의 중요성이 부각된 계기는 오바마가 미국 대통령 선거에서 유권자 빅데이터 분석을 통해 재선에 성공했기 때문인데요. 이와 같이 빅데이터는 업무를 분석하고 비즈니스 효율성을 향상시키며, 예측 능력을 높여오고 있습니다.

20.2 빅데이터의 특징인 속성 V 형제를 알아볼까요?

빅데이터는 어떠한 한 분야를 의미하거나 한 가지 특징만을 개념으로 사용하기에는 어려운 측면이 있는데요. 이는 분석과 활용 과정에 필요한 사항을 설명할 수는 있겠지만, 사용 분야마다 중요도가 다를 수 있고, 필요 없는 것이 있을 수 있기 때문입니다.

59 메모리의 측정을 위한 기본 단위로 약 1조 바이트. 즉, 1,000기가바이트와 동일(2의 40제곱)

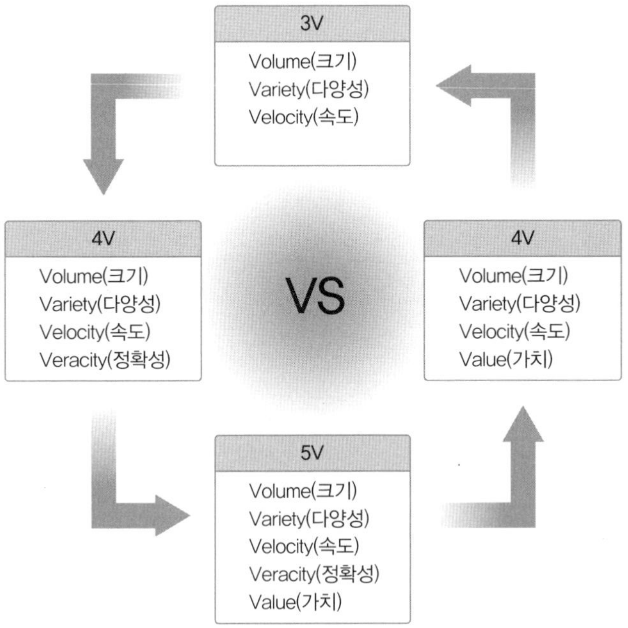

[그림 20-2] 빅데이터의 다양한 속성 V

[그림 20-2]의 빅데이터의 속성에 따르면, 3V, 4V, 5V 등 시간이 지나면서 기존 빅데이터의 속성인 3V에 새로운 속성들이 추가되고 있는데요. 이러한 점이 빅데이터를 한마디로 정의하기 어려운 이유라 할 수 있습니다. 여기에서 3V란 데이터 크기(Volume), 데이터 생성 속도(Velocity), 데이터 다양성(Variety)을 의미하며, 최근에는 가치(Value)나 복잡성(Complexity)을 추가하기도 합니다. 그러나 3V는 앞으로 빅데이터의 새로운 속성들이 추가되더라도 빅데이터의 가장 기본적인 속성으로서 변함없이 빅데이터의 대표적인 속성으로 남을 것으로 예상됩니다.

3V 속성을 알아보면, [그림 20-3]에서 보여주는 바와 같이 빅데이터의 3V는 Volume(데이터 크기), Velocity(데이터 생성 속도), Variety(데이터 다양성)를 나타내며, 이러한 세 가지 요소의 관점에서 빅데이터는 기존의 데이터베이스와 차별화된다고 할 수 있습니다.

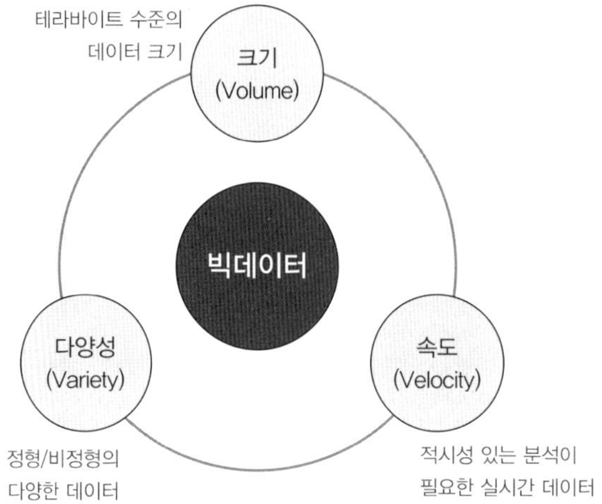

[그림 20-3] 빅데이터의 3V

Volume(크기)은 단순 저장되는 물리적 데이터 양을 나타내는 빅데이터의 가장 기본적인 특징인데요. IDC는 2011년 전 세계 디지털 정보량이 1.8제타바이트(ZB: ZettaByte)[60]였으나, 2020년에는 그에 비해 50배 이상 증가할 것으로 예측한 바 있습니다.

Velocity(속도)는 데이터의 고도화된 실시간 처리를 의미하는데요. 이는 데이터가 생성·저장·시각화되는 과정이 얼마나 빠르게 이뤄져야 하는지에 대한 중요성을 보여주고 있습니다. 헬스케어 모니터링 중 비정상적인 몸 상태가 인지되면 즉각적인 대처가 행해져야 하는 것이 하나의 예라 할 수 있습니다.

Variety(다양성)는 다양한 형태의 데이터들을 포함한다는 의미인데요. 데이터베이스와 같은 정형 데이터뿐만 아니라 이메일, 멀티미디어, SNS 등과 같은 비정형 데이터도 포함됩니다.

그 외 추가될 수 있는 속성 V들에 대해 알아보면, 첫째, Veracity(정확성)를 들 수 있는데요. 빅데이터 시대에는 방대한 양의 데이터를 분석하여 일정한 패턴을 추출할 수는 있지만, 데이터가 점점 많아질수록 엉터리 데이터가 생성될 가능성이 커지기 때문에 데이터의 일정 패턴을 설명할 수 있을 만큼 신뢰성이 확보되지 못하는 문제가 발생하게

60 1제타바이트는 1,024엑사바이트로 1조 1,000억 기가바이트(GB)에 해당

됩니다. 이에 따라 빅데이터 분석 시 기업이나 기관이 수집한 데이터가 정확한 것인지, 분석할 만한 가치가 있는지 등을 파악할 필요성이 제기되었고 [그림 20-4]에서는 이러한 관점에서의 새로운 빅데이터 속성, 즉 Veracity가 제시되고 있습니다.

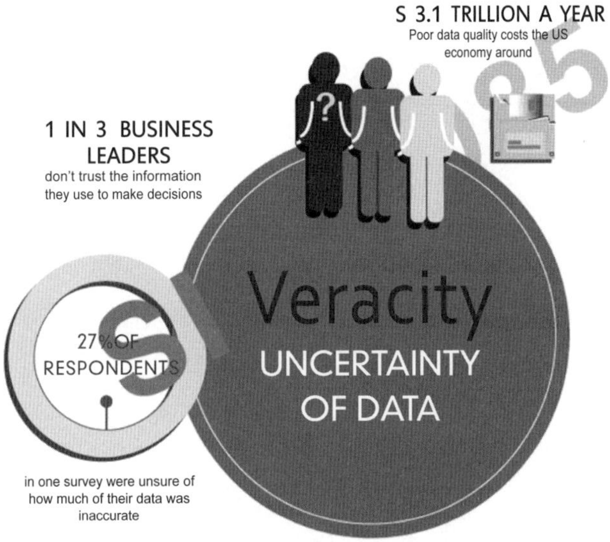

[그림 20-4] 빅데이터의 정확성(Veracity)

둘째, 최근 소셜 미디어 확산으로 자기 의견을 웹을 통해 자유롭게 게시하는 것이 쉬워졌지만, 실제로 자신의 의도와는 달리 자기 생각을 글로 표현하게 되면 맥락에 따라 자신의 의도가 다른 사람에게 오해를 불러일으킬 수 있는데요. 이처럼 데이터가 맥락에 따라 의미가 달라진다고 하여 빅데이터의 새로운 속성으로 Variability(가변성)가 제시되고 있습니다.

셋째, 빅데이터는 정형과 비정형 데이터를 수집하여 복잡한 분석을 실행한 후, 용도에 맞게 정보를 가공하는 과정을 거치는데요. 이때 중요한 것은 정보 사용 대상자가 가공된 정보를 쉽게 이해할 수 있어야 합니다. 그렇지 않으면 정보 가공을 위해 소모된 시간적, 경제적 비용이 무용지물이 될 수 있기 때문에 이러한 필요성으로 인해 제시된 빅데이터의 새로운 속성이 바로 Visualization(시각화)입니다.

20.3 빅데이터 분석과 알고리즘을 알아볼까요?

빅데이터 분석에 필요한 인프라는 다양한 시스템에 저장된 데이터의 심층 분석 지원, 데이터 용량 확장, 응답시간 단축, 의사결정 자동화와 빅데이터·전통적 데이터 간 통합 분석 등 다차원 분석이 가능하여야 합니다. 이러한 다차원 분석을 통해 위치기반 데이터와 소셜 미디어에서 생산되는 사용자 활동 데이터가 새로운 차원의 정보로 가공됨으로써 고객 행동 패턴, 선호도와 고객 경험 파악이 가능한 상황 인지(context awareness)[61]가 가능하고, 기업은 이를 기반으로 회사의 서비스나 제품을 고객에게 제안할 수 있습니다.

데이터 지식발견(KDD: Knowledge Discovery in Database)이란 [그림 20-5]에 예시된 바와 같이 빅데이터 분석 사례로서, 데이터에서 가치 있는 정보를 찾아내는 일련의 행위를 의미합니다.

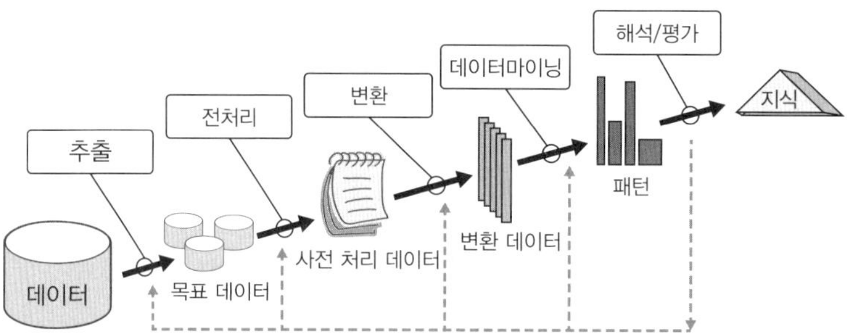

[그림 20-5] 데이터베이스를 통한 지식발견(KDD) 구성 요소

KDD는 데이터로부터 과정 분석에 필요한 유용한 지식을 찾아내어 그와 관련된 정보를 추출(selection)하고, 사전 처리(Preprocessing)와 변환 과정(Transformation)을 거쳐 분석(Data Mining)하고 결과를 해석하는 과정입니다. 이 중에서 데이터 마이닝은 데이터 분석 과정의 핵심 요소로서 KDD의 구성 요소라기보다는 KDD의 전 과정을 포괄하는 개념으로 볼 수 있습니다.

그럼 빅데이터 분석 알고리즘에 대해 알아보겠는데요. 첫째, 연관규칙학습(Association

61 현실공간과 가상공간을 연결해 가상공간에서 현실 상황을 정보화하고 이를 활용하여 사용자 중심의 지능화된 서비스를 제공하는 기술

Rule Learning)은 특정한 성격을 지닌 데이터군과 일정한 규칙에 따라 연결되는 다른 특정한 성격의 데이터군을 찾아내는 방법을 의미합니다.

둘째, 분류(Classification)는 특정한 규칙이나 특성을 기준으로 구분된 데이터군을 기반으로 새롭게 추가될 데이터군을 찾아내는 방법을 의미합니다. 고객들의 구매결정, 해지, 소비율 등을 설명할 명확한 가정이나 데이터가 있을 경우 이용하는데요. 군집화와 반대 개념입니다.

셋째, 군집화(Clustering)는 하나의 큰 데이터군을 통계적 기법을 활용하여 비슷한 특성을 지닌 여러 개의 작은 묶음으로 만드는 방법을 의미하는데요. 고객군을 비슷한 특성을 가진 소집단 마케팅 그룹으로 만들고자 할 때 활용합니다.

넷째, 회귀분석(Regression)은 어떤 현상을 구성하는 종속변수 값의 변화가 하나 이상의 독립변수 값을 변화시키는지, 어떻게 변화시키는지를 찾아내는 방법인데요. 변화 예측이나 판매량 예측 등에 활용합니다.

마지막으로 감성분석(Sentiment Analysis)은 웹과 같은 텍스트 기반 문서로부터 자연어 처리 기술을 이용하여 글쓴이의 감정 정보를 찾아내는 기법인데요. 블로그, 트위터, 페이스북 등 소셜 미디어를 분석하여 고객군을 파악하기도 합니다.

20.4 빅데이터 활용 기술에는 어떤 것이 있을까요?

빅데이터에 활용되는 기술들은 대용량 데이터 처리용 오픈 소스 S/W인 하둡(Hadoop)이나 통계, 데이터 분석(Data Mining)과 그래프용 언어로 된 분석용 패키지 R과 분산병렬 처리기술, 클라우드 컴퓨팅 등이 있는데요. 이 기술들을 잘 활용하면 기존의 비싼 스토리지와 데이터베이스에 기초한 고비용의 데이터웨어하우스(Data warehouse)[62]를 구축하지 않더라도 효율적인 시스템 운용이 가능합니다.

빅데이터 플랫폼은 빅데이터 기술의 집합체이자 관련 기술들이 잘 사용될 수 있도록 준비된 환경을 의미하는데요. 빅데이터 플랫폼은 빅데이터를 분석하거나 활용하는 데

62 정보(data)와 창고(warehouse)의 합성어로 사용자의 의사 결정에 도움을 주기 위하여 다양한 운영 시스템에서 추출, 변환, 통합되고 요약된 데이터베이스를 의미

필요한 필수 인프라라 할 수 있습니다. 이에 따라 기업들은 이러한 빅데이터 플랫폼을 사용하여 [그림 20-6]에서 보듯이 빅데이터를 수집·저장·처리·관리하고 있습니다.

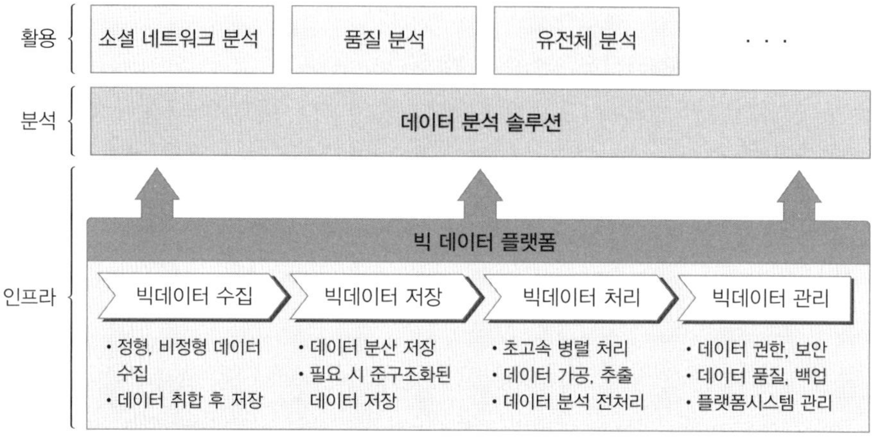

[그림 20-6] 빅데이터 플랫폼의 역할과 기능

빅데이터 플랫폼은 빅데이터라는 원석을 발굴하고, 보관, 가공하는 일련의 과정을 끊김 없이(Seamless) 통합적으로 제공해야 하는데요. 이러한 안정적 기반 위에서 전 처리된 데이터를 분석하고 이를 다시 각종 업무에 맞게 가공하여 활용한다면 사용자가 원하는 가치를 얻을 수 있을 것입니다.

20.5 빅데이터 활용 사례는?

빅데이터 활용 가능성이 가장 높은 기업에서는 이미 1990년대부터 보유하고 있는 고객 데이터를 이용해 마케팅에 활용하는 고객관계관리(CRM) 기법을 도입한 바 있습니다. 여기에서 CRM이란 데이터웨어하우스를 통해 기업이 보유하고 있는 데이터들의 통합, 고객 데이터 분석을 통한 고객 유지, 이탈 방지 등과 같은 다양한 마케팅 활동을 진행하는 것을 의미하는데요. 기업의 CRM 활동에는 자사 고객 데이터뿐 아니라 제휴 회사의 데이터를 활용한 제휴 마케팅도 포함됩니다. 최근에는 구매 이력 정보와 웹 로그(web-log) 분석[63], 위치기반서비스(GPS) 등과의 결합을 통해 소비자가 원하는 서비스를

63 웹 사이트 방문객이 남긴 자료를 근거로 웹 운영 및 방문 행태에 대한 정보를 분석하는 행위

적기에 적절한 장소에서 제안할 수 있는 기술 기반까지도 갖추었습니다. 기업에서 지금까지 해오던 이러한 고객 분석 방식은 빅데이터 시대를 맞이하여 전환점에 와 있는데요. 이를 해결하기 위하여 분산처리방식과 같은 빅데이터 기술을 활용해서 과거와는 비교가 안 될 정도의 대규모 고객정보를 빠른 시간 내에 분석하는 것이 가능해졌습니다. 트위터와 인터넷에 생성되는 기업 관련 검색어와 댓글을 분석해서 자사의 제품과 서비스에 대한 고객 반응을 실시간으로 파악해 즉각적으로 대처할 수 있습니다.

구글은 독감과 관련된 검색어 빈도를 분석해 독감 환자 수와 유행 지역을 예측하는 독감 동향 서비스를 개발하였는데요. 이 시스템은 감기나 독감과 같은 검색빈도가 높은 지역을 지도에 표시함으로써 독감의 확산을 예측할 수 있습니다. 이를 통해 미국 질병통제센터(CDC: Centers of Disease Control)보다 뛰어난 예측력을 확보한 바 있습니다. 그리고 데이터 규모의 중요성을 확인시켜준 사례로 구글의 자동번역 시스템을 들 수 있는데요. 구글은 수천만 권의 도서 정보와 유엔과 유럽의회, 웹 사이트의 자료를 활용한 자동번역 시스템 개발에 성공하여 2016년 기준 영어, 프랑스어, 독일어, 중국어, 일본어 등 103개 언어 간 번역이 가능한 수준의 자동번역 시스템을 제공하고 있습니다. 그러나 IBM은 캐나다 의회의 문서를 활용해 영어·불어 자동번역 시스템 개발을 시도하였으나, 실패한 경험이 있는데요. 이러한 사실은 기술의 차이보다 사용 데이터의 규모 차이에 의한 것으로 생각됩니다.

공공분야 사례를 보면 오바마 정부가 추진한 필박스(Pillbox) 프로젝트 사례가 있는데요. 미국 국립보건원(NIH: National Institutes of Health)은 산하 국립의학도서관 전용 사이트를 통해 의약품 정보 서비스를 제공하고 있는데요. 이 서비스를 통해 제조사와 사용자 간 유기적인 정보 공유를 가능하게 함으로써 후천성 면역결핍증 등 관리 대상 주요 질병의 분포와 증감 현황 데이터를 수집·분석할 수 있게 되었습니다.

지금까지의 사례를 고려해 볼 때, 데이터 활용의 진화 방향 측면에서는 공공과 민간의 차이가 없기 때문에 국내 공공기관들도 시민의 요구에 부응하는 서비스 제공으로 사회적 비용 감소와 공공 서비스 품질 향상을 도모하고자 빅데이터를 활용하기 시작하였는데요. 예를 들어, 국민권익위원회의 민원동향분석 시스템과 국민연금공단의 여론정보수집분석 시스템은 인터넷에 산재한 다양한 웹 문서, 댓글 등을 통해 특정 이슈에 대한 시민의 의견을 분석해 대응책을 마련하는 오피니언 마이닝(opinion mining) 기술을 도입하여 시민의 의견을 분석한 결과를 통해 불신을 해소하고 소통한 좋은 사례입니다.

여기에서 오피니언 마이닝이란 앞서 설명한 빅데이터 분석 알고리즘 중 감성분석의 하나로 텍스트에 나타난 글쓴이의 감정이나 의견을 파악하고 추출하는 기술로서, 소셜미디어 분석에서 가장 활발히 사용되고 있는데요. 예를 들어, 소셜 미디어 매체를 통해 방대한 의견을 수집하여 '누가·언제·무엇에 대한·어떤 점이·어떠하다'를 분석함으로써 개인이나 기업의 의사결정에 활용할 수 있는 기술입니다.

연습문제 EXERCISE

01 빅데이터란 '기존의 기술로는 데이터를 (　　)하는 것이 어려울 정도로 방대한 규모의 데이터'에서 괄호 안에 연속으로 들어갈 단어가 아닌 것은?

① 수집　② 저장　③ 전달　④ 관리　⑤ 분석

02 1분 동안 구글에서 이루어지는 검색 수는?

03 가트너는 데이터를 21세기의 무엇으로 정의하였는가?

① 전기　② 원유　③ 에너지　④ 식량

04 빅데이터의 특징인 3V에 속하지 않는 것은?

① 데이터 양(Volume)　② 데이터 생성 속도(Velocity)
③ 형태의 다양성(Variety)　④ 가치(Value)

05 Volume(규모)이란 무엇인지 기술하시오.

06 헬스케어 모니터링 시 가장 중요한 빅데이터 속성은?

① 속도　② 정확성　③ 다양성　④ 크기

07 데이터베이스와 같은 정형 데이터뿐만 아니라 이메일, 멀티미디어, SNS 등과 같은 비정형 데이터가 의미하는 빅데이터 속성은?

① 가치　② 크기　③ 가변성　④ 다양성

08 정보 사용 대상자가 가공된 정보를 쉽게 이해할 수 있도록 정보 가공에 소모된 시간적, 경제적 비용 낭비 방지에 추가된 속성은 무엇인가?

① 가치(Value)　② 시각화(Visualization)
③ 정확성(Veracity)　④ 가변성(Variability)

09 Variety(다양성)에서 비정형 데이터가 아닌 것을 고르시오.

① 데이터베이스　② 이메일　③ 멀티미디어　④ SNS

10 빅데이터의 다차원 분석과 관련이 없는 내용을 고르시오.

① 저장된 데이터 심층 분석 지원 ② 데이터 용량 확장
③ 신속한 의사결정 ④ 빅데이터·전통적 데이터 간 통합 분석

11 데이터 지식발견(KDD) 과정에 관한 설명 중 틀린 항목을 고르시오.

① 정보를 수집(collection)하고
② 사전 처리(Preprocessing)와
③ 변환 과정(Transformation)을 거쳐
④ 분석(Data Mining)하고
⑤ 결과를 해석하는 과정

12 빅데이터 분석 알고리즘에 속하지 않는 항목을 고르시오.

① 연관규칙학습 ② 분류 ③ 군집화
④ 회귀분석 ⑤ 감성분석 ⑥ 행위분석

13 고객군을 작은 묶음으로 묶는 군집화와 반대 개념을 무엇이라고 하는가?

14 빅데이터 분석 알고리즘 중 감성분석이란 '블로그, 트위터, 페이스북의 텍스트를 ( ) 처리 기술을 이용하여 글쓴이의 감정 정보를 찾아내는 기법'에서 괄호 안에 들어갈 단어를 고르시오.

① 분석 ② 데이터 ③ 애플리케이션 ④ 자연어

15 빅데이터에 활용되는 기술 중 통계, 데이터 분석(Data Mining)과 그래프용 언어로 된 분석용 기술을 무엇이라고 하는가?

① 하둡(Hadoop) ② 패키지 R ③ 분산병렬처리기술 ④ 클라우드 컴퓨팅

16 빅데이터에 활용되는 기술 중 하둡(Hadoop)이란?

17 빅데이터 플랫폼의 기능이 아닌 것은?

① 수집 ② 저장 ③ 변환 ④ 처리 ⑤ 관리

18 고객관계관리(CRM)는 '기업이 보유하고 있는 데이터의 통합, 고객 ( ) 분석으로 고객 유지, 이탈 방지 등과 같은 다양한 마케팅 활동'을 의미하는데 문장 속 괄호 안에 들어갈 단어를 고르시오.

① 성향 ② 데이터 ③ 그룹 ④ 소비행태

19 영어, 프랑스어, 독일어, 중국어, 일본어 등 103개 언어 간 자동번역이 가능한 시스템은?

20 오피니언 마이닝이란 '빅데이터 분석 알고리즘 중 (　　)의 하나로서 텍스트에 나타난 글쓴이의 감정이나 의견을 파악하고 추출하는 기술'에서 괄호 안에 들어갈 단어를 고르시오.

① 감성분석 ② 분류 ③ 회귀분석 ④ 데이터 분석

Chapter

21 클라우드 서비스와 컴퓨팅

21.1 클라우드 서비스란?

클라우드 서비스란 인터넷상에 자료(사진, 문서, 영상 등 다양한 형태의 콘텐츠)를 클라우드라고 부르는 중앙컴퓨터에 저장해 두고, 사용자가 필요한 자료나 프로그램을 자신의 컴퓨터에 설치하지 않고도 인터넷 접속을 통해 언제 어디서나 이용할 수 있는 서비스를 말하는데요. 클라우드 서비스를 통해 인터넷상에 저장된 자료들은 간단한 조작과 클릭으로 쉽게 공유하고 전달할 수 있습니다. 인터넷상의 서버에 단순히 자료를 저장하는 것뿐만 아니라, 따로 프로그램을 설치하지 않아도 웹에서 제공하는 응용프로그램 기능을 이용하여 원하는 작업을 수행할 수 있으며, 여러 사람이 동시에 문서를 공유하면서 작업을 진행할 수도 있습니다. 따라서 사용자는 별도의 서버를 설치할 필요 없이 인터넷상의 서버를 사용한 만큼 비용을 내면 되는 편리한 서비스입니다.

이렇듯 필요할 때 언제든 PC나 모바일로 인터넷에 연결된 서버로부터 프로그램을 불러와 사용할 수 있는 클라우드 서비스 특성상 모바일 앱, 게임, 쇼핑몰, SNS 등 다양한 분야에서 활용되고 있습니다.

그리고 클라우드 서비스는 컴퓨팅 환경 변화와 네트워크 기술 발전으로 사용자가 직접 김퓨딩 자원을 구매하지 않더라도 원격으로 클라우드 서버에서 컴퓨팅 자원과 S/W를 임대하여 사용할 수 있는 클라우드 컴퓨팅 환경 제공이 가능하게 되었습니다.

21.2 클라우드 컴퓨팅이란?

사용자 입장에서 사용자 인터페이스(User Interface) 기능을 제외한 모든 컴퓨팅 자원(예: 컴퓨터 네트워크, 서버, 스토리지, 애플리케이션, 서비스)이 인터넷 클라우드에 위치함을 뜻하는 클라우드 컴퓨팅은 인터넷 기반 컴퓨팅의 일종인데요. 'ICT as a Service' 개념으로 PC에 주변장치를 꽂기만 하면 작동하는 P&P(Plug&Play)[64] 방식처럼 정보처리를 자신의 컴퓨터가 아닌 인터넷에 연결된 다른 컴퓨터로 처리하는 기술을 말합니다. 이러한 클라우드 서비스 기반인 클라우드 컴퓨팅은 IoT·빅데이터 기술을 구현하는 플랫폼으로서의 위상이 강화되고 있습니다.

[그림 21-1]에서는 앞서 설명한 인프라스트럭처인 컴퓨팅 자원, 개발 플랫폼 등을 포함한 클라우드 컴퓨팅 구성 내역을 보여주고 있습니다.

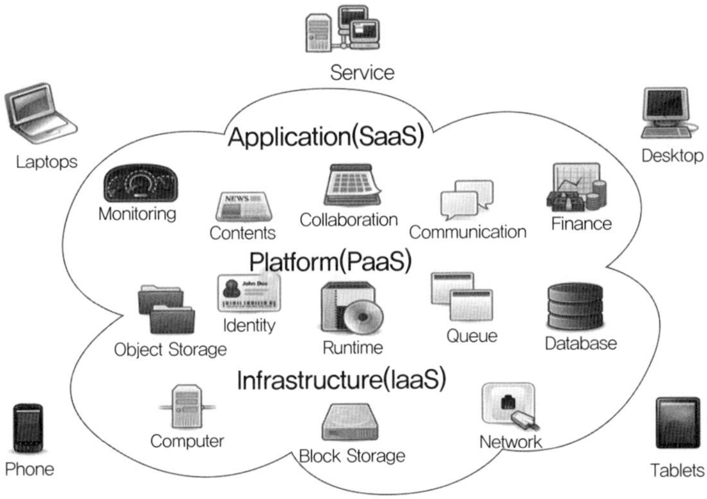

[그림 21-1] 클라우드 컴퓨팅 구성도(출처: wikipedia)

클라우드 컴퓨팅의 특징을 간단히 설명하자면, 우리가 사용하고 있는 PC에는 필요에 따라 구매한 S/W가 설치되어 있고 동영상과 문서와 같은 데이터가 저장되어 있는데요. 문서를 작성하려면 자신의 PC에 저장되어 있는 흔글과 같은 프로그램을 구동시켜야 합니다. 그러나 클라우드 서비스를 이용하면 클라우드 컴퓨팅이 프로그램과 문서를 클라우드에 저장시켜 놓고 필요에 따라 언제라도 내 PC로 인터넷을 통해 해당 클라우드에 접속하여 문서 작성과 같은 일처리를 할 수 있기 때문에 필요한 S/W를 내

64 사용자들이 프린터, 사운드카드, CD롬 드라이브 등 주변장치를 PC에 장착할 때 PC에 꽂기만 하면 주변장치들이 필요로 하는 모든 시스템 환경을 운영체제가 알아서 자동으로 설치해 주는 기능

PC에 설치할 필요도 없고, 주기적으로 업데이트할 필요도 없습니다.

더욱이 회사 컴퓨터에서 하던 문서 작업을 퇴근 후 집에서 처리하기 위하여 USB와 같은 별도의 저장매체에 담아서 가져오는 번거로움도 방지할 수 있고, 자신의 PC가 고장나도 데이터가 손상되거나 유실될 위험도 피할 수 있게 해주는 등 많은 편리함을 사람들에게 제공하고 있습니다. 이렇듯 필요한 만큼 쓰고 비용을 내면 되므로 사용 빈도가 낮은 S/W를 비싸게 구입할 필요도 없고, 과도하게 큰 저장 장치를 갖추지 않아도 됩니다.

또한, 기업도 클라우드 서비스가 도입되기 전에는 필요한 시스템을 구축하기 위해서 값비싼 H/W와 애플리케이션을 구매해서 기업 상황에 맞게 주문 제작(Customizing)하는 사내(On-premise) 시스템을 구축하고 운영했기 때문에 구축 기간이 길고 비용이 많이 들었는데요. 이러한 구축과 운영비용은 클라우드 기술의 등장으로 인하여 상당히 절감되었습니다.

사회적으로도 유사한 기능을 한데 모아 운영하기 때문에 비용은 물론 에너지 절감에도 기여할 수 있는데요. 하지만 서버가 해킹당할 경우 개인정보가 유출될 보안 위험이 있고, 인터넷 접속이 여의치 않거나 서버에 장애가 생기면 자료 이용이 불가능하다는 단점도 있습니다.

한편, 클라우드 컴퓨팅은 사용 방식에 따라 [그림 21-2]에서 보듯이 폐쇄형 클라우드(Private Cloud), 공개형 클라우드(Public Cloud), 혼합형 클라우드(Hybrid Cloud)로 분류되는데요. 폐쇄형 클라우드는 특정한 기업 내부 구성원에게만 제공되는 서비스(Internal Cloud)를 의미하고, 공개형 클라우드는 일반인에게 공개되는 개방형 서비스(External Cloud)를 의미하며, 그리고 혼합형 클라우드는 특정 업무는 폐쇄형 클라우드 방식을 이용하고 기타 업무는 공개형 클라우드 방식을 함께 이용하는 것을 의미합니다.

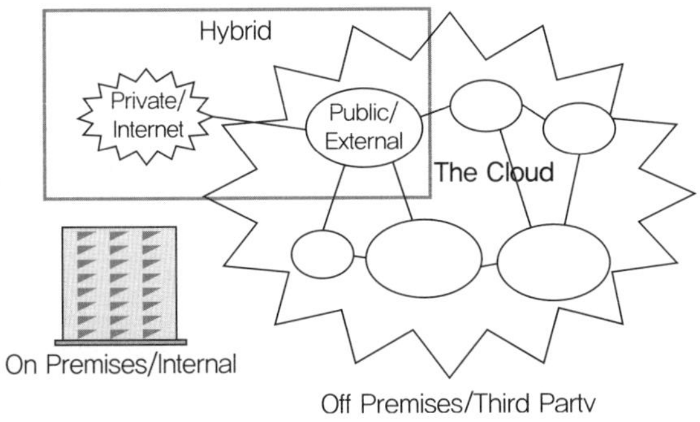

[그림 21-2] 클라우드 컴퓨팅의 종류

21.3 클라우드 컴퓨팅의 핵심 기술을 알아볼까요?

클라우드 컴퓨팅의 주요 특징으로는 각종 관리기능을 서비스 제공자가 제공하기 때문에 관리가 쉽고, 웹 서비스 운영 환경을 구축할 경우 사용자 수에 따라 사용할 리소스를 쉽게 조정할 수 있으므로 확장성이 뛰어나며, 중앙 집중방식의 단점을 분산처리방식을 통해 해결함으로써 다수 서버를 통한 분산처리가 필수적인 빅데이터 처리가 가능함 등을 들 수 있습니다. 이러한 분산처리는 클라우드의 핵심기술이므로 빅데이터와 클라우드는 밀접하게 연관될 수밖에 없는데요. 빅데이터 선도 기업인 구글과 아마존이 클라우드 서비스를 주도하고 있는 이유도 여기에 있다고 할 수 있습니다.

클라우드 컴퓨팅의 핵심기술로는 위에서 언급한 분산처리(Distributed Processing), 즉 분산컴퓨팅(Distributed Computing), 가상화(Virtualization), 시스템 관리와 서비스 플랫폼 등인데요. 분산컴퓨팅 개념은 [그림 21-3]의 구성도에서 잘 보여주고 있습니다. 그럼 기술별 주요 내용을 알아보겠습니다.

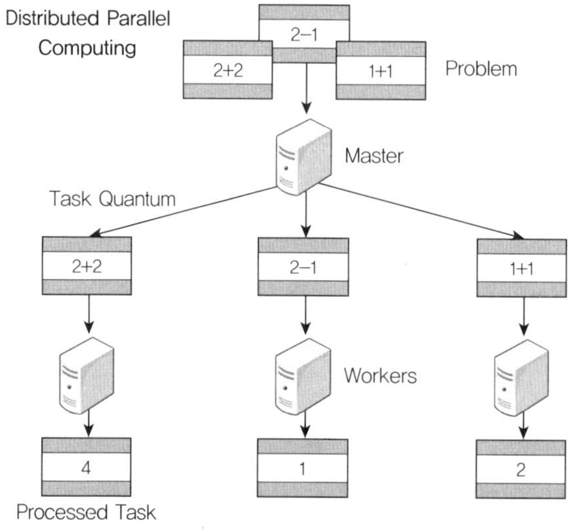

[그림 21-3] 분산컴퓨팅 구성도

분산컴퓨팅이란 여러 대의 컴퓨터에 작업을 나누어 처리하고 그 결과를 통신망을 통해 다시 모으는 방식으로서 이러한 개념의 분산시스템은 다수의 컴퓨터로 구성된 시스템을 마치 한 대의 컴퓨터 시스템인 것처럼 작동시켜 규모가 큰 작업도 빠르게 처리할 수 있습니다. 가상화란 실질적으로는 정보를 처리하는 서버가 한 대지만, 여러 개의 작은 서버로 나누어 동시에 여러 작업을 가능하게 만드는 기술로서 이 기술을 이용하면 서버의 효용률(Utilization Rate)을 높일 수 있습니다. 시스템 관리는 사용자의 가상 컴퓨팅 환경을 준비(Provisioning)하고, 제공된 가상 시스템을 모니터링하며, 사용자 서비스별 자원 활용 정도에 따른 동적인 자원 할당과 동적 스케줄링을 제공합니다. 그리고 서비스 플랫폼 서비스는 사용자들이 클라우드 컴퓨팅 인프라에 사용자 고유의 응용이나 인터넷 서비스 구축에 따른 인터페이스를 제공합니다. 그 외 보안, 사용자 인증 등이 클라우드의 주요 핵심기술들이라 할 수 있습니다.

21.4 클라우드 컴퓨팅 서비스란?

클라우드 컴퓨팅 기술을 활용하는 클라우드 컴퓨팅 서비스는 어떠한 요소를 빌리느냐에 따라 인프라 서비스(IaaS: Infrastructure as a Service), 플랫폼 서비스(PaaS: Platform as a

Service), 소프트웨어 서비스(SaaS: Software as a Service)로 구분하고 있는데요. 그럼 지금부터 서비스 형태별 주요 내용을 알아보겠습니다.

첫째, IaaS는 가상 서버나 스토리지 서비스(데이터베이스/디스크 스토리지)와 같은 클라우드 컴퓨팅과 관련된 H/W 서비스를 제공하는 것을 의미하는데요. 아마존의 EC2(Elastic Computing Cloud), S3(Simple Storage Service), Rackspace Cloud Server와 Flexiscale 등이 대표적인 서비스라 할 수 있습니다. 국내 기업의 경우 삼성SDS가 서버와 스토리지, 백업 인프라를 사용한 만큼 비용을 청구하는 유즈플렉스(USEFLEX) 서비스를 제공하고 있고, 개인 대상의 서비스로는 KT 유클라우드(ucloud), 네이버 N드라이브(N drive), 다음 클라우드가 있습니다.

둘째, PaaS란 클라우드의 개발 플랫폼을 제공하는 것을 의미하는데요. 여기서 플랫폼이란 마이크로소프트 윈도우즈(Windows)처럼 컴퓨터 시스템의 기반이 되는 H/W나 S/W와 응용프로그램이 실행되는 기반을 말합니다. 구글 앱 엔진(App Engine), 마이크로소프트 윈도 애저(Window Azure), 세일즈포스닷컴(salesforce.com) 등이 대표적인 플랫폼 서비스 상품입니다.

셋째, SaaS는 네트워크를 통해 S/W를 온라인으로 이용하는 방식으로서 이용자가 필요로 하는 기능만을 골라 이용하고 사용한 만큼 요금을 지불하는 방식인데 현재까지 다른 분야에 비해 가장 잘 정립된 분야입니다. 가장 성공적인 S/W 서비스 제공업체인 세일즈포스닷컴은 기업의 영업 활동과 고객관계관리(CRM)에 필요한 다양한 S/W를 제공하고 있고, 그 외 구글 Gmail, 마이크로소프트 hotmail, 개인 대상 서비스로 문서 작성과 계산 기능을 제공하는 광고 기반 무료 서비스인 Google Docs 등이 있습니다.

21.5 빅데이터와 클라우드 컴퓨팅의 관계는?

빅데이터와 클라우드 컴퓨팅은 불가분의 관계라고 할 수 있는데요. 예를 들어, 빅데이터를 처리하기 위해서는 다수의 서버를 통한 분산처리가 필수적인데 분산처리는 클라우드 컴퓨팅의 핵심 기술이기 때문에 빅데이터와 클라우드 컴퓨팅 기술은 상호 보완적인 관계라 할 수 있습니다.

클라우드 컴퓨팅 서비스를 제공하는 대표적인 기업들은 아마존, 구글, 마이크로소프트 등인데요. 이 중에 아마존과 구글은 빅데이터 원천 기술을 선도적으로 개발한 기업으로 개발 과정에서 자연스럽게 클라우드 서비스를 제공하게 되었습니다. 그럼 지금부터 클라우드 서비스를 제공하고 있는 세계의 대표적인 기업들에 대해 알아보도록 하겠습니다.

먼저, 구글은 인터넷 검색 서비스가 핵심인 기업인데요. 검색 서비스의 성능 개선과 이를 위한 데이터센터의 설비 증강이 구글의 가장 중요한 사안입니다. 예를 들어, 구글의 개인 클라우드 서비스인 구글 앱스는 이메일 기능(Gmail)과 문서 도구(Google Docs), 데이터 연산 기능(Google Spreadsheet)을 제공하고 있는데요. 이러한 서비스 제공을 위해서는 저장용량과 처리 성능을 지속적으로 늘려야 하기 때문에 세계 각지에 데이터센터를 계속해서 건설해야 하는 문제가 있습니다. 이에 구글은 데이터센터의 지속적 개설에 따른 비용을 절감하기 위하여 오픈 소스 S/W를 사용하고 서버도 직접 제작하는 등 저비용 설비 구축을 위해 노력하고 있습니다. 예를 들어, 벨기에에 있는 데이터센터는 야외 컨테이너 박스에 서버를 설치하였으며, 고장난 서버는 수리하지 않고 파기하고, 설비 설치 장소도 부지 값이 싼 벽지나 한랭지를 선택하는 등 비용 절감 노력을 하고 있습니다. 또한, 데이터센터에 대한 안정적인 전력 공급과 효율적 운영의 중요성을 인식하여 자연스럽게 전력관리와 발전소 사업에도 진출하게 되었습니다. 오늘날 이렇게 구축한 거대 인프라 일부를 클라우드 서비스로 제공하고 있는 것입니다.

한편, 구글은 빅데이터 분석 S/W인 빅쿼리(Big Query)를 제공하고 있는데요. 빅쿼리는 온라인분석처리(OLAP: On-Line Analytical Processing) 시스템으로 테라바이트(TB)급의 대용량 데이터를 구글 검색엔진 인프라로 실시간 분석하며, 구글 클라우드 스토리지와 함께 이용할 수 있습니다. 구글의 예측프로그램(Google Prediction API)은 기계학습을 통해 일정한 데이터 패턴을 발견하고 이를 통해 새로운 예측 결과를 제공하고 있습니다. 이 프로그램은 스팸메일을 판단해 삭제하거나 자동차의 운행 경로를 찾아주는 등 다양하게 응용할 수 있습니다.

인터넷 서점으로 출발한 아마존은 서적 검색과 추천 기능을 통해 성장하였습니다. 아마존은 서적뿐 아니라 방대한 상품 정보를 저장하기 위해 대량의 서버와 데이터베이스를 구축하였는데요. 이러한 설비를 최대치를 기준으로 설계하다 보니 평소에는 잉여 설비가 발생하게 되었습니다. 이에 아마존은 발상을 전환하여 평소에 발생하는 잉여 설비를 다른 기업에 서비스로 제공하게 되었습니다. 아마존의 클라우드 서비스는 앞에서도 언급하였듯이 저장 장치를 빌려주는 S3, 데이터베이스를 빌려주는 심플DB(SimpleDB), 서버를 빌려주는 EC2가 있으며, 빅데이터 분석용 프로그램으로는 EMR(Elastic Map Reduce)이 있습니다.

마지막으로 마이크로소프트는 컴퓨터에 운영체제(OS)를 설치하는 사업 모델로 성장해 온 기업이기 때문에 기존 사업 모델을 잠식시킬 수 있다는 우려에 클라우드 서비스와는 대척점에 서 있었습니다. 그러나 분석 결과 윈도 애저(Window Azure)와 같은 서비스는 기존의 사업 모델을 파괴하는 것이 아니라 윈도 기반과 클라우드 기반을 연계하는 경우 시너지를 낼 수 있다는 판단 하에 두 기반을 연계하는 혼합형 서비스 전략을 지향하고 있습니다.

연습문제 EXERCISE

01 클라우드 서비스는 '자료를 클라우드라는 ( )에 저장 후 필요한 자료나 프로그램을 인터넷을 통해 언제 어디서나 이용할 수 있는 서비스'로 정의하는데 괄호 안에 들어갈 단어를 고르시오.

① 분산컴퓨터 ② 에지컴퓨터 ③ 중앙컴퓨터 ④ 양자컴퓨터

02 필요할 때 언제든 PC나 모바일로 인터넷에 연결된 서버로부터 프로그램을 불러와 사용할 수 있는 클라우드 서비스 제공 분야가 아닌 것은?

① 모바일 앱 ② 데이터센터 ③ 게임 ④ 쇼핑몰 ⑤ SNS

03 클라우드 컴퓨팅이란 '사용자 인터페이스 기능을 제외한 모든 컴퓨팅 자원이 인터넷 ( )에 위치함을 의미하는 인터넷 기반 컴퓨팅'에서 괄호 안에 들어갈 단어를 고르시오.

① 클라우드 ② 데이터 ③ 네트워크 ④ 플랫폼

04 클라우드 컴퓨팅의 단점을 모두 고르시오.

① 에너지 과다 소요 ② 개인정보 유출 보안 위험 ③ 데이터 유실 위험
④ 운용 비용 과다 ⑤ 서버 장애 시 이용 불가 ⑥ 이용 요금 과다

05 클라우드 컴퓨팅의 사용 방식에 따른 분류에 속하지 않는 것은?

① 폐쇄형 클라우드 ② 공개형 클라우드
③ 혼합형 클라우드 ④ 분산형 클라우드

06 일반인에게 공개되는 클라우드 방식은?

07 클라우드 컴퓨팅의 핵심 기술들을 모두 고르시오.

① 분산컴퓨팅 ② 기계학습 ③ 가상화
④ 데이터 마이닝 ⑤ 시스템 관리 ⑥ 서비스 플랫폼

08 분산컴퓨팅이란 무엇인지 설명하시오.

09 클라우드 컴퓨팅 서비스 형태별 종류에 속하지 않는 것은?

① IaaS ② ICTaaS ③ PaaS ④ SaaS

10 IaaS는 '가상 서버나 스토리지 서비스와 같은 클라우드 컴퓨팅과 관련된 ( ) 서비스를 제공하는 것'을 의미하는데 괄호 안에 들어갈 단어를 고르시오.

① H/W ② S/W ③ 프로그램 ④ F/W

11 개인 대상의 KT 유클라우드(ucloud) 서비스는 무엇인가?

12 클라우드의 개발 플랫폼을 제공하는 것을 무엇이라고 하는가?

① P&P ② IaaS ③ SaaS ④ PaaS

13 PaaS의 사례가 아닌 것은?

① MS 윈도 애저(Window Azure) ② 구글 앱 엔진(App Engine)
③ 세일즈포스닷컴(salesforce.com) ④ 아마존 EC2

14 현재까지 가장 잘 정립된 서비스 분야는?

15 구글의 개인 클라우드 서비스인 구글 앱스에서 제공하는 기능이 아닌 것을 고르시오.

① 이메일 기능(Gmail) ② 문서도구(Google Docs)
③ 앱 엔진(App Engine) ④ 데이터 연산 기능(Google Spreadsheet)

16 구글의 빅데이터 분석 S/W인 Big Query에 대한 설명 중 틀린 항목은?

① 온라인 분석처리 시스템
② 제타바이트급 대용량 데이터
③ 구글 검색엔진 인프라로 실시간 분석
④ 구글 클라우드 스토리지와 함께 이용

17 구글의 예측 프로그램(Prediction API) 관련 내용 중 틀린 항목을 고르시오.

① 데이터 마이닝을 통해 일정한 데이터 패턴 발견
② 이를 통해 새로운 예측 결과 제공
③ 스팸 메일을 판단해 삭제
④ 자동차의 운행 경로 제공

18 아마존의 클라우드 서비스 종류를 모두 고르시오.

① S3 ② N드라이브(N drive) ③ 심플DB(SimpleDB)
④ EC2 ⑤ 유클라우드(ucloud) ⑥ EMR(Elastic Map Reduce)

19 아마존의 클라우드 서비스 중 서버를 빌려주는 서비스는?

① 심플DB ② S3 ③ EC2 ④ EMR

20 마이크로소프트 클라우드 서비스 특징과 관련하여 설명이 바르지 못한 항목을 고르시오.

① 컴퓨터에 운영체제(OS)를 설치하는 사업 모델로 성장

② 윈도 애저(Window Azure) 서비스는 기존의 사업 모델 파괴

③ 윈도 기반과 클라우드 기반 연계 시 시너지

④ 두 기반을 연계하는 혼합형 서비스 전략 지향

Chapter 22

Edge 컴퓨팅 기술

22.1 Edge 컴퓨팅 등장 배경은?

사물인터넷은 우리 일상과 밀접하게 연관되어 있고, 사물인터넷 서비스는 AI, 블록체인 기술 등과의 융합을 통해 진화 중이며, 이와 관련된 사물인터넷 기술은 스마트팩토리, 스마트홈, 스마트시티 등 타 산업 분야와 접목 중입니다. 그리고 사물인터넷 플랫폼은 사물의 네트워크 연결 급증에 따라 데이터 수집·관리·분석 등 지능 서비스 기반의 기술 제공을 요구받고 있습니다.

사물인터넷과 AI 간 융합의 의미는 물리(Physical)세계와 가상(Cyber)세계를 통합하여 동기화하는 공간을 구성하는 것이며, 융합은 사람과 사물 또는 사물 간에 자율적으로 상호 작용하고, 상황 인식 및 학습을 통해 지능형 사물인터넷으로의 발전을 가속화시킬 것으로 예측됩니다. 이러한 지능형 사물인터넷은 중앙집중형인 클라우드를 뛰어넘어 종단에서의 기능이 매우 강화된 Edge 컴퓨팅 네트워크 기술이 사물에 탑재되는 자율형 IoT로 발전할 것으로 전망됩니다.

사물인터넷의 다양한 환경에 설치된 IoT 디바이스에서 수집된 데이터는 중앙집중형인 클라우드 기반 플랫폼으로 보내지는데요. 이때 데이터 송·수신 비용과 시간이 소요됩니다. 비용과 시간은 시스템 편의성, 적시성 및 활용성에 있어 중요한 평가 요소인데, 플랫폼에 연결되는 디바이스 수가 증가함에 따라 데이터 저장·관리 및 분석이 복잡해지고, 처리 비용과 시간 또한 증가하게 됩니다. 이러한 복잡성으로 인해 주어진 시간 내 데이터를 처리하고 응답하는 적시성과 실시간 응답에 부응하는 활용성이 떨어지게 됩니다. 이처럼 중앙 집중형인 IoT 플랫폼에서 예상되는 네트워크 및 데이터 처리 비용과 응답 지연시간 문제를 해결하고자 네트워크 구간을 줄이고, 말단(Edge)에서 데이터의 지능형 처리를 수행하는 Edge 컴퓨팅 연구가 진행되면서 등장하게 되었는데요. 앞으로 많은 양의 사물인터넷 생성 데이터가 네트워크 Edge나 Edge 인근에서 저장·처리될 것으로 예상됩니다.

이러한 사물인터넷 Edge 지능화 기술은 아마존, 구글 같은 AI 선도 기업에서 활발하게 연구 중이며, 관련 칩은 물론 개발 툴까지 보급하는 등 치열하게 경쟁 중입니다. 시스코는 Edge 컴퓨팅을 포그 컴퓨팅의 구성요소 혹은 부분 집합으로 설명하고 있는데, Edge 컴퓨팅이 데이터 생성의 인접 지점에서 데이터를 처리하는 방식이라면, 포그 컴퓨팅은 Edge 처리 데이터를 Edge에서 종단까지 가져오는 네트워크 연결을 포함하는 것으로 정의하고 있습니다. 이러한 Edge 컴퓨팅 기술은 정보처리와 콘텐츠 수집·전달을 디바이스처럼 사용자 인접 지역에서 처리하는 컴퓨팅 기술로서, 로컬에서의 데이터 처리 편의성과 적시성, 활용성을 높임으로 4차 산업혁명을 구현하는 핵심기술이 될 것으로 예상됩니다.

22.2 사물인터넷 지능화 기술을 알아볼까요?

22.2.1 사물인터넷 플랫폼 차원의 지능화 기술은?

사물인터넷은 산업 기기나 센서 등을 통신 네트워크에 연결, 사람의 개입 없이 사물의 자율적 동작을 통해 새로운 가치를 창출할 수 있습니다. 이러한 동작의 중요 요소인 지연시간은 동작 명령 이후 실제 동작 수행까지 걸린 시간을 의미하는데, 사람의 개입이 없는 경우는 데이터 수집·처리 과정까지도 포함됩니다. 사물인터넷의 데이터 수집·동작이 사람보다 우수하려면 지연시간이 거의 없는 실시간 동작이 필요한데요. 이는 만일 사물인터넷의 지연시간이 길어지면 생산 제조공정에서는 제품 생산이 늦어지거나 불량품이 발생할 수 있음을 의미합니다. 자율주행자동차의 경우 지연시간이 길어서 브레이크 제동 시간이 길어지면, 주행 중인 자동차 속도로 인해 제동 시간만큼의 거리를 주행하게 되므로 큰 사고를 야기할 수 있습니다. 따라서 사물인터넷 플랫폼 차원의 지능화는 지연시간을 줄이는 신속성이 주요 방안 중 하나이며, 데이터 수집·처리·분석과 디바이스 관리기능의 수행 위치를 기준으로 클라우드 기반 IoT 플랫폼과 Edge IoT 플랫폼으로 구분할 수 있습니다.

클라우드 기반 IoT 플랫폼으로는 IBM Watson IoT Platform, Thingwork 등이 있으며, IoT 디바이스는 인터넷을 통해 플랫폼에 직접 연결·관리되고, 모든 데이터는 플랫폼에 저장·관리됩니다. 또한, 클라우드 기반 사물인터넷 플랫폼은 클라우드 위치와 사물인터넷 네트워크 구성에 따른 시간 지연으로 인해 디바이스 단에서의 실시간 반응 지원이 거의 불가능하고, 데이터 수집 및 분석이 클라우드에서 수행됨에 따라, 전체 시스템 보안 문제 발생 가능성이 높습니다. 이러한 시간 지연과 보안 문제 등으로 인하여 Edge IoT 플랫폼 필요성이 제기된 바 있는데요. 주요 Edge IoT 플랫폼으로는 Kura, OpenHAB, Flogo 등이 있으며, 형태는 클라우드 기반 플랫폼이지만, Edge와 디바이스 기술을 동시 제공하는 아마존 웹 서비스(AWS) 같은 유형도 있습니다.

22.2.2 사물인터넷 디바이스 차원의 지능화 기술은?

사물인터넷 디바이스 차원의 지능화를 위해 인프라에 데이터 분석기능을 제공하는 도구를 적용하여 중앙 서버가 아닌 사물 스스로가 수집된 데이터를 신속하게 판단하도록 할 수 있는데요. IBM Edgent의 경우, 사물이 직접 데이터를 분석할 수 있는 기능을 탑재·활용하여 이상 징후나 중요 사건 감지 시에만 서버에 데이터를 전송토록 개발되었습니다. 이러한 분석 방식은 중요하지 않은 데이터 전송을 줄여 네트워크 자원의 효율적 사용을 가능케 하며, 데이터 분석 성능 효율도 높일 수 있습니다. 그리고 Edgent는 다양한 분석 도구와 공용이 가능하며, 사물인터넷 플랫폼과 결합하여 스트리밍 데이터 및 Edge 컴퓨팅 분석에도 활용될 수 있습니다.

AI 기술도 디바이스 차원의 지능화를 위한 활용 방편으로 임베디드 시스템에 적용, 알고리즘 자체를 시스템 특성에 맞게 효율적 구조로 설계하는 경량 딥러닝 알고리즘과 상대적으로 덜 중요한 파라미터들을 줄이는 모델 압축 알고리즘 경량화 기술도 연구 중인데요. 알고리즘 경량화는 파라미터의 표현력을 유지하면서 불필요한 가중치를 최대한 없애기 위한 방법으로 연구 중입니다.

22.3 Edge 컴퓨팅 시스템 및 자원관리란?

시스코는 전 세계 IP 트래픽 양이 2021년 기준 약 3.3제타바이트(ZB)로서 2016년 대비 약 3배 성장을 예상하고, 사물인터넷 디바이스 급증이 IP 트래픽 폭증에 영향을 줄 것으로 예상하고 있습니다. 이러한 현상은 향후 최종단말이 사람에 의한 기기에서 시스템인 사물인터넷 기기로의 변화를 가능하게 해줍니다. 또한, 폭발적 데이터로 인한 과

부하로부터 네트워크를 보호하기 위해 사물인터넷 기기를 인접에서 관리할 필요가 있습니다.

중앙 집중화된 구조인 현재의 클라우드 컴퓨팅은 다음과 같은 이슈에 의해 변화가 필요한데요. 첫째, 스마트그리드, 자율주행차 등의 다양한 IoT 서비스 제공 시 물리적 지연이 불가피하고, 둘째, 폭증하는 사물인터넷 기기들의 데이터 전송과 분석으로 클라우드 서버 네트워크와 컴퓨팅에 과부하 위험이 존재하며, 마지막으로 클라우드 비즈니스에 심각한 손해를 끼칠 수 있는 서버의 안정성 문제입니다.

상기와 같은 문제 해결을 위해 사용자와 인접한 Edge 노드에서 컴퓨팅, 네트워킹 및 저장을 지원하는 분산형 Edge 컴퓨팅 시스템이 출현하게 되었는데요. Edge 컴퓨팅 시스템은 클라우드 서버로 데이터를 보내지 않고, 인접한 Edge 노드에 데이터를 오프로딩하여 저지연을 달성하는 분석·처리 기능이 포함됩니다. Edge 컴퓨팅은 물리적인 거리를 줄여주지만, 기존 클라우드에 비해 자원이 한정되므로, 고화질 영상 처리, 분석 등에는 과부하가 걸릴 위험이 존재하는데요. 결과적으로 이것이 저지연 달성에 어려움을 줄 수 있는 요소이기 때문에 Edge 컴퓨팅 자원을 효과적으로 활용하는 Edge 컴퓨팅 자원관리 연구도 중요합니다.

22.3.1 Edge 컴퓨팅 시스템을 알아볼까요?

클라우드 컴퓨팅이 가상화와 네트워킹 기술발전으로 풍부한 컴퓨팅, 저장 및 네트워킹 관리기능을 제공하고, 엄청난 양의 컴퓨팅 수요를 수용하고 발전을 이끌어왔지만, 중앙 집중 클라우드 컴퓨팅 기술의 안정성, IoT의 급격한 데이터 처리량 증가 및 저지연 서비스 수요로 클라우드 컴퓨팅 기술에 기반한 컴퓨터 자원을 [그림 22-1]에서 보듯이 기기 인접한 곳에 배치한 분산 구조의 Edge 컴퓨팅이 등장하였습니다.

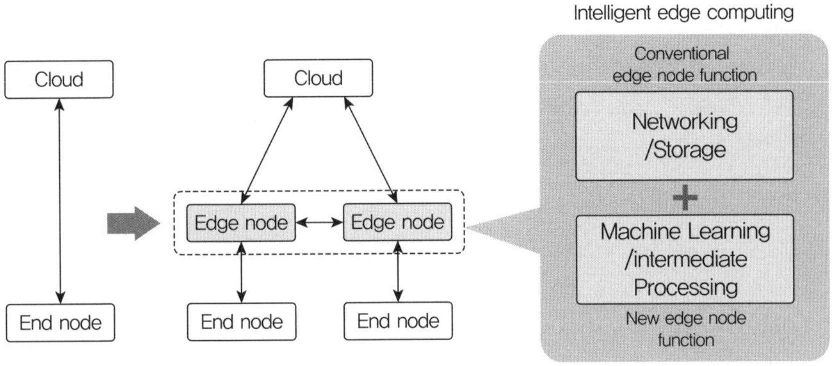

[그림 22-1] Edge 컴퓨팅 개념도(출처: [참고5] 사물인터넷융합포럼)

클라우드 컴퓨팅은 데이터 중앙 집중화로 사용자가 많은 컴퓨팅 자원을 직접 보유치 않아도 고수준 서비스에 활용 가능해 많이 사용되었습니다. 인터넷은 양방향 구조이지만, 사물인터넷은 주로 한 방향으로 데이터가 많이 흐르는 형태이므로 클라우드 컴퓨팅과 유사 구조이나, 데이터가 한 방향으로 흘렀다가 다시 복귀하는 시간 또한 빨라야 합니다. 즉, 데이터를 중앙에서 처리 후 다시 분배하는 구조로는 지연시간 최소화에 한계가 있어, 데이터를 클라우드로 보내지 않고, Edge에서의 직접 처리 기술이 주목받게 되었습니다. Edge 컴퓨팅에서는 클라우드에 보낼 필요가 없는 데이터는 즉시 처리하고, 수집 데이터 중 의미 있는 결과만 클라우드로 보냄으로써 전체 네트워크 과부하를 해소할 수 있습니다. 한편, 클라우드가 해킹당하는 경우, 중앙 집중으로 인해 전체 네트워크 마비 상황이 초래될 수 있는 반면, 독립 구성인 Edge 컴퓨팅은 네트워크 마비 상황 방지가 가능하며, 중요 정보는 클라우드에 집중 저장하는 대신 분산 저장하므로 정보 대량 유출의 위험도 경감시킬 수 있습니다.

[그림 22-2]는 클라우드 기반의 컴퓨팅과 Edge 컴퓨팅을 비교한 개념도인데요. [그림 22-2]에서 Edge 컴퓨팅이 클라우드 컴퓨팅에 비해 데이터의 분산처리로 인한 지연시간이 10배 이상 줄어드는 것을 알 수 있습니다.

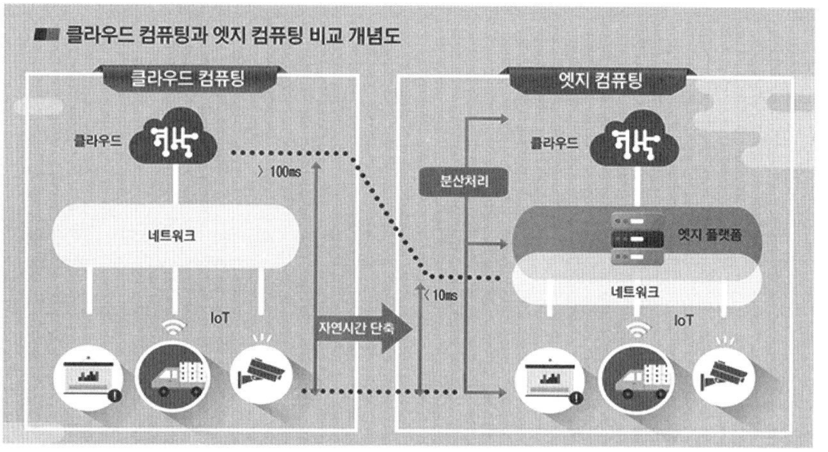

[그림 22-2] 클라우드 및 Edge 컴퓨팅 비교 개념(출처: [참고4] 정보통신신문)

1) Edge 컴퓨팅 종류를 알아볼까요?

대표적인 Edge 컴퓨팅 종류와 특징은 〈표 22-1〉과 같은데요. Edge 컴퓨팅은 Edge 노드의 위치에 따라 루프, 미스트, 포그 컴퓨팅과 같이 혼용되어 사용되고 있으며, Edge 컴퓨팅 시스템에서 Edge 노드는 기기와 가까운 위치에 존재하므로 위치 추적 시그널링 없이도 위치 기반 서비스 구현이 가능합니다. 아울러, 다양한 이기종을 가진 IoT 기기 간 연결성을 인접 위치에서 지원하므로 빠른 정보 수집과 피드백이 가능합니다.

〈표 22-1〉 Edge 컴퓨팅 종류별 특징(출처: [참고6] 한국전자파학회)

구 분	주요 특징
Fog Computing	- 시스코에 의해 만들어진 Edge 컴퓨팅 개념으로 클라우드 → 포그노드 → 중앙 서버 3계층 구조를 가짐 - 포그노드로는 주로 유/무선 라우터이며, 최근에는 범용 서버로 범주를 늘리는 추세 * Open Fog Consortium에서 시스코 주도로 개발이 진행 중
Multi-access edge Computing	- 노키아 주도 Edge 컴퓨팅 개념으로 모바일 Edge 컴퓨팅이 IoT에서 멀티 액세스 컴퓨팅으로 이름 변경 진행 중 - Edge 노드로 무선 기지국을 주로 고려하기 때문에 실시간 무선 정보를 활용한 다양한 시나리오 고려 중
Cloudlet	카네기멜론대학과 마이크로소프트의 주도로 Edge 컴퓨팅 개념을 도입하였으며, 오픈스택 기반의 클라우드 컴퓨팅 기술을 기반으로 Edge 컴퓨팅 구현

2) Edge 컴퓨팅 기술 동향은?

포그 컴퓨팅 기술은 초기에는 클라우드 서버와 네트워크 Edge 디바이스들 사이의 연산, 저장 등을 제공하는 기능으로 소개되었으나, 향후 저사양에서 고사양까지 다양하게 사용할 수 있도록 발전하였으며, 공유주차 시스템, 차량 간 통신 등 저지연 서비스에도 적용 가능합니다.

마이크로소프트는 데이터 수집 및 분석·추론 등을 위한 Azure IoT Edge를 개발하였는데, 클라우드에서 데이터 분석, 기계학습 등을 수행한 후 IoT Edge의 컨테이너를 활용하여 결과를 배포하고, Edge에서는 인공지능을 활용한 고급 데이터 분석을 실시합니다. IoT Edge는 컨테이너 기반 모듈, 클라우드 인터페이스 등으로 구성되며, 드론과 같은 산업용 장비는 클라우드 서버를 거치지 않고도 자체 학습을 통해 이상 징후 등의 판단이 가능합니다.

아마존은 AWS Greenglass 솔루션을 보유하여 클라우드 기능을 로컬 디바이스로 확장하여 기능을 구현하고 있으며, AWS Lambsa와 AWS IoT를 사용하여 애플리케이션을 수행합니다. 구글은 자체 보유 중인 Cloud IoT Core와 연동 가능한 Edge 플랫폼 초기 모델을 제공 중이며, 이 플랫폼은 안드로이드와 Linux를 지원하고 있습니다.

3) Edge 컴퓨팅 기술 생태계(Ecosystem)란?

Edge 컴퓨팅 기술 생태계는 Edge 컴퓨팅 칩, IoT 플랫폼과 Edge 단말로 구성되는데요. 첫째, Edge 컴퓨팅 칩은 Edge 노드 단에서의 데이터 처리 가속화 기능을 포함하며, 다양한 위치에서의 사물인터넷 기기 컴퓨팅 지원을 위해 저전력과 내구성이 요구됩니다. 둘째, IoT 플랫폼은 모바일 애플리케이션을 개발하는 안드로이드, iOS와 유사하며, Edge 컴퓨팅 애플리케이션은 여러 가지 오픈 소스로 제안 가능한데요. 오픈 소스는 리눅스, 델이 주도하는 EdgeX가 사물인터넷 서비스에 특화된 Edge 컴퓨팅 플랫폼으로 발전 중이며, 네트워크 장비 부분의 Edge 컴퓨팅화를 주도하는 시스코도 플랫폼을 확산시키고 있습니다. 클라우드 서비스의 마이크로소프트, 아마존도 기존 클라우드 플랫폼을 발전시켜 Edge 컴퓨팅 플랫폼을 개발, 확산시키는 중인데, Edge 컴퓨팅 플랫폼은 가상화, 마이크로서비스, 클라우드 연계, 이기종 하드웨어 사물인터넷 연결 등을 지원하고 있습니다. 마지막으로 Edge 단말은 라우터와 데이터 분석 기능 탑재 게이트웨이 등으로 구성됩니다.

22.3.2 Edge 컴퓨팅 자원관리 기술 동향은?

Edge 컴퓨팅 노드는 중앙 집중 클라우드에 비해 한정된 자원으로 운영되어 데이터 분석 처리 수요 급증 시 처리 지연이 커질 수 있는데요. 이 경우 네트워크 저지연이 장점인 Edge 컴퓨팅이 역설적으로 처리 지연으로 인해 서비스를 악화시키는 결과를 초래할 수도 있습니다. 따라서 사물인터넷 기기의 서비스 요구사항을 만족시키고, 한정된 자원의 효율적 관리를 위한 자원관리 연구가 진행 중인데요. 세부 내용은 기기 종단의 경우 Edge 노드 처리 및 네트워크 지연을 종합 고려한 컴퓨팅 오프로드, 최적 오프로드량 결정 알고리즘 개발 등입니다. 그리고 Edge 노드 단에는 다양한 기기들이 컴퓨팅 오프로딩 요청 시, 서비스 요구사항에 맞게 스케줄링하는 연구 또한 진행 중인데요. Edge 컴퓨팅 자원 부족으로 처리 수요 급증 시, 스케줄링에 의한 서비스 요구사항 만족이 어려우므로, 자원이 많은 클라우드 서버와 연계하여 다양한 처리 수요를 수용하는 Edge 노드와 클라우드 연계 연구도 활발하게 진행 중입니다.

22.4 Edge 컴퓨팅 오픈 소스 프로젝트란?

기존 클라우드 플랫폼 분야에서 오픈 소스 프로젝트 관련 연구가 많이 진행 중인 것과 마찬가지로 Edge 컴퓨팅 분야 연구도 활발하여 오픈 소스 클라우드 OS인 오픈스택에서 논의를 시작하였고, 구현을 위한 프로젝트도 진행 중입니다. 아울러, OPNFV(Open Platform for NPV)도 다양한 프로젝트를 진행 중이며, AT&T는 Edge 컴퓨팅 오픈 소스인 AKRAINO를 발표하고 개발 논의를 진행 중입니다.

22.4.1 오픈 소스 Edge 컴퓨팅 프로젝트를 알아볼까요?

첫째, 오픈스택의 경우, 오픈스택 Summit에서 Edge 클라우드 관련 논의를 시작하였고, 분산 클라우드 환경 지원 방법, 유즈케이스와 API 정의 등 오픈스택 환경 기반의 Edge 클라우드 지원 구조 확장 논의를 진행하였는데요. 이후 실제 개발을 위한 Openstack Startling 프로젝트를 진행하면서, 좀 더 실질적인 논의를 진행 중에 있습니다. 이외 Industry Group에서도 Edge 클라우드 관련 연구가 진행 중인데, Deutsche Telecom 주도의 다양한 통신사가 소속된 프로젝트 Telecom Infra Project(TIP)에서도 Edge 컴퓨팅 프로젝트 그룹을 구성하고, 서비스/애플리케이션을 위한 환경 및 실제적인 구현을 위한 논의를 진행 중입니다. 여기서는 기본 Edge 클라우드를 위한 구조 개발이 아니라, 오픈 소스 기반 구조 라이브러리, 소프트웨어 등 목표 환경에 잘 적용시키기 위한 인터페이스나 구조도 연구 중입니다.

둘째, 글로벌 통신사업자들을 중심으로 구성된 OPNFV(Open Platform for Network Function Virtualization)는 공개 소프트웨어 플랫폼 요구사항 정의와 NFV(Network Function Virtualization) 플랫폼 통합을 위해 주제별로 다양한 프로젝트를 수행 중에 있는데요. OPNFV도 Edge 구조에 대한 연구와 프로젝트 연계 논의를 위해 Edge 클라우드 프로젝트를 생성하였으며, 요구사항 분석, 시나리오 및 통합 플랫폼 구성, 테스팅 전략 등에 대한 논의를 진행하고 있습니다. Edge 클라우드에 대해서는 여러 가지 Edge 서비스 요구사항을 분석, 반영하여 배포·적용하기 위한 논의를 진행 중이며, Edge 클라우드 분석 요구사항을 고려한 시나리오 및 요구사항 가이드 구성 작업도 진행 중입니다. 기타 Clover, Auto, Container4NFV 등의 OPNFV에서도 Edge 클라우드 논의를 진행 중입니다.

마지막으로 AKRAINO는 Edge 클라우드의 대표적 플랫폼으로 시나리오와 요구사항 적용 논의가 진행 중입니다.

22.4.2 오픈 소스 Edge 컴퓨팅 종류는?

1) StarlingX

StartlingX는 저지연 및 고성능 애플리케이션에 최적화된 오픈 소스 에지 컴퓨팅 및 IoT 클라우드 플랫폼으로서, 오픈스택 재단(OpenStack Foundation)의 Edge 컴퓨팅을 위한 독립 프로젝트였으나, WindRiver사가 Titanium Cloud 제품으로 개발한 기술을 Intel과 함께 오픈스택 재단에 기부함으로써 오픈되었는데요. StarlingX는 오픈스택과 같은 클라우드 컴포넌트를 사용, 다양하게 분산된 Edge에서의 고가용성, QoS, 보안, 저지연성 등 통합 플랫폼 제공을 목적으로 하고 있습니다. 그리고 원격 Edge 환경 관리 플랫폼 역할을 수행하여 호스트 노드 환경 설정, 서비스 관리, 원격 소프트웨어 업데이트 기능과 서버, 네트워크 발생 문제를 알리는 기능도 제공합니다. 또한, StarlingX는 구성, 오류, 호스트, 서비스, 소프트웨어 관리기능을 제공합니다.

2) AKRAINO Edge Stack

AKRAINO는 Edge 컴퓨팅을 목표로 가용성 향상, 지연 최소화 등을 제공할 수 있는 Edge 플랫폼 구현을 목표로 하고 있는데요. 이 프로젝트는 AT&T와 같은 통신 사업자를 중심으로 시작되었지만, 지금은 IoT 네트워크는 물론 이에 대한 솔루션들도 함께 고려하고 있습니다.

22.5 산업용 IoT Edge 컴퓨팅 기술 동향은?

기존 공장에서는 생산설비 제어 시스템을 통해 공장을 자동으로 관리하였다면 스마트 공장은 자동화보다 진보된 IT 및 OT(Operation Technology) 기술이 융합된 지능화 제공을 목표로 하고 있는데요. 기술 융합을 통한 지능화는 생산설비 등을 센서와 IoT를 통해 연결하고, 이를 통해 수집된 데이터를 분석하여 최적의 상황을 예측·관리하게 됩니다. 이와 같이 공장 설비의 이상 유·무를 미리 확인하여 제품 불량률을 감소시키며, 시장 수요에 적극 대응함으로써 제품 출시 기간 또한 단축할 수 있을 것으로 예상됩니다.

이러한 산업 환경에서의 Edge 컴퓨팅 기술은 정보처리, 콘텐츠 수집·전달이 디바이스와 인접한 곳에서 실시간 처리 형태로 사용 가능하므로 스마트공장을 포함한 산업 IoT 분야에서 급증할 것으로 예상되는 데이터 처리 시간 단축, 보안 강화, 전송 비용 감소에 적극 활용될 것으로 예상됩니다.

22.5.1 산업 IoT 요구사항은?

IoT가 2단계인 지능형 IoT 기술로 넘어오면서 기존 단순 사물 연결 및 데이터 전달을 넘어, 데이터를 분석 및 예측하는 지능 행위가 추가되어 스마트공장, 공장자동화 등 고신뢰성, 실시간성이 요구되는 분야에도 기술 적용이 가능해졌는데요. IoT 기술의 산업 분야 적용에는 지능 부분 추가뿐만 아니라 시스템 문제로 인해 금전 손실과 인적 사고도 유발할 수 있어 엄격한 기술 특성이 요구되고 있습니다. 이러한 요구사항이 있음에도 불구하고, 산업 영역에서는 디지털 기반의 물리공간과 가상공간의 협업을 통한 생산성 향상과 새로운 가치 창출 장점으로 인해 산업 분야에 IoT 기술을 도입하려는 움직임이 활발하게 진행 중입니다.

22.5.2 산업 IoT에 적용을 위한 Edge 컴퓨팅 기술 동향은?

GE Predix, Industrial Internet Consortium, 독일의 platform industrie 4.0 등이 주요 산업용 IoT이지만, 최근 오픈 소스를 기반으로 하여 특정 업체의 기술에 종속되는 현상을 피하고, 실시간 처리, 데이터 보안 등을 지원하면서 다양한 산업 현장 서비스를 지원하기 위한 개발이 활발히 진행 중인데요. 산업 현장의 Edge 컴퓨팅 개발에 활용 가능한 오픈 소스로는 EdgeX, Foglamp, Flogo 등이 있습니다, 이중 EdgeX는 벤더에 대해 중립적인 오픈 소스 프로젝트로서 Edge 컴퓨팅을 위한 개방형 프레임워크 구축을 목표로 하는데요. 이 프로젝트는 산업 현장의 특성을 고려, IP 및 비 IP 기반 연결 프로토콜, 보안 및 시스템 관리 등을 수용하는 사물인터넷 Edge 요구사항을 충족시키도록 설계되어 있습니다.

22.6 시스코 IoT Edge 컴퓨팅 사례를 알아볼까요?

[그림 22-3]에서는 시스코의 사물인터넷 구조를 보여주고 있는데요. 데이터센터 클라우드에는 클라우드 컴퓨팅(Cloud Computing), 코어 네트워크와 서비스에는 클라우드 포그 컴퓨팅(Cloud Fog Computing), 에지에는 포그 컴퓨팅(Fog Computing)이 사용됨을 알 수 있습니다.

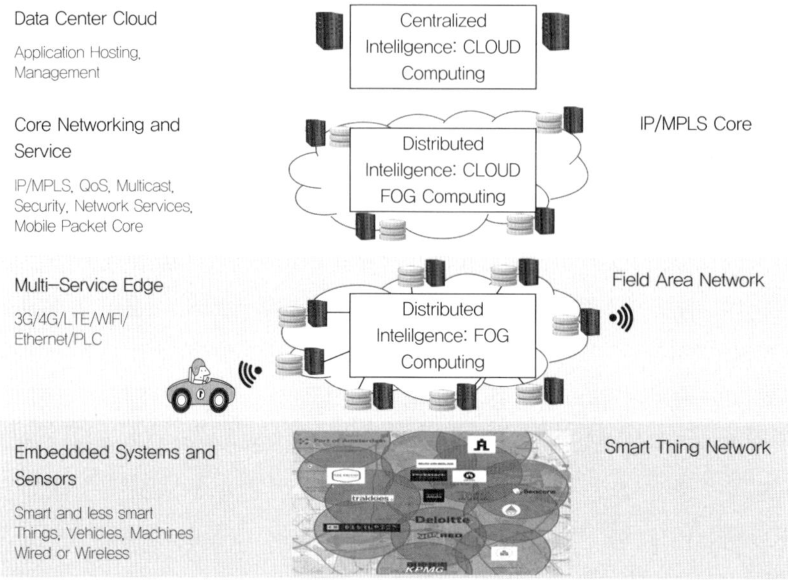

[그림 22-3] 시스코 사물인터넷 구조

포그로 명명한 이유는 클라우드보다 지상에 더 근접하여 서비스가 이루어지기 때문인데요. 여기서 지상에 더 근접하였다는 의미는 서비스가 네트워크 Edge나 셋업 박스(Setup Box), 액세스 포인트(Access Point) 등 단말 장치(End Device)가 직접 사용되는 곳에 호스팅(Hosting)되는 것을 의미합니다. 그 결과 포그 컴퓨팅은 가상화된 플랫폼을 이용하여 중앙 데이터센터와의 접속 횟수와 소비대역폭을 줄일 수 있습니다.

시스코는 포그 컴퓨팅을 통해 만물인터넷(IoE: Internet of Everything) 시대를 위한 지능형 분산컴퓨팅을 제안하였으며, 새로운 인프라 기술을 개발 중인데요. 네트워크 관점에서 다수의 노드와 대용량 데이터 처리를 고민하고 있습니다. 그러나 이와 더불어 고려되어야 하는 사항으로는 포그 컴퓨팅 신뢰성(Reliability) 향상, 네트워크 대역폭(Bandwidth) 한계 극복, 그리고 각각의 오브젝트(Object)를 IP를 통하여 인식, 명명(Naming), 식별(Identification)하는 기술 확보 등이 있습니다.

시스코의 또 다른 포그 컴퓨팅 개발 이유는 사물과 그 사물이 생성하는 데이터, 데이터 처리 프로세스, 사람이 모두 연결되는 초연결 환경에서는 현재 인프라만으로는 부족하기 때문인데요. 이에 시스코는 포그 컴퓨팅 구조와 개방형 연동 클라우드 서비스인 [그림 22-4]와 같은 인터클라우드(InterCloud)[65] 기술을 제시한 바 있습니다.

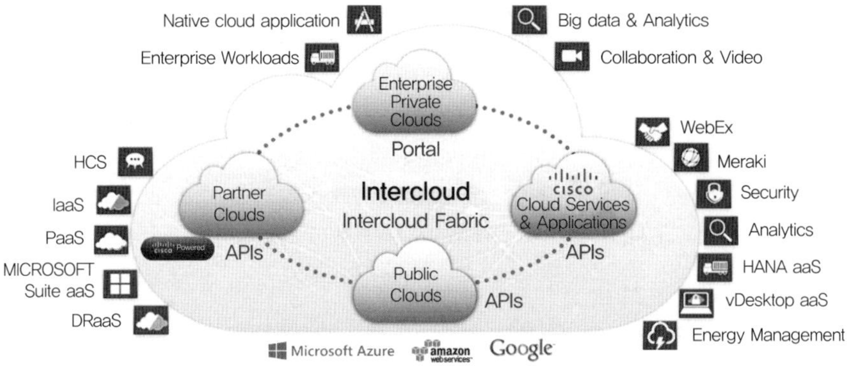

[그림 22-4] 시스코의 사물인터넷을 위한 인터클라우드

초연결 시대 도래에 대비하기 위하여 산재된 여러 클라우드를 상호 연결하기 위해 전 세계적으로 연결된 클라우드 네트워크인 인터클라우드를 구축하고 있는데요. 인터클라우드는 전 세계적으로 안전한 클라우드 플랫폼을 구축하여 전 세계 모든 곳에 안전한 클라우드 서비스를 제공하기 위한 것입니다. 이러한 인터클라우드로 만물인터넷(IoE)으로부터 요청되는 초연결 네트워크 수요를 충족시키고, 고부가가치의 애플리케이션 워크로드는 물론 실시간 분석, 무한에 가까운 고확장성을 지원하고자 하는 것입니다. 더불어 개방적인 클라우드 서비스 제공, 로컬 호스팅, 로컬 서비스 제공업체 참여를 허용해 고객이 데이터 주권 문제를 해결할 수 있도록 도와주고 규정 준수(Compliance)와 통제력을 갖춘 서비스 선택권을 제공하기 위한 기술을 개발 중입니다.

지금도 시스코, IBM 등 글로벌 기업들은 일상생활, 공공과 산업분야 등에 적용되는 사물인터넷 생태계 주도권 경쟁을 하고 있으며, 특히 시스코는 네트워크 기술에 대한 강점을 바탕으로 Smart+Connected Communication 전략을 실현하기 위해 IoE 솔루션 기업 간 협력을 추진하고 있습니다.

65 둘 이상의 클라우드 서비스 제공자 간 상호 연동을 가능케 하는 기술

연습문제 EXERCISE

01 사물인터넷과 ( ) 간 융합의 의미는 '물리 세계와 가상 세계를 통합하여 동기화하는 공간을 구성하는 것'에서 괄호 안에 들어갈 단어를 고르시오.

① 클라우드 ② 인공지능 ③ 가상물리시스템 ④ 빅데이터

02 IoT 디바이스가 수집한 데이터를 중앙 집중형 클라우드 기반 플랫폼으로 보낼 때 소요되는 데이터 송 · 수신 비용과 시간의 평가 요소에 속하지 않는 것은?

① 경제성 ② 편의성 ③ 적시성 ④ 활용성

03 Edge 컴퓨팅 기술은 '정보 처리와 콘텐츠 수집 · 전달을 ( )처럼 사용자 인접 지역에서 처리하는 컴퓨팅 기술'에서 괄호 안에 들어갈 단어는?

① 태블릿 PC ② 스마트폰 ③ 노트북 ④ 디바이스

04 시스코는 Edge 컴퓨팅을 무엇으로 설명하고 있는지 기술하시오.

05 데이터 수집 · 처리 · 분석과 디바이스 관리 기능의 수행 위치를 기준으로 구분하는 사물인터넷 플랫폼 종류를 기술하시오.

06 클라우드 기반 IoT 플랫폼에서 예상되는 문제점에 속하지 않는 것은?

① 클라우드 위치와 사물인터넷 네트워크 구성에 따라 시간 지연 발생
② 시간 지연으로 인해 디바이스 단에서의 실시간 반응은 지원 불가
③ 데이터 수집 및 분석을 자율형 디바이스에서 수행
④ 전체 시스템에 대한 보안 문제 발생 가능성이 높음

07 시간 지연과 보안 문제로 인하여 Edge IoT 플랫폼의 필요성이 제기되고 있는데, 클라우드 기반 플랫폼이지만 Edge와 디바이스 기술을 동시에 제공하는 유형의 Edge IoT 플랫폼은 무엇인가?

① Kura ② 아마존 웹 서비스(AWS)
③ OpenHAB ④ Flogo

08 중앙 집중화된 구조인 현재의 클라우드 컴퓨팅이 변화를 요구받는 이유가 아닌 것을 고르시오.

① 스마트그리드, 자율주행차 등 IoT 서비스 수용 시 물리적 지연 불가피

② 폭증하는 사물인터넷 기기의 데이터 전송, 분석 요구로 클라우드 서버 네트워크와 컴퓨팅 과부하 위험

③ 클라우드 비즈니스에 심각한 손해를 끼칠 수 있는 서버 안정성 문제

④ 중앙 서버가 아닌 사물 스스로 수집되는 데이터를 신속하게 판단

09 Edge 컴퓨팅이란 '클라우드 컴퓨팅 기술 기반의 컴퓨터 자원을 기기 인접한 곳에서 처리토록 하는 (　　) 구조 컴퓨팅'에서 괄호 안에 들어갈 단어는?

① 분산　② 통합　③ 하이브리드　④ 임베디드

10 Edge 컴퓨팅이 과부하를 해소하는 방안을 모두 고르시오.

① 클라우드에 보낼 필요가 없는 데이터는 즉시 처리

② 수집 데이터 중 의미 있는 결과만 클라우드로 보냄

③ 데이터를 중앙에서 처리 후 다시 분배

④ 중요 정보를 클라우드에 분산 저장

11 Edge 컴퓨팅 종류가 아닌 것은?

① Fog Computing　② Multi-access edge Computing

③ Cloudlet　④ External Cloud

12 Cloudlet은 '(　　) 기반의 클라우드 컴퓨팅 기술을 기반으로 Edge 컴퓨팅을 구현'에서 괄호 안에 들어갈 단어를 고르시오.

① API　② 오픈스택　③ 펌 웨어　④ 소스 코드

13 Edge 컴퓨팅 기술 생태계에 속하지 않는 것은?

① Edge 컴퓨팅 칩　② IoT 플랫폼　③ 분산컴퓨팅　④ Edge 단말

14 StarlingX 관련 내용 중 틀린 것을 고르시오.

① 저지연 및 고성능 애플리케이션에 최적화

② 오픈소스 에지 컴퓨팅

③ IoT 클라우드 플랫폼

④ AT&T와 같은 통신 사업자를 중심으로 시작

15 산업 IoT에 적용을 위한 Edge 컴퓨팅 기술의 최근 개발 동향에 속하지 않는 것을 고르시오.

① 통제력을 갖춘 서비스 선택권 제공을 위한 기술 개발
② 오픈 소스 기반으로 특정 업체에 기술 종속 현상 회피
③ 실시간 처리, 데이터 보안 등을 지원
④ 다양한 산업 현장 서비스 지원을 위한 개발

16 시스코에서 IoT Edge 컴퓨팅을 포그로 명명한 이유는?

17 포그 컴퓨팅 구조와 개방형 연동 클라우드 서비스는 무엇인가?

Part

06

사물인터넷과 스마트팩토리

제23장 4차 산업혁명과 스마트팩토리 | 제24장 스마트팩토리 주요 기술 영역
제25장 스마트팩토리 적용 사례

Chapter 23

4차 산업혁명과 스마트팩토리

4차 산업혁명 시대의 첨단기술들인 IoT, AI, 빅데이터, 로봇 등은 제조업은 물론이고 사회 모든 분야에 도입·보급되었고, 제조 생산기술을 근간으로 하는 스마트팩토리는 제품을 조립, 포장하고 기계를 점검하는 전 과정이 자동으로 이뤄지는 공장입니다. 모든 설비와 장치가 무선통신으로 연결되어 있기 때문에 실시간으로 전 공정을 모니터링하고 분석할 수 있습니다. 이와 같은 특성으로 스마트팩토리는 정보통신기술(ICT)의 융합으로 이뤄지는 차세대 산업혁명인 4차 산업혁명의 핵심으로 꼽힙니다.

23.1 스마트팩토리의 개념은?

한국산업표준의 정의에 따르면 스마트팩토리는 '전통 제조 산업에 ICT를 결합하여 제품의 기획, 설계, 생산, 유통, 판매 등 전 과정을 ICT로 통합하고, 최소 비용, 시간으로 고객 맞춤형 제품 생산을 지향하는 공장으로, 생산성 향상, 에너지 절감, 인간 중심의 작업 환경이 구현되고, 개인 맞춤형 제조, 융합 등 새로운 제조환경에 능동적 대응이 가능한 공장'으로 정의하고 있습니다. 즉, 제품의 기획부터 판매까지의 모든 생산과정에 5G, AI, IoT, 빅데이터 등의 ICT를 활용하여 생산성, 품질, 고객만족도를 향상시키는 지능형 생산 공장으로 공장 내 설비와 기계에 IoT를 설치하여 공정 데이터를 실시간으로 수집하고, 플랫폼에 저장해 분석한 데이터를 기반으로 어디서 불량품이 발생하였는지, 이상 징후가 보이는 설비는 어떤 것인지 등을 AI가 파악하여 이를 분석해 스스로 제어할 수 있게 만든 미래의 공장입니다.

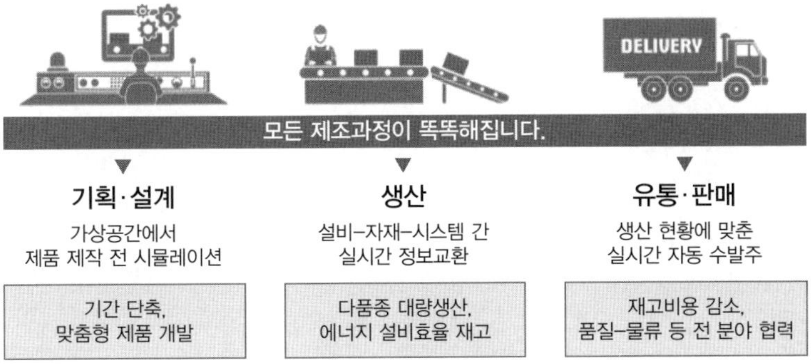

[그림 23-1] 스마트팩토리 개념(출처: 스마트제조혁신추진단)

23.2 스마트팩토리의 등장 배경을 알아볼까요?

21세기에 들어서면서 인구 고령화로 인해 숙련된 노동자들이 점차 줄어들게 되었고, 트렌드가 빠르게 변하면서 제품의 수명주기가 급격히 줄어들게 되었습니다. 여기에 소비자들의 요구가 다변화, 다양화되면서 개인 맞춤형 생산이 요구되고 경제 구조가 제조업에서 정보기술(IT)을 포함한 서비스업 중심으로 옮겨가면서 전통적인 제조업은 큰 타격을 입게 되어 제조업의 혁신이 요구되었습니다. 이로 인해 스마트팩토리가 등장하였는데요. 스마트팩토리에는 IoT, AI, 머신러닝, 빅데이터 등 다양한 기술이 활용되어 이를 통해 생산, 공정 과정을 효율화할 수 있습니다.

각 공장에서 수집한 데이터를 바탕으로 분석하여 공장에서 발생하는 문제 원인을 보다 쉽게 해결하고, 생산 공정의 모든 상황을 모니터링 및 공유하여 효율적인 생산 체계를 구축할 수 있습니다. 또한, 로봇, 드론, 자율주행 등을 가동하여 사람의 업무를 대신해주고, 불필요한 공정절차를 간소화할 수 있고, 불량 제품의 발생률을 낮출 수 있습니다.

23.3 스마트팩토리의 범위는?

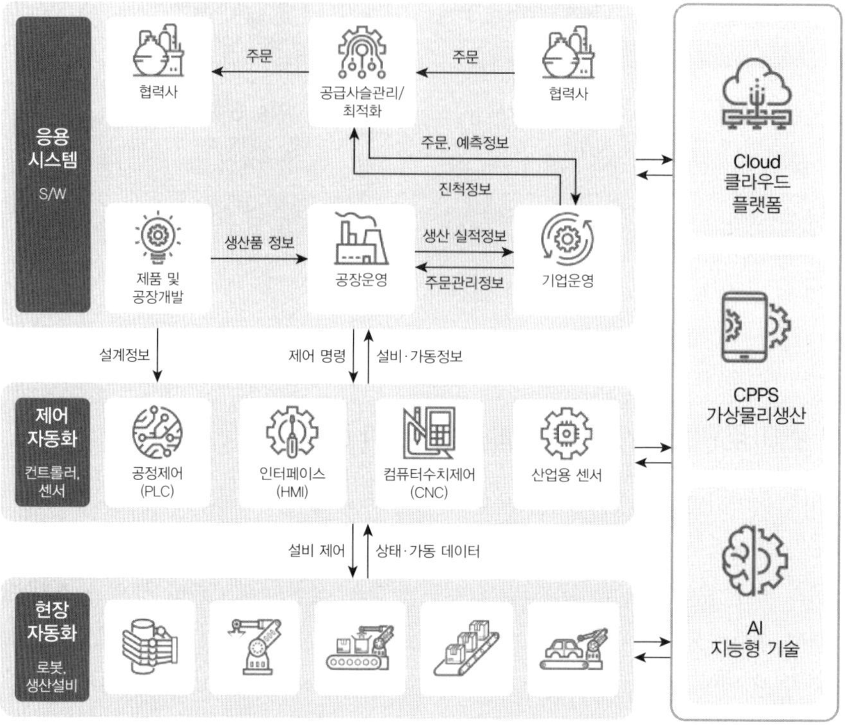

[그림 23-2] 스마트팩토리 범위(출처: 스마트제조혁신추진단)

스마트팩토리의 범위는 [그림 23-2]에서 보듯 공장 운영을 위한 MES, 기업 운영을 위한 ERP, 제품공정개발을 위한 PLM, 고객사와의 연관을 위한 SCM 등의 플랫폼 상에서 가종 제조 실행을 수행하는 애플리케이션뿐 아니라 각종 디바이스에 의해 수집된 데이터 가시화 및 분석할 수 있는 현장의 자동화 시스템과 제어 자동화 장비와 이를 뒷받침해줄 수 있는 핵심적인 플랫폼 기술인 클라우드, AI, 빅데이터 및 가상물리생산 시스템을 포함하고 있습니다.

23.4 스마트팩토리의 특징을 알아볼까요?

지금까지의 공정 자동화 기술은 각각의 공정별로만 자동화가 이뤄져 있어 전체 공정을 유기적으로 관리하기 어려웠습니다. 하지만 스마트팩토리는 ICT 기술 덕분에 모든 설비나 장치가 무선통신으로 연결되어 있어, 전후 공정 간 데이터를 자유롭게 연계할 수 있고, 이를 통해 보다 유기적이고 통합적인 최적의 생산 환경을 이룩할 수 있게 되었습니다. 관리 외적으로 비용 효율성도 높아 스마트팩토리가 구현되면서 더 이상 값비싼 노동력에 의지하지 않아도 되고, 대량생산이 야기하는 재고의 불확실성 문제에서도 자유로워졌습니다. 또한, 자동화를 통해 생산 라인의 유연함이 더해져 개인 맞춤형 상품을 합리적인 가격에 즉각적으로 생산할 수 있게 되었습니다. 스마트팩토리는 기존의 중앙 집권형 생산체제를 바꾸고 제조업이 생산의 분권화와 자율화를 가능하게 만든 것입니다. 그러나 제조공정 혹은 물류 부문 등에서 정형화하기 어려운 부분들은 여전히 사람이 처리하고 있으며, 이를 자동화할 수 있는 비정형 자동화 기술의 발전이 이루어져야 궁극적인 스마트팩토리 구축에 다가갈 수 있습니다.

스마트팩토리는 대표적으로 3가지 특징을 보여주는데요. 바로 지능화, 연결화, 가상화를 꼽을 수 있습니다. '지능화'란 디지털 데이터 및 정보를 수집, 저장·분석하고 이를 기반으로 스스로 판단하여 AI를 활용하여 자율적으로 제어하는 기능이고, '연결화'란 센서와 통신 기술을 활용하여 공장에 존재하는 모든 사람, 설비, 부품, 재료, 공정을 연결하는 것이며, '가상화'란 물리적인 현재 공장과 가상공장을 연계하는 사이버물리시스템(CPS: Cyber Physical Systems), Digital twin[1] 등의 개념입니다.

23.5 스마트팩토리와 공장자동화의 차이는?

① 스마트팩토리는 기획, 설계, 생산, 유통, 판매 등 전 생산 과정을 ICT로 통합하고 4차 산업혁명 기술인 IoT, AI, 빅데이터 등을 적용하여 디지털화를 구현하는 것이 특징이라면, 공장자동화는 로봇기술 등을 활용한 자동화에 중점을 둔 것이 차별화되는 요소입니다.

1 현실에서 발생할 수 있는 상황을 컴퓨터로 시뮬레이션함으로써 결과를 예측하는 기술

② 스마트팩토리는 제조와 관련된 조달, 물류, 생산 등의 각 프로세스의 시스템에 각 지능을 부여하기 위해서 IoT로 연결해 자율적으로 데이터를 연결, 수집, 분석하는 공장입니다. 반면, 공장자동화는 컴퓨터와 로봇과 같은 장비를 이용해 공장 전체의 무인화 및 생산 과정의 자동화를 만드는 시스템을 말합니다.

③ 스마트팩토리는 기획, 설계, 생산, 유통 등 공장 업무의 전 과정을 ICT로 통합해 최소 비용 및 시간으로 고객 맞춤형 제품을 생산하는 공장을 말한다면, 공장자동화는 컴퓨터 이용 설계, 제조, 다품종 소량생산을 가능하게 하는 생산 시스템의 일부를 자동화하여 조합시킨 것을 뜻합니다.

④ 스마트팩토리는 최근 다양해진 고객의 요구사항에 대응하기 위한 수평적 통합 방향은 'Smart'의 범위이며, 공장자동화는 수직적 통합으로 'Automation'의 범위로 볼 수 있습니다.

⑤ 스마트팩토리의 수평적 통합 지원 기술은 제품설계 도구인 CAD[2]/CAE[3] 등을 포함하는 PLM 솔루션, 공장의 제조 실행 시스템인 MES 솔루션, 이와 연계된 전사적 자원관리를 위한 ERP 솔루션과 가상과 실재의 연동이 가능한 CPS, 제조 프로세스 분석을 위한 공정 시뮬레이션 등이 포함됩니다. 반면, 공장자동화의 수직적 통합 지원 기술로는 생산설비의 생산 자동화 솔루션, 물류처리를 위한 물류 자동화 솔루션 등이 포함됩니다.

23.6 스마트팩토리의 단계는?

스마트팩토리에서는 ICT 활용 정도 및 역량 등에 따라 구축시스템 스마트화 수준을 구분하는데요. 즉, [그림 23-3]처럼 스마트팩토리 단계는 미적용, 기초, 중간1, 중간2, 고도화 단계로 구분하는데요. 생산정보 디지털화가 이루어지는 '기초' 수준의 스마트팩토리는 공장 내 아날로그 생산정보를 수집하고 제품 생산 단위별 생산과정 파악 및

2 제품의 모양 그 밖의 속성 데이터로 되어 있는 모델을 컴퓨터의 지원으로 그 내부에 작성하고 처리함으로써 진행하는 설계의 형식

3 제품을 제조하기 위하여 필요한 정보를 컴퓨터를 사용하여 통합적으로 처리하여 제품 성능, 제조 공정 등을 사전 평가하는 일

제품의 생산 이력 관리가 가능합니다.

구분	현장자동화	공장운영	기업자원관리	제품개발	공급사슬관리
고도	IoT/IoS 기반 CPS				인터넷 공간 상의 비즈니스 CPS 네트워크 협업
	IoT/IoS화	IoT/IoS(모듈)화/빅데이터 기반 진단 및 운영			
중간2	설비제어 자동화	실시간 공장 제어	공장 운영 통합	시뮬레이션 일괄 프로세스 자동화	다품종 협업 개발
중간1	설비데이터 자동 집계	실시간 의사 결정	기능 간 통합	기술정보 생성 자동화, 협업	다품종 생산 협업
기초	실적 집계 자동화	공정 물류 관리(POP)	관리기능 중심 기능 개별 운용	서버를 통한 기술/납기 관리	단일 모기업 의존
미적용	수작업	수작업	수작업	수작업	전화, 이메일 협업

[그림 23-3] 구축시스템 스마트화 수준(출처: 스마트제조혁신추진단)

'중간1' 수준의 스마트팩토리의 경우, 생산설비·공정·자재 및 제품 정보 등에 관한 생산정보를 실시간으로 수집·분석하여 품질을 분석하고 생산계획을 세우는 것과 함께 의사결정을 실시할 수 있습니다. 시스템을 통한 생산 공정 제어가 가능한 '중간2' 수준의 스마트팩토리는 수집·분석된 생산정보를 토대로 원인과 해결책을 시스템이 스스로 판단하고 실시간으로 제어하여 생산을 최적화하는 수준에 이르게 되어 분야별 관리 시스템의 상호 실시간 연동과 함께 협력사까지 유기적으로 정보를 공유할 수 있습니다. 마지막으로 최고 수준 단계인 '고도' 수준의 스마트팩토리는 IoT, CPS 기반의 완전한 지능형 공장으로 맞춤형 유연 생산이 가능하여 고객의 요구에 따른 즉시 생산 배송 등의 맞춤서비스가 가능한 단계입니다.

23.7 스마트팩토리의 국내·외 표준화 현황 및 전망

23.7.1 스마트팩토리의 국제 표준화는?

국제 표준화는 표준화기구인 ISO와 IEC를 통해 진행되고 있으며, ISO/TC 184, IEC/TC 65, IEC SEG 7 등에서 스마트제조에 대한 표준화 논의가 진행되고 있습니다. 스마트제조에 대한 표준화 범위, 표준화 항목, 관련 기존 표준, 추가 개발 표준화 항목, 표준화 로드맵 등에 대한 표준화가 진행 중입니다. ISO/TC 184/SC 5와 IEC/TC 65/SC 65는 스마트제조 참조 구조에 대한 표준화를 위해 공동 작업반인 JWG 21이 설치·표준 개발에 착수하였고 ISO/TC 184/SC 5에서 담당하고 있는 주요 표준은 다음과 같이 구성되어 있습니다. 스마트팩토리 플랫폼은 스마트팩토리 구현을 위한 산업 프로세스를 바탕으로 아키텍처 및 데이터 표준화를 추진 중이며, 스마트팩토리 운영은 스마트팩토리를 운영하기 위한 산업 데이터, 제조설비 및 정보모델 표준 등 상호 운용성 확보에 초점을 맞추고 있으며, 스마트팩토리 통합은 기업 업무 및 생산 시스템의 수직적 통합 모델을 제시하기 위한 통합 프레임워크 및 상호 연동 표준을 개발 중입니다.

〈표 23-1〉 표준기구별 표준화 동향(출처: IoT 오픈 플랫폼 기반 스마트팩토리 서비스 분야 도입사례집 Nipa 2019.06)

표준그룹	주요 동향
ISO/TC 184/SC 4	- ISO/TC 184/SC 4(산업데이터)에서 개발된 산업 데이터 표준을 활용하여 일반 제조업, 조선해양, 플랜트, 원자력 플랜트 등의 엔지니어링 설계정보를 교환하는 기술을 표준화 - 제품 데이터 및 품질 정량화 표준 등은 스마트제조 지원을 위한 핵심 자원에 해당되며, '시스템들 간의 상호운용성', '자동화 시스템의 통합', '검사 및 유지보수', '스마트제조 기능 분산 구조화 및 검토' 등의 목적으로 활용 - ISO 10303, ISO 15926, ISO 8000, ISO 22745 등의 주요 표준이 있고, ISO 10303이 제조 산업의 설계 및 생산 데이터 교환에 관한 표준이며, ISO 8000이 제품 데이터 품질 정량화에 관한 표준이고, 제품 데이터의 표현과 교환 시리즈(ISO 10303)가 621종으로 대부분을 차지
ISO/TC 184/SC 5	- ISO TC 184/SC 5는 제조 시스템의 응용 통합에 관한 표준을 개발하고 있으며, 네트워크 통합 측면에 초점을 맞춰 표준화를 진행 중이고, 통합 모델과 프로파일 개발을 위한 규칙과 요소를 제공하고, 프로세스, 정보 교환, 자원 통합 모델 등에 대한 표준화 진행 - WG 4(제조 소프트웨어 및 운영 환경)는 자동 제조 분야의 소프트웨어 간 상호 연동과 관련된 사용자와 공급자의 요구사항을 정의하기 위해 ISO 16300에 대한 네 개의 부속서 개발 중 - WG 12(제조업 정보화 및 산업화 융합)는 SC 5 총회('17.5)에서 신규 설립되었고, 성숙도 모델과 평가절차 등에 대한 ISO 22549 표준 개발 예정 - WG 3(장비 동작 카탈로그)는 SC 5 총회('17.5)에서 신규 설립되었으며, 가상 생산 시스템을 위한 제조장비들의 동작에 대해 카탈로그로 만들 수 있도록 ISO16400 표준 개발 예정
IEC SC 65E	- SC 65E는 시스템 통합 분야를 다루고 있어 ISO/TC184/SC5가 수행하는 표준화 영역과 연계가 많이 되어 두 그룹 간에 합동워킹그룹(JWG: Joint Working Group) 설치가 종종 이루어짐 - WG 8(OPC)은 제조 분야 데이터 통신을 위해 IEC62541(OPC-UA) 표준을 개발 중 - WG 9(Automational ML)은 제조 분야 구성요소들을 XML 기반으로 서술하기 위한 언어로서 IEC 62714 표준으로 개발 중임 - ahG1(스마트제조 정보모델)을 설치하여 정보모델 표준화 추진을 위한 연구를 진행하고 있음

IEC TC 65	- 4개의 표준화 위원회(SC)와 여러 개의 작업반(WG)으로 구성되어 있음 - SC 65A, 시스템 측면(System aspects): 산업 프로세스 측정 및 제어를 위한 시스템의 포괄적인 측면에 대한 표준 담당 - SC 65B, 측정 및 제어 장치(Measurement and control devices): 산업 프로세스 측정 및 제어를 위한 장치의 특정 측면에 대한 표준 담당(예: 측정 장치, 분석기기, Programmable Logic Controller 등) - SC 65C, 산업 네트워크(Industrial networks): 산업 공정 측정 및 제어를 위한 디지털 데이터 통신에 대한 표준 담당 - SC65E, 기업시스템의 장치와 통합(Devices and integration in enterprise system): 디바이스의 특성 및 기능, 방법, 응용 프로그램의 디지털 표현을 지정하는 표준 담당 - WG 10(Security)은 제조 분야 보안을 ISA99 미국 표준을 기반으로 IEC 62443 Part 1~4 표준화 작업을 진행하고 있음 - WG 16(디지털공장)은 가상 생산시스템을 구성할 수 있도록 EC 62832 표준을 개발하고 있음 - JWG 21(스마트제조 참조모델)은 ISO/TC184와 공동으로 스마트제조를 위한 참조모델 표준을 개발하기 위한 그룹으로서 첫 번째 회의 개최('17.7) - 독일은 자체의 Industry 4.0을 위한 참조모델을 PAS로 제안하여 IEC TS PAS63088 (RAMI4.0)로 채택되어 있음 - ahG 3(스마트제조 프레임워크와 시스템 구조) 그룹은 JWG21 활동과는 별개로 자체적인 표준화 연구를 계속 수행하고 있음

23.7.2 국내 표준화 현황 및 전망을 알아볼까요?

우리나라 표준화 추진 체계는 표준화 전략 방향에 따라 TTA PG609를 통해 단체표준의 개발과 국제표준화 전략 방향을 제시하고, TTA PG609는 CPS 및 ICT를 활용한 제조 스마트화 관련 표준을 개발하며, 국내 스마트제조표준화포럼, 한국사물인터넷포럼, 한국스마트제조업협회에서는 산·학·연의 스마트팩토리 관련 의견을 수렴하여 포럼표준을 제정하고, 국가기술표준원 주도로 스마트팩토리 관련 국제 표준화에 대응하여 KS 표준을 개발하고 있습니다.

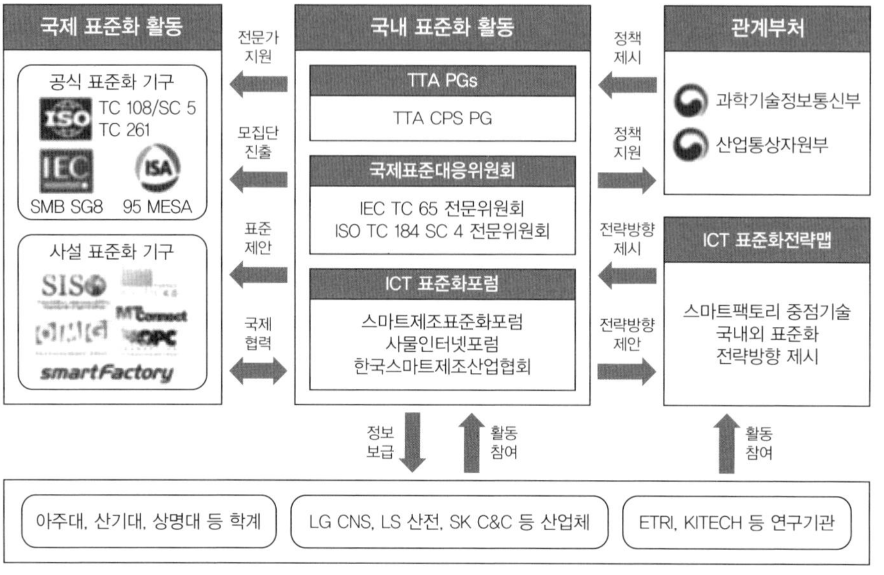

[그림 23-4] 국내 표준화 추진 체계

스마트제조 관련 표준화는 국가기술표준원의 정책적 주관에 따라 추진 중이며, ISO와 IEC 표준화 그룹에 대응하기 위한 전문위원회(IEC TC 65,ISO/TC 184/SC4, SC5)를 각각 설치하여 국제표준화 동향 및 이슈에 대응하고 있고, IEC SEG 7 활동에 대응하기 위한 스마트제조표준기술연구회도 운영 중이며, IEC SG8 대응 및 주요 표준기술을 논의하고 표준 코디네이터 사업을 통해 스마트제조표준 코디네이터를 임명하여 국내 스마트제조 기술 개발과 표준화에 대한 연계, 국내 및 국제표준화 대응전략과 로드맵 수립 등의 역할을 수행하고 있습니다. 국내·외 주요 표준 및 표준 개발 기구 현황, 산업계 표준 활용 현황, 표준화 요구사항 등을 내용으로 하는 영역별 기술표준 현황조사 및 표준화 영역을 발굴 및 선정하여 표준 라이브러리를 구축하고 있으며, TTA는 정보통신 관련 단체표준을 개발해 왔으며, PG 609(CPS)에서 사물인터넷, 클라우드, 빅데이터, 모바일 등과 같은 ICT 기술을 기반으로 스마트제조 기술표준을 개발하고 있습니다.

23.7.3 기타 표준 단체 및 기업 동향은?

〈표 23-2〉 TTA PG 609 스마트제조 관련 정보통신단체표준 현황

표준번호	표 준 명
TTAK.KO-11.0207	스마트팩토리 용어
TTAK.KO-11.0199	ICT 제조 융합 스마트팩토리 참조 모델
TTAK.KO-11.0200	ICT 제조 융합 전개 모델
TTAK.KO-11.0205	스마트팩토리를 위한 생산현장의 스마트화 요구사항
TTAK.KO-11.0198	사이버-물리 생산 시스템(CPPS) 연동 미들웨어의 인터페이스 요구사항
TTAK.KO-11.0202	사이버-물리 생산 시스템 연동 미들웨어의 명세 언어 정의
TTAK.KO-11.0208	사이버-물리 생산 시스템 서비스 디렉터리 인터페이스 명세
TTAK.KO-11.0209	사이버-물리 생산 시스템 게이트웨이 실행 모듈 인터페이스 정의
TTAK.KO-11.0210	사이버-물리 생산 시스템 연동 미들웨어에서의 설비 제어 서비스 제공 규격
TTAK.KO-11.0211	사이버-물리 생산 시스템 연동 미들웨어 사용자 인터페이스
TTAK.KO-11.0116	CPS 시스템을 위한 메타모델링 언어 개발 지침
TTAK.KO-11.0117	CPS 시스템의 모델 검사기 참조 모델
TTAK.KO-11.0118	CPS 시스템의 연동 시뮬레이션을 위한 객체 모델 지침

국내·외 스마트공장 표준화 주요 이슈에 대응하고 민간 주도로 표준화 역량의 결집을 위한 국내 전문가 네트워크로서 스마트제조 표준화 포럼이 정책분과/국제협력분과/기술분과/적합성분과 등 4개 분과를 설립·운영 중이며, 국내 제조기업의 경우 대기업을 중심으로 ICT를 적용하여 제조현장을 혁신하고자 하는 시도가 진행되고 있습니다. 기술 분야별 표준화 현황을 살펴보면, 스마트팩토리 플랫폼은 국내에서 개발된 기술을 바탕으로 표준화가 진행되고 있으나 표준을 구현한 플랫폼 개발은 미비한 실정이며, 스마트팩토리 운영은 해외 표준을 바탕으로 국내 실정에 맞는 표준 개발을 추진 중이고, 스마트팩토리 통합은 제조환경의 다양한 설비를 통합·제어하기 위한 표준 개발을 추진 중입니다.

Chapter 24

스마트팩토리 주요 기술 영역

24.1 스마트팩토리 생태계란?

스마트팩토리 생태계의 주요 주체는 애플리케이션·플랫폼·디바이스로 구성되고, 여기에 네트워크·상호 운용성·보안 분야를 추가하여 세부 기술로 구분되며, 공장의 자동화, 지능화 구현을 위한 기술 중 대표적인 기술은 IoT와 이를 기반으로 한 CPS라고 부르는 가상물리시스템이 있습니다.

디바이스의 경우 스마트팩토리의 생산 환경 변화, 제품 및 재고 현황 등 제조/생산과 관련된 정보를 감지하고 애플리케이션에 전달하여 분석·판단 결과를 제조현장에 반영 수행하며, 네트워크 플랫폼은 디바이스와 애플리케이션을 이어주는 역할로 효율적인 데이터 채널을 제공합니다. 애플리케이션은 제조 실행에 직접적으로 관여하거나 현장 디바이스로부터 수집된 데이터를 분석하고 정해진 규칙에 따라 판단하는 시스템입니다. 스마트팩토리와 관련한 애플리케이션 및 플랫폼은 수평적/수직적 통합이, 스마트 디바이스는 기기 간의 연결이 주된 이슈이며, 전 세계적으로 시스템 공급업체들을 중심으로 요소 기술의 혁신 및 통합이 이루어지고 있습니다. 또한, 생산 시스템의 부가가치를 극대화하기 위해서 기존 장비 위주의 생산 시스템 공급을 탈피하여 HW와 SW가 결합된 ICT 융합형 기계·장비 및 생산 시스템 패키지 공급이 확대되고 있습니다. 무엇보다 스마트팩토리가 성공하기 위해서는 독립적인 공장 하나의 시스템만이 중요한 것이 아니라, 그 작업장에 부품과 재료를 제공하는 공급업체들까지도 서로 연결이 최적화되어야 합니다. 즉, 스마트팩토리의 핵심은 '연결'이며, 이를 가능토록 하기 위해 사물인터넷 기술이 요구됩니다.

한편, 산업 구성을 공급과 수요 측면에서 구분하면, 스마트팩토리와 관련된 산업은 크게 공장을 스마트하게 만드는 HW와 SW 기술을 공급하는 '스마트팩토리 공급 산업'과 이러한 스마트팩토리 구축 기술을 도입하여 제품을 만드는 '스마트팩토리 수요 산업'으로 구분할 수 있습니다.

스마트팩토리 공급 산업은 산업용 네트워크, RFID 시스템, 센서, 산업용 로봇, 3D 프린터, 컨트롤러 등의 하드웨어 기술과 MES, ERP, 빅데이터, 클라우드, 사이버물리시스템, 시뮬레이션 등의 소프트웨어 기술로 구분할 수 있습니다.

스마트팩토리 수요 산업은 자동차, 반도체, 핸드폰, 항공 등 조립 프로세스를 포함하고 있는 이산산업(Discrete Industry)과 정유, 발전, 제지, 제약 등 연속적인 프로세스를 포함하는 연속공정 산업(Continuous Industry)으로 구분할 수 있습니다.

스마트팩토리 공급 산업에서 구축된 기술이 수요 산업의 프로세스와 융합되어 사용자가 원하는 다양한 제품을 스마트하게 생산하는 것입니다.

〈표 24-1〉 스마트팩토리 생태계 정의

분 류	정 의	응용 분야
애플리케이션	- 스마트팩토리 IT 솔루션의 최상위 소프트웨어 시스템으로 MES(Manufacturing Execution System), ERP(Enterprise Resource Planning), PLM(Product Lifecycle Management), SCM(Supply Chain Management) 등의 플랫폼 상에서 각종 제조 실행을 수행하는 애플리케이션 - 애플리케이션은 디바이스에 의해 수집된 데이터를 가시화하고 분석할 수 있는 시스템으로 구성	- 공정 설계 - 제조 실행 분석 - 품질 분석 - 설비 보전 - 안전/증감 작업 - 유통/조달/고객 대응
플랫폼	- 스마트팩토리 IT 솔루션의 하위 디바이스에서 입수한 정보를 최상위 애플리케이션에 정보 전달 역할을 하는 중간 소프트웨어 시스템으로 디바이스에 의해 수집된 데이터를 분석하고 모델링 및 가상물리 시뮬레이션을 통해 최적화 정보 제공 - 각종 생산 프로세스를 제어/관리하여 상위 애플리케이션과 연계할 수 있는 시스템으로 구성	- 생산 빅데이터 분석론 - 사이버물리 기술 - 클라우드 기술 - 자원관리
디바이스	- 스마트팩토리 IT 솔루션의 최하위 하드웨어 시스템으로 스마트센서를 통해 위치, 환경 및 에너지를 감지하고 로봇을 통해 작업자 및 공작물의 위치를 인식하여 데이터를 플랫폼으로 전송할 수 있는 시스템으로 구성	- 컨트롤러, 로봇, 센서 등 물리적인 컴포넌트
제조 보안	- 스마트팩토리가 디지털화되면서 연구개발 정보, 디자인, 제조 및 관리 관련 데이터뿐만 아니라 최말단의 다종 다양한 센서, 액추에이터, 컨트롤러 등이 모두 네트워크에 연결됨에 따라 외부로부터의 사이버 공격이나 해킹이 가능해짐 - 센서부터 애플리케이션까지 전 분야를 대상으로 각종 데이터, 시스템, 제조설비 등을 안전하게 보호할 수 있는 정보보호 및 산업 기밀 보호기술과 대응 방안	- 소프트웨어 보안 및 시스템 보안, 산업 기밀 데이터 보호 기술

애플리케이션 기술은 스마트공장 ICT 솔루션 최상의 소프트웨어 시스템으로 MES, ERP, PLM, SCM 등의 플랫폼 상에서 각종 제조 실행을 수행하는 애플리케이션을 의미합니다. 애플리케이션은 디바이스에 의해 수집된 데이터 가시화 및 분석 가능 시스템으로 구성되는데요. 그 기능은 공정설계, 제조실행분석, 품질분석, 장비 보전, 안전·증감작업·유통·조달·고객 대응 등입니다.

플랫폼 기술은 스마트공장 ICT 하위 디바이스에서 입수한 정보를 최상위 애플리케이션에 전달하는 역할을 하는 중간 소프트웨어 시스템으로 디바이스에 의해 수집된 데이터를 분석하고 모델링 및 가상물리 시뮬레이션을 통해 최적화된 정보를 제공하며, 생산 빅데이터 애널리틱스, 사이버물리기술, 클라우드 기술, Factory-Thing 자원관리를 수행합니다.

특히, 스마트머신은 디바이스 기술로 스마트공장 ICT 솔루션의 최하위 하드웨어 시스템으로 스마트센서를 통해 위치, 환경 및 에너지를 감지하고 로봇을 통해 작업자 및 공작물의 위치를 인식하여 데이터를 플랫폼으로 전송할 수 있는 시스템으로 구성되며, 컨트롤러, 로봇, 센서 등 물리적인 컴포넌트 등으로 구성됩니다.

스마트팩토리는 기존 제조기술에 센서·클라우드·빅데이터·정밀제어·모바일 등 다양한 ICT 기술과의 융합을 통해 구축되며, 높은 수준의 자동화, 지능화된 인프라를 제공함으로써 생산성 향상·에너지 절감·안전한 생산 환경 구현·다품종 복합생산이 가능한 유연한 생산체계의 구축이 가능합니다.

24.2 스마트팩토리와 IoT 연계에 대해 알아볼까요?

스마트팩토리와 IoT 연계는 제조 응용 서비스와 플랫폼을 연결하는 IoS(Internet of Services), 제조융합 소프트웨어 플랫폼인 사이버물리공간(CPS, Cyber Physical Spaces), 그리고 센서 기반의 각종 복합 센싱 모듈, HW 디바이스와 이동설비 통합 GW 등이 디바이스 네트워크로 연결된 디바이스 플랫폼으로 연결된 IoT 계층으로 구성되며, 여기에 보안 및 안전을 위한 기능 모듈이 추가됩니다.

IoS는 스마트팩토리 기반의 서비스인 가상 설계·제조, 에이전트 기반 생산 최적화, 제조·안전, 증강 작업, 유통·조달 등으로 구성되고, 사이버물리공간은 스마트팩토리의 핵심 플랫폼으로서, 서비스와 HW 장치를 연결하고, MES, ERP, SCM, PLM 등과 같은 생산관리를 위한 기본 필수 기능들을 포함합니다.

마지막으로 IoT는 각종 센서 및 네트워크 기술을 활용하여 생산 장비들을 연결하는 부분인데요. 즉, IoT에서 취득한 정보는 CPS에 전달되어 스마트팩토리의 제조 응용 서비스를 가능하게 합니다.

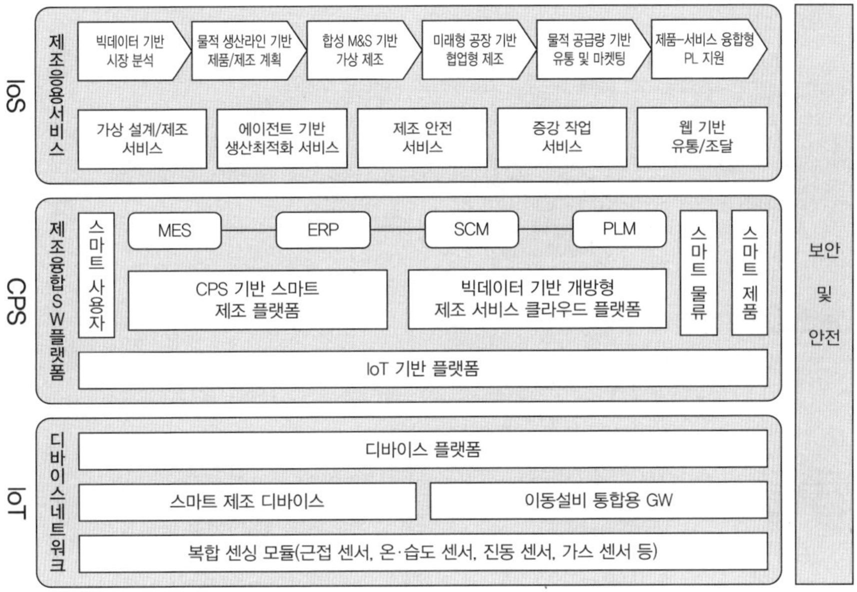

[그림 24-1] 스마트팩토리 구조 및 구성

스마트팩토리의 생산설비, 로봇의 상태와 가동정보를 공정제어나 인터페이스, 센서로 전달하면 이 설비정보를 응용시스템에 전달합니다. 응용시스템은 IoT 기반의 플랫폼 위에 CPS 기반 스마트제조 플랫폼과 빅데이터 기반 개방형 제조·서비스 클라우드 플랫폼으로 전달되고 MES에서 PLM으로 연계되며, 이 시스템은 공장 운영을 지원하고, ERP 등에 연결되어 예산 편성과 의사결정에도 도움을 주며, SCM에 연결되어 고객사와 협력사의 소통에도 도움을 줍니다. IoS는 가상 설계·제조 서비스, 에이전트 기반 생산 최적화 서비스, 제조안전 서비스, 증강작업 서비스, 웹 기반 유통·조달 등의 서비스를 제공합니다.

24.3 스마트팩토리 보안체계를 알아볼까요?

24.3.1 스마트팩토리의 보안위협으로는 어떤 것이 있나요?

스마트팩토리 시스템의 보안위협으로는 ① 악의적인 행동: 서비스 거부 공격, 멀웨어(Malware)[4], 하드웨어 및 소프트웨어 조작, 정보의 조작, 표적공격, 개인정보 악용, 브루트 포스(Brute Force)[5] 등의 공격입니다.

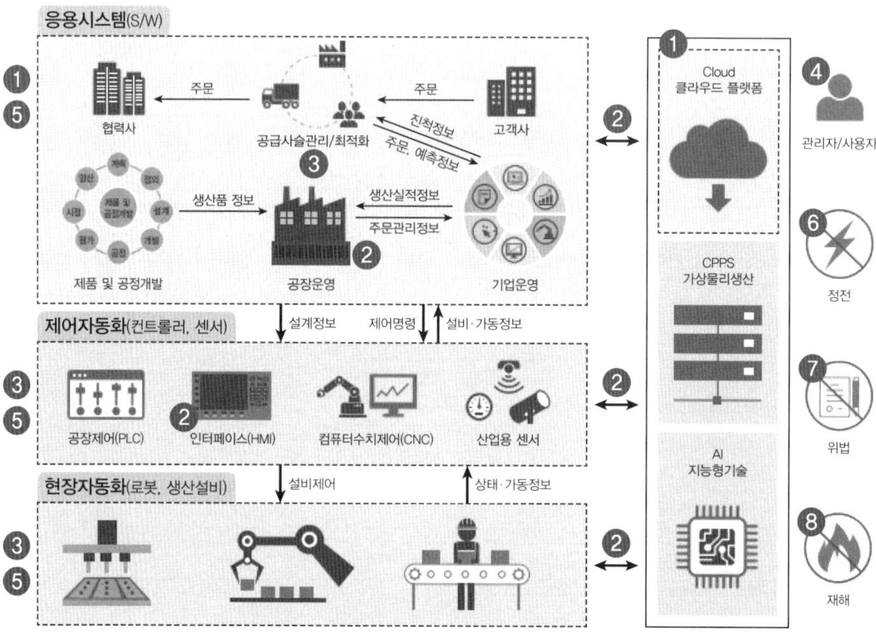

[그림 24-2] 스마트팩토리 보안 위협(출처: KISA 스마트공장 보안가이드)

② 도청: 중간자 공격, 하이재킹, 네트워크 정보를 노출하여 원하는 정보를 엿볼 수 있습니다.

③ 물리적 공격: 물리적으로 접근할 수 있는 공격자에 의해 기기에 물리적 손상이 발생될 수 있는 위협입니다.

④ 사고: 불충분한 교육을 받은 직원에 의해 프로세스가 중단되거나 제3자에 의해 야

4 컴퓨터 사용자 시스템에 침투하기 위해 설계된 소프트웨어

5 무작위 대입 공격으로 조합 가능한 모든 경우의 수를 다 대입하여 진행하는 공격

기된 자산손상 위협이 존재합니다.

⑤ 고장 또는 오작동: 센서, 액추에이터의 고장 또는 오작동이나 제어 시스템의 고장 또는 오작동 등이 있을 수 있습니다.

⑥ 정전: 전원 공급 장치의 고장 또는 오작동으로 전원 공급이 중단되는 위협입니다.

⑦ 위법: 개인정보보호법 위반, 계약사항 미이행 등입니다.

⑧ 자연재해, 환경재해: 홍수, 낙뢰, 강풍, 비, 강설 등의 자연재해 위협과 화재, 오염, 먼지, 부식, 폭발과 같은 사고입니다.

24.3.2 스마트팩토리 보안 대처방안은?

1) 접근 통제

- 스마트팩토리 내 각 시설 및 주요 보안 구역에 대해 권한별, 사용자별 권한 분리 및 접근제어를 통해 비인가 접근 및 불법 접근으로부터 시설을 보호해야 합니다.

- 시설접근 통제가 필요하며, 제한구역, 통제구역에 들어갈 수 있는 직원을 지정하고 출입 시 인증을 하도록 하는 통제 방안이 적용되어야 합니다.

- 시설 접근에 대한 기록을 모두 전산화하고 일정 시간 보관해야 합니다.

- 업무 네트워크와 ICS 네트워크 간에 직접적인 통신 연결을 하지 않고 중간에 DMZ 영역 구축을 고려하고 외부 시스템 연결이 필요할 경우 연결 기본값은 거부로 설정해야 하며, 보안 채널 옵션 비활성화, 구간 암호화 방식 VPN 등 기술적·관리적 보안 대책을 수립·이행해야 합니다.

2) 데이터 보호

스마트팩토리 내 사용되는 저장 및 송·수신 데이터에는 공장을 제어할 수 있는 데이터와 설비정보 등 다양한 데이터가 포함되어 있습니다. 이러한 데이터를 보호하기 위해 안전한 저장 정책을 마련하여 접근, 열람, 변조 등을 통제해야 하며, 기밀성, 무결성을 보장하기 위해 암·복호화를 수행해야 합니다.

3) 안전한 상태

- 스마트팩토리의 안정적인 운영을 위해 주기적으로 인가되지 않은 프로그램 실행을 차단해야 하며, 시스템 정상 동작 여부를 확인해야 합니다.
- 중요 정보가 생성되는 환경에서는 개인용 스마트기기 사용을 제한해야 합니다. 다만, 업무상 불가피하게 필요한 경우 모바일 기기 관리(MDM: Mobile Device Management)[6] 솔루션을 비롯하여, 바이러스 및 악성코드 탐지·차단 등의 보안 솔루션이 설치된 스마트기기를 사용해야 합니다. 또한, 사전에 등록된 스마트기기만 접근을 허용해야 하며, 가상사설망(VPN: Virtual Private Network)[7] 등을 통해 암호화 통신을 해야 합니다.
- 스마트팩토리 내부 네트워크로 유입되는 악성코드를 차단 및 탐지할 수 있도록 내부 네트워크에 연결되는 모든 서버 및 업무용 PC 등에 안티바이러스 소프트웨어를 설치해야 합니다.

4) 정보보안 운영 정책 및 절차

- 정보보호를 위한 보안정책 및 운영절차 수립, 보안 전담조직 구성, 직원 관리 등으로 안정적인 스마트팩토리를 운영해야 합니다.
- 일괄적인 보안정책을 보유하여야 하고 보안 활동의 목적, 범위, 책임 등을 포함하고, 보안책임과 역할을 명확히 하기 위해 보안조직을 구성해야 합니다.
- 스마트팩토리 내 모든 인력을 대상으로 보안 의식 제고를 위한 교육·훈련을 주기적으로 시행해야 합니다.
- 외부 업체에 의해서 실행, 운영, 유지되는 서비스 계약 입찰 및 체결 시 보안 요구사항이 입찰서 및 계약서 내에 포함되어야 합니다.

---

6 원격으로 스마트폰, 태블릿 PC 등 모바일 단말기의 설정을 변경할 수 있는 애플리케이션
7 인터넷과 같은 공중망을 마치 전용선으로 사설망을 구축한 것처럼 사용할 수 있는 방식

5) 자산관리

- 보호해야 할 정보 자산을 식별하고 자산의 중요도에 따라 보안 등급화하고 자산의 종류와 등급에 따라 보안 통제함으로써 효율적인 보안 관리를 운영해야 합니다.

- 중요 정보에 등급을 매겨 각 등급에 따른 보호조치를 차별화하여 관리해야 합니다.

24.4 스마트팩토리 플랫폼 기술들을 알아볼까요?

스마트팩토리의 플랫폼 핵심기술에는 산업용 사물인터넷(IIoT), 가상물리시스템(CPS), 클라우드 컴퓨팅, VR·AR, 빅데이터, AI, 5G, 스마트머신, 3D 프린팅이 있는데요. [그림 24-3]에 표기된 각각의 기술들이 서로 유기적으로 작용하여 비로소 모든 제조업들이 스마트팩토리를 목표로 한 모습을 만들어냅니다.

[그림 24-3] 스마트팩토리 플랫폼 핵심기술(출처: 한경)

24.4.1 산업용 사물인터넷(IIoT)

먼저 IIoT[8]는 IoT의 산업용 버전으로 IoT와 같이 사물에 센서를 부착해 실시간으로 데

8 산업 사물인터넷(industrial internet of things, IIoT)은 제조 및 에너지 관리를 포함한 컴퓨터의 산업 부문과 함께 네트워크로 상호 연결되어 있는 센서, 장비 등의 장치

이터를 인터넷으로 주고받는 기술은 같지만, 산업용 목적에 중심을 둬 IoT보다 센서의 응답성이 뛰어나다는 특징이 있습니다. 공장은 IIoT를 통해 전체 공급망의 효율성과 생산성을 향상시킬 수 있고, 사람과 기계가 조화롭게 작업하도록 돕는 역할도 할 수 있습니다.

24.4.2 가상물리시스템(CPS)

또 다른 핵심 기술인 CPS는 사이버 상에서 공장을 가상으로 가동해보는 시스템인데요. 스마트팩토리에서는 CPS를 돌려 가동률 등을 미리 예측하고, 문제점이 발생되면 보완할 수 있고, 최적화된 설비와 인력의 배치 또한 CPS를 이용해 결정할 수 있습니다.

24.4.3 스마트머신

로봇으로 대표되는 스마트머신 역시 스마트팩토리의 한 축을 담당하는 중요한 요소로서, 스마트팩토리에 배치된 로봇은 과거와 비슷한 단순 작업 위주의 역할을 부여받는데, 이전과 다른 점이 있다면 스스로 판단할 수 있는 능력을 갖춘 것입니다. 자신이 언제 정비가 필요한지 등을 체크한 후 정보를 전달해 미리 대비할 수 있게 해주며, 유연한 생산 체계를 갖출 수 있게 해주는 특징이 있습니다. 기존 공장이 생산 방식을 변경하려면 기존에 있던 라인을 새롭게 설치해야 하기 때문에 많은 돈과 시간이 투입되어야 하는데, 스마트로봇에 탑재된 스마트머신은 몇 개의 라인만 교체하면 고객의 요구가 갑자기 변하더라도 여기에 맞춰 새로운 형태의 제품을 생산할 수 있습니다.

24.4.4 빅데이터

공장 내에서 IIoT와 CPS, 스마트머신 등이 각자의 역할을 하며 생겨나는 정보들을 빅데이터에 저장하게 되는데, 빅데이터는 클라우드 컴퓨팅에 의해 플랫폼화되고 AI는 이를 활용해 보다 신속하고 완벽한 의사결정에 기여합니다.

24.4.5 클라우드 컴퓨팅과 인공지능(AI)

CPS 등을 통한 시뮬레이션 결과는 약 90% 정도의 정확도를 보이는데, 나머지 10%의 오차는 클라우드 컴퓨팅에서 플랫폼화된 정보를 토대로 AI가 책임지게 됩니다. 어떤 제품이 불량인지에 대한 정보를 데이터를 활용해 수집한 뒤 AI에 입력하면 AI는 불량 제품이 나올 때마다 실시간으로 이를 발견하는데 더 나아가 문제가 되는 부분을 파악하고 보다 최적화된 결과를 CPS에 전달하게 됩니다. CPS는 이를 기반으로 다시 시뮬레이션을 돌리는 작업을 반복하여 보다 뛰어난 생산품을 만들어낼 수 있는 환경을 만들 수 있습니다.

24.4.6 5G

5G는 스마트팩토리의 성패를 좌우할 핵심기술로 지목되기도 하는데, 이것은 각종 설비를 포함한 사물이 데이터를 생산하게 되면 이를 전송하기 위해 지금보다 빠르고 정확한 연결망이 요구되기 때문입니다.

24.4.7 3D 프린팅

3D 프린팅 역시 스마트팩토리의 핵심 기술 중 하나로 꼽히는데 해당 기술을 공장에 접목하면 여러 제품들을 한 번에 생산하는 것이 가능하기 때문입니다. 다만, 스마트팩토리의 핵심은 빠르고 정확한 생산인데 3D 프린팅은 한 제품을 생산하는 데 아직까지 오랜 시간이 소요되기 때문에 속도 문제만 해결되면 스마트팩토리 구축에 반드시 포함되어야 하는 기술입니다.

24.4.8 가상현실 · 증강현실(VR · AR)

가상현실(VR: Virtual Reality)은 어떤 특정한 환경이나 상황을 컴퓨터로 만들어서 그것을 사용하는 사람이 마치 실제 주변 상황·환경과 상호작용을 하고 있는 것처럼 만들어 주는 인간·컴퓨터 사이의 인터페이스이며, 증강현실(AR: Augmented Reality)은 사용자의 현실 세계에 3차원 가상물체를 겹쳐 보여주는 기술입니다.

VR·AR 기술을 활용한 스마트글라스는 비숙련 기술자들에게 빠른 판단과 선택을 할 수 있게 해주는데, 비숙련 기술자들이 기술 조작의 어려움을 겪을 때 스마트글라스를 착용하고 기계를 비추면 사무실 내부에서 해당 영상을 띄워 숙련 기술자들이 원격으로 업무 지시를 내리는 것도 가능합니다.

24.5 스마트팩토리 애플리케이션 기술에 대해 알아볼까요?

24.5.1 스마트팩토리 애플리케이션 시스템은?

24.5.1.1 제조실행시스템(MES: Manufacturing Execution System)

제품의 주문을 받고 난 후 제품이 완성될 때까지 생산의 최적화를 위한 정보를 제공하며, 생산 현장에서 발생하는 최신의 정보를 현장 실무자나 관리자에게 보고하고, 신속한 응답을 통해 생산 조건을 변화시키며, 가치 없는 요소를 감소시켜줌으로써 생산 공정과 기능을 개선하도록 유도합니다. 따라서 MES는 기업이 가지고 있는 자산의 효율화는 물론 정확한 납기, 재고의 순환, 전체적 순이익, 자금 흐름 능력 등을 향상시켜 줍니다.

24.5.1.2 생산시점 정보관리시스템(POP: Point Of Producton)

공장의 작업계획과 작업지시에 따라 생산 현장에서 발생하는 각종 데이터를 실시간으로 수집, 분석, 현황을 파악하는 시스템인데요. POP의 주된 목적은 신속하고 정확한 생산정보를 현장관리자에게 전달하여 적절한 대책을 세우기 위함입니다. POP는 실적관리 위주인 반면, MES는 계획과 자원 할당 위주이기 때문에 MES가 POP보다 상위개념 시스템이라 할 수 있습니다.

24.5.1.3 전사적 자원관리(ERP: Enterprise Resource Planning)

ERP는 제조업무시스템을 핵으로 재무회계와 판매 그리고 물류시스템 등을 통합한 것으로 가상기업을 지향하는 시스템이라고 할 수 있는데요. ERP는 인사·재무·생산 등 기업의 전 부문에 걸쳐 독립적으로 운영되던 인사정보시스템·재무정보시스템·생산관리시스템 등을 하나로 통합, 기업 내의 인적·물적 자원의 활용도를 극대화하고자 하는 경영혁신 기법입니다. 따라서 ERP를 구축한 기업의 경우, 한 부서에서 데이터를 입력하기만 하면 전 부서의 업무에 반영되어서 즉시 처리할 수 있게 됩니다.

24.5.1.4 제품수명주기관리(PLM: Product Lifecycle Management)

PLM은 제품설계부터 생산에 이르는 전체 과정을 일괄적으로 관리해 정보의 가치를 높이고 원가를 줄이는 생산 프로세스로서, 제품의 전체 생명주기 동안 연관된 정보와 프로세스를 관리합니다. 제품 생명주기는 제품의 개념 정의, 개발과 생산, 유통과 서비스, 그리고 폐기와 재활용까지를 모두 포함합니다. PLM에서 분석한 원가 비용과 생산, 발주 정보가 ERP와 연동되어 통합관리가 가능해집니다.

24.5.1.5 제품자료관리(PDM: Product Data Management)

PDM은 서버에 설계도면 등 다양한 정보를 체계적으로 저장·관리하는 시스템인데요. PDM의 주목적은 설계도면 등 개발에 활용되는 정보를 재활용하여 개발에 투입되는 초기비용을 줄이고 개발데이터를 축적하는 데 있습니다. PDM의 목적은 기술 데이터의 자산화인데, 기업은 이를 통하여 개발 경쟁력을 높일 수 있습니다.

24.5.1.6 공급망관리(SCM: Supply Chain Management)

제품이 생산되어 판매되기까지의 모든 공급과정을 관리하는 시스템인데요. 생산·유통·소비에 이르는 물류의 흐름을 파악·관리하는 경영 전략으로, 공급망의 전체적인 최적화입니다. SCM은 부품공급업체와 생산업체 그리고 고객에 이르기까지 거래 관계에 있는 기업들이 IT를 이용해 실시간 정보 공유를 가능하게 해줍니다. 선도적인 제조업체, 물류업체, 유통업체는 SCM을 통해 거래선들과 긴밀하게 협력함으로써 이익을 극대화하고 있습니다. SCM을 고도화하기 위해서는 PLM, ERP 등과 연계하여 협력사들과 협력을 강화해야 합니다.

24.5.1.7 컴퓨터지원 공정계획(CAPP: Computer Aided Process Planning)

CAPP는 CAD, CAM과 마찬가지로 사람이 해오던 공정계획을 컴퓨터를 이용하여 더 빠르고 정확하게 수립하는 기술인데요. CAPP에 주로 사용되는 알고리즘은 최적화 알고리즘으로 비용이나 시간 또는 둘을 동시에 최소화하면서 공정계획을 세웁니다.

24.5.1.8 공급망 관리(CIM: Computer Integrated Manufacturing)

고객이 새로운 상품을 요구하면 시장 수요를 반영한 신제품은 신속하게 설계되고 제작도면, 제품의 규격 등이 컴퓨터를 통해 생산기술자에게 즉시 전달돼 생산준비가 이뤄집니다. 또 납기·규격·수량 등의 제조 지시는 판매부문으로부터 네트워크를 통해 생산 현장에 전달되어 자동적으로 알게 됩니다. 생산현황에 관한 정보는 생산 현장에서뿐만 아니라 판매부문에서도 동시에 검토됨으로써 기업 전체가 하나로 통합된 생산, 판매 시스템을 갖는 것입니다. 결국 CIM은 새로운 생산 시스템으로서 필요한 제품을, 필요한 시기에, 필요한 양만큼 생산 가능하게 합니다.

24.5.2 MES 주요 기능 및 내용을 알아볼까요?

국제 MES 협회인 MESA International에서는 통합생산관리시스템인 MES를 "주문 개시부터 완제품까지 생산 활동을 최적화할 수 있는 정보를 제공합니다."라고 정의합니다.

일반적으로 MES는 계획계층(Planning Layer)에서 거래처의 제품 주문에 의한 생산계획을 세우고, MES 계층에서 필요 자재를 조달하여 생산을 진행하고, 제어계층(Control Layer)에서 생산설비의 상태 값을 실시간으로 수집 및 컨트롤하고, 생산 공정을 통제함으로써 고품질의 수익 지향적 생산체제를 구축하는 생산관리시스템을 말하는데요. 생산 현장에서의 관리자는 생산계획의 실행 상태를 실시간으로 관리하고, 작업자는 작업지시에 따라 작업 결과를 제공함으로써 생산성을 향상시키고, 생산 제품의 품질 향상이 기대되며, 생산설비 또한 제어를 통해 가동 상태와 가동 결과를 관리하게 됩니다.

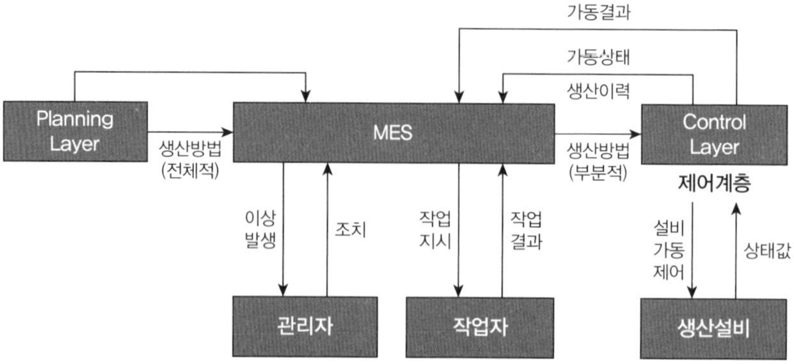

[그림 24-4] MES 3계층 간 흐름도(출처: MESA)

이러한 생산관리 자료들은 기존의 ERP(전사적 자원관리시스템) 등과 연동되며, 자재의 입·출고 관리가 자동화 장비에 의해 수집되어 원·부자재 수불이 명확하게 되며, 생산계획 단계부터 공정관리, 생산실적 등록 등을 관리단위별로 처리하고 IoT 장비에 의한 생산 정보관리로 품질관리가 가능하며, 현장 정보의 수집·분석을 통한 데이터 처리의 명확화로 작업자와 관리자의 빠른 의사결정을 돕는 시스템이라고도 할 수 있습니다. 즉, MES는 제품 주문에서 최종 제품의 완성까지 생산 활동의 최적화를 위해 제조현장에서 발생하는 다양한 상황에 신속하게 대응할 수 있는 위기관리가 가능한 지원 시스템입니다. MES의 3계층 구조는 [그림 24-5]에서 보듯 아래로는 장비, SCADA, PLC, 각종 device 등을 제어해 자동화를 가능하게 해주는 제어(Control) 시스템과 인터페이스를 하고, 위로는 계획(Planning) 시스템 또는 전사적 자원관리(ERP) 시스템과 인터페이스하여 전사적 자원관리부터 최하위 생산설비까지의 제어를 통합시켜주는 역할을 함으로써 시너지 효과를 낼 수 있습니다.

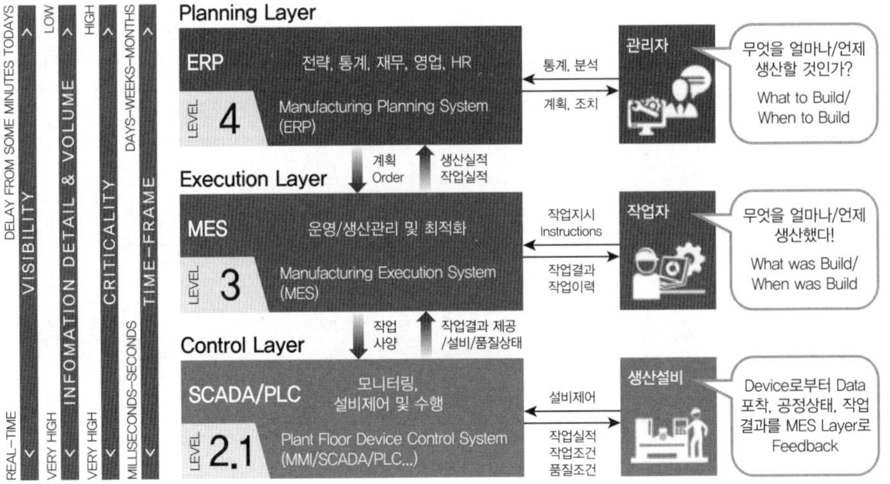

[그림 24-5] 제조업 시스템의 계층구조(출처: MESA)

24.5.2.1 MES의 주요기능은?

MES는 생산 모니터링, 설비관리, 품질관리, 실적정보 집계, 창고운영 관리, 제조이력 추적, 자재투입 관리, 작업계획·지시, 공정관리 등 생산 현장에서 발생할 수 있는 모든 정보를 통합 관리하는데요. MES 도입으로 현장에서 가치를 제공하지 못하는 활동을 줄이는 것과 함께 고객의 요구 등 외부 변화에 빨리 대응할 수 있게 함으로써 공장 운영 및 공정의 효율성을 높이며, 궁극적으로 원료 입고, 원료 투입, 전처리, 가공, 후가공, 검사, 포장, 제품 출하에 이르는 전 공정을 처리하고 업무 프로세스 개선이 가능하게 됩니다. MES는 양방향 통신으로 기업 전체 및 Supply Chain에 걸쳐 생산 활동에 대한 중요한 정보들을 제공하며, 또한, 생산 현장에서 발생하는 데이터들 중 설계데이터는 PLM에, 실적 정보는 ERP와 연계되고 이 데이터는 빅데이터로 수집되어 관리됩니다.

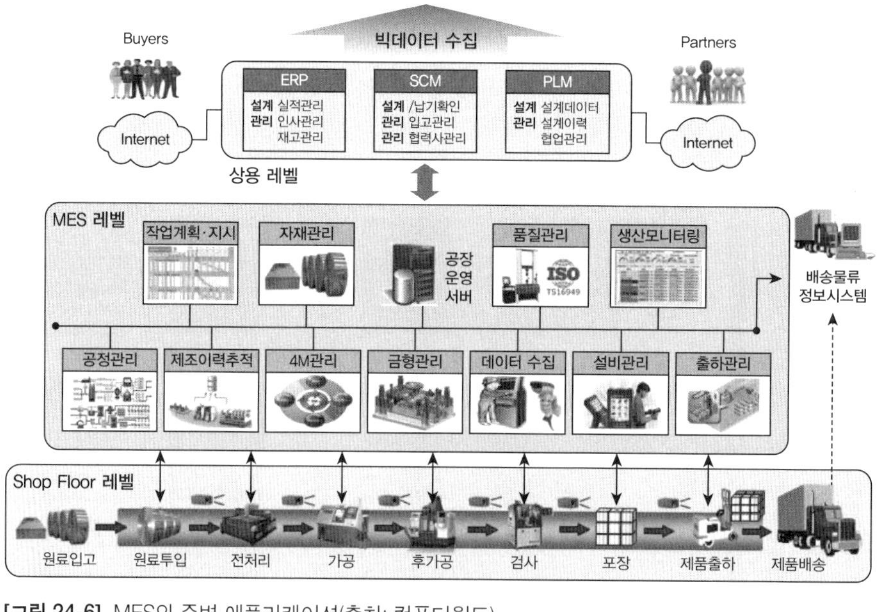

[그림 24-6] MES와 주변 애플리케이션(출처: 컴퓨터월드)

한 상품을 만들기 위해서는 몇십만 개의 부품이 들어가는데요. 그 부품들은 수백 개의 관계사, 협력사로부터 조달되어 공장에 적재되고, 실시간 생산라인에 투입됩니다. 자재 관리가 되지 않으면 실시간 재고 추적이 불가능하고, 생산에 필요한 충분한 부품이 확보되었는지 알 수 없습니다. 이것은 잘못된 재고 정보로 인해 생산량에 큰 손해를 줄 수도 있다는 의미입니다. 따라서 체계적인 관리가 필요하지만, 수많은 부품들을 효과적으로 관리하기란 매우 까다로운 일입니다.

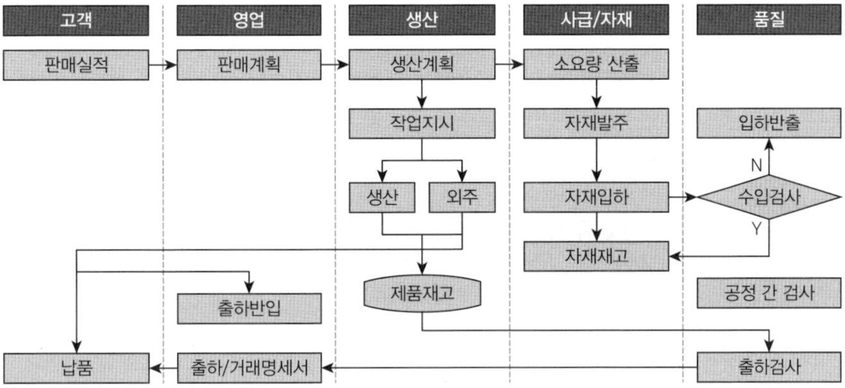

[그림 24-7] MES 구축 방안 검토 및 대표사례 연구(출처: 2007 삼성SDS 재가공)

공장에서의 핵심은 생산관리인데요. 생산계획에 따라 작업을 지시하고 제품 재고를 관리합니다. 품질은 설계부터 생산과정, 완제품까지를 포함하는 개념이고, 자재가 입하되면 수입검사는 생산과정의 공정 간 검사와 완제품의 출하검사가 진행됩니다. MES는 영업의 판매계획에 따라 생산하여 고객에게 납품할 때까지 일련의 과정을 유기적으로 관리합니다.

MESA International에서 정의하는 MES는 〈표 24-2〉에 기술한 일반적인 기본 기능 11개를 포함하고 있습니다.

〈표 24-2〉 MESA 표준 MES 11개 기능(출처: MESA 표준 재가공)

기능	세부 기능
자원 할당 및 현황 (resource allocation status)	- 자원 할당과 상태 관리 기능은 자원의 상세한 이력을 제공하고 장비의 상태를 실시간으로 제공해 장비가 작업에 적절히 설치 · 작동되는지 확인 - 즉, 기기, 도구, 작업자 숙련도, 자재, 문서 등 작업자가 작업 시 사용하는 모든 자원을 관리 - 이와 같은 자원 관리 작업 일정 목표에 부합하기 위한 예약과 분배를 포함
실행 및 상세 일정 (operation/detail scheduling)	- 작업과 상세 일정 관리 기능은 적절히 순서가 정해졌을 때 셋업을 최소화하는 작업에서 특별한 생산 단위와 연관된 처방, 우선순위, 속성과 특성에 기초한 순서를 제공 - 일정 관리란 정확한 시간, 장비적재와 시프트(shift) 유형 등을 상세히 계산하기 위한 중복 · 병렬 작업과 대안을 파악

작업지시 (dispatching productionunits)	- 작업 내용, 일괄 작업(batch), 작업 단위(lot) 및 작업 지시서(work order) 등과 같은 작업 형태에서 생산 단위의 흐름을 관리 - 분배 정보는 공장 현장에서 사건 발생 시 수행되어야 할 작업과 실시간 변화의 순서에 의해 제공
문서관리 (document control)	- 문제 제어 기능은 작업 지시, 처방, 도면, 표준 작업 절차, 부분 프로그램, 일괄 작업(batch) 기록, 기술적 변경 요구사항, 조(shift)와 조 간의 의사소통과 '계획된 것(as planned)'과 '이루어진 것(as built)'의 정보에 대한 편집 능력을 포함해 생산 단위와 함께 관리되어야 할 기록 형태를 제어 - 문서 제어 기능은 작업자에게 데이터를 제공하거나 장치 제어에 대한 처방을 제공함으로써 작업지시를 현장으로 할당
데이터 수집 (data collection/acquisition)	- 생산 단위별로 수집되어야 하는 데이터를 정의하고 이 데이터들을 수집하는 인터페이스를 제공 - 여기에서 데이터는 공장 현장에서 수동적으로 수집되거나 장비로부터 분 단위까지 자동적으로 수집
노무관리 (labor management)	- 근로 관리 기능은 분 단위로 작업자의 상태와 이력 데이터를 제공 - 시간 대비 출석 보고, 검증 추적 및 활동기반(Activity-based)의 비용 기준으로 자재와 공구 준비 작업 같은 간접적인 행위의 추적 능력을 포함 - 이 기능은 최적의 자원 할당 기능과 상호작용
품질관리 (quality management)	- 품질관리 기능은 지표상의 품질 제어를 확인하기 위해서나 문제를 구분하기 위해서 제조현장에서 수집한 측정치들을 실시간으로 분석・제공 - 이는 원인을 보이는 징후, 행동과 결과에 대한 상호작용을 포함해 문제를 수정하기 위한 행동 양식 제공 - 실험실정보관리시스템(LIMS: Laboratory Information Management System)은 오프라인 검사, 분석관리 및 통계적 공정/품질관리(SPC/SQC: Statistical Process Control/Statistical Quality Control) 기능 포함
프로세스 관리 (process control)	- 공정 관리 기능은 생산을 감시하고 진행 중인 작업 향상을 위해 작업자들에게 의사결정을 지원하거나 자동적으로 수정 - 이 같은 행위들은 내부적으로 작용하거나 하나의 작업에서 다음 작업으로 공정을 추적하며, 감시되거나 제어되는 또한 내부 작용하는 기기와 장비에 특별히 초점을 맞춤 - 이것은 외부적으로 수용 가능한 오차 범위의 공정 변경을 작업자 개개인에게 인식시켜 주기 위한 경보 관리를 포함
유지 보수 관리 (maintenance management)	장비와 도구들을 유지보수하기 위한 예방적 활동을 지시하고 추적. 이것은 새로운 문제를 진단하는 데 도움을 주기 위해 과거 사건과 문제에 대한 이력을 유지
제품 추적 (product tracking and genealogy)	- 작업의 위치와 어느 곳에서 상시 작업이 이루어지는지를 보여주며, 상태 정보는 누가 작업을 하고 있는지 공급자의 소요 자재 수량이나 일련번호, 현재의 생산 조건, 경보 상태, 재작업 또는 생산과 연계된 다른 예외 사항들을 포함 - 이러한 제품의 생산 이력과 부품 이력 관리는 향후의 품질 개선 인프라로 제공
성과분석 (performance analysis)	- 실행분석 기능은 생산 공정의 주요 성과 지표를 관리함으로써 생산성 향상을 위한 분석 기능이며, 과거 기록과 예상된 결과의 비교를 통해 실제적 작업 운영 결과들에 대해 분 단위로 보고 - 실행 결과는 자원 활용, 자원가용성, 생산 단위 사이클 타임(cycle-time), 일정 준수와 표준 준수로서 측정치들을 포함 - 이같은 결과들은 보고서 형태로 제공되거나, 실행에 관한 실시간 평가로서 온라인으로 제공

24.5.2.2 MES 도입 효과는?

MES는 다양한 기능을 수행하면서 여러 가지 이익을 가져다주기 때문에 현대 제조업체의 중요한 시스템으로 확산되어 가고 있는데요. 제조현장과 주변 시스템의 통합, 최적화한 생산 활동 지원, 생산 현장의 실시간(real time) 정보 통합, 통합 정보의 활용으로 최적의 의사결정 지원 등에 의한 통합화와 최적화한 생산 활동을 지원하게 됩니다. 또한, 생산성 지표 향상, 품질 향상, 원가 절감과 가격경쟁력 제고, 납기(delivery) 단축과 준수, 유연성(flexibility) 증대 등에 의한 생산성 개선으로 기업경영에 기여하게 됩니다.

MESA(http://www.mesa.org)에서 MES 구축 전·후를 비교한 결과에 따르면 MES의 효과는 실시간 프로세스 처리와 품질 향상으로 생산주기가 평균 45% 단축되며, 재공품은 24% 감소, 생산 수율 증대, 생산성 향상, 납기는 27%까지 단축, 불량품은 18% 이상 감소하는 공정 개선 효과가 있었고, 작업시간이 평균 75% 이상 단축되어 무정지 가동 시스템이 구현되며, 생산 현장 내 문서가 61%까지 줄어드는 효과가 발생합니다. 〈표 24-3〉에 MES 구축 전·후 효과를 비교·기술하였습니다.

〈표 24-3〉 MES 구축 효과 비교

운영 측면 구축 효과	기업 측면 MES 구축 효과
- 공정 리드타임 감소 - 세부 공정별 재공 재고(WIP 감소) - 사이클 타임 감소로 생산성 증가 - 생산 효율 증가 및 다기능공 인력 양성 - 정의된 프로세스와 룰 준수율 향상 - 신규/변경 프로세스의 신속한 적용 - 문서작업, 각종 보고 양식 감소 및 정보 누락 방지 - 데이터 입력시간 감소 등 자동화된 관리 - 중요 정보 사전 알람 등 의사결정 정보 제공	- 실시간 전사적 자산관리 가능 - IT 및 자동화 부분 ROI 향상 - 제품 진행, 납기, 품질정보 등 고객 서비스 강화 - 관리 인력 감소로 낮은 운영비용 및 총 TCO 감소 - 제품 품질 추적 가능, 사고 시 신뢰성 증가(PL법 대응) - 신제품 출시 등 각종 의사결정 정보 제공 - 납기 확답, 가시성 강화로 고객의 신뢰성 증가 - 낮은 재고운영 비용 및 이자 비용 감소 - 수요와 동기화된 생산체계 수립

24.5.3 ERP에 대해 알아볼까요?

24.5.3.1 MES와 ERP를 연계하여야 하는 이유는?

ERP란 기업에서 사용하는 Application Software Package로서, 전사적 자원관리 시스템이라고 하는데요. 재무, 제조, 영업 등 회사 전반의 비즈니스를 자동화하여 관리합니다. 즉, ERP는 회사의 프로세스를 자동화하고, 각 부서의 정보를 통합하여 의사결정을 할 수 있는 경영자 정보를 만들 수 있습니다. MES가 회사의 현장이라고 할 수 있는 공장의 생산에 프로세스를 자동화하고 현장의 비정형 데이터를 취득하여 ERP에 연결되어야 기업의 회계 투명성과 일련의 정보는 중복성이 배제되고 정확하게 정제된 정형화된 데이터가 다양하게 활용될 수 있는 최적의 정보 자산이 되기 때문입니다. 이것이 바로 MES에 ERP를 연계해야 하는 이유입니다.

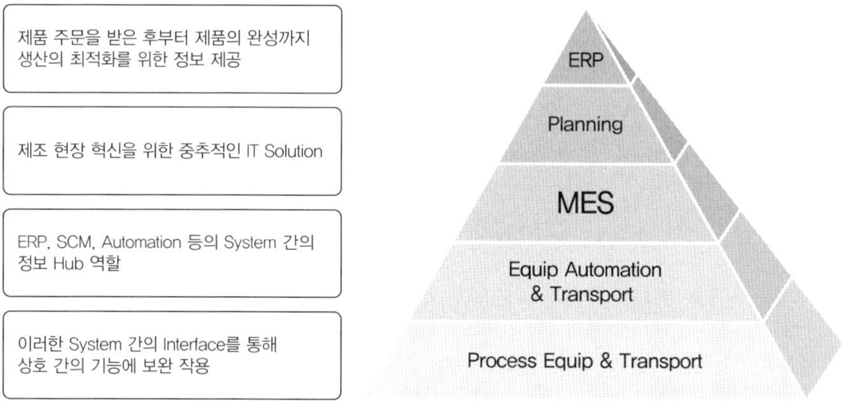

〈MES의 위치〉

[그림 24-8] MES의 연계성

스마트팩토리가 구현되면 각 공장에서 수집된 수많은 데이터를 기반으로 분석하고, 의사 결정하는 데이터 기반의 공장 운영체계(Data Driven Operation)를 갖춤으로써 생산 현장에서 발생하는 현상, 문제들의 상관관계를 얻어낼 수 있습니다. 즉, 원인을 몰랐던 돌발 장애, 품질 불량 등의 원인을 알아내 해결할 수 있는 것입니다. 뿐만 아니라 숙련공들이 경험으로 얻은 노하우를 데이터화함으로써 누구나 쉽게 활용할 수 있는데요. 예를 들어, 현장에서 발생하는 돌발 상황이 모니터링되어 비숙련자도 대응할 수 있도록 원격지에서 가이드해줄 수 있습니다. 이러한 데이터들이 MES, ERP 등과 같은 생산, 경영 분야의 기간 시스템과 연동되어 주문이 접수되거나, 어떠한 경영상의 판단이 내려지면, 공장은 최적의 생산체계 하에서 운영됩니다.

SCM의 필요성 또한 이러한 상황으로부터 부각되었는데, 필요한 부품의 조달, 생산, 유통, 판매까지 단계가 많고 복잡하기 때문에 유연하고 빠른 대응을 위한 효율화가 점차 중요해지고 있으며, 각 부문별 최적화보다 하나의 유기적 집단으로 대응해야 합니다. 일정이 지연된다면 공정 단계별 시간을 감축하거나, 공정을 오버랩시켜서 단축하거나, 작업자 또는 작업시간을 추가하여 대응하는 식으로 부문별로 다양한 대응이 가능합니다.

24.5.3.2 ERP의 구성형태는 어떠한가요?

ERP는 대외적으로 무역과 영업업무에서 생산과 이를 위해 필요한 구매처와의 자재 구매에 이르는 일련의 회사 업무 프로세스를 자동화하고, 고객 또는 비즈니스 고객과 접촉하는 프런트 오피스의 운영이라고 할 수 있으며, 백오피스의 운영은 비하인드 작업이나 고객이 있는 제품이나 서비스의 이행을 처리하는 부문으로 나눌 수 있습니다.

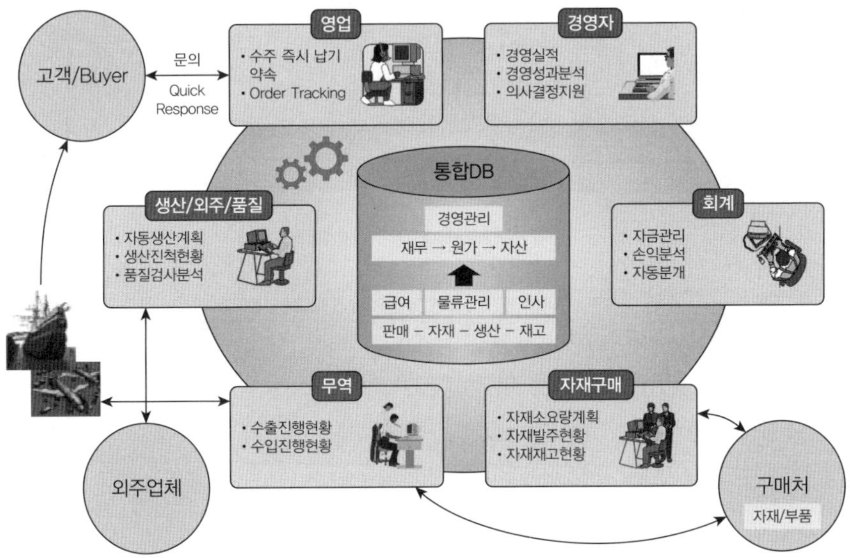

[그림 24-9] 통합 ERP 개요도

회사는 ERP 구축으로 데이터의 무결성과 재무 통제를 통해 위험 감소와 투명성 확보로 신뢰성을 높일 수 있으며, 통일되고 통합된 시스템을 통해 회사의 운영비용을 절감할 수 있습니다.

1) ERP의 주요 구성형태는?

ERP의 대외적 영업정보의 수주 현황은 생산정보의 생산계획에 반영되며, 구매자재정보의 구매 물품을 공급받아 생산을 진행하고, 생산된 제품은 품질검사를 통해 활용되는데요. 이런 영업정보와 무역정보는 회계정보와 나아가 원가정보와 연계되며, 인사·급여정보는 회사 전반의 인력을 관리합니다.

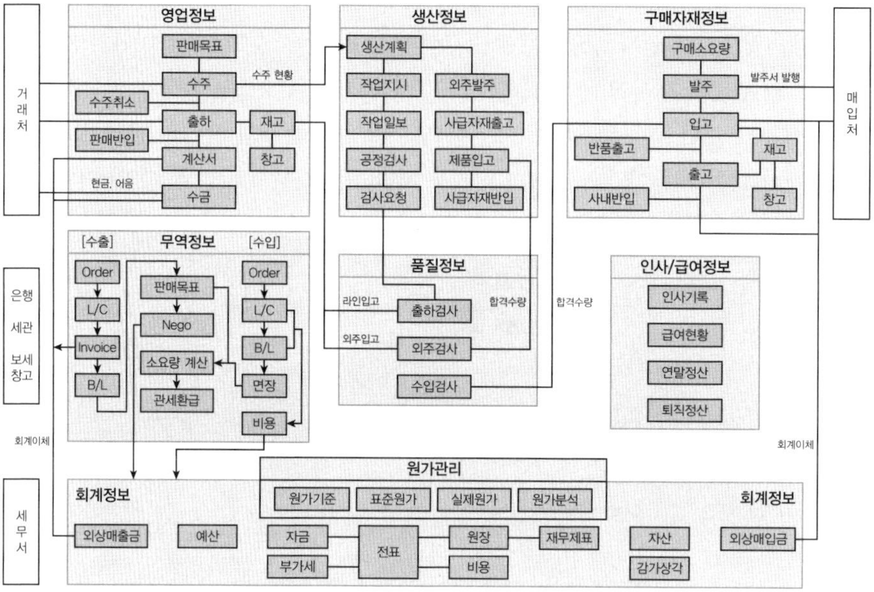

[그림 24-10] ERP 모듈별 업무연관도

2) ERP의 주요 기능과 내용을 알아볼까요?

<table>
<tr><th>구분</th><th>프로세스</th><th>주요 기능</th></tr>
<tr><td>영업
관리</td><td>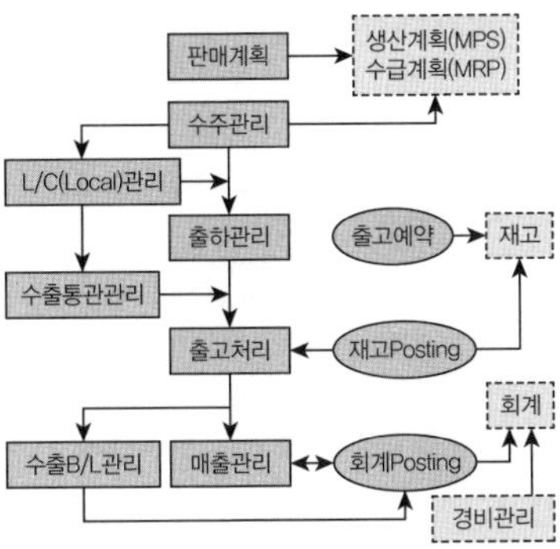</td><td>〈판매 계획〉
- 품목그룹별, 품목별, 거래처별, 품목별+거래처별 판매계획 수립 및 실적을 다양한 형태로 분석
- 품목별 판매계획은 일자별, 공장별로 배부되어 생산계획과 수급계획에 반영

〈수주 관리〉
- 고객의 수주를 다양한 거래처(주문처, 납품처, 수금처, 매출처)와 다양한 수주 형태(국내 수주, 국내 L/C 수주, 해외 L/C 수주 등)별로 관리할 수 있음
- 수주 형태에 따라 다양한 Config.를 설정하여 업무 효율을 향상시킬 수 있음
- 수주 등록 시 Config. 정보에 따라서 자동 출하 처리할 수 있음</td></tr>
<tr><td>무역
정보
(구매
관리)</td><td>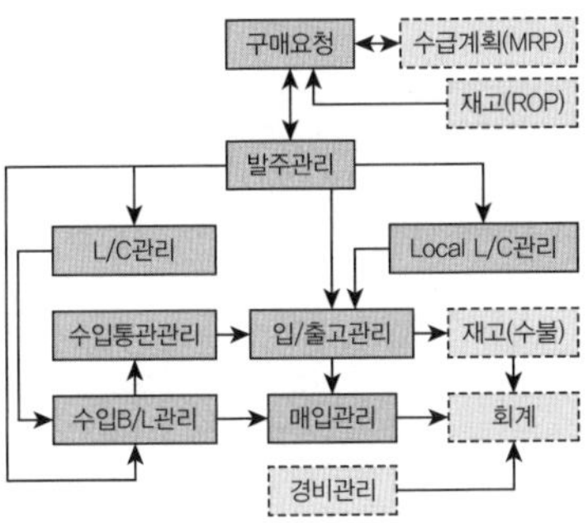</td><td>〈구매요청관리〉
- 생산관리의 수급계획이나 현업 부서의 구매요청, 재고관리의 재발주점에 의한 구매 요청량을 관리
- 생산의 수급계획에 의한 자재소요량과 자재의 재발주점(ROP) 관리에 의한 구매 요청량을 관리
- 긴급 구매 요청량을 관리하고 생산수급 계획에 반영

〈발주관리〉
- 구매 요청량을 기준으로 발주를 내거나 긴급 발주, 내/외자 발주
- 구매 요청량에 대한 업체 지정을 수/자동으로 구분해 처리
- 긴급 발주 처리 시 생산의 수급계획에 반영함
- 외자 발주를 위해 Offer 정보를 관리함
- 외주 발주인 경우 사급품목의 출고목록을 생성</td></tr>
<tr><td>재고
관리</td><td>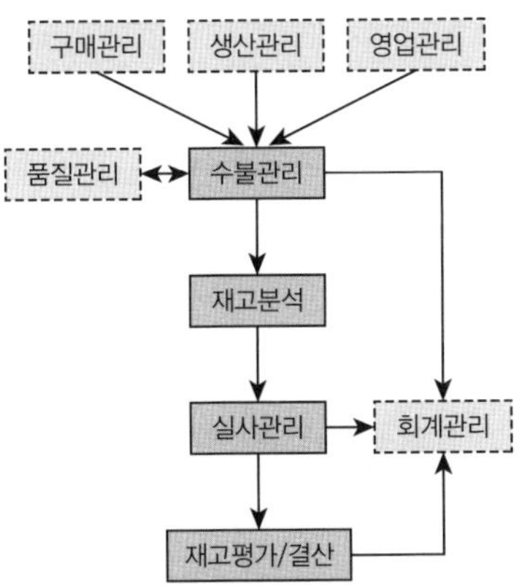</td><td>〈수불관리〉
- 자재에 대한 입고, 출고 및 재고이동을 처리
[입고처리]
- 내자 및 외자, 외주가공품, 가공품에 대한 입고처리
- 발주번호를 근거로 한 공급처에 자재 반품처리
- 검사품에 대한 검사의뢰 Lot 자동 생성(수입검사, 공정검사)
[출고처리]
- 작업지시번호에 대한 자재출고처리, 수주 및 출하지시에 대한 제품의 출고처리, 수주번호를 근거로 한 거래처의 제품 반품처리, 예외 발생 출고품에 대한 예외출고처리
- 재고자산 증감 및 Real-Time 회계 Posting 처리
[재고이동처리]
- Physical, Logical 재고이동 처리</td></tr>
</table>

구분	흐름도	내용
품질 관리	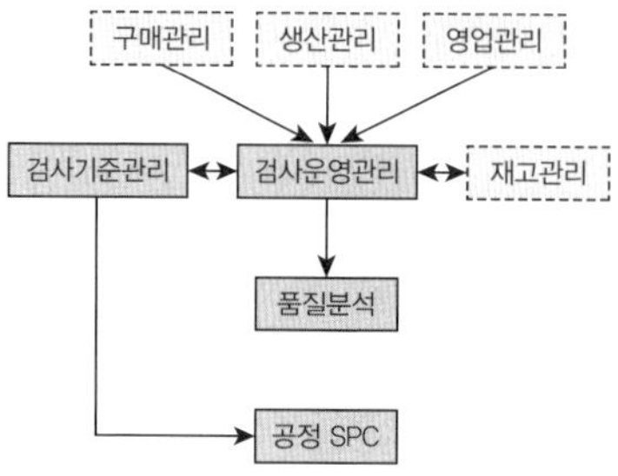	〈검사기준관리〉 - 검사운영 및 공정SPC에서 관리되는 자재에 대한 검사기준정보를 관리 - 품질목표관리로 불량유형/원인 및 조치에 대한 기준을 관리하고 검사기준서 발행(수입검사, 공정검사, 출하검사) 〈검사운영관리〉 - 구매자재에 대한 수입검사처리, 사내 가공품에 대한 공정검사처리 및 제품에 대한 출하검사 처리(검사항목별 측정치를 준비하며 각종검사를 시행하고 불합격을 통지하고 품질 이상에 대한 원인을 파악하며, 불량품 조치 내역에 따른 재고 이동처리를 진행)
생산 관리	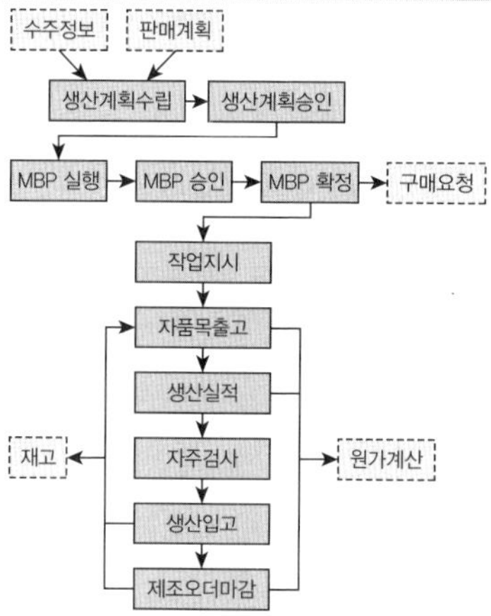	〈생산계획〉 - 품목별 생산전략을 기초로 영업의 수주 정보와 판매계획 정보, 각 공장별 현재의 재고상황과 생산현황을 고려하여 최적의 생산계획 수립 - 수주・판매계획・생산실적・작업 중인 제조 오더・현재고 등을 감안하여 생산계획을 자동 생성 - 생성된 생산계획정보를 확인한 후 승인 작업 수행 - 승인된 생산계획 조정 - 양산 및 수주건별 부여되는 생산계획 번호단위의 생산계획 수립 - 생산계획대비 생산실적을 분석할 수 있는 현황정보 제공
원가 관리	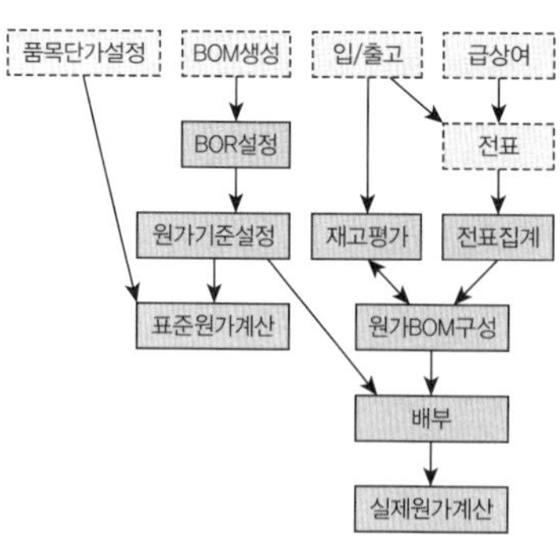	〈원가기준설정〉 - 원가 계산을 위한 기본 정보로서 원가 요소, 간접비 배부율, 재료비 원가요소, 자원별 원가요소, 품목별 가공비 정보, 배부요소, 배부규칙, 배부근거 등 관리 〈표준원가계산〉 - 표준원가 계산은 재료비 계산단계, 가공비 계산단계, 간접비 계산단계, 적상의 4단계로 작업이 이루어지며, 공장별로 원가 계산 - 작업단계의 선후행 작업 여부에 따라 계산하며, 개별 혹은 일괄 계산 - 실시간 회계전표 발생 선택 시 재고의 입출고 단계에서 표준원가를 기준으로 재고금액을 산정하며, 결산 시 재고 평가 방법에 따라 재고금액과 회계처리 방법을 별도로 적용

<table>
<tr>
<td>인사/
급여
관리</td>
<td>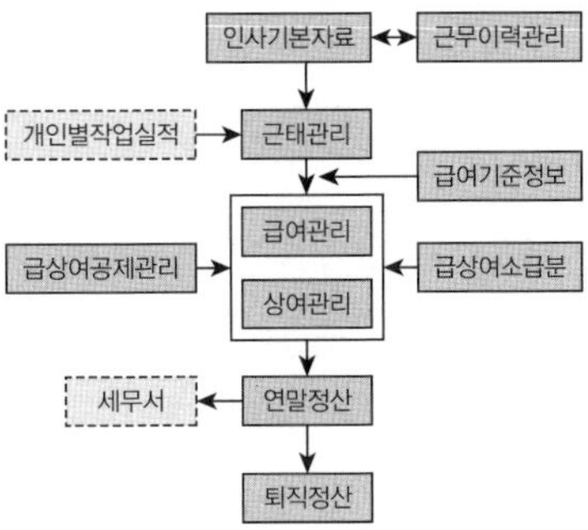
</td>
<td>〈인사기본자료〉
- 회사운영의 기반이 되는 인력에 대한 관리와 이에 수반되는 회사 Rule, 기본급, 기본 인적사항과 가족사항, 학력, 경력 등을 관리하며, 이를 인사관리의 기본정보로 제공하고, 각종 수당 및 공제에 관한 기준을 관리

〈급여 및 상여관리〉
- 코드 정의와 계산식 입력 방식을 사용하여 다양한 예외사항에 즉각적으로 대응하므로, 효율적인 인력관리와 자동화된 급여・상여관리를 할 수 있어 보다 능률적인 기업 운영이 가능</td>
</tr>
<tr>
<td>회계
관리</td>
<td>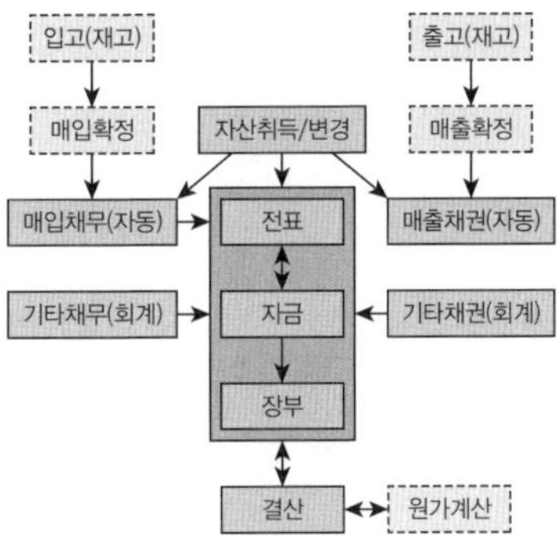
</td>
<td>〈채무관리〉
- 원/부재료에 대한 입고와 구매 확정 단계를 통하여 매입채무를 생성하며, 공급처별 계산서 내역과 출금내역을 관리
- 구매확정에 의한 매입채무 자동생성과 기타 채무내역을 생성 및 관리
- 공급처별 매입채무에 대한 출금과 동시 반제
- 선급금과 연결된 채무 상쇄 기능
- 채무와 채권의 상호 반제처리 지원
〈채권관리〉
- 제품(상품)에 대한 출고와 매입 확정 단계의 매출채권 정보가 생성되며, 이후 거래처별 계산서내역과 입금내역을 관리
- 매출확정에 의한 매출채권 자동 생성과 기타채권내역을 생성 관리
- 입금의 형태에 따라 가수금 정보를 관리하거나 입금과 동시에 채권에 대한 반제처리 가능
- 선수금과 연결된 채권에 대한 상쇄 기능 지원</td>
</tr>
</table>

Chapter

25 스마트팩토리 적용 사례

생산 현장에서 '테일러주의(Taylorism)'란 노동자의 움직임과 동선, 작업 등을 표준화해 생산 효율성을 높이는 체계인데요. 미국의 발명가이자 기술자인 프레데릭 윈슬로우 테일러의 이름을 딴 과학적 생산관리 기법입니다.

19세기 말 미국의 공장을 휩쓸던 테일러주의는 21세기 전 세계 공장에서 정보통신기술(ICT)이 적용되어 생산 현장의 데이터를 수집해 작업 명령을 내리는 수준까지 발전했습니다. ICT와 AI는 인간의 노동을 보완하고 통제하기도 합니다. '신 테일러주의(New Taylorism)'라고 일컬을 수 있는 스마트팩토리가 산업계의 새로운 트렌드로 부상했는데요. 스마트팩토리는 빅데이터와 사물인터넷을 활용, 생산 현장의 센서 및 수행 기능이 유기적으로 연계된 '지능화된 공장'입니다. 높은 수준의 자동화된 인프라를 제공해 생산성을 높이고, 안전한 생산 환경을 구현하는 게 특징입니다. 환경오염에 대한 관심이 높아지면서 스마트팩토리는 제조업의 리스크 관리 측면에서도 필요합니다.

25.1 스마트팩토리 플랫폼 적용 사례는?

스마트팩토리 플랫폼은 사물인터넷을 중심으로 센서, 자동화 설비 등을 하나의 체계에서 통합하고 실시간으로 파악 및 공유·분석할 수 있는 정보시스템을 의미합니다.

스마트팩토리 플랫폼을 구현하기 위해서는 사물인터넷 기술을 통해 통신 기능을 갖춘 센서들이 플랫폼에 손쉽게 연결되고, 센서들이 모니터링하는 각종 정보들이 통합 데이터베이스에 실시간으로 저장되어야 합니다. 또한, 플랫폼에 연결되는 각종 설비, 센서, 정보시스템들이 서로 데이터를 주고받을 수 있어야 하고, 보안성을 갖추면서도 효율적으로 데이터가 공유됨으로써 플랫폼을 통해 참여자들이 안심하고 정보를 공유할 수 있어야 합니다. 공유된 데이터는 빅데이터 및 인공지능 기술을 활용하여 의미 있는 정보로 가공되고 최적의 의사결정을 수립하는 데 기여할 것입니다.

25.1.1 IBM Watson IoT 플랫폼

IBM의 Watson IoT 플랫폼은 IBM 이외 업체가 제작한 다양한 센서 및 기기를 연결하는 수평적, 개방적 플랫폼을 지향하고 있으며, 단순 데이터 취합 및 통합, 변환 단계를 넘어 데이터 분석 및 시각화에 활용하는 단계의 플랫폼을 구현하고 있습니다. 이 플랫폼은 데이터 분석 및 시각화를 위해 IBM이 보유하고 있는 다양한 종류의 비즈니스 인텔리전스 소프트웨어들을 플랫폼에 통합하고 있으며, 클라우드 개념을 도입하여 사용자들이 필요할 때 필요한 만큼 서비스를 활용하는 방식으로 운영될 수 있습니다.

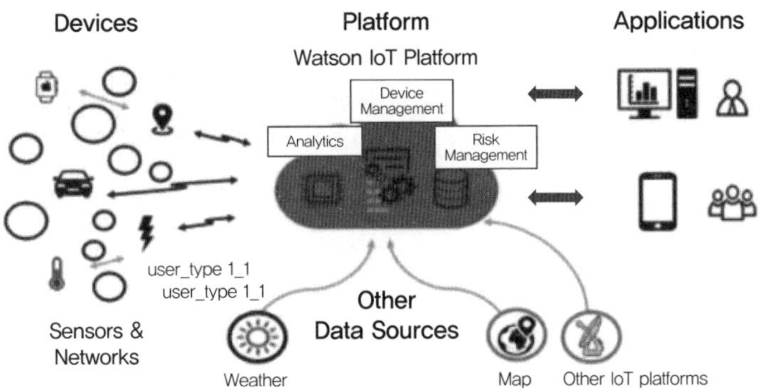

[그림 25-1] IBM Watson IoT 플랫폼(출처: IBM 홈페이지)

25.1.2 GE(General Electric) Predix 플랫폼

Predix 플랫폼은 GE에서 판매한 기기들에 장착된 스마트센서들을 엣지 시스템을 통해 취합하고, 이를 GE 본사에 위치한 클라우드 기반 플랫폼으로 실시간 전송하는데요. GE의 클라우드 센터에서는 플랫폼에 실시간으로 저장되는 다양한 데이터를 분석하고 패턴 파악 등에 활용하고 있으며, 앱을 통해 Predix 플랫폼에 필요한 다양한 소프트웨어를 손쉽게 개발할 수 있도록 지원하는 기능을 개발하였습니다. 클라우드 기반으로 구현된 플랫폼이기에 필요한 부분에 컴퓨팅 자원을 필요에 따라 유연하게 배분하는 것이 가능하고, 앱 지원을 통해 플랫폼에 활용 가능한 응용프로그램들을 필요에 따라 개발하여 운영하는 것이 가능합니다.

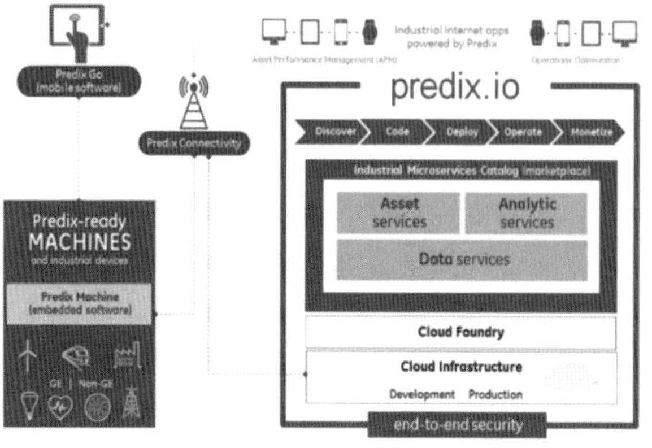

[그림 25-2] GE Predix 플랫폼(출처: GE 홈페이지)

Predix 플랫폼이 도입됨에 따라 GE의 고객들은 각각 독립된 기기 및 설비를 운영하는 것이 아니라 전 세계 모든 고객들이 연결된 거대한 통합 플랫폼 하에서 최적으로 지원되는 환경을 구축할 수 있게 되었고, 서로 다른 현장의 데이터를 통합 관리함으로써 문제를 신속하게 파악하고, 해당 문제에 대한 원인을 해결하는 과정에서 다른 곳에 설치된 유사한 설비들에 대해서도 동시에 지원이 가능해졌습니다.

25.2 스마트팩토리의 해외 적용 사례는?

25.2.1 미쓰비시 전기(Mitsubishi Electric, 일본)의 사례

미쓰비시 전기는 기업환경 변화에 대비할 필요성이 높아짐에 따라 스마트팩토리 통합 솔루션인 'e-F@ctory'를 개발하였고 약점인 IT 분야를 보완하기 위해 인텔, MS 등과 기술 연합하였습니다.

대표적인 스마트팩토리는 나고야제작소 E4라인이며, '메카트로닉스 개발센터', '후쿠야마제작소 생산라인' 등에도 적용하여 현장 데이터를 수집하여 데이터베이스화를 통한 이력을 관리하고 시각화하고 지능형 로봇 활용으로 자동화 기능을 향상시켰습니다.

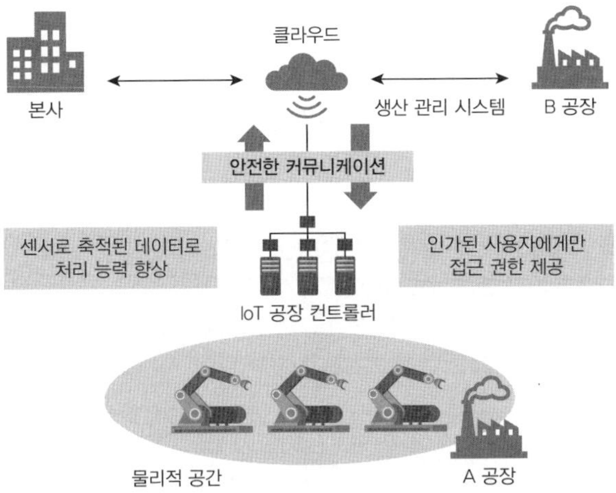

[그림 25-3] 미쓰비시 전기의 e-F@ctroy 개념도(출처: 삼정KPMG 경제연구원, 2018)

스마트팩토리 도입 효과는 약 100여 년의 제조업력으로 높은 수준의 제조기술과 빠른 시장대응 능력을 보유한 바, e-F@ctory'는 FA 분야의 강점을 살리고, IT 분야와 협업을 추구하고, 자사공장을 '스마트화'하여 생산성이 향상되었으며, 스마트팩토리 구축을 통해 기술 및 제품 판매로 사업을 다변화하여 자사 제품(변압기, 차단기, 계측 모듈, PLC, 인버터 등)의 생산성을 향상시켰습니다. 또한, 스마트팩토리 구축 기술 판매로 기술 공급업체로 부상하였으며, 제품 및 솔루션 판매를 통해 파생되는 서비스 사업 영역을 확대해 진출하여 스마트팩토리 기술 공급 사업을 글로벌 지역으로 확대하여 중국 제조기술혁신센터를 개설했으며, 중국시장에도 스마트공장 구축기술 판매에 노력하고 있습니다.

25.2.2 GE(General Electric)의 Brilliant Factory(미국) 사례

GE는 IIC를 설립한 초기 멤버로 상호 운영 가능한 산업인터넷(IIoT) 시스템 구축을 주도하고 물리적인 것과 디지털적인 것, 즉 운영기술과 IIoT를 결합한 스마트팩토리 Brilliant Factory(생각하는 공장)를 인도 푸네에 설립하여 사람-데이터-기계를 연결하는 IIoT를 실현하고자 산업용 플랫폼인 프리딕스(Predix)를 개발하였습니다. 프리딕스 플랫폼은 GE가 판매하는 항공기 엔진이나, 철도, 선박 제품에 센서를 부착하여 발생하는 데이터를 수집·분석하고 기계 고장에 대한 사전 예측을 통해 프로세스를 최적화하는 스마트팩토리 솔루션입니다.

GE는 클라우드 기반의 개방형 소프트웨어 플랫폼 개발과 IIoT, 빅데이터 기술을 통하여 사람-데이터-기계를 연결하는 시스템을 구축하고, 이를 통해 제트엔진에서부터 기관차의 부품까지 항공, 전력, 가스, 운송 등 다양한 비즈니스 분야의 제품 생산과 가공을 지원할 수 있게 되었습니다.

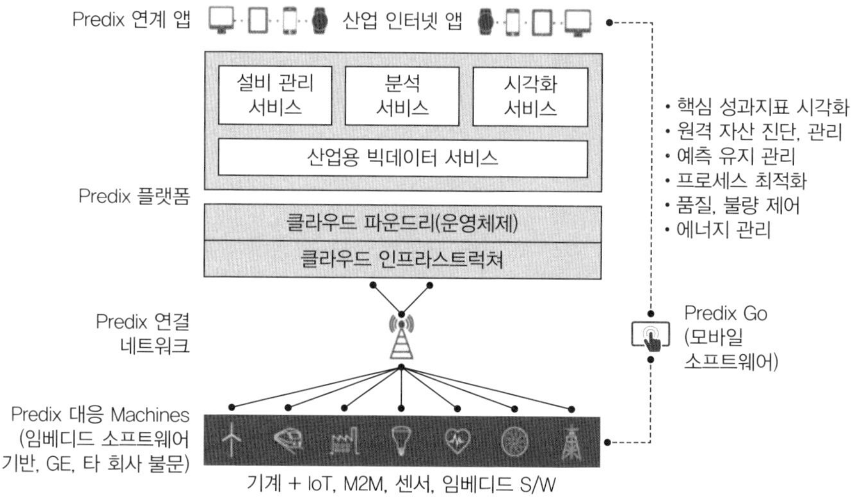

[그림 25-4] GE의 클라우드 기반 Predix 구조(출처: LG경제연구원, 2017)

물리적인 사물과 컴퓨터에 동일하게 표현하는 가상 모델의 '디지털 트윈(Digital Twin)' 개념을 만들어 개발·제작하여 이를 기반으로 비행기 엔진·기관차·가스·풍력 터빈의 마모와 손상을 실제 센서 데이터를 통해 파악하며, 수리 시점을 예측하여 정비 스케쥴을 결정하는 등의 서비스를 제공하고 있습니다.

스마트팩토리 도입 효과는 멀티 모달 공장에서는 제트엔진에서 기관차의 부품에 이르는 다양한 제품을 생산 및 가공하고 있으며, GE의 네 가지 사업영역인 항공, 파워, 오일&가스, 운송 비즈니스에 필요한 제품들이 하나의 공장에서 생산되는 최초의 공장으로 다양한 조립라인, 부품 제조, 그리고 머시닝(기계가공) 등 제조기술의 다양한 모드(mode)를 전부 사용하여 작업이 이루어지며, 불량 및 오류 감소, 설계시간 단축 및 비용을 절감합니다.

25.3 스마트팩토리 국내 적용 사례

25.3.1 LS산전 사례

LS산전은 제조공장 및 에너지 사업장을 스마트공장으로 고도화하여 저압차단기 및 개폐기를 생산하는 청주 제1공장을 스마트공장으로 구축하고, 자동화 조립 라인 관련 제품 및 솔루션을 개발하여 시스템 구동 환경을 위한 네트워크망(RAPIEnet16) 개발로 국내 최초로 IEC17에 표준화(IEC 61158-3-21, IEC 61158-4-21 등)를 등록하였으며, 청주 제2사업장에 그리드솔스테이션(GridSol Station)을 구축하였습니다. 또한, 공장에너지관리시스템(FEMS: Factory Energy Management System)을 개발 및 적용하여 에너지 사용량, 온실가스 감축 현황 등을 실시간으로 분석하고 있습니다.

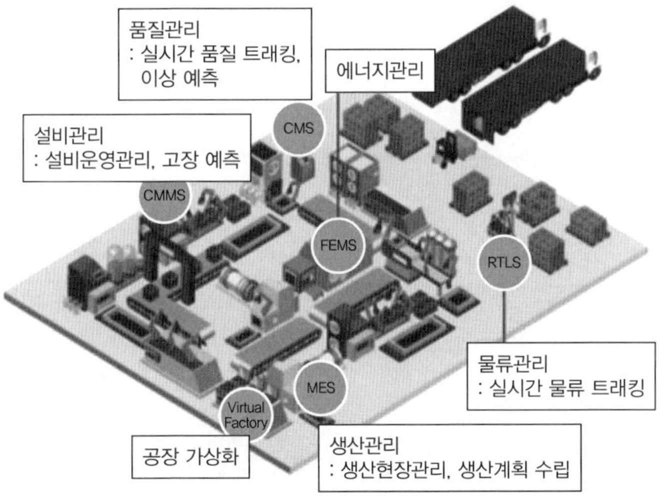

[그림 25-5] LS산전 스마트팩토리(출처: LS산전 2015-2016 지속가능보고서)

제조공정 고도화를 위한 기술 역량 강화 노력으로 국내 최초 [중간2] 단계 수준 이상의 스마트팩토리 구축으로 생산성을 개선하여 생산성 60% 향상, 에너지 60% 절감, 불량률 93% 감소 효과를 가져왔으며, 스마트팩토리 구축 시 축적된 역량을 바탕으로 사업영역을 확대하여 지능형공장 운영과 관련된 IoS(Internet of Service) 서비스를 제공하고, IoT 관련 제품 기기를 개발하여 판매하고 있습니다.

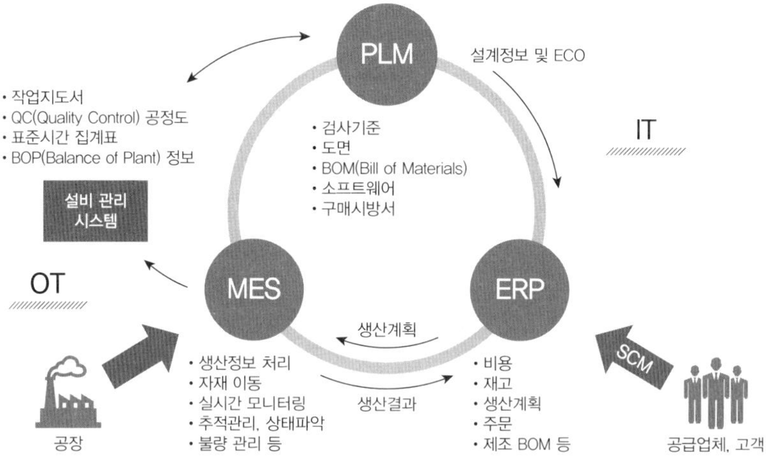

[그림 25-6] LS산전의 스마트팩토리 모델(출처: LS산전 산전스케치, 2015. 7)

25.3.2 삼성SDS 사례

삼성 SDS는 신기술을 기반으로 공장의 설계/시공/운영 및 제조현장의 모든 정보가 실시간 수집·분석·공유되어 최고의 품질과 생산성 달성을 위해 스스로 최적화 및 제어되고, 안전하게 운영되는 공장을 만드는 것을 지향하는데요. 이를 위해 AI 기반의 스마트팩토리 솔루션인 넥스플랜트(Nexplant) 플랫폼과 25개 솔루션을 기반으로 3개 주요 영역에서 Intelligent Factory를 구현하였습니다.

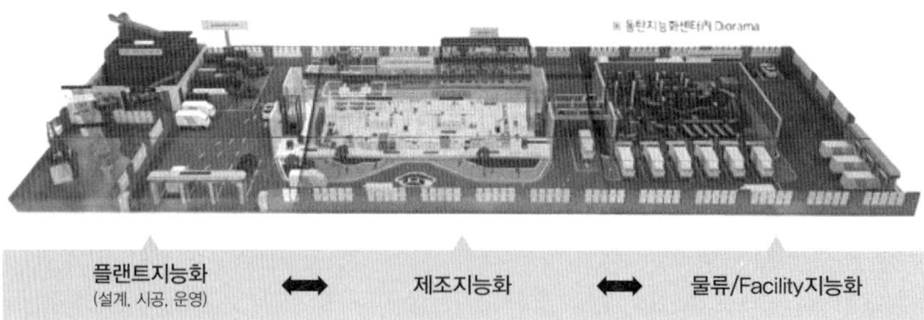

[그림 25-7] 삼성SDS의 Intelligent Factory 개념

플랫폼 지능화는 공장 설계 단계부터 시공, 운영까지 모든 데이터를 연계하고, 프로세스를 지능화하여 최적의 생산 환경 구축하고, 자체 개발한 빅데이터 분석 플랫폼인 브라이틱스(Brightics)를 탑재하여 제조과정의 설비 이상, 제품 불량을 유발한 핵심 인자를 머신러닝 기반의 분석을 통해 자동 검출하여 우선순위를 추천해줌으로써 엔지니어가 해당 설비 문제를 조치하는 데 큰 도움을 제공하고, 제조 지능화는 제품설계, 생산설비, 공정, 품질검사 및 실행 등 제조 전 단계 지능화를 통한 생산성 및 품질을 향상시키고, 제조공정에 인공지능 기능을 적용하여, IoT를 통한 설비의 센서 데이터를 수집·분석해 제조설비 상태를 실시간 진단하고 문제점을 신속히 파악하여 해결하며, 물류·Facility 지능화는 SW·HW 융복합 솔루션을 통하여 물류·Facility 설비의 최적 운영을 통한 생산성 혁신 및 제조 환경 안전 확보 및 지능화를 통한 생산성 및 품질 향상을 이루고 있습니다.

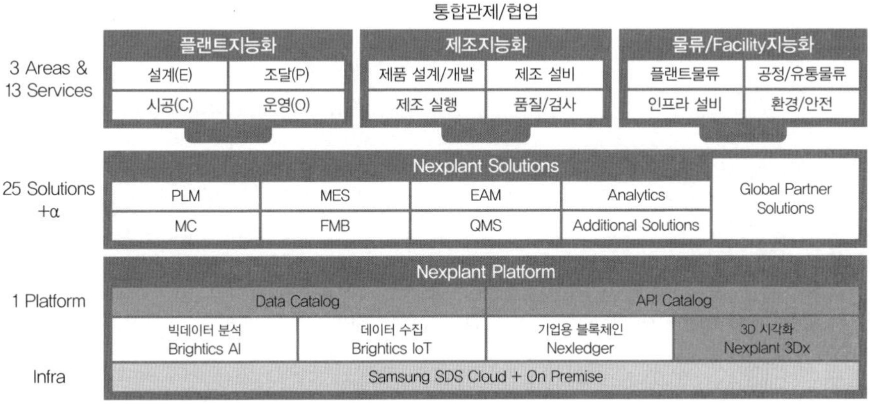

[그림 25-8] 삼성SDS의 Intelligent Factory 플랫폼 및 솔루션

연습문제 EXERCISE

01 스마트팩토리의 업무 범위를 설명하시오.

02 스마트팩토리 적용 단계에 대해 설명하시오.

03 다음 중 MESA 인터내셔널에서 정의하는 제조실행시스템(MES)에서 일반적인 기본 기능 11개에 포함되지 않는 것을 고르시오.

① 자원 할당 및 현황 ② 프로세스 관리
③ 제품 추적 ④ 성과 추적

04 스마트팩토리 9개 핵심기술에 대해 기술하시오.

05 제조실행시스템(MES)의 3계층구조에 속하지 않는 것은?

① Planning ② Executive ③ Control ④ Supervisor

06 스마트팩토리의 특징들을 기술하시오.

07 스마트팩토리의 애플리케이션 시스템들을 나열하고 설명하시오.

08 4차 산업혁명 시대의 스마트팩토리 적용 영역이 아닌 것은?

① 기계부품 ② 전자부품 ③ 제약·바이오 ④ 증권

09 생산현장에서의 테일러주의에 대해 설명하시오.

10 전사적 자원관리시스템(ERP)과 제조실행시스템(MES)의 연계 필요성에 대해 설명하시오.

Part

07

사물인터넷 비즈니스 모델과 활용 사례

Chapter

26 사물인터넷 비즈니스 모델 및 활용 분야

26.1 사물인터넷 비즈니스 모델 출현 배경 및 패턴은?

오늘날 사물인터넷은 이미 우리의 생활 깊숙이 들어와 있는데요. 이러한 바탕 위에 인터넷 기술의 발달로 기업 간에 이루어지던 B2B 서비스에서 소비자와 직접 거래하는 형태의 B2C 서비스뿐 아니라 사람이나 사물 정보의 활용을 통한 여러 가지 형태의 디지털 기반 비즈니스 모델이 출현하고 있습니다.

인터넷 기술 발달에 따른 주요 비즈니스 모델 패턴을 살펴보면, 첫째, Web 1.0은 IT 기술이 출현한 1995~2000년대에 인터넷을 비즈니스 인프라에 활용한 초기 비즈니스 모델(예: E-Commerce 등)이고, 둘째, Web 2.0은 사용자가 정보와 서비스에 직접 참여하고 공유하는 비즈니스 모델(예: Wikipedia 등)이며, 셋째, Web 3.0은 스마트 요소(예: 센서, 액추에이터 등)가 포함되어 지능화된 사물이 연결되어 네트워크를 통해 상호 소통, 상황인식 기반의 지능적인 서비스를 제공하는 모델을 말합니다.

또한, CERT-IoT(The Cluster of European Projects on Internet of Things)는 전략적 연구 과제인 IoT를 통해 기존의 비즈니스, 정보, 사회적 프로세스를 바꿈으로써 새로운 가능성이 열릴 수 있으며, 다수 사물을 이용한 서비스와 정보 제공을 통해 가치 있는 비즈니스 모델이 출현할 것으로 예상하고 있습니다.

26.2 사물인터넷 생태계(Ecosystem)란?

사물인터넷 비즈니스 모델을 논하기에 앞서 그 연결고리인 사물인터넷 생태계에 대해 알아보면, 산업 생태계에 대한 연구는 산업 가치창출 구조와 경쟁전략 등을 다룬 '가치사슬'에서 시작하였으며, 그 외 '가치 네트워크', '비즈니스 생태계' 이론 등에 관한 연구가 진행되어 왔는데요. 사물인터넷 생태계와 생태계 모델링이란 개념은 생물 생태계와 마찬가지로 비즈니스에도 적용되었는데 Moore가 1996년 〈The Death of Competition〉이란 논문에서 비즈니스 생태계 개념을 정의한 바 있습니다.

IT 생태계는 IT 제품과 서비스를 제공하는 비즈니스 네트워크로서 IT 생태계의 영역은 IT 하드웨어, 소프트웨어 및 서비스 분야로 구분되며, 각 영역별로 하위 산업을 규정하고 이러한 IT 생태계의 각 분야는 다양한 방법으로 상호작용을 하는데요. IT 생태계의 대표적인 연구는 Fransman의 6계층으로 구성된 생태계 계층 모델(Ecosystem Layer Model)을 들 수 있으며, 〈표 26-1〉에서는 IT 생태계를 네트워크 요소, 연결성 등 6계층으로 구분하고 있음을 보여주고 있습니다.

〈표 26-1〉 Fransman의 IT 생태계 계층 모델

구분	기능	포함 산업
계층 6	최종 소비(final consumption)	-
계층 5	콘텐츠, 애플리케이션, 서비스(contents, applications and services)	음악, 영상 등 콘텐츠, 응용 S/W, 기타 서비스
계층 4	미들웨어(navigation, search and innovation platforms)	인터넷 브라우저, 검색, 보안 솔루션 등 미들웨어
계층 3	연결성(connectivity)	ISP 등 인터넷 접속 산업
계층 2	네트워크 운영(network operating)	유・무선 통신, 케이블 TV, 위성 등 방송 산업
계층 1	네트워크 요소(networked elements)	소비자 가전(통신장비, 컴퓨터 등), 부품(반도체 등), 시스템 S/W

이후 Fransman은 IT 환경 변화를 고려하여 《The New ICT Ecosystem: Implications for Policy and Regulation》이란 저서에서 기존 6계층 모델을 단순화한 〈표 26-2〉와 같은 IT 생태계의 4계층 모델을 소개한 바 있습니다.

〈표 26-2〉 Fransman의 4계층 모델

구분	기능
계층 4	최종 소비(final consumption)
계층 3	콘텐츠, 애플리케이션, 서비스, 혁신적 플랫폼, 검색, 내비게이션, 미들웨어(contents, applications, services, innovation platforms, search, navigations and middleware)
계층 2	네트워크 운영(network operating)
계층 1	네트워크 요소(networked elements): 통신장비, 컴퓨터 H/W 및 S/W, 소비자 단말 및 기기 포함

26.3 사물인터넷 비즈니스 모델 분석이란?

연세대학교 산업경쟁력 연구실은 세계에서 서비스 중인 사물인터넷 관련 73개 비즈니스 모델에 대한 사례조사를 통해 IoT Value, IoT Player, IoT Domain 등으로 비즈니스 모델을 체계적으로 분류한 바 있습니다. 즉, IoT Value는 개인, 산업, 공공으로 분류되고, IoT Player는 제품, 플랫폼과 서비스로 분류되며, IoT Domain은 건강, 교통, 생활, 스마트홈, 스마트빌딩, 스마트제조, 스마트시티, 에너지/환경, 안전/보안 등으로 분류하였는데요. 〈표 26-3〉에 이와 관련한 세부 내용을 기술하였습니다.

〈표 26-3〉 사물인터넷 비즈니스 모델 체계

구분			설명
IoT Value	개인		사물인터넷을 통해 사용자 중심의 편리하고 쾌적한 삶 제공
	산업		사물인터넷을 활용하여 생산성/효율성 향상 및 신규 부가가치 창출
	공공		사물인터넷 기술을 적용하여 살기 좋고 안전한 사회 실현
IoT Player	사물인터넷 기술이 접목된 유형의 상품을 제공하는 사업자		
	제품	칩/모듈	제품 간 연결용 통신기능 지원 칩, 센서, 콘트롤러 및 모듈 등을 생산하는 사업자
		장비	두 개 이상의 모듈을 장착하여 단순 목적의 단일 기능 수행 제품을 생산하는 사업자
		기기	두 개 이상의 모듈을 장착하여 다양한 목적의 여러 기능 수행 제품을 생산하는 사업자
	사물인터넷 기술을 활용한 비즈니스를 위한 기반을 제공하는 사업자		
	플랫폼	네트워크	기기-기기, 기기-사람, 사람-사람 간 통신을 위한 유 · 무형의 네트워크를 제공하는 사업자
		소프트웨어	사물인터넷 시스템을 관리하기 위한 단말과 서버에 삽입되는 소프트웨어를 설계하는 사업자
		서비스	여러 제품 및 서비스가 협업 및 교차되는 장을 제공하는 사업자
	사물인터넷 기술이 접목된 직 · 간접적 서비스를 구성 및 제공하는 사업자		
	서비스	솔루션	고객의 특수한 요구사항을 충족시키는 맞춤형 서비스를 제공하는 사업자
		애플리케이션	특정 분야에 일반적인 속성의 End to End 서비스를 제공하는 사업자
		분석	기기 및 사람을 통해 발생되는 데이터를 수집하고 분석하여 가치 있는 정보를 제공하는 사업자

IoT Domain	건강	사물인터넷 기술을 활용한 개인 건강 점검, 데이터 분석, 위험신호 알림 등의 기능 포함
	교통	사물인터넷 기술을 활용한 차량제어, 운전자 정보 제공, 운행 관련 데이터 수집 및 분석 서비스 포함
	생활	사물인터넷 기술을 활용한 스마트 생활 용품, 효과적 여가 생활을 위한 정보 및 데이터 제공 등 포함
	스마트홈	사물인터넷 기술을 활용하여 가정 내 각종 기기 기반 센서 네트워크를 통해 자동제어 및 생활 편의 제공 포함
	스마트빌딩	건물 내 환경을 자동 제어하며, 최적의 에너지 효율 및 환경 조성을 위한 기능 포함
	스마트생산	공장, 농장 및 목장 생산 활동 전반에 적용된 사물인터넷 기술을 통해 효율적이고 효과적인 생산을 도와주는 분야
	스마트도시	센서 네트워크를 활용한 사물인터넷 기반 도시환경 구축 분야
	에너지/환경	사물인터넷 기술을 활용한 스마트 그리드 및 지속 가능한 환경을 위한 에너지 절감 분야
	안전/보안	사물인터넷 기술을 활용한 안전 및 보안에 관련된 제품 및 서비스 제공 분야

이 세 가지 분류와 관련된 사항 중 비즈니스와 연관되는 IoT Player 분야를 보면, 위 표에서 보여주는 바와 같이 제품, 플랫폼 및 서비스 분야로 구분되는데요. 첫째, 제품 분야는 사물인터넷 기술이 접목된 유형의 상품을 제공하는 사업자로 정의하는데 칩/모듈, 장비, 기기를 제공하는 사업자로 분류하고, 둘째, 플랫폼 분야는 사물인터넷 기술을 활용한 비즈니스를 할 수 있도록 기반을 제공하는 사업자로 정의하는데 네트워크, S/W, 서비스로 분류합니다. 마지막으로 서비스 분야는 사물인터넷 기술을 접목하여 직·간접적으로 서비스를 구성하고 제공하는 사업자를 의미하는데요. 주요 내용은 솔루션, 애플리케이션, 분석으로 나누어집니다. 결론적으로 이러한 내용들을 기반으로 사물인터넷 비즈니스 모델이 생성되고 구현될 수 있습니다.

26.4 사물인터넷 비즈니스 도입 방법을 알아볼까요?

사물인터넷 비즈니스는 Offline인 전통적인 제조와 Online인 IT가 결합한 영역이기 때문에 기업이 제조와 IT 모두를 이해하고 역량을 발휘하기가 쉽지 않은데요. IT에 익

숙하지 않은 제조업체라든지 IT 업체라 하더라도 내부적으로 전 과정을 소화하기에는 여러 가지 어려움이 예상됩니다. 예를 들어, 유·무선 통신사업자, 건설회사, 가구 제조회사, 의료기구 제조회사 등 제한된 업종에서 사물인터넷을 활용하여 기업의 제품과 서비스 차별화 노력을 하고 있지만, 아직도 많은 업종에서 본격적인 사물인터넷 활용이 활발하지 않은 실정입니다. 따라서 향후 기업에서 사물인터넷 비즈니스 모델을 도입할 때 고려하여야 할 몇 가지 방법들을 알아보도록 하겠습니다.

첫째, 사물인터넷 비즈니스 모델 도입에 앞서 이를 테스트해볼 수 있는 소규모 프로젝트를 먼저 시작해보는 것이 바람직한데요. 먼저 사물인터넷 기술을 도입할 프로젝트 목표와 ROI(Return of Investment)[1]를 설정한 후 이를 실행할 시나리오와 고객 가치를 정의하고 소규모 프로젝트의 특성을 살려 빠른 실행과 결과를 확인할 필요가 있습니다. 그리고 이에 소요되는 비용, 일정, 필요한 기술 등도 미리 파악하여야 합니다.

둘째, 본격적인 사물인터넷 비즈니스 실행 시 아마존, 마이크로소프트, 구글 등 퍼블릭 클라우드에서 제공하는 사물인터넷 서비스나 사물인터넷 전문기업 등이 제공하는 SaaS 서비스 등 사물인터넷 기술을 도입하는 것이 좋습니다. 물론, 기업의 IT 역량이 뛰어나 직접 개발하여 사용할 수도 있지만, 사물인터넷 분야는 기존 분야와는 달리 개발 영역 외에 운영 또한 중요한 영역이기 때문에 전체 영역을 모두 수행하기가 쉽지 않습니다. 기업에서 사물인터넷을 처음 도입할 때 사업 초기부터 많은 투자를 하기보다는 이러한 솔루션 활용을 통해 적은 투자로 빠른 효과를 보는 것이 바람직합니다. 비즈니스에 적합한 외부 사물인터넷 서비스를 선정한 경우 앞서 수립한 시나리오의 적정성 여부를 확인하기 위해 몇 가지 사용자 시나리오를 우선 구현해보고 고객 니즈 등을 확인합니다. 만일 사용자 시나리오가 틀렸을 경우 계획 수정에 도입한 사물인터넷 솔루션을 적극 활용할 수 있습니다.

셋째, 제품 개발이 완료되면 실제 시장에 출시하여 반응을 살펴야 하는데요. 본격 추진에 앞서 시험 제품을 먼저 출시하는 것이 바람직합니다. 사물인터넷을 비즈니스에 도입하는 과정에서는 조직의 변화가 필수이기 때문에 시험 제품을 통해 이런 조직적 문제부터 실제 제품 개발, 서비스 운영, 고객만족 등 다양한 문제들을 찾아내고 해결

1 투자수익률로서 기업에서 널리 사용되는 경영성과 측정기준 중의 하나로 기업의 순이익을 투자액으로 나누어 산정

방법을 고민할 필요가 있습니다. 시험 프로젝트가 성공적으로 마무리되면 그 다음에 상용화 단계로 들어가는데요. 기업의 판단에 따라 시험 프로젝트를 확대하여 적용할 수도 있고, 아니면 기업 내 새로운 제품에 적용할 수도 있습니다.

결론적으로 사물인터넷 비즈니스는 제조와 IT가 결합된 영역이기 때문에 사업 초기부터 기존의 대규모 SI(System Integration)사업[2]과 같은 접근보다는 단계별로 문제점을 파악·해결하고 외부 역량을 충분히 활용하여 사업적 가치를 먼저 확인해보는 것이 바람직한데요. 기업이 가진 강점은 최대한 살리고 부족한 분야는 외부 기술을 적극 활용한다는 열린 생각이 바로 사물인터넷 비즈니스 성공 요인이라 하겠습니다.

26.5 사물인터넷 비즈니스 활용 분야는?

[그림 26–1]에는 사람+기계, 기계+지능과 Online+Offline 간 3대 융합에 의한 비즈니스 분야들을 예시하였는데요. 4차 산업혁명 시대에는 이러한 융합에 따른 다양한 비즈니스들이 출현할 것으로 예상되고 있습니다. 특히, 4차 산업혁명의 중심인 사물인터넷 관련 산업을 필두로 인공지능 관련 산업, 자동차 산업, 바이오 헬스 산업, 빅데이터 관련 산업, 정보보호 산업 등 기술융합을 통하여 많은 비즈니스 창출이 가능할 것으로 예상됩니다. 구체적인 융합 사례로는 ① 인공지능(AI)과 자동차가 결합된 일명 커넥티드카라고 하는 자율자동차, ② 인공지능이 탑재된 가전제품과 알렉사와 같은 인공지능 비서, ③ 빅데이터와 플랫폼 등 초연결사회의 급속한 인간 진화 산물인 스마트 신인류 관련 산업, ④ 빅데이터를 이용하여 초고령사회 진입에 대비하고 건강한 삶을 위한 미래 의료 산업인 디지털 헬스케어, ⑤ 해킹 등 보안 위협으로부터 사람들을 보호해주는 사이버 보안, ⑥ 인공지능과 로봇의 결합을 통한 다양한 산업 등 많은 비즈니스가 출현할 것으로 예상됩니다.

2 기업이 필요로 하는 정보시스템에 관한 기획, 개발, 구축 및 운영까지 모든 서비스를 제공하는 사업

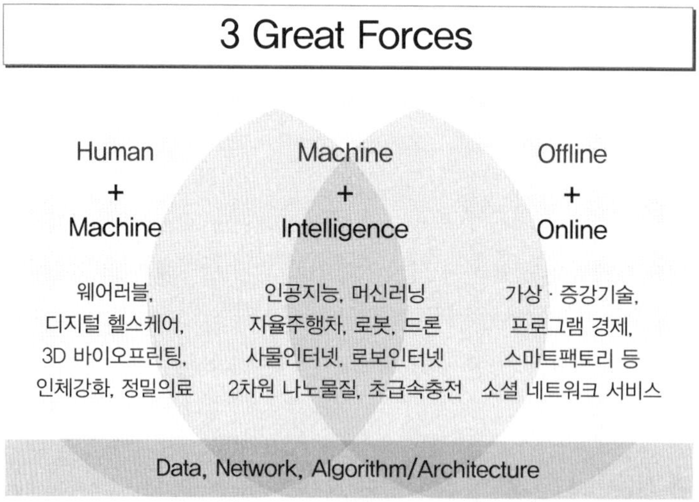

[그림 26-1] 3대 기술융합

지금까지의 사물인터넷 비즈니스는 주로 통신사나 제조회사 등 대기업들이 기존 제품에 인공지능 기술이나 인터넷 등이 결합된 스마트한 제품/서비스를 출시하여 기존 제품/서비스보다 비싼 값에 판매하고 고객을 유인하는 등의 수단으로 활용됐다면, 이제부터는 사물인터넷 비즈니스가 사람들의 일상생활에서 흔히 접하는 불편함 해소나 아이디어 등 개인들의 적은 노력에서 그 해결책을 찾을 수 있는 솔루션이 될 수 있을 것으로 예상됩니다.

Chapter

27 사물인터넷 비즈니스 활용 사례

27.1 사물인터넷 비즈니스 활용 사례(I)

지금 소개할 사물인터넷 활용 비즈니스 사례는 [그림 27-1]에 소개된 Offline+Online 융합 개념의 정보통신 및 위치기반 기술을 활용한 O2O[3] 판매 플랫폼 개발인데요. 스마트폰을 통해 해당 지역에 속한 지역 상품정보를 구매자에게 제공함으로써 오프라인에서 거리와 시간 부담 없이 물품을 획득할 수 있는 On-Offline 판매시스템을 개발·구축하여 이를 활용하는 비즈니스 모델입니다.

먼저 시장의 구성요소는 소비자, 판매자와 정부인데요. O2O 판매 플랫폼은 이들 3자 모두의 요구를 충족시킬 수 있는 Win-Win 플랫폼이란 점에서 다른 비즈니스 모델과 차별성을 가지고 있습니다. 그럼 기존 판매방식의 문제점들을 알아보고 O2O 판매 플랫폼을 통한 개선방법에 대해 알아보겠습니다.

문제점으로는 첫째, 판매자 입장에서는 경험을 바탕으로 수요를 예측하여 적정 물량을 준비하지만, 예상 외 수요에 대비한 적정 물량 이상의 재고를 준비하여야 하는 부담을 안고 있습니다. 즉, 정확한 예측이 불가능하기 때문에 항상 버려지는 물품이 생기기 마련입니다. 폐점 시간이 다 되어서 떨이 판매를 하더라도 늦은 시간 상점 앞을 지나가는 몇몇 사람들에게만 노출되는 한정된 정보전달 방법으로 인하여 버려지는 상품이 발생하여 손해를 보는 경우가 다반사입니다. 둘째, 소비자 입장에서는 떨이 판매정보를 얻고자 하는 욕구는 강하나 직접 돌아다니며 정보를 찾기에는 번거롭고 불편하기 때문에 집에 있으면서 실시간으로 집 근처 상점에서 제공해주는 떨이 판매정보를 얻기를 원하지만, 현재로서는 방법이 없습니다.

---

3 온라인(online)과 오프라인(offline)이 결합하는 현상을 의미하는데 최근에는 주로 전자상거래 또는 마케팅 분야에서 온라인과 오프라인이 연결되는 현상을 일컬음

따라서 O2O 판매 플랫폼은 이러한 문제를 해결하기 위하여 대용량 정보를 효과적으로 처리하는 시스템 개발을 통하여 판매자와 구매자 간의 정보괴리문제를 해결하고 상호 소통할 수 있는 모바일 정보를 제공하여 양자 간의 요구를 동시에 충족시켜 줄 수 있고, 기존 물량을 미리 확보해놓고 한정된 수량에만 할인 혜택을 주던 E-commerce[4] 방식에서 벗어나, 판매자가 원하는 시간에 원하는 양을 자유롭게 구매할 수 있는 판매정보를 제공할 수 있습니다. 또한, O2O 판매 플랫폼 이용으로 버려지는 상품을 줄이고, 이러한 폐기물을 처리하기 위한 직·간접적인 비용을 줄일 수 있습니다.

O2O 판매 플랫폼에서 적용된 기술을 살펴보면 본 서비스의 특성상 빠른 질의/응답을 통해 타깃 사용자들이 정보 갱신을 주기적으로 하여야 하는 사전 계산(Precomputation)[5] 단계의 이용이 불가능한 점을 해결하고자 사전 계산 단계가 없더라도 빠른 연산이 가능한 빅데이터 분석용 Tool인 Hadoop[6]의 MapReduce[7]와 하둡 분산 파일 시스템(HDFS: Hadoop Distributed File System)[8]을 사용하였습니다.

[그림 27-1]은 사용자 인터페이스 화면의 예를 보여주고 있는데요. 일상생활에서 빈번히 사용되는 모바일 애플리케이션임을 고려하여 판매자와 구매자 모두에게 최대한의 편의 제공을 추구하였습니다.

---

4 인터넷 웹 사이트상에 구축된 가상의 상점을 통해 제품과 서비스를 사고파는 모든 행위
5 실행 시간 전에 초기 계산을 수행하여 실행될 때마다 반복 계산을 피하기 위한 알고리즘으로 사용할 수 있는 찾아보기 테이블 생성 작업
6 여러 개의 저렴한 컴퓨터를 마치 하나인 것처럼 묶어 대용량 데이터를 처리하는 기술
7 대용량 데이터를 빠르고 안전하게 처리하기 위해 단순 하드웨어를 이용한 분산 프로그래밍 모델
8 신뢰성과 확장성을 갖춘 분산 컴퓨팅을 위해 하둡에서 분산 컴퓨팅 프레임워크를 지원할 목적으로 개발한 분산 파일 시스템

[그림 27-1] 사용자 인터페이스 화면의 예

27.2 사물인터넷 비즈니스 활용 사례(II)

두 번째 사례로는 IoT 융합을 통하여 기회를 찾은 스타트업(Start-up)[9] 생존 사례인데요. 이 회사는 창업 아이템 결정 시 게임 개발이나 또 다른 융합 제품 개발 둘을 놓고 고민한 결과 언젠가는 모든 완구가 인터넷과 연결될 것이고, 모든 완구는 콘텐츠와 서비스를 기반으로 동작할 것이며, 지금까지는 시장이 열리지 않았지만 언젠가는 꼭 시장이 열릴 것이라는 확신을 가지고 [그림 27-2]와 같은 스마트 완구와 서비스 플랫폼이라는 아이템을 선정하였습니다.

[그림 27-2] 스마트 완구와 서비스 플랫폼

9 설립한 지 오래되지 않은 신생 벤처기업을 뜻함

회사 CI(Corporate Identity)[10]를 결정하고, 전략 수립 과정에서 완구 업계가 IT를 모르고 IT 업계는 제조(Offline)를 모른다는 사실에 착안하여 두 가지를 직접 하기로 하고 투자, 개발, 양산 측면에서 우리나라 H/W 스타트업 환경을 분석한 결과 초도 상업 아이템으로 [그림 27-3]과 같은 세계 최초의 IoT 완구를 출시하였습니다.

[그림 27-3] 세계 최초의 IoT 완구

이 IoT 완구 자동차에는 스마트센서, 동영상 카메라, LED 등이 장착되고 인공지능 역추적(AI Back-Tracking)[11] 시스템과 다자간 동시 플레이가 가능한 WiFi 기술이 적용되었는데요. 활용 분야는 다양하여 사무실 출근이나 여행 시 베이비 모니터, 방범용 카메라/CCTV, 애완동물 돌보기 등에 적용 가능합니다.

그러나 당면한 문제는 제품 판매와 마케팅, 그리고 A/S[12] 등이었습니다. 추가 양산과 새로운 아이템 개발 간에 고민한 결과 IoT 기술을 이용한 IoT 플랫폼과 솔루션을 개발

10 기업의 이미지를 통합하는 작업

11 트리 검색을 시행하다가 막힌 곳에 이르면 다시 되돌아와 개별적 분기의 가지를 다시 찾아 나가는 계통적인 시행착오법

12 재화나 서비스 상품을 구입한 고객에게 제공하는 사후 관리 서비스

하기로 결정하였는데요. 우연히도 이 회사가 개발한 IoT 플랫폼은 5장에서 언급한 사물인터넷 활성화 개념과 일치하는 작고(소형 사이즈), 전기가 덜 들고(저전력), 싸고(저렴한 가격), 그리고 개발이 쉬운 IoT 관련 제품이었습니다. 또한, 이 회사는 IoT 플랫폼과 솔루션을 결합하여 WiFi 위치(Positioning) 솔루션과 무선 영상(Wireless Video Streaming) 솔루션 제품을 개발하였는데 이 솔루션은 사용자를 인식하여 개인이 원하는 개별 맞춤 서비스를 제공할 수 있는 IoT Total Solution 제품입니다.

또한, 글로벌 파트너십 전략으로 인텔과 글로벌 파트너 관계를 맺어 [그림 27-4]와 같은 SmartIoT Gateway를 개발하여 스마트시티와 스마트스쿨 사업을 진행 중입니다. SmartIoT Gateway는 위에서 언급한 솔루션 외에 유동인구(Floating Population) 파악, 빅데이터, 머신러닝과 같은 다양한 솔루션과 소음, 온·습도, 이산화탄소, 먼지 등을 감지하는 센서를 지원합니다. 이 SmartIoT Gateway의 응용 사례로는 스마트시티와 스마트스쿨 외에 스마트스캐너가 있습니다.

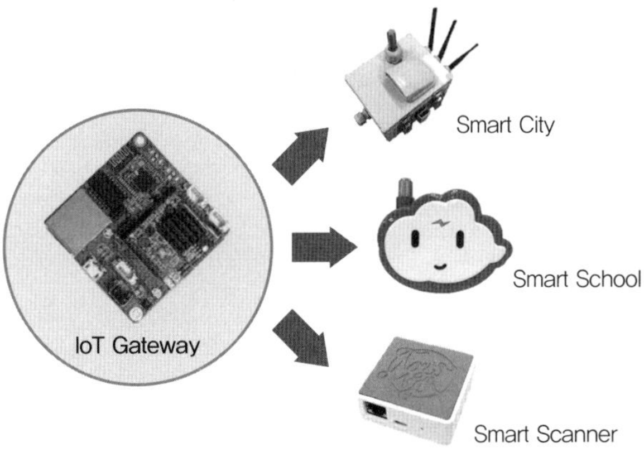

[그림 27-4] SmartIoT Gateway와 솔루션

스마트시티 솔루션은 ① 다양한 센서와 빅데이터 분석을 통해 온·습도, 대기오염, 화재 미세먼지 이동 경로 등 도시환경 분석, ② 위치 측위[13]와 위치 기반 서비스, O2O 서비스 연계, 유동인구 파악과 이를 통한 다양한 서비스 콘텐츠 발굴과 같은 서비스 제공, ③ 센서, actuator와 같은 다양한 IoT, ICT 디바이스와 연동, ④ 다양한 환경, 교통,

13 GPS나 무선 네트워크 기지국 위치를 활용하여 서비스 요청 단말기의 정확한 위치를 파악하는 행위

O2O와 서비스 분석, 개별 사용자 맞춤 서비스 분석 등과 같은 빅데이터를 이용한 분석 서비스를 제공합니다.

스마트스쿨 솔루션은 환경 지킴이, 건강 지킴이, 학습 도우미, 안전 지킴이를 모토로 ① 자동출석 체크와 위치를 확인하여 부모님와 선생님에게 실시간 알림, ② 학교 내 환경 측정과 분석을 통해 더 좋은 공부 환경 제안, ③ 공부 자세, 운동, 수면과 집중도를 측정하여 학생들에게 조언해주는 서비스를 제공합니다. 또한, 스마트시티 솔루션과 연동하여 도난 방지, 미아 방지, 유기견 방지 등 다양한 서비스로의 확장이 가능합니다.

이상으로 두 가지 사물인터넷을 활용한 비즈니스 사례를 살펴보았는데요. 두 가지 사례에서 발견한 교훈은 사물인터넷 특성 파악, 창의적인 아이디어와 도전 정신이라 할 수 있습니다. 이 두 가지 사물인터넷 활용 비즈니스는 대규모 사업보다는 창의적인 작은 아이디어와 환경 문제, 고령화 사회 문제, 육아와 교육 문제에 대한 부모의 걱정 등 우리 실생활에서 맞닥뜨리는 위험 요소와 불편함을 해소하고자 하는 단순한 발상에서 시작된 성공 사례라 할 수 있습니다. 이렇듯 사물인터넷은 이미 우리 곁에 다가와 있습니다.

Part

08

아두이노 이해 및 기초 실습

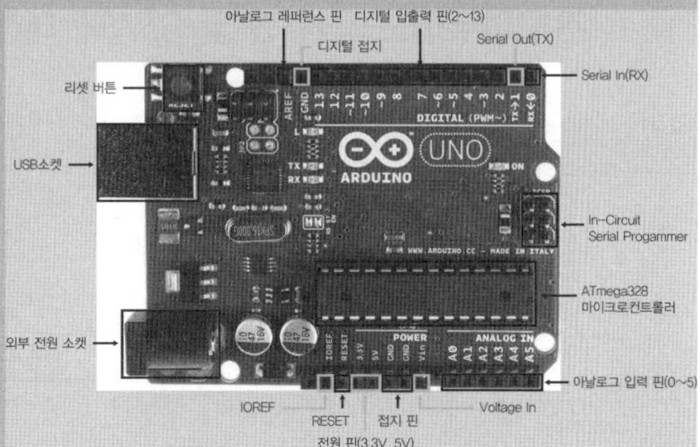

Chapter

28 아두이노의 이해

본 장에서는 아두이노의 하드웨어 및 소프트웨어에 대한 기본적인 학습을 통해 아두이노를 이해하는 한편, 주요 명령어의 이해를 위해 간단한 코딩 키트(kit) 기반의 회로 구성과 스케치를 통해 기능과 동작 등을 실습해 보고자 합니다.

주요 내용으로는 첫째, 아두이노란 무엇인지에 대하여 설명하며, 둘째, 아두이노의 하드웨어 보드(board)를 살펴보고, 대표적인 아두이노 우노의 하드웨어 구성 및 기능을 설명하고자 합니다. 셋째, 아두이노 하드웨어 동작에 필요한 소프트웨어 통합개발환경(IDE: Integrated Development Environment)과 기본적인 명령어를 설명하고, 마지막으로 간단한 코딩 키트를 이용한 하드웨어 구성과 프로그래밍 구현을 통해 실제 개발환경에서의 이해 및 응용력을 증진시키고자 합니다.

28.1 아두이노의 H/W 및 S/W에 대해 알아볼까요?

28.1.1 아두이노란?

아두이노의 공식 웹 사이트(arduino,cc)에 따르면 아두이노(Arduino)는 유연성과 사용자 편의성을 지닌 하드웨어 및 소프트웨어 기반 개방 소스 전자 원형(prototype) 플랫폼으로서, 이는 상호대화 객체 또는 환경 창작에 관심 있는 예술가, 설계자, 취미 생활자 및 어떠한 사람도 대상으로 한다고 정의되어 있습니다. 즉, 아두이노는 물리적·디지털적으로 제어·감지할 수 있는 빌딩 디지털 디바이스 및 상호대화-객체를 위한 단일-보드 마이크로제어와 컨트롤 키트를 설계하고 제조하는 개방-소스 하드웨어 및 소프트웨어입니다. 이 제품들은 GNU LGPL(Lesser General Public License: 지식재산권 특허) 또는 GNU GPL(General Public License: 일반공개특허) 하에 허가된 것으로 누구에게나 아두이노 보드의 제작과 소프트웨어 배부를 허용합니다. 또한, 아두이노 보드는 사전에 조립된 형태 또는 소비자 직접 수행(DIY: Do-It-Yourself) 키트로 상업적 이용이 가능합니다.

아두이노 보드 설계는 다양한 마이크로프로세서 및 제어 장치를 사용하는데요. 보드는 다양한 확장 보드나 실드(shield) 및 다른 회로에 접속될 수 있는 디지털 및 아날로그 입력/출력(I/O) 핀들의 세트로 장착되어 있습니다. 보드는 PC로부터 프로그램 로딩에 사용되는 USB(Universal Serial Bus)를 포함한 직렬통신 접속 특징을 지니며, 마이크로제어는 C 및 C++ 프로그램 언어를 기반으로 하기 때문에 C 언어의 표준 라이브러리 함수를 적용 가능합니다. 또한, 전통적 컴파일러 툴체인(toolchain: 소프트웨어 개발을 위한 툴의 집합)을 적용하여 아두이노는 통합개발환경(IDE)을 지원합니다.

최초의 아두이노는 초보자 및 전문가들이 센서와 액추에이터를 사용하여 그들의 환경과 상호작용을 하는 디바이스들을 창작하게끔 저가 및 용이성을 목적으로 2005년 Interaction Design Institute Ivrea(이탈리아 Ivrea)에서 학생들을 위한 프로그램으로 시작되었는데요. 마시모 반지(Massimo Banzi) 교수와 데이비드 쿠아르티에예스(David Cuartielles) 교수가 인터랙션 디자인 전문학교(IDII)에서 공부하는 하드웨어 미숙련자 및 비전공 학생들을 위해 기초적인 지식만으로도 쉽게 프로그램 작성이 가능한 한편, 저렴하게 구입 가능한 마이크로컨트롤러 보드를 개발하고자 시작하였습니다. 또한, 아두이노의 개방–소스로 인해 많은 기업과 개인들이 아두이노 기반의 다양한 모양과 성능의 아두이노와 아두이노 호환 보드를 상업적으로 생산하였는데, 2011년 중반에는 30만 개 이상, 그리고 2013년에는 70만 개의 공인된 아두이노 보드가 사용되었습니다. 아두이노의 장점은 〈표 28–1〉과 같이 정리할 수 있습니다.

〈표 28-1〉 아두이노의 장점

특징	주요내용
저비용	다른 마이크로컨트롤러 플랫폼에 비해 저렴함
크로스 플랫폼 (cross platform)	아두이노 소프트웨어는 윈도우즈, 맥OSX, 리눅스 운영체제 모두에서 작동함
간단 · 명료한 프로그램	- 프로그래밍 환경이 초보자의 사용에 용이함과 실력자에게 여러 가지 다양한 시도에 유연성을 제공함 - 소프트웨어 개발을 위한 통합개발환경(IDE)이 제공되며, 컴파일된 펌웨어(firmware)를 USB를 통해 용이하게 업로드 가능함
개방 소스 (H/W 및 S/W)	- 개방 소스 툴로 고급 프로그래머들에 의해 작성된 확장 소프트웨어 라이브러리를 구할 수 있음 - 회로 설계자들이 라이브러리 지원을 통해 쉽게 자신만의 모듈을 만들고 개선이 가능함

28.1.2 아두이노 하드웨어(H/W)를 알아볼까요?

1) 아두이노 보드 및 구성은?

최초 아두이노 하드웨어는 이탈리아 회사인 스마트 프로젝트(Smart Project)에 의해 생산되었는데, 어떤 아두이노-브랜드명의 보드들은 미국 회사(SparkFun 전자, Adafruit 기업)에서 설계되었습니다. 2016년까지 아두이노 하드웨어 17 버전까지 상업적으로 생산되었으며, 다양한 보드들 중 대표적인 모델은 [그림 28-1]의 왼쪽 그림인 아두이노 우노(Uno)로 이는 대부분의 사람들에게 아두이노로 알려진 모델입니다. [그림 28-1]의 오른쪽 그림은 Atmel ATSAM3X8E(ARM Cortex-M3 core) 마이크로제어 기반 아두이노 듀(Due) 보드인데, 이는 32-bit ARM core 마이크로제어 기반의 최초 아두이노 보드로서, 54 디지털 입력/출력 핀들과 12 아날로그 핀들로 구성되어 있습니다.

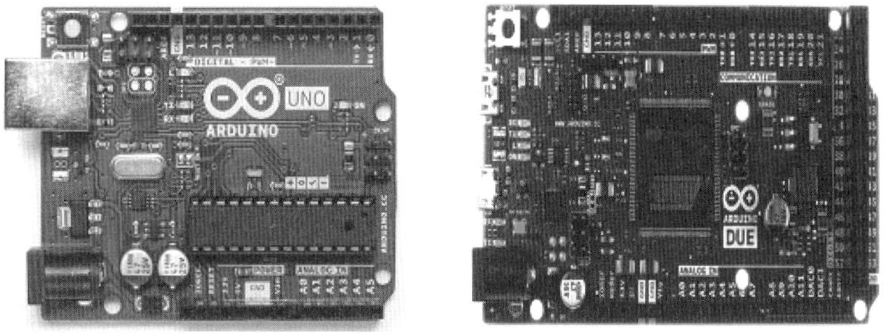

[그림 28-1] 아두이노 보드[우노(좌), 듀(우)]

한편, 아두이노 및 아두이노-호환 보드는 [그림 28-2]와 같은 실드라고 하는 인쇄회로 확장 보드들을 사용하며, 이들은 정상적으로 제공되는 아두이노 핀 헤더(header)에 실장됩니다. 실드는 3D 프린팅용의 모터 제어 및 이더넷(Ethernet), LCD(Liquid Crystal Display), 프로토타입용 브레드보딩과 같은 다른 용도에도 응용 가능합니다.

[그림 28-2] 아두이노 보드 핀 헤더에 실장되는 실드(예)

[그림 28-2]의 왼쪽은 사용자들에게 저속 데이터율로 지극히 원거리에 데이터를 보내고 도착 가능케 해주는 Dragino Loar 실드이고, 오른쪽은 실시간 클럭(RTC) 칩과 보안 디지털 기반의 Adafruit Datalogging 실드입니다.

2) 아두이노 우노란?

아두이노 우노 보드 구성은 [그림 28-3]과 같은데요. 보드에는 2개의 마이크로컨트롤러가 있는데, 하나는 IC 소켓에 장착되는 ATmega328이고 다른 하나는 USB 소켓 오

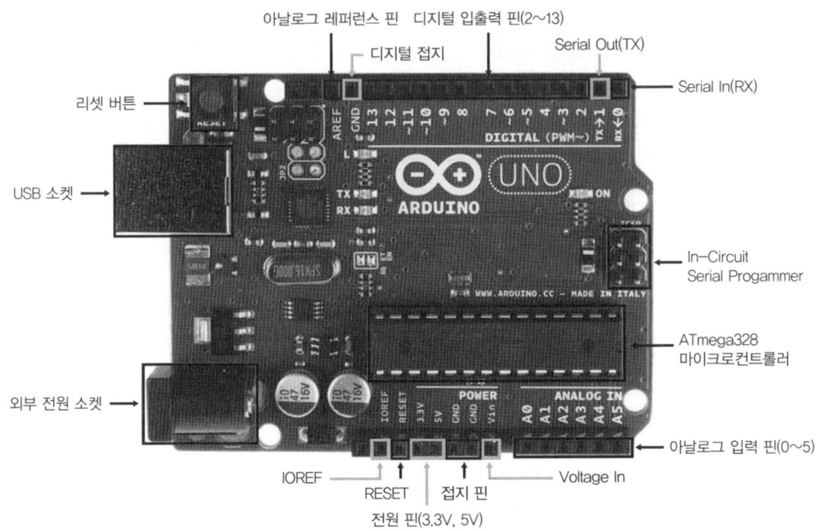

[그림 28-3] 아두이노 우노 보드 구성

른편에 위치한 칩입니다. 이 칩은 USB 접속 기능을 내장하고 있어 ATmega328에 USB 접속을 제공하는 역할을 하며, 자체적으로 ICSP(In-Circuit Serial Programming) 헤더가 있어서 보드 제작 과정에서 프로그램을 작성하여 마이크로컨트롤러 안에 넣을 수 있도록 되어 있습니다.

보드 위쪽 가장자리에는 소켓형 헤더 핀들이 배치되어 있는데요. 이 핀들은 ATmega328 칩의 범용입출력(GPIO: General Purpose Input Output) 핀 0~13에 연결되며, 핀 13은 보드 위에 실장된 LED("L")에 연결되어 있습니다. 핀 0(RX) 및 1(TX)은 TTL 시리얼 연결에 적용되며, USB로 통신하고 프로그래밍에도 사용되므로 가급적 다른 용도로 쓰지 않는 것이 좋습니다. 또한, 보드 상단 왼쪽에는 리셋 버튼이 있는데, 이를 누르면 ATmega328 칩의 "RESET" 핀이 'LOW' 상태로 되면서 이 칩은 리셋이 됩니다. 그리고 위쪽 디지털 입출력 핀 13 왼쪽에는 접지 핀인 GND와 핀 아날로그 레퍼런스(AREF) 핀이 배치되어 있습니다. 이 AREF는 아날로그 입력 범위 제한을 목적으로 5V보다 낮은 전압을 연결할 수 있으나, 잘 사용하지는 않습니다. 우노 보드는 5V로 동작하므로 모든 디지털 출력은 'HIGH'일 때 5V, 'LOW'일 때 0V 값을 가집니다. AREF 왼쪽에는 두 개의 소켓 핀이 있는데, 이는 각각 SDA 핀과 SCK 핀으로 I^2C 접속에 사용됩니다.

그리고 보드의 오른쪽 중간에 명기된 ICSP 헤더 핀들은 ATmega328 칩에 부트로더(Bootloader) 프로그램을 써넣을 때 적용하기 위한 것으로서, 일단 이 칩에 부트로더 프로그램이 설치된 후에는 ATmega328의 프로그래밍이 ICSP 대신에 USB로 가능하여 사용자가 작성한 프로그램을 특별한 프로그래밍 장치 없이도 이 칩에 탑재할 수 있습니다.

한편, 보드 오른쪽 맨 아래쪽에 A0~A5로 명기된 핀 6개가 있는데, 이들은 주로 아날로그 입력으로 사용하지만, 디지털 입·출력으로도 사용 가능합니다. 이 핀의 왼쪽에는 전원과 관련된 핀들이 있으며, 5V와 3.3V 핀들은 보드 내의 전압 안정기를 통해 안정된 5V, 3.3V를 공급합니다. 특히, 보드 동작에 필요한 직류 전원을 직류 전원 소켓이나 USB 커넥터로 공급하는 방법 외에 Vin 핀과 핀에 안정화되지 않는 7~9V의 전압 공급도 가능합니다. 끝으로 정확한 타이밍이 필요한 경우에는 16MHz의 외부 발진기를 이용하여 ATmega328 칩에 클락 주파수를 공급합니다.

28.1.3 아두이노 소프트웨어(S/W)를 알아볼까요?

아두이노 하드웨어용 프로그램은 표적 프로세서용의 이진 기계 코드를 생성하는 컴파일러를 가지는 어떠한 프로그래밍 언어로도 표현될 수 있습니다. 또한, Atmel은 8–비트 AVR 및 32–bit ARM Cortex–M 기반 마이크로프로세서를 위한 개발환경을 제공합니다.

1) 통합개발환경(IDE)이란?

아두이노 통합개발환경은 프로그래밍 언어 Java로 쓰인 윈도, 맥오에스(macOS), 리눅스용의 교차–플랫폼을 적용합니다. 아두이노 IDE는 코드 구조의 특별한 규칙을 적용하는 C 및 C++ 언어를 지원하며, 다수 공통 입력 및 출력 절차들을 제공하는 와이러링 프로젝트(Wiring Project)로부터 소프트웨어 라이브러리를 제공합니다. 사용자에 의해 작성된 코드는 단지 두 가지 기본 함수를 요구하는데요. 이는 스케치(sketch) 시작 및 메인 프로그램 루프(loop)입니다. 이들은 컴파일되어 프로그램 메인()과 링크되어 GNU 툴 체인과 더불어 수행 가능한 연속적 수행 프로그램으로 들어가게 됩니다.

2) 스케치(Sketch)란?

스케치는 아두이노 IDE로 쓰인 프로그램으로 컴퓨터에서 실행하는 명령문들을 포함하는 텍스트 파일인데요. 이러한 명령문들은 C 언어라는 프로그래밍 언어로 작성되며, 마이크로제어는 한 번에 하나의 명령문만 수행할 수 있습니다. 스케치들은 파일 확장.ino로서 텍스트 파일 형태로 개발환경에 저장되며, 아두이노 소프트웨어(IDE) pre–1.0은 확장.pde로 스케치를 저장합니다.

최소 아두이노 C/C++ 프로그램은 단지 2가지 함수로 구성되는데요. 첫째, setup()은 전원이 켜지거나 리셋(reset) 후, 스케치가 시작할 때 단지 한 번 불러지며, 스케치에서 필요한 변수, 입·출력 모드, 그리고 다른 라이브러리들을 초기화하는 데 사용됩니다. 한편 loop()는 셋업() 함수가 종료된 후, 루프 함수가 메인 프로그램 속에서 반복적으로 수행되며, 보드에 전력 공급이 차단되거나 리셋될 때까지 보드를 제어합니다.

[그림 28–4]는 아두이노 IDE의 스크린샷으로, LED 점멸(blink)을 위한 프로그램을 표시하고 있는데요. 이 프로그램은 pinMode(), digitalWrite() 그리고 delay() 함수들을 사

용하며, 이들은 IDE 환경에 포함된 내부 라이브러리에 제공됩니다. 대부분 아두이노 보드들은 LED와 핀 13과 접지 간에 연결된 전류 제한 저항을 포함하는데, 이들은 여러 가지 시험 및 프로그램 기능들을 위한 편리한 특징을 제공합니다.

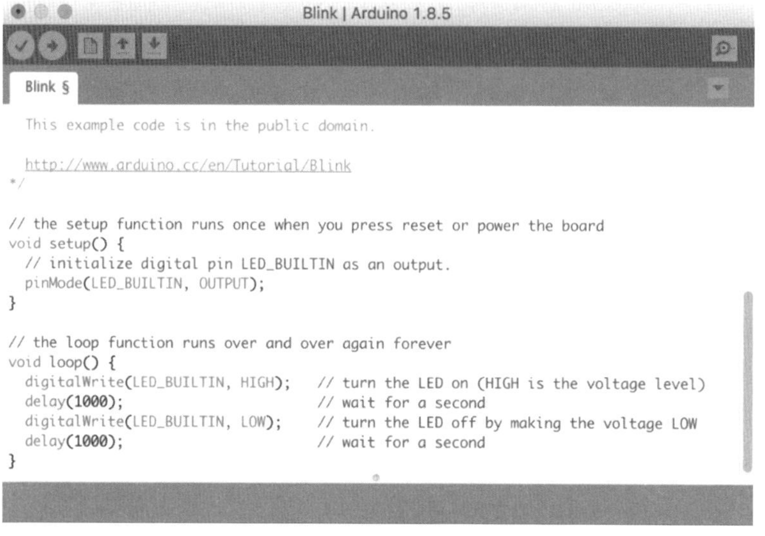

[그림 28-4] LED 점멸(blink)을 위한 프로그램

[그림 28-5]에서는 아두이노 우노 보드의 USB 단자와 컴퓨터 간 USB 케이블을 연결하면 자동으로 핀 13에 부착된 전력 LED(빨강)의 점멸과 사용자 LED(녹색)의 점멸 현상을 보여주고 있습니다.

[그림 28-5] 아두이노 보드의 LED 점멸

3) 라이브러리(Library)란?

아두이노 프로젝트의 오픈-소스 특징은 다른 개발자들이 자신들의 프로젝트 개선에 사용하는 많은 무료 소프트웨어 라이브러리 발행을 쉽게 하도록 하는 것인데, 〈표 28-2〉에 이러한 라이브러리의 예를 기술하였습니다.

〈표 28-2〉 라이브러리 예

소프트웨어 명칭	적용 분야
Arduboy	a handheld game console based on Arduino
Arduinome	a MIDI controller device that mimics the Monome
Ardupilot	drone software and hardware
ArduSat	a cubesat based on Arduino
C-STEM Studio	a platform for hands-on integrated learning of computing, science, technology, engineering, and mathematics (C-STEM) with robotics
OBDuino	a trip computer that uses the on-board diagnostics interface found in most modern cars
OpenEVSE	an open-source electric vehicle charger
XOD	a visual programming language for Arduino

4) 통합개발환경 설정 및 구성은 어떻게 할까요?

아두이노 통합개발환경(IDE) 정보는 아래 웹 사이트(Web site)에서 최신 버전을 얻을 수 있으며, [그림 28-6]과 같이 소프트웨어를 다운로드하여 설치합니다. 아두이노 IDE 프로그램은 윈도(Windows), 맥(Mac OS X), 리눅스(Linux) 등 모든 운영체제에서 실행되는데, 이 IDE 프로그램으로 아두이노를 작동하기 위한 프로그램을 작성한 후, USB를 통해 아두이노 보드에 업로드합니다(https://www.arduino.cc/en/Main/Software).

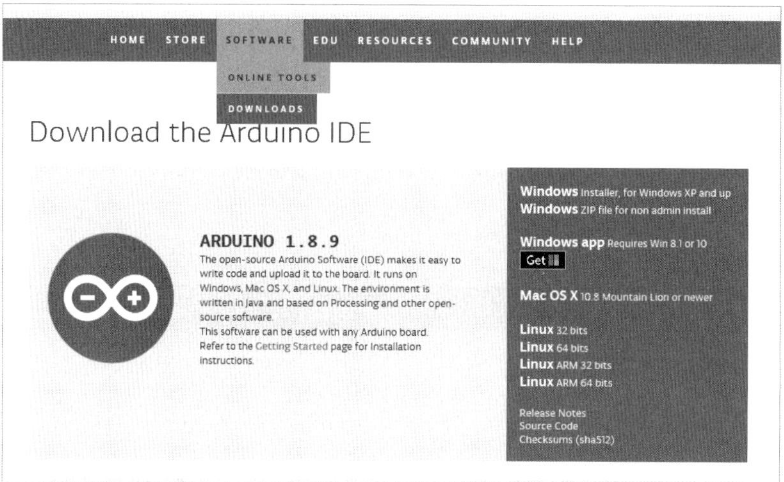

[그림 28-6] 아두이노 IDE 다운로드

일단 소프트웨어가 설치되면 IDE를 실행하고, [File] 메뉴에서 [Example] → [01. Basics] → [Blink] 항목을 차례로 클릭하면 [그림 28-7]과 같은 창이 화면에 표시됩니다. 맨 위쪽 도구 막대(tool bar) 바로 아래에 파일명 'Blink'를 보여주며, 위쪽 왼 가장자리에 있는 ∨ 모양 [Compile/Check] 버튼을 누르면 아두이노 C 코드가 컴파일되며, 이때 C 코드는 보드에 업로딩되지 않습니다. 다음 → 모양 [Upload] 버튼을 누르면 먼저 아두이노 C 코드를 컴파일하고, 그 결과를 USB를 통해 아두이노에 업로딩합니다. 나머지 3가지는 왼쪽으로부터 차례로 스케치를 '새로 만들고', 기존에 만든 스케치를 '열고', 현재 작업 중인 스케치를 '저장'하는 각각 [New], [Open] 및 [Save]에 해당합니다. 스케치는 확장자가 .ino인 파일로 저장되며, 스케치 파일은 자동으로 스케치 파일과 같은 이름의 폴더 내에 저장됩니다. 그리고 아두이노 도구 막대의 오른쪽 가장자리에 [Serial monitor] 아이콘이 있는데, 이를 클릭하면 시리얼 모니터라는 창이 열리며, 컴퓨터와 아두이노 간 통신이 형성됨을 볼 수 있습니다.

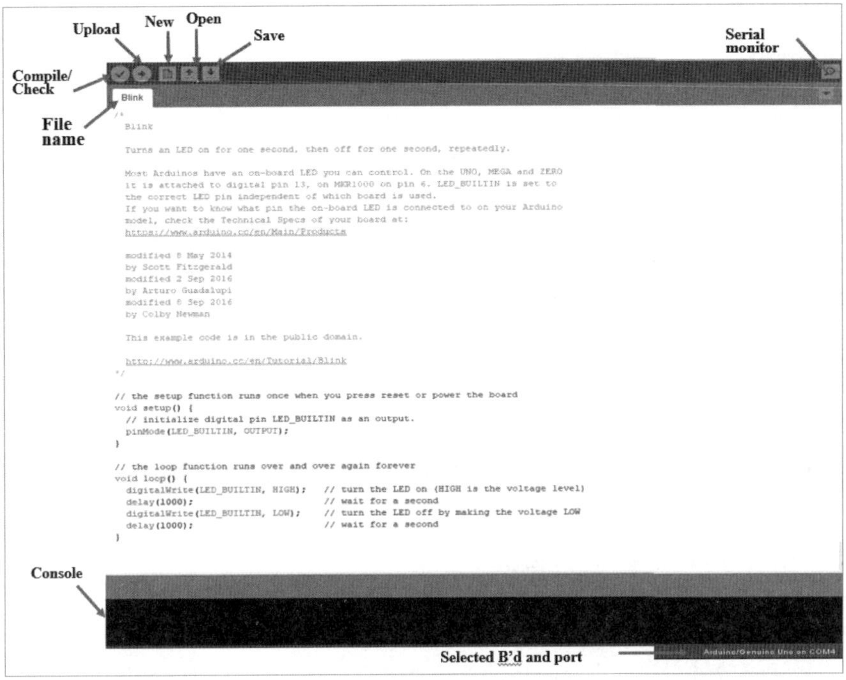

[그림 28-7] 아두이노 IDE

〈표 28-3〉에는 IDE 구성과 기능에 대한 설명을 기술하였습니다.

〈표 28-3〉 IDE 구성과 기능

IDE 구성	기능 설명
File name(파일명)	새로운 파일을 생성하면 오늘 날짜로 표시되고, 이후 저장 버튼을 클릭하면 재설정이 가능함
Compile(컴파일)	작성한 스케치를 아누이노가 인식할 수 있는 언어로 변환하며, 단순히 스케치를 확인하거나 아두이노에 업로딩이 필요치 않을 때 컴파일만 수행함
Upload(업로드)	컴파일 및 아두이노 업로딩을 연속적으로 수행하며, 단지 컴파일에서 오류가 없으면 업로드함
New(새로운 스케치)	새로운 스케치를 작성하며, 기존 편집 창은 그대로 유지하면서 새로운 창이 열림
Open(기존 스케치 열림)	기존 저장 스케치 파일을 개방함
Save(스케치 저장)	현재 스케치를 저장함

Serial monitor (시리얼 모니터)	클릭하면 시리얼 모니터라는 별도이 창이 열리며, 컴퓨터와 아두이노 간에 통신이 이루어짐을 볼 수 있음
편집 창	스케치를 작성하고 편집함
Console(콘솔)	아두이노 상태 및 에러 메시지를 출력함

끝으로 IDE를 설치한 후 [그림 28-8]과 같이 툴을 클릭하고 보드를 선택하면 컴퓨터와 연결할 아두이노 보드들이 나타납니다. 여기에서 아두이노 우노 보드를 설정한 후, 이 보드와 USB 케이블을 통해 컴퓨터와 연결합니다.

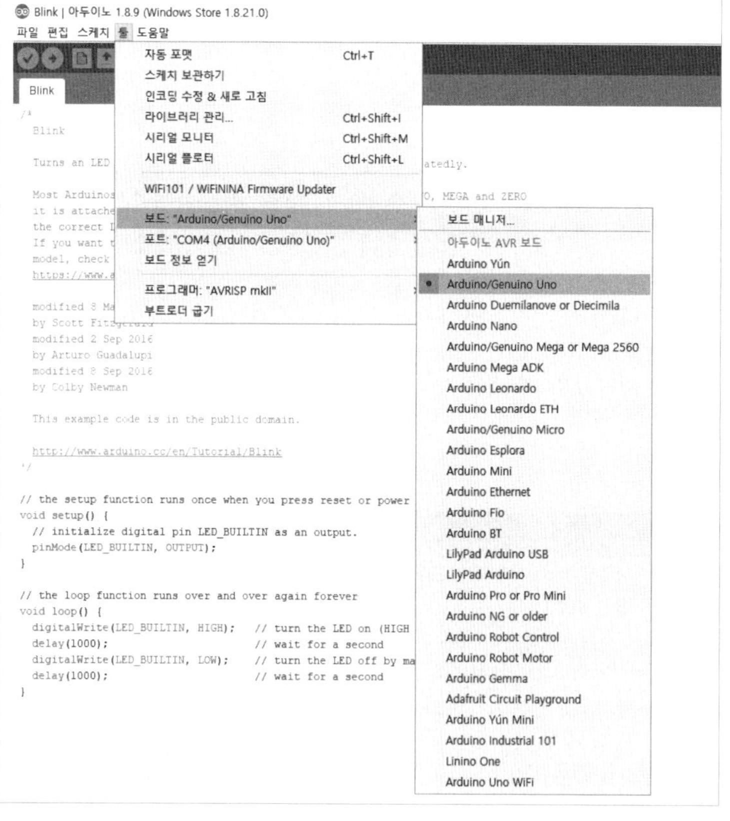

[그림 28-8] 아두이노 보드 선택

28.2 아두이노로는 무엇을 학습할 수 있을까요?

28.2.1 아두이노를 통한 학습 내용은?

아두이노를 통한 학습 내용은 첫째, 저항, 전류 등 전자공학의 기본적인 이해, 둘째, 물리적·화학적 변화를 전기 신호로 변환하는 센서와 이와 반대로 전기 신호를 물리적 변화로 전환하는 액추에이터 동작 및 활용, 셋째, 기본적인 컴퓨터 언어(C, C++ 등)의 이해를 통한 프로그래밍, 넷째, 기본적인 과학적 장비 설계나 장애 수리 및 과제를 통해 사용자들과 소통할 수 있는 도전, 마지막으로 데이터 수집으로부터 통계 및 변화 등으로 정리할 수 있습니다.

다음으로 학생들이 아두이노로 무엇을 할 수 있는지를 정리하자면, 첫째, 조속한 실무 과제(프로토타입) 구현이 가능하고, 둘째, 실무적인 컴퓨터 프로그램 구현이 가능하며, 셋째, 실제 동작하는 무엇인가를 구현함으로써 과제를 통합하는 촉각적 느낌을 통해 매우 유의미한 학습 효과를 누릴 수 있으며, 넷째, 과학적 기기 설계 및 조정 등을 이해하는 데 도움이 되며, 마지막으로 교수의 지도를 통해 장애 회로 논리 및 순차적인 개선 방법 등을 습득할 수 있습니다.

28.2.2 학생들의 접근 방법과 시작에 좋은 소자들은?

먼저 학생들의 아두이노 접근 방법은 다음과 같이 정리할 수 있습니다. 첫째, 간단한 것부터 시작합니다. 즉, 복잡한 과제를 시도하기 전에 작은 과제로 자신감을 함양하는 것입니다. 둘째, 개념을 이해한 후 즉시 그 개념을 포함하는 간단한 과제를 수행하는 것입니다. 셋째, 학생들의 집중과 상상을 그려내는 소자나 모듈을 사용하는 것입니다. 넷째, 이전에 수행했던 과제를 기반으로 새로운 과제들에 적용하며, 실질적이라 볼 수 있고 복잡하지 않은 문제들을 찾아내어 해결하는 것이 좋습니다. 마지막으로 부품이나 모듈의 데이터 시트(Data Sheet)로부터 오차 범위, 전류 제한 등 필요한 정보를 찾는 방법들을 배우는 것이 좋습니다.

다음은 시작에 좋은 소자 또는 모듈들에 대해 알아보겠는데요. 첫째, LED로 전류 제한 저항 습득과 펄스폭변조(PWM: Pulse Width Modulation)를 이용한 점멸(blink)이나 밝기 조절(dimmer) 등입니다. 둘째, 백라이트(backlight)를 갖는 LCD 스크린을 이용하여 간단한 스케치(프로그래밍)를 통해 문자로 LCD 스크린에 송신함으로써 자신감과 성취감을 제고할 수 있습니다. 셋째, 온도 및 습도 센서를 이용한 센서의 동작 이해와 제어입니다. 넷째, 서보 모터(Servo Motor)의 자동제어를 위한 통합개발환경(IDE)의 라이브러리 이해 및 응용입니다. 다섯째, 초음파 거리 측정기의 활용으로 환경조건에 따른 소리 변화의 속도 및 조정 원리 등을 논의하는 것이 좋습니다. 마지막으로 GPS 모듈들이며, 사용자가 특정한 위치에 서 있을 때만 응답을 유발하는 등 다양한 목적으로 사용 가능합니다.

Chapter

29 아두이노 키트를 이용한 기초 실습

29.1 실습용 스타터 키트(Starter Kit)에 대해 알아볼까요?

스타터 키트는 아두이노 입문자 또는 초보자들에게 간단한 소자 또는 센서 등을 이용하여 아두이노의 하드웨어와 소프트웨어의 동작을 이해할 수 있도록 구성된 부품 또는 모듈인데요. [그림 29-1]에서는 아두이노 우노의 스타터 키트에 포함된 부품 일부를 보여주고 있습니다. 부품 박스에는 아두이노 우노, 브레드보드(Breadboard), LED, 포텐쇼미터, 가변저항 캡, 다색길이 점퍼선, 막대 저항, 수동부저, 아두이노 우노용 USB 케이블, 택트스위치, 택트스위치 캡, 조도센서, 초음파센서, 온도센서, 디스플레이 등이 들어 있으며, 다양한 응용에 필요한 키트들을 현재 상업적으로 제공받을 수 있어 적용 목적에 따라 필요한 키트를 쉽게 활용할 수 있습니다.

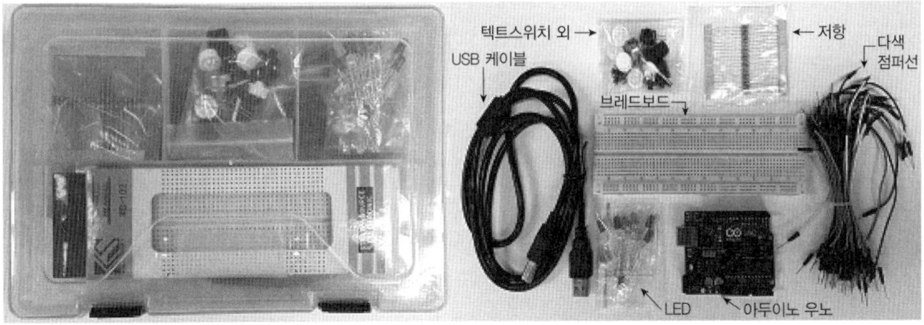

[그림 29-1] 입문자를 위한 스타터 키트

[그림 29-2]는 브레드보드로서 이것은 일반 사용자용 회로에 특정 기능 추가 및 변경을 할 수 있도록 소켓 등을 갖춘 세트를 의미합니다.

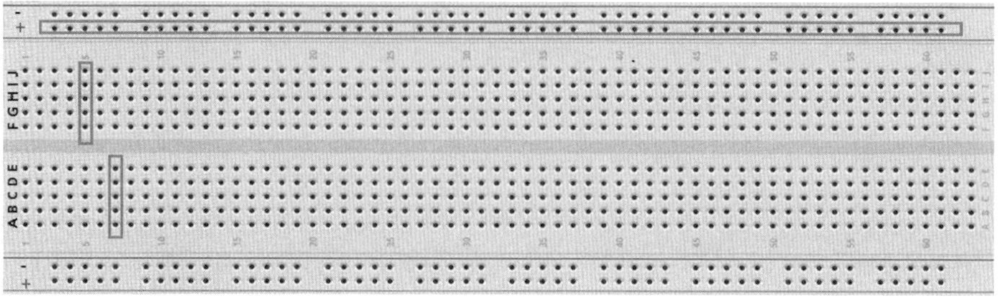

[그림 29-2] 브레드보드의 연결선

그림의 윗부분 또는 아랫부분 +(적색 선) 및 –(흑색 선)로 표기된 부분은 가로로 서로 연결되어 있으며, (+)는 전원의 양극에, (-)는 접지(GND)에 연결됩니다. 그리고 왼쪽 가장자리에 ABCDE 또는 FGHIJ로 표기된 부분은 세로로 서로 연결되어 있으나, ABCDE와 FGHIJ 간은 서로 분리되어 있습니다.

29.2 아두이노 프로그래밍에 대해 알아볼까요?

29.2.1 스케치 구성 및 점멸 프로그램이란?

스케치는 기본적으로 〈표 29–1〉에 기술한 바와 같이 4가지 요소로 구성되며, LED 점멸('blink') 스케치를 대상으로 [그림 29–3]에서는 그 구성들을 보여주고 있습니다.

〈표 29-1〉 스케치 구성

구성 요소	주요 내용
주석	스케치의 이름, 목적, 제작자, 갱신일, 갱신 내용 등 정보를 기술
변수, 상수, 라이브러리 등 정의	스케치에서 사용할 전체 변수, 상수, 라이브러리 등 사전에 설정이 필요한 것을 정의
설정 루틴 (setup routine)	각 핀의 입·출력 및 시리얼 통신 등을 설정하며, 아두이노가 동작할 때 최초에 한 번만 실행하여야 하는 명령어 설정
반복 루틴 (loop routine)	무한히 반복되는 루틴으로 아두이노에서 동작에 관한 스케치는 여기에 작성하며, C 언어의 'main()'과 동일한 기능 수행

[그림 29-3] 스케치 구성

다음은 이미 작성된 LED 점멸 프로그램에 대해 살펴보겠는데요. 아두이노 우노 보드의 USB 케이블과 컴퓨터를 연결하면 LED가 점멸되는 것을 볼 수 있습니다. 이는 핀 13과 GND(접지) 사이에 LED 'L'이 연결되어 있으며, 아두이노는 일반적으로 LED 점멸 기능을 수행하는 스케치가 이미 설치된 상태로 출하됩니다. 따라서 IDE를 실행한 후, 깜빡임이라는 의미의 'blink' 스케치를 열면 [그림 29-3]과 같은 프로그램이 나타납니다. /* 와 */ 구간은 'blink' 프로그램에 대한 설명 문장이며, 또한 //로 시작되는 문장은 프로그램 작성 시 보충 설명으로 모두가 실제로 컴파일되지는 않습니다.

29.2.2 셋업(setup)과 루프(loop) 함수란?

앞서 기술된 LED 'blink' 스케치에서 주석을 제외하면 다음과 같이 실제 실행되는 명령문들만 남게 됩니다. 이 프로그램을 살펴보면 두 개의 함수로 구성되어 있음을 알 수 있습니다.

첫째, setup() 함수로 { } 사이에는 단지 명령문이 한 줄 들어 있는데, 여기서 핀 13을 출력으로 설정하는 함수는 pinMode(pin, mode)입니다. 여기서 pin은 입력 또는 출력을 위한 구체적인 핀 번호이며, mode는 그 핀을 입력 또는 출력으로 설정함을 의미합니다. 이 setup 함수는 아두이노가 리셋될 때 한 번만 수행됩니다.

둘째, loop() 함수로 계속해서 반복하며, { } 안의 맨 마지막 줄 명령문 delay(1000)을 수행하면 다시 맨 위 첫 줄인 digitalWrite(LED_Pin, HIGH)로 돌아갑니다. 여기서 delay(1000)은 1000ms 동안 지연시키며, digitalWrite(LED_Pin, HIGH)는 LED_Pin을 HIGH 상태로 둠을 의미합니다. 각 명령문 뒤에는 반드시 세미콜론(;)이 붙어 있는데 이는 그 명령문의 끝을 의미합니다. 따라서 아래 스케치 실행의 의미는 핀 13에 LED를 HIGH(켜다) 및 LOW(끄다) 상태로 각각 1초 동안 유지하며 이를 반복적으로 실행합니다.

```
int LED_Pin = 13;
void setup() {
   pinMode(LED_Pin, OUTPUT);
}
// the loop function runs over and over again forever
void loop() {
   digitalWrite(LED_Pin, HIGH);   // turn the LED on (HIGH is the voltage level)
   delay(1000);              // wait for a second
   digitalWrite(LED_Pin, LOW); // turn the LED off by making the voltage LOW
   delay(1000);              // wait for a second
}
```

29.2.3 변수와 상수란?

변수는 프로그램에서 임의의 데이터 값들을 일시적으로 저장하는 메모리 공간을 말하는데요. 변수의 이름을 통해 데이터 값의 저장 및 변경 등이 가능하며, 그 값들을 참조할 수도 있습니다. 변수를 생성하는 것을 변수 선언이라 하며, 아두이노 스케치에서의 변수 선언은 셋업 영역 전에 작성합니다.

다음은 'blink' 스케치에서 변수를 적용하여 LDE On, Off를 0.5초 간격으로 반복 실행하는 프로그램인데요. 변수 이름은 반드시 한 단어가 되어야 하며, 중간에 공백이 있으면 안 됩니다. 변수 선언인 int LED_Pin=13에서 int는 정수(integer)를 의미하며, 변수 LED_Pin은 값 13, 그리고 변수 blink_Delay는 값 500으로 설정됩니다.

```
// blink_variables

int LED_Pin = 13;              // 핀 번호를 변수 설정
int blink_Delay = 500;         // 지연 시간을 변수 설정

void setup() {
   pinMode(LED_Pin, OUTPUT);
}

// the loop function runs over and over again forever
void loop() {
   digitalWrite(LED_Pin, HIGH); // turn the LED on (HIGH is the voltage level)
   delay(blink_Delay) ;         // wait for 0.5 second
   digitalWrite(LED_Pin, LOW); // turn the LED off by making the voltage LOW
   delay(blink_Delay);          // wait for 0.5 second
}
```

위 예제의 프로그램 수행에서 정의한 두 변수의 값은 프로그램이 실행되는 동안 한 번도 변경되지 않았는데요. 이러한 경우에 변수 앞에 일정한 값을 의미하는 const라는 단어를 붙여 컴파일러에 이들 변수가 상수라는 것을 인식하게 하여 컴파일 시에 더욱 간결한 기계어 명령어가 생성되도록 합니다. 아래는 수정된 스케치를 보여주며, 이 명령문의 경우 const를 기입하지 않아도 프로그램의 동작에는 변화가 없습니다.

```
// blink variables

const int LED_Pin = 13;          // 상수
const int blink_Delay = 500;     // 상수
```

29.2.4 시리얼 모니터(Serial Monitor)란?

시리얼 통신은 컴퓨터 간 또는 컴퓨터와 주변 장치 간에 데이터를 전송할 때 하나의 전선을 통해 한 비트(bit)씩 순차적으로 보내는 통신방식이며, 대표적인 통신표준으로 RS-232/422/485 등이 있습니다. 아두이노에서는 USB 연결을 통해 컴퓨터와 아두이노 간의 시리얼 통신을 모니터할 수 있으며, 이는 프로그램상 변수값을 알려주거나 또한, 어떠한 작업이 수행되고 있는지를 알려 주는데 이용됩니다. 아두이노 우노 보드에서 0번 핀(RX) 및 1번 핀(TX)을 통해 시리얼 통신이 이루어지는데, 이러한 경우에는 이 핀들은 디지털 입·출력으로 사용이 불가합니다. 시리얼 통신의 속도는 초당 전송하는 비트 수인 bps(bit/sec)로 나타내며, 보통은 9,600bps로 사용합니다. 아두이노에서는 300~250kbps까지 가능하나, Serial 라이브러리에서는 115.2kbps까지 지원합니다.

앞의 'blink' 프로그램 수정을 통한 시리얼 통신을 살펴보도록 하겠는데요. 셋업 영역에 추가된 명령문 Serial.begin(9600)에 의해 시리얼 모니터와 아두이노 간의 통신이 ( ) 안의 숫자인 9,600bps로 통신이 형성됩니다. 그리고 루프 영역에서 명령문 Serial.println("켜짐(On)")은 ( ) 안의 따옴표 " " 내에 있는 내용을 시리얼 통신으로 전송하고 줄 바꿈을 실행합니다. 만약 따옴표 없이 변수를 써주면 그 변수의 값이 전송됩니다. 이와 유사한 명령문 Serial.print는 앞의 Serial.println과 같으나 줄을 바꾸지 않습니다. 아두이노 IDE 화면에서 시리얼 모니터 아이콘을 클릭하면 모니터 창이 열리면서 [그림 29-4]의 화면처럼 순차적으로 켜짐(On)과 꺼짐(Off)이 나타남을 볼 수 있습니다.

```
// blink_serial_monitor

int LED_Pin= 13;
int blink_Delay = 1000;

void setup() {
   pinMode(LED_Pin, OUTPUT);
   Serial.begin(9600);
}

// the loop function runs over and over again forever
void loop() {
```

```
    Serial.println("켜짐(On)");
    digitalWrite(LED_Pin, HIGH);   // turn the LED on (HIGH is the voltage level)
    delay(blink_Delay);// wait for a second
    Serial.println("꺼짐(Off)");
    digitalWrite(LED_Pin, LOW); // turn the LED off by making the voltage LOW
    delay(blink_Delay);// wait for a second
}
```

[그림 29-4] 시리얼 모니터의 출력

29.2.5 if 및 if else 명령문은?

아두이노와 연결된 특정 스위치 회로에 전류가 흐를 때(스위치 On)마다 특정한 디지털 입력 핀에 전원(5V)을 공급하는 경우를 가정하면, 이와 같이 if 명령문은 어떤 조건이 참(true)이면 명령을 수행하고 조건이 거짓(false)이면 빠져나오는 데 적용됩니다. 한편 if else 명령문의 형식은 if (조건) { } else { }입니다. 먼저 ()의 조건이 참이면 앞의 { } 명령문을 수행하며, 조건이 거짓이면 뒤의 { } 명령문을 실행합니다. 예를 들어, 아래 프로그램은 회로의 전압 변수 vltg가 0이면 'Switch On'을 출력하는 if 문과 그렇지 않은 경우에는 'Switch Off'를 출력하는 else 문을 보여줍니다.

```
if (vltg == 0) {
    Serial.println("Switch On");
}
```

```
if(vltg == 0) {
    Serial.println("Switch On");
}
else {
    Serial.println("Switch Off");
}
```

29.2.6 for 및 while 명령문은?

루프 함수는 무한히 반복하지만 때로는 유한한 횟수로 제한하는 경우에 사용할 수 있는 명령이 for이며, 구조는 for(ⓐ; ⓑ; ⓒ) {ⓓ}입니다. 먼저 () 안에 ⓐ는 시작 값, ⓑ는 조건식, ⓒ는 증감 연산, 그리고 { } 안의 ⓓ는 수행문으로 정의됩니다. 수행 순서는 초기값 ⓐ가 조건식 ⓑ를 만족하면 수행문 ⓓ를 실행하며, 다시 증감 연산 ⓒ를 수행합니다. 조건 ⓑ가 불만족이면 for 명령을 중지하고 순서에 의해 다음 명령을 수행합니다. 증감 연산은 j++ 또는 j-- 이며, 전자는 j=j+1로 j가 하나씩 증가하며, 후자는 j=j-1로 j가 하나씩 감소함을 의미합니다.

다음은 for 명령을 사용한 스케치를 보여주는데요. [그림 29-5]는 시리얼 모니터에 나타난 실행 결과입니다. 첫 번째 for 명령은 조건 j가 3 이하이면 j 값을 출력한 다음 LED On을 출력하며, 두 번째 for 명령도 j가 3 이하이면 j 값을 출력하고 그 다음에 LED Off를 출력하는데요. 이와 같은 실행을 반복함을 알 수 있습니다.

```
// count_to_3_repeat with Blink
int LED_Pin=13;
int blink_Delay=1000;
void setup() {
  Serial.begin(9600);
}

void loop() {
  for (int j=1; j<=3; j++) {
    Serial.print("j=");
    Serial.println(j);
  }
  digitalWrite(LED_Pin, HIGH);   // turn the LED on (HIGH is the voltage level)
  delay(blink_Delay);// wait for a second
  Serial.println("On");

  for (int j=1; j<=3; j++) {
```

```
        Serial.print("j=");
        Serial.println(j);
      }

      digitalWrite(LED_Pin, LOW);   // turn the LED off by making the voltage LOW
      delay(blink_Delay);           // wait for a second
      Serial.println("Off");
}
```

[그림 29-5] for 명령 실행 예

다음은 while 명령에 대해 알아보겠는데요. 이 명령은 조건이 참인 동안 ()의 명령이 계속 반복되다가 조건이 거짓이면 수행을 멈추고 while 루프의 바로 다음 명령문이 실행됩니다. 다음은 간단한 while 명령의 스케치 예로 시리얼 모니터에 j=1, j=2, j=3이 각각 새로운 줄에 출력됨을 예측할 수 있습니다.

```
// count_to_3_once_while
void setup() {
    Serial.begin(9600);
}
void loop() {
    int j=1;
    while (j〈=3) {
```

```
        Serial.print("j=");
        Serial.println(j);
        j=j++;
        }
    }
```

29.2.7 범용 입출력(GPIO)을 알아볼까요?

1) 핀 모드 설정이란?

아두이노는 내장(builtin) 함수를 이용하여 범용 입출력(GPIO) 핀을 입력과 출력으로 설정하여 사용 가능하게 해주는데요. 그 명령은 pinMode(pin, mode)입니다. () 안의 pin은 핀 번호이며, mode는 INPUT, OUTPUT, INPUT_PULLUP 중 선택을 의미합니다. 핀 모드를 지정하지 않으면 아두이노의 핀은 입력으로 동작하며, 그 핀의 풀업(Pull-up) 저항은 활성화되지 않는 상태입니다. 따라서 풀업 저항의 활성화 및 비활성화를 위해서는 사용하고자 하는 핀 모드가 반드시 설정되어야 합니다.

2) 디지털 값 읽기란?

입력핀으로 디지털 값을 읽는데 사용되는 내장 함수는 digitalRead( )이며, 이 명령은 괄호 ( ) 안의 변수에 핀 번호를 지정하면 디지털 값 "1(HIGH)" 또는 "0(LOW)"이 얻어집니다. 아래 예제의 스케치를 수행하면 [그림 29-6]과 같이 핀 13에는 0.5초마다 "1"이 출력됨을 알 수 있습니다.

```
// digital_read

const int inputPin = 13;
const int blink_Delay = 500;

void setup() {
   Serial.begin(9600);
   pinMode(inputPin, INPUT);
}
```

```
void loop() {
   int a=digitalRead(inputPin);
   Serial.print("a=");
   Serial.println(a);
   delay(blink_Delay);
}
```

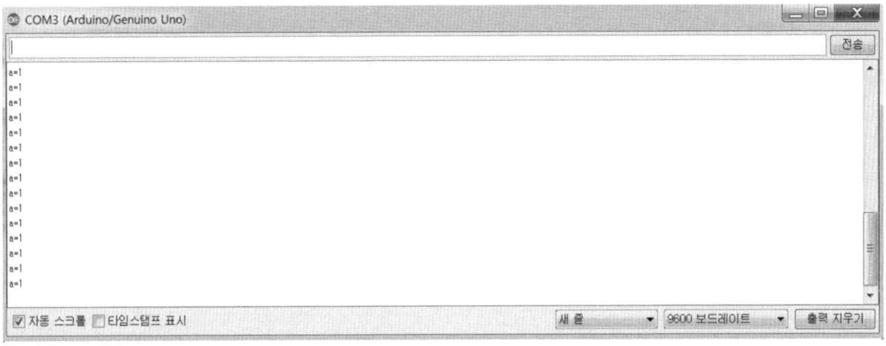

[그림 29-6] 디지털 값 읽기 예

3) 디지털 값 쓰기란?

아두이노에서는 어떤 특정한 핀에 디지털 값을 출력할 수 있으며, 이러한 경우에 적용되는 내장 함수는 digitalWrite(pin, value)입니다. 이 명령의 () 안의 pin은 디지털 출력할 핀 번호이며, value는 디지털 상태(HIGH=5V 또는 3.3V 보드에서는 3.3V) 또는 LOW(0V)를 의미합니다. 이 명령을 사용하기 위해서는 먼저 pinMode 명령으로 해당 핀을 디지털 출력으로 사용하기 위한 설정이 필요합니다. 다음은 digitalWrite()를 적용한 스케치의 예를 보여줍니다.

```
void setup() {
pinMode(13, OUTPUT);
}
void loop() {
digitalWrite(13, HIGH);          // turn the LED on (HIGH is the voltage level)
```

```
delay(1000);                    // wait for a second
digitalWrite(13, LOW);          // tum the LED off by making the voltage LOW
delay(1000);                    // wait for a second
}
```

4) 아날로그 신호 읽기란?

아두이노에는 디지털 신호를 아날로그로 변환하는 DAC(Digital-to-Analog Converter) 기능이 없으나 반대로 아날로그 신호를 디지털로 변환하는 ADC(Analog-to-Digital Converter) 기능은 있습니다. 보드에는 6개의 핀(A0~A5)으로 된 아날로그 입력 단자가 있는데, 내장 함수인 analogRead(pin)은 ( ) 안의 선택한 핀의 아날로그 값을 읽어 들여 이 값을 표본화 및 양자화를 통해 0~1,023 사이의 값으로 변환합니다. 아두이노 마이크로제어(Atmega328)의 ADC는 10bit 분해능(resolution)과 125kHz 표본화(sampling)율을 제공합니다.

다음은 함수 analogRead( )를 이용한 스케치의 예를 살펴보겠는데요. 아래 스케치에서는 아두이노 보드에서 제공하는 5V를 analogRead( )로 받아들여, 이 값을 다시 표현하기 위해 간단한 수식 연산 후, [그림 29-7]에서 보듯이 그 값을 시리얼 모니터에 표시합니다. [그림 29-8]에서는 아두이노 우노 보드에 아날로그 값을 읽기 위한 회로 구성을 보여주는데요. 보드의 전원 5V를 아날로그 입력 핀 A0에 직접 점퍼 선을 이용하여 연결한 것입니다. 전압을 계산하는 수식에서 5.0과 1,023.0은 정수가 아닌 소수점이 있어 데이터 유형을 실수로 확장한 float로 설정하고, 계산된 결과는 변수 volts로 둡니다. 모니터 창에는 1초에 한 번씩 Analog input = 5.00이 출력됨을 볼 수 있습니다. 만약 A0 핀과 접지(GND) 또는 3.3V를 연결하면 실제로 0.00 및 3.33V가 출력됨을 볼 수 있습니다.

```
// analog_read

const int analogPin = A0;
const int blink_Delay = 1000;

void setup() {
   Serial.begin(9600);
}
```

```
void loop0 {
    int analog_reading = analogRead(analogPin);
    float volts= analog_reading*5.0/1023.0;
    Serial.print("Analog input=");
    Serial.println(volts);
    delay(blink_Delay);
}
```

[그림 29-7] 아날로그 값 읽기

[그림 29-8] 아날로그 값 읽기를 위한 점퍼선 연결

5) 아날로그 값 쓰기란?

아두이노는 펄스폭 변조(PWM: Pulse Width Modulation) 출력으로 아날로그 신호를 내보내는 기능을 가지고 있는데요. 디지털 핀 번호에 물결(~) 모양이 있는 6개 핀(~3, ~5, ~6, ~9, ~10, ~11)들이 PWM 출력을 내보내는 핀입니다. 이 PWM은 아날로그 신호를 디지털 형태로 나타낸 것으로 0~255까지 설정된 주파수 값을 나타냅니다. 아날로그 입력 신호의 크기에 따라 듀티 사이클(duty cycle)은 변화합니다.

[그림 29-9]에서는 듀티 사이클의 정의와 듀티 사이클로 아날로그 값을 표시하기 위한 방법의 예를 보여주고 있는데요. 먼저 그림 (a)는 듀티 사이클의 정의에 필요한 신호 주기(T)와 펄스 폭(τ)을 보여주며, 이들의 비(τ/T)를 %로 표현한 것이 듀티 사이클입니다. 그림 (b)는 아날로그 전압이 0.0V에서 5.0V로 변화한다고 가정할 때, 2.5V는 PWM 신호의 듀티 사이클 50%, 0.5V 및 4.5V는 각각 10% 및 90%의 듀티 사이클로 표현되는데요. 이러한 PWM 신호는 DC 모터 제어를 비롯하여 측정 및 제어 등의 응용 분야에 다양하게 적용됩니다.

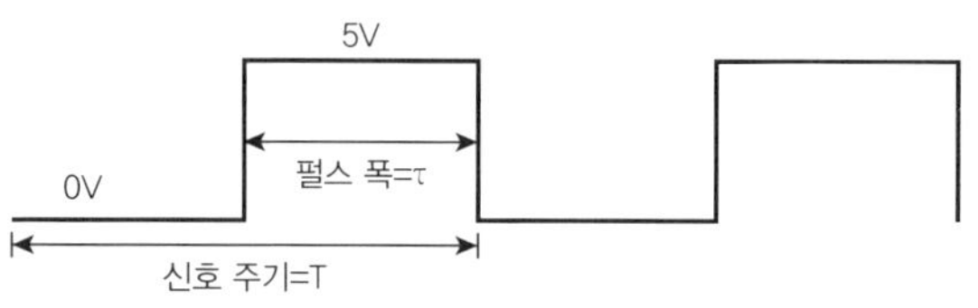

(a) 듀티 사이클

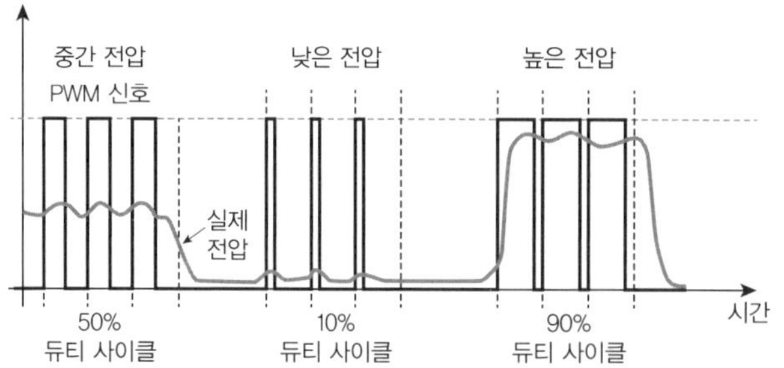

(b) PWM

[그림 29-9] PWM의 듀티 사이클과 아날로그 값

다음은 아두이노의 전원 5.0V를 아날로그 전압으로 간주하여 5.0V 및 2.5V 교대로 LED에 공급하여 LED의 밝기를 조절하는 스케치를 작성한 예인데요. 아날로그 신호를 읽을 때 값은 0~1,023이며, 아두이노는 디지털 장치이므로 5V는 명령 analogRead( )에서는 값 1,023으로 설정됩니다. 아날로그 값을 쓰는 명령은 analogWrite(pin, val)이며, () 안의 변수 pin은 PWM 출력을 사용할 핀 번호이며, 변수 val은 아날로그 값입니다. 실행 결과는 [그림 29-10]에서 보듯이 1초 동안 LED를 밝은 상태로 유지하다가 다음 1초 동안은 상대적으로 어둡게 되며, 이러한 상태가 계속 반복됩니다.

```
// analog_writing

const int analogPin0 = A0;
const int blink_Delay = 1000;
const int LED_Pin=5;

void setup() {
   pinMode(LED_Pin, OUTPUT);
   Serial.begin (9600);
}

void loop() {
   int analog_reading = analogRead(analogPin0);
   float volts = analog_reading;
   analogWrite(LED_Pin, volts);
   volts = volts*5.0/1023.0;         // Set 5V
   Serial.print("Analog input=");
   Serial.println(volts);
   delay(blink_Delay);

   float volts_lower = volts*0.5; // Making 2.5V
   analogWrite(LED_Pin, volts_lower);
   Serial.print("volts_lower=");
```

```
        Serial.println(volts_lower);
        delay(blink_Delay);
    }
```

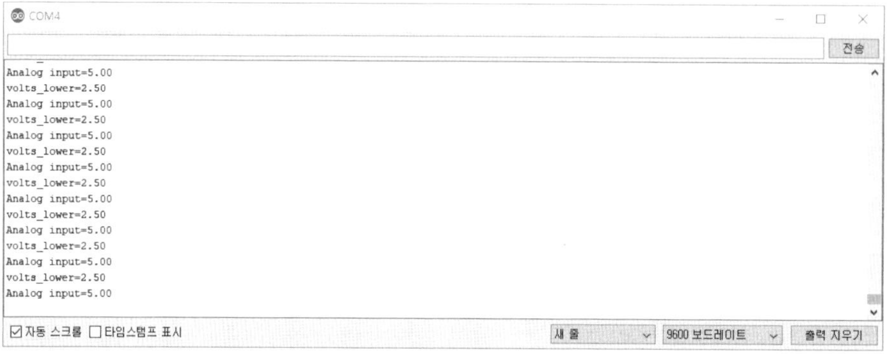

[그림 29-10] 시리얼 모니터의 아날로그 출력

[그림 29-11]은 아두이노 보드에 연결된 회로인데요. 먼저 5V 전원을 A0핀에 연결합니다. 이 A0핀에 공급된 전원이 LED_pin=5에 출력되게 하고, 이 출력을 전원으로 저항 및 LED를 직렬로 연결한 후, LED − 단자를 접지에 연결합니다. 프로그램에서는 전원이 5V 및 2.5V로 변화하므로 LED의 밝기도 최대에서 2.5V에 해당하는 밝기로 변화됨을 관측할 수 있습니다.

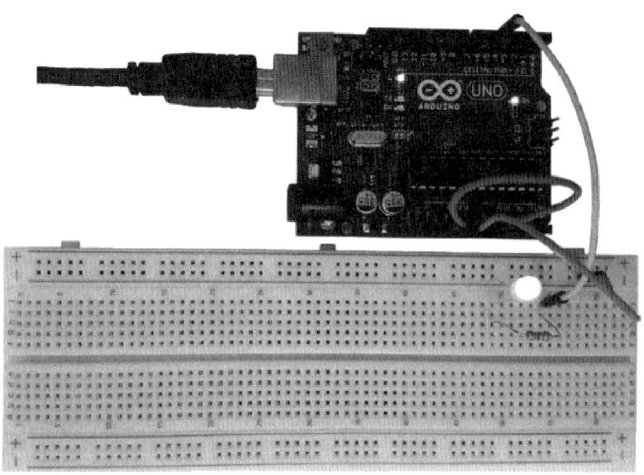

[그림 29-11] LED 밝기 조절을 위한 회로 연결

29.2.8 데이터 유형과 연산자는?

1) 데이터 유형은?

아두이노에 적용되는 데이터 유형은 〈표 29-2〉와 같으며, 변수 유형에 따른 메모리(바이트의 수), 범위, 용도를 기술하였습니다.

〈표 29-2〉 아두이노에 적용되는 데이터 유형

변수 유형	메모리(Byte)	범위	용도
boolean	1	true(1) 또는 false(0)	참(1) 또는 거짓(0)
char	1	-128~+127	문자의 ASCII 코드를 표현하는 데 사용
byte	1	0~255	시리얼 데이터 통신에 주로 사용
int	2	-32,768~+32,767	부호가 있는 2바이트 숫자 표현
short	2	-32,768~+32,767	int와 동일
unsigned int	2	0~65,535	음수가 필요 없는 경우 정밀도를 높이는 데 사용될 수 있음
word	2	0~65,535	unsigned integer와 동일
long	4	-2,147,483,648~2,147,483,647	매우 큰 수 표현에 사용
unsigned long	4	0~4,294,967,295	unsigned integer와 동일
float	4	-3.4028235E+38~+3.4028235E+38	소수점 있는 숫자를 표현
double	4	float 동일	8바이트 사용, float보다 범위가 넓고 정밀함(아두이노에서는 동일)
String	-	문자열에 따라 다름	문자열을 표현

2) 연산자란?

숫자형 변수나 상수를 이용하여 산술식을 구성하는 데 사용되는 연산자를 산술연산자라 하고, 조건식은 비교연산자로 주로 표현됩니다. 한편, 논리연산자는 참 또는 거짓인 두 값을 이용해서 새로운 참이나 거짓을 찾아내는 연산자인데, 변수 a, b를 이용하여 산술연산자와 우선순위, 비교연산자, 논리연산자를 정리하면 다음 표와 같습니다.

〈표 29-3〉 산술연산자

산술연산자	의미
a = b	오른쪽 값을 왼쪽 변수로 복사
a + b	덧셈
a - b	뺄셈
a * b	곱셈
a += b	a = a + b
a / b	나눗셈
a % b	나머지
a++	값 사용 후 증가
++a	증가 후 값 사용
a--	값 사용 후 감소
--a	감소 후 값 사용

〈표 29-4〉 산술연산자의 우선순위

우선순위	연산자
1	a++, a--
2	--a, ++a
3	*, /, %
4	+, -

〈표 29-5〉 비교연산자

비교연산자	의미
a == b	a와 b가 같다.
a != b	a와 b가 같지 않다.
a > b	a가 b보다 크다.
a >= b	a가 b보다 크거나 같다.
a < b	a가 b보다 작다.
a <= b	a가 b보다 작거나 같다.

〈표 29-6〉 논리연산자

논리연산자	의미	설명
!a	논리 부정(NOT)	참과 거짓을 서로 교환
a && b	논리적 AND	둘 다 참일 때 참
a || b	논리적 OR	둘 중 하나가 참이면 참

29.2.9 아두이노 라이브러리란?

아두이노의 모든 명령어는 아래 아두이노 웹 사이트의 라이브러리 자료에서 볼 수 있으며, 〈표 29-7〉과 〈표 29-8〉에는 대표적인 명령어들을 기술하였습니다.

HTTP://www.arduino.cc

〈표 29-7〉 입력 및 출력 명령

	명령	사용 예	설명
디지털	pinMode	pinMode(4, INPUT)	4번 핀을 입력으로 설정, INPUT 대신에 OUTPUT 또는 INPUT_PULLUP으로 적용 가능
	digitalWrite	digitalWrite(4, LOW)	4번 핀을 LOW 설정, LOW 대신 HIGH로 설정 가능
	digitalRead	int j; j = digitalRead(4)	4번 핀의 전압 값에 따라 HIGH(1) 또는 LOW(0)으로 받아들임
	pulseIn	j = pulseIn(4, LOW)	4번 핀에 LOW가 들어오는 순간부터 HIGH가 되는 순간까지 경과된 시간을 ms 단위로 측정하고 변환하여 그 값을 변수 j에 할당
	tone	tone(4, 440)	4번 핀에 주파수 440Hz 펄스 발생
	noTone	noTone(4)	4번 핀에 펄스 발생을 중지
아날로그	analogRead	int p; p = analogRead(A0);	변수 p에 0~1,023 사이의 값을 할당(만약 A0의 전압이 0V이면 0, 5V이면 1,023이 됨)
	analogWrite	analogWrite(5, 127)	() 안의 첫 번째 변수인 5는 5번 핀에 PWM 신호로 출력하고, 두 번째 127은 듀티 사이클 0~255 사이의 값으로 0과 255는 각각 듀티 사이클 0% 및 100%에 해당. 첫 번째 변수 5는 아두이노 보드의 PWM 적용 가능한 핀 번호(3, 5, 6, 9, 10, 11)임

〈표 29-8〉 시간 및 인터럽트 명령

	명 령	사용 예	설 명
시간	millis	unsigned long t; t = millis();	4바이트(32비트)로 데이터 표현(2^32-1), 명령 milis()로 변환되는 숫자는 바로 이전 리셋으로부터 경과된 시간(ms)이며, 경과 시간이 대략 50일 정도 지나면 다시 0으로 복귀
	micros	long t; t = micros();	측정 단위가 MS인 것을 제외하면 명령 millis와 동일, 대략 70분이 지나면 다시 0으로 복귀
	delay	delay(1000)	1,000ms(=1초) 동안 지연(아무 동작도 없음)
	delayMicroseconds	delayMicroseconds(1000)	1000μs 동안 지연(최소 3μs 해상도)
인터럽트	attachInterrupt	attachInterrupt (Interrupt, ISR, mode) attachInterrupt (1, blink, HIGH)	() 안의 변수는 interrupt: 인터럽트 번호 ISR: 인터럽트 발생 시 부를 ISR(인터럽드 서비스 루틴) mode: 인터럽트가 언제 트리거 되어야 하는지 정의(4가지: LOW, HIGH, FALLING, RISING) 인터럽트 1이 HIGH일 때 blink ISL을 실행 attachInterrupt()의 첫 변수는 인터럽트 번호이나 일반적으로 digitalPinToInterrupt(pin)을 써서 실제 디지털 핀을 특정 인터럽트 번호로 변환해야 함 예를 들어, 아두이노 우노 보드의 핀 3에 연결하면 digitalPinToInterrupt(3)을 attachInterrupt()에 대한 첫 번째 매개변수로 사용
	detachInterrupt	detachInterrupt(1)	인터럽트 1을 해제

29.3 아두이노 키트(kit)를 이용하여 응용 실습을 해볼까요?

29.3.1 전위차계 읽기를 해보자

전위차계(potentiometer)의 가변저항값을 읽어 들이는 스케치를 작성해보겠는데요. 이를 위해서는 먼저 [그림 29-12]에서 보여주는 로터리(rotary) 형태의 전위차계에 대한 이해가 필요합니다. 이러한 구조의 전위차계는 모든 구간에 일정한 밀도를 지닌 저항성 띠를 사용합니다. 즉, x~z 구간의 저항은 전체 저항값이며, x~y 구간의 저항값은 제어축이 돌아가는 만큼 일정한 비율로 변화합니다. 따라서 회로 측면에서는 공급된 전압에 따라 변화하는 저항에 비례하여 변하는 전압은 ADC(아날로그-디지털 변환기)를 이용하여 아두이노에서 읽어 들이게 됩니다.

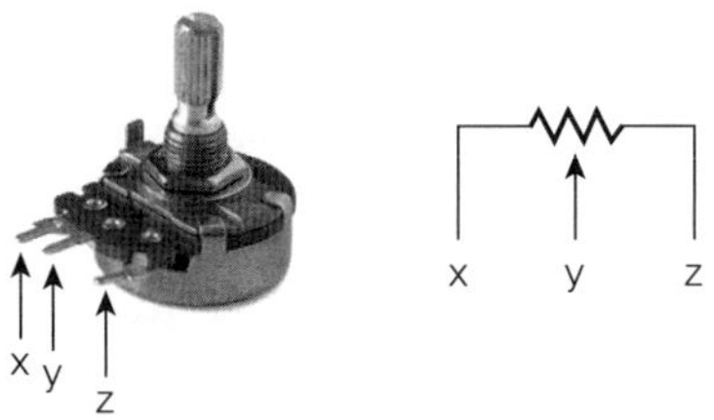

[그림 29-12] 전위차계 및 도식 기호

아래 프로그램에서 적용된 전위차계의 최대 저항값은 10KΩ인데요. 아두이노 보드와 회로 연결을 위해 [그림 29-13]과 같이 전위차계의 중간 단자(y)를 아날로그 핀 A0에 연결하고, 나머지 두 단자 x, z는 아두이노 5V 전원과 접지에 연결합니다. 실행된 프로그램의 결과는 전위차계의 돌아가는 제어량에 따라 저항값이 달라지는데, 여기에서는 약 5.0KΩ으로 조정한 결과를 [그림 29-14]의 시리얼 모니터에 표시하고 있습니다.

```
// analog_read(potentiometer)

const int analogPin = A0 (A0);

void setup() {
   Serial.begin(9600);
}

void loop() {
   int analog_reading = analogRead(analogPin);
   float resistor = analog_reading*10000.0/1023.0;  // potentiometer max: 10,000(ohm)
   Serial.print("potentiometer_value =");
   Serial.println(resistor);
}
```

[그림 29-13] 아두이노 보드와 전위차계 연결

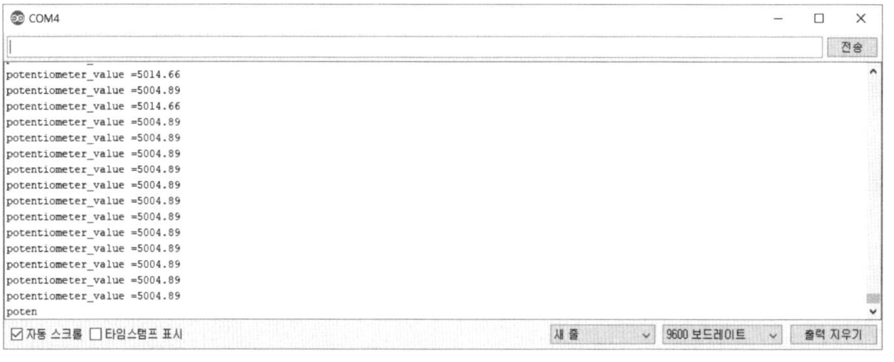

[그림 29-14] 시리얼 모니터의 저항값

한편 아래 스케치에서는 전위차계의 저항값을 읽지 않고 전압값을 읽는 경우를 보여주고 있는데요. 회로 연결은 위에서와 동일하며, 단지 저항값을 전압으로 표현하기 위한 수식이 추가된 것입니다. 전위차계의 스위치를 돌려 0~10KΩ 변화를 주면 [그림 29-15]에서 보듯 해당하는 전압이 0~5V로 시리얼 모니터에 나타남을 알 수 있습니다.

```
// LED control with potentiometer

int led1 = 10;
int analogPin =A0;
```

```
void setup() {
 pinMode(led1, OUTPUT);
 Serial.begin(9600);
}
void loop() {
  int analog_reading = analogRead(analogPin);
  float resistor = analog_reading*10000.0/1023.0;
        // potentiometer max: 10,000(ohm)
  float volts = resistor*5.0/10000.0;
   digitalWrite(led1, volts);
   Serial.print("volts =");
   Serial.println(volts);
   delay(1000);
```

[그림 29-15] 시리얼 모니터의 전압값

29.3.2 푸시 버튼(push button) 스위치 제어를 해보자

푸시 버튼 스위치를 이용하여 LED의 On(켜다), Off(끄다)를 제어해보는 스케치를 작성해보겠는데요. 이를 위해서는 푸시 버튼 스위치의 동작과 풀업(pull-up) 및 풀다운(pull-down) 저항, 그리고 플로팅(floating)에 대한 이해가 필요합니다.

먼저 [그림 29-16]에는 푸시 버튼의 실제 형상(제일 왼쪽)과 내부 핀들의 연결 상태를 표시하고 있는데요. 이 스위치는 평소엔 전류를 차단하고 있다가 누르고 있는 동안 전류를 통하게 해주며, 내부에는 용수철이 있어 누르고 있던 손을 떼면 바로 원래 자리로 돌아오고 전류 흐름도 멈추게 됩니다. 스위치의 핀 1과 3, 핀 2와 4는 서로 연결되어 스위치 기능을 할 수 없습니다. 그러나 핀 1과 2, 핀 3과 4를 스위치로 사용 가능한데, 버튼을 누르면 스위치가 연결됩니다. 다른 조합의 스위치 구성도 가능한데 핀 1과 4, 핀 2와 3을 스위치로 사용 가능합니다.

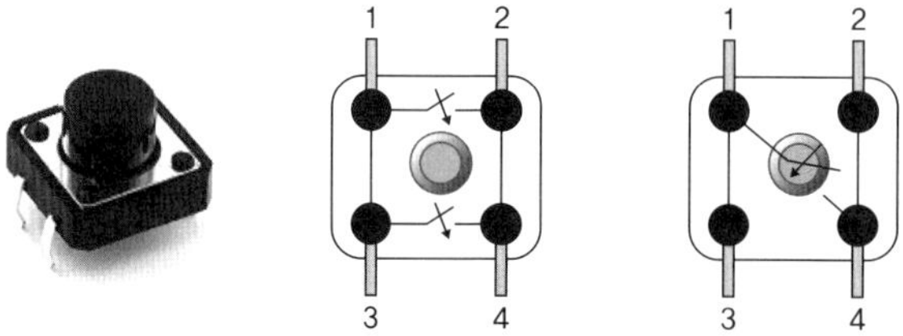

[그림 29-16] 푸시 버튼 및 핀 연결

다음은 스위치에 연결되는 풀업 및 풀다운 저항에 대해서 알아보겠는데요. [그림 29-17]은 풀업 저항(왼쪽) 및 풀다운 저항(오른쪽)을 이용하여 푸시 버튼 스위치로 LED On 및 Off 제어를 위한 구성입니다. 풀업 저항 회로에서 스위치가 On(연결)되면, 아두이노 MCU(마이크로제어장치) 입력 핀의 신호는 LOW(0V)가 되며, 반대로 스위치가 Off(연결되지 않음)되면, MCU 입력 전압은 HIGH(5V)가 됩니다. 이와 달리 풀다운 저항회로는 앞의 상태와 반대로 작용하며, 〈표 29-9〉에서는 앞서 설명한 결과를 정리·기술하였습니다.

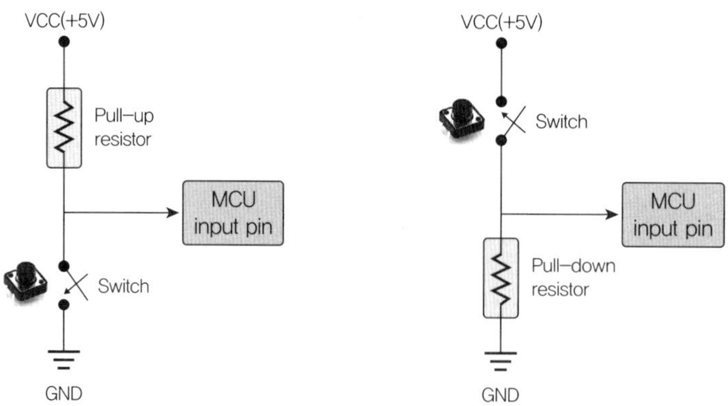

[그림 29-17] 스위치와 풀업 및 풀다운 저항

〈표 29-9〉 풀업 및 풀다운 구성에 따른 MCU 입력 상태

유형	스위치 On	스위치 Off
pull-down 저항	5V(HIGH)	0V(LOW)
Pull-up 저항	0V(LOW)	5V(HIGH)

끝으로 [그림 29-18]에서는 플로팅(floating) 회로 구성과 동작을 보여주는데요. 그림 (a)에서는 스위치에 저항이 연결되지 않고 아두이노 보드의 MCU에 바로 연결되어 있으며, 그림 (b)에서는 앞서 설명한 풀업 저항 회로를 보여주고 있습니다. 만약 명령어 pinMode(pin, mode)에서 mode=INPUT으로 두면 그림 (a)에서는 스위치가 On이면 LOW가 MCU로 입력되지만, Off가 되면, MCU의 입력은 HIGH인지 LOW인지 분명하지 않습니다. 이러한 상태를 플로팅이라고 하는데, 잡음이나 외부 입력으로 인해 MCU에 문제를 일으킬 수 있습니다. 따라서 이러한 점들을 해결하기 위해 풀업 및 풀다운 저항 회로가 필요합니다. 그러나 왼쪽 회로의 경우 mode=INPUT_PULLUP으로 사용하면 아무런 문제가 없으며, 이는 풀업 저항 회로와 동일하게 동작합니다.

	스위치 On	스위치 Off
그림 (a)	LOW(GND=0V)	Floating
그림 (b)	LOW(GND=0V)	HIGH(VCC=5V)

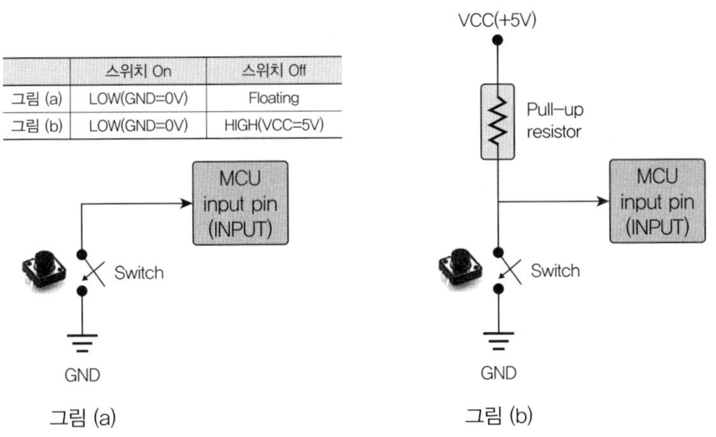

[그림 29-18] 플로팅 회로 구성과 동작

이와 같은 설명을 바탕으로 풀다운 저항 회로와 푸시버튼 스위치를 이용한 스케치는 다음과 같습니다.

```
// LED_control_by button switch(INPUT mode)

int sw1 = 8;
int led1 = 10;

void setup() {
   pinMode(sw1, INPUT);
   pinMode(led1, OUTPUT);
      // if button is pressed, logic state is HIGH(switch is connected)
}

void loop() {
if (digitalRead(sw1) == HIGH)   // switch on state
   digitalWrite(led1, HIGH);    // LED on
else
   digitalWrite(led1, LOW);     // LED off
}
```

브레드보드의 회로 연결은 먼저 5V 전원을 [그림 29-19]의 왼쪽 푸시 버튼 스위치의 핀 3에 연결하고 핀 4에는 직렬로 풀다운 저항을 연결합니다. 이때 핀 4는 점퍼선을 이용하여 아두이노 보드의 MCU 핀 8에 연결합니다. 그리고 핀 10의 출력에 저항 330Ω과 LED를 직렬로 연결하고, LED−단자를 접지와 연결합니다.

[그림 29-19] 푸시 버튼으로 LED 제어를 위한 회로 연결(풀다운 저항)

한편 명령어 pinMode(pin, mode)의 ( ) 내 mode 3가지(INPUT, OUTPUT, INPUT_PULLUP) 중 하나를 선택하면 되는데요. 위에서는 INPUT 모드로 설정한 예제이지만, 다음으로 INPUT_PULLUP 모드를 선택한 경우의 회로 구성과 스케치에 대해 살펴보겠습니다.

[그림 29-20]에서는 스위치, MCU 연결 및 INPUT과 INPUT_PULLUP 모드의 차이를 회로 측면에서 제시하였는데요. 그림의 왼쪽이 INPUT_PULLUP 모드에 해당하며, 스위치의 한쪽 핀은 명령어 pinMode( )에서 설정한 핀 번호에 연결하고 나머지 핀은 브레드보드 및 아두이노 보드의 접지에 연결합니다. 차이점은 INPUT 모드는 외부에 풀업 및 풀다운 저항 회로가 필요하지만, INPUT_PULLUP은 아두이노 보드 내부에 이미 풀업 저항 회로가 내장되어 있으므로, 스위치 동작에 따른 아두이노 MCU에 입력되는 논리는 스위치 On이 되면 LOW(0V)가 되고 스위치 Off가 되면 HIGH(5V)가 됩니다.

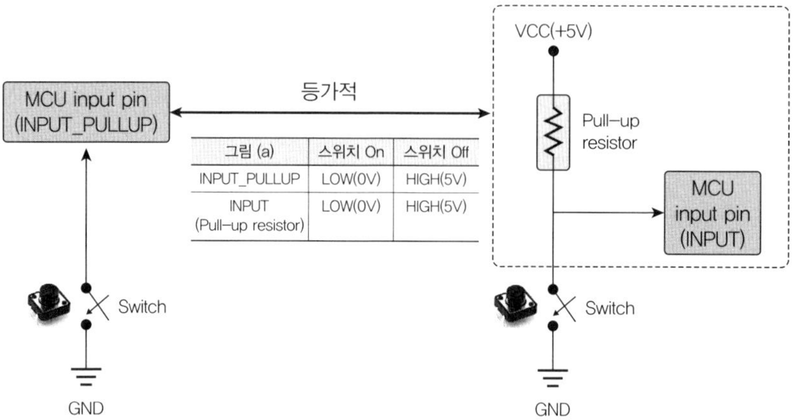

[그림 29-20] INPUT_PULLUP(왼쪽)과 INPUT(오른쪽) 모드 회로

스케치 예제는 앞의 풀다운 저항 및 INPUT 모드 예제에서 핀 모드 설정과 if문의 digitalRead()에서 스위치 On인 경우가 LOW 상태인 것만 차이가 있습니다.

```
// LED_control_by pushbutton switch(INPUT_PULLUP mode)

int sw1 = 8;
int led1 = 10;

void setup() {
  pinMode(sw1, INPUT_PULLUP);
    // if button is pressed, logic state is LOW
  pinMode(led1, OUTPUT);
}

void loop() {
  if (digitalRead(sw1) == LOW)// switch on state (if button is pressed)
    digitalWrite(led1, HIGH);  // LED on
  else
    digitalWrite(led1, LOW);   // LED off
}
```

[그림 29-21]에서는 아두이노 보드와 회로 연결 상태를 보여주고 있습니다.

[그림 29-21] INPUT_PULLUP 모드의 스위치 연결

29.3.3 전위차계(Potentiometer)로 서보 모터(Servo Motor) 제어를 해보자

서보 모터는 입력된 신호를 동력으로 변환하여 회전 속도 조절이나 위치를 변경하는 데 사용되는 장치입니다. 서보 모터는 입력 신호에 따라 0~120도까지 회전 가능하며, 3개의 핀은 제어신호, 전원(중앙), 접지와 연결됩니다. [그림 29-22]에서는 전위차계를 이용한 서보 모터 제어를 보여주고 있는데요. 회로 구성은 앞의 전위차계를 이용한 LED 제어의 회로와 동일한데, 다만 디지털 출력(PWM) 핀(9)이 서보 모터의 제어신호로 연결된 것만 차이가 있습니다.

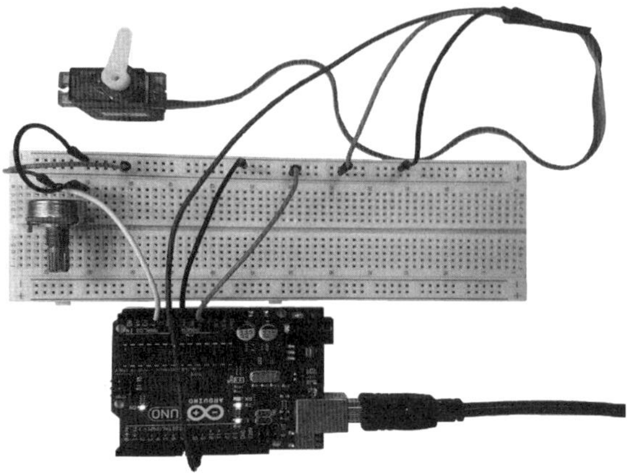

[그림 29-22] 전위차계를 이용한 서보 모터 제어를 위한 아두이노와 서보 간 연결

스케치는 아래와 같이 아두이노 라이브러리에서 지원을 받을 수 있으며, 사용자에 따라 프로그램의 수정이 가능합니다. 함수 map(value, fromLow, fromHigh, toLow, toHigh)는 전위차계의 값을 서보 모터의 각도로 환산해주며, 이는 () 안에 5개의 변수를 가집니다. 먼저 value는 서보 모터의 회전각도, fromLow 및 fromHigh는 전위차계의 최솟값 및 최댓값, 그리고 toLow 및 toHigh는 서보 모터의 각도 범위인 0~120도입니다.

```
#include <Servo.h>

Servo myservo;          // create servo object to control a servo

int potpin = A0;        // analog pin used to connect the potentiometer (F0/A0)
int val;                // variable to read the value from the analog pin

void setup()
{
   Serial.begin(9600);
   myservo.attach(9);  // attaches the servo on pin 9 to the servo object
}
```

```
void loop()
{
   val= analogRead(potpin);      // reads the value of the potentiometer (value be-
tween 0 and 1023)

   val = map(val, 0, 1023, 0, 120);           // scale it to use it with the servo (value
between 0 and 120)
   myservo.write(val); // sets the servo position according to the scaled value
   Serial.print("val(angle) = ");
   Serial.println(val);
   delay(15); // waits for the servo to get there
}
```

[그림 29-23]에서는 전위차계의 변화량(0~5V)에 따른 서보 모터의 회전량 변화(0~120도)를 표시하고 있습니다.

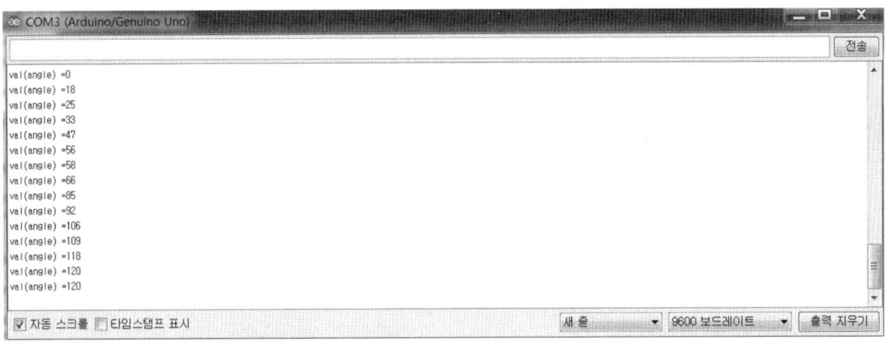

[그림 29-23] 서보 모터의 각도 변화

연습문제 EXERCISE

01 아두이노 위에 끼워 넣을 수 있는 추가 인쇄회로 보드를 무엇이라 하는가?

02 아두이노 우노에는 몇 개의 마이크로컨트롤러가 있는가?

① 1 ② 2 ③ 3 ④ 4

03 ATmega328 칩에 부트로드(bootloader) 프로그램을 써 넣을 때 적용하는 핀은?

① AREF ② RESET ③ GPIO ④ ICSP 헤드

04 아두이노 우노의 'L' LED 핀은 몇 번의 디지털 핀에 연결되어 있는가?

① 13 ② 12 ③ 11 ④ 10

05 아두이노의 클럭 주파수는 몇 MHz 인가?

① 8 ② 16 ③ 24 ④ 32

06 아두이노 우노의 안정 전압 출력은?

① 3.3V 하나 ② 3.3 및 5V ③ 5V 하나 ④ 답이 없음

07 이두이노 IDE(통합개발환경)에 적용되는 운영체계는 무엇인가?

① 리눅스(Linux) ② 멕오에스텐(Mac OS X) ③ 윈도(Windows)

④ 앞의 ①, ②, ③ 어느 것이나

08 다음 중 아두이노 USB 인터페이스의 용도는 무엇인가?

① 아두이노에 전원 공급 ② 아두이노와 컴퓨터 간의 통신

③ 아두이노 프로그래밍 ④ 앞의 ①, ②, ③ 모두 해당

09 아두이노 A0~A5 핀의 용도는 무엇인가?

① 아날로그 입력 또는 디지털 입력 또는 디지털 출력으로 사용

② 아날로그 입력 또는 디지털 입력으로 사용

③ 아날로그 입력 또는 아날로그 출력으로 사용

④ 아날로그 입력만으로 사용

10 아두이노의 delay 함수로 지정하는 지연시간(실행을 멈추는 시간)의 단위는?

① 마이크로초(μs) ② 밀리초(ms) ③ 초(s) ④ clock 주기

11 프로그래밍에서 변수(variable)에 대한 설명 중 올바른 것은?

① 256과 같이 숫자로 된 값
② 어떤 값에 이름을 부여한 것으로 추후 프로그램에서 변환될 수 없다.
③ 어떤 값에 이름을 부여하여 그 값을 이름으로 가리키고 추후 원하는 값으로 변환하기 위해 사용
④ 답이 없음

12 스케치(Sketch)에 대한 설명으로 옳은 것은?

① 아두이노에서 프로그램의 의미로 사용되는 용어이다.
② 프로그램이 동작하는 방식을 개략적으로 종이에 설계한 것이다.
③ 아두이노와 전자부품을 연결한 상태를 나타낸 회로도이다.
④ 특정한 하드웨어에 접속이 가능하도록 프로그램에 포함되는 명령어이다.

13 스케치 구성의 요소에서 '스케치의 이름, 목적, 제작자, 갱신일, 갱신 내용 등 정보를 기술'하는 부분은 어느 것인가?

① 주석 ② 변수, 상수, 라이브러리 등 정의
③ 설정 루틴 ④ 반복 루틴

14 아두이노 스케치에 반드시 포함되어야 하는 함수는 어느 것인가?

① setup 함수
② loop 함수
③ setup 함수와 loop 함수
④ 정해져 있지 않다.

15 데이터 유형이 int인 변수로 처리할 수 있는 최대 양수는 어느 것인가?

① 1,023 ② 1,024 ③ 32,767 ④ 65,535

16 다음 중 시리얼 모니터에 대한 설명으로 올바른 것은?

① 컴퓨터의 네트워크 트래픽을 감시한다.
② 아두이노 프로그래밍에 사용된다.
③ 아두이노 보드에 장착된 USB 하드웨어 인터페이스를 가리킨다.
④ USB를 통해 아두이노 IDE가 아두이노와 통신할 수 있도록 하는 부분이다.

17 다음 스케치를 실행할 때 시리얼 모니터 화면에 나타나는 숫자는?

```
void setup() {
   Serial.begin(9600);
   int x =100;
   x++;
   Serial.println(x);
}

void loop() { }
```

① 100 ② 101 ③ 9600 ④ 0

18 다음 스케치를 실행할 때 일어나는 현상은?

```
void setup() {
  pinMode(13, OUTPUT);
}
void loop() {
  digitalWrite(13, HIGH);
  delay(500);
  digitalWrite(13, LOW);
}
```

① 'L' LED는 1초 동안 500번 깜빡인다.
② 'L' LED는 1초 동안 2번 깜빡인다.
③ 'L' LED는 계속 꺼져 있다.
④ 'L' LED는 계속 켜져 있다.

19 다음 스케치를 실행할 때 시리얼 모니터 화면에 나타나는 출력은 어느 것인가?

```
int a = 5;
int b = 10;
void setup() {
  Serial.begin(9600);
}
void loop() {
```

```
  if ( a = b) {
  Serial.println("a is equal to b");
  }
  else {
  Serial.println("a is not equal to b");
  }
}
```

① a is equal to b ② a is not equal to b ③ 답이 없음

20 아두이노란 무엇인지 그리고 그것의 장점을 간략히 설명하시오.

21 풀업 및 풀다운 저항 회로를 설명하고, 플로팅(floating)과의 차이점은 무엇인지 설명하시오.

22 핀 모드의 종류를 적고 왜 INPUT_PULLDOWN 모드는 존재하지 않는지 설명하시오.

23 로터리 전위차계(potentiometer)와 서보 모터를 간략히 설명하시오.

참고문헌

PREFERENCE

[1] 국내외 사물인터넷 정책 및 시장동향과 주요 서비스 사례, 동향과 전망: 방송·통 신·전파 통권 제64호, 한국방송통신전파진흥원, 장원규, 이성협, 2013. 7

[2] 제4차 산업혁명(초연결, 초지능 사회로의 스마트한 진화 새로운 혁명이 온다!), 하원규, 최남희, 2015.12.10

[3] 제4차 산업혁명(Intelligent Digital Transformation), 한국전자통신연구원, 이상

[4] 초연결사회에서의 전파네트워크의 활용방안 연구: 한국방송통신전파진흥원(연구수행기관: 강남대학교 산학협력단), 서경환, 최종철 외 3인, 2016. 7.31

[5] 초연결사회(Hyper–Connectivity)를 위한 전파 발전 방향, 한국방송통신전파진흥원(KCA), 장원규, 2016. 7

[6] 사이버물리시스템(CPS) 기반의 사회시스템 최적화 전략, IT & Future Strategy 제7호, 한국정보화진흥원(2015.10.15)

[7] http://en.wikipedia.org/wiki/Internet_of_Things

[8] 5 Trends Emerge in the Gartner Hype Cycle for Emerging Technologies, 2022. 8

[9] 스마트 센서 시장 전망 및 시사점(ICT Spot Issue), 기술정책단 산업분석팀, 박혜영, 2015–06

[10] 테크월드뉴스(https://www.epnc.co.kr)

[11] Technologies & Sensors for the Internet of Things, Businesses & Market Trends 2014–2024, MEMS Report, Yole Devellopement, 2014

[12] etnews.com(2022.07.06.)

[13] ZDNET Korea(2022.7.27)

[14] https//www.itbiznews.com

[15] SK Telecom 사물/소물인터넷 플랫폼 및 사업 현황, SK 텔레콤 플랫폼기술원/IoT Tech Lab., 윤종필

[16] Cisco(2017), "VisualNetworkingIndex2017"

[17] Ericsson(2016), "Opportunities in 5G"

[18] Ericsson(2018), "TheIndustry Impact of 5G"

[19] GSMAintelligences(2017), "The5Gera"

[20] IHS(2017), "How5Gtechnologywillcontributetotheglobaleconomy"

[21] KT경제경영연구소(2017), "5G시대, 새롭게 주목받는 B2B 시장에서의 기회"

[22] LG경제연구원(2018), "5G, 서비스가 넘어야 할 과제들"

[23] 삼정KPMG(2017), "5G로의 진화는 피할 수 없는 시대적 흐름"

[24] 하나금융투자(2017), "5G가 통신 산업에 몰고 올 변화는?"

[25] 한국과학기술기획평가원(2017), "2016 기술수준평가"

[26] 한국전자통신연구원(2017), "통신사업자들의 5G이동통신 추진동향"

[27] 한국전자통신연구원(2017),"이동통신산업 현황 및 5G이동통신 이슈"

[28] 5G를 향한 혁신과 변화, KT 융합기술원, 김하성, 2015. 9.10

[29] Research Activities of IMT-2020 (5G) Promotion Group, Hu Jinling, CCSA, GSC-19 GENEVA, 15-16 July, 2015

[30] ITU 홈페이지(6G 관련)

[31] A Vision of 6G Wireless Systems: Applications, Trends, Technologies, and Open Research Problems, Walid Saad, Mehdi Bennis, and Mingzhe Chen, @bupt.edu.cn

[32] O. Vermesan and P. Friess(Eds.). Digitising the Industry-Internet of Things Connecting the Physical, Digital and Virtual Worlds, ISBN: 978-33-93379-82-4, River Publishers, Gistrup, 2016.

[33] 사물인터넷 플랫폼 및 서비스 동향, 정보와 통신, Vol. 31 No. 4., 최성찬, 류민

[34] 사물인터넷 플랫폼 기술 및 국제 표준화 동향 특집: 사물인터넷과 미디어, 방송과 미디어 제20권 3호, 최환석, 이우섭

[35] ICT R&D 기술로드맵 2023 -IoT 분야-, 정보통신기획평가원(2018.9)

[36] 지능형 협업 IoT 디바이스 플랫폼 동향, 한국전자파학회, 전자파기술 Vol.30 No.3, 박동환(2019.5)

[37] IoT 혁신을 위한 엣지컴퓨팅 기술동향과 이슈, 한민족과학기술자네트워크(KOSEN), 동향보고서(2019.2.14)

[38] [기획]엣지컴퓨팅 급부상… IoT 네트워크 구조 바뀐다, 정보통신신문, 2018. 8. 7

[39] 지능형 Edge 컴퓨팅 기술 표준화 동향, 사물인터넷융합포럼, IoT 기술 및 표준 동향, 2019-3호, 김귀훈

[40] Edge 컴퓨팅 자원 관리 기술 동향, 한국전자파학회, 전자파기술 Vol.30 No.3, 이주형(2019.5)

[41] 지능형 에지 컴퓨팅 및 네트워킹 기술, 한국전자통신연구원, 전자통신동향분석, 제34권 제1호, 홍승우 외(2019.2)

[42] 산업 IoT용 엣지컴퓨팅 기술 동향, 한국전자파학회, 전자파기술 Vol.30 No.3, 홍용근 (2019.5)
[43] 정보통신 및 위치 기반 기술을 활용한 O2O 판매 플랫폼, 강남대학교, (주) 아람, 이계천, 김상일,
[44] IoT 스타트업의 생존기, 서형준
[45] 산업통상자원부 "스마트제조 R&D로드맵", 2019
[46] IoT 오픈 플랫폼 기반 스마트 팩토리서비스 분야 도입 사례집, 정보통신진흥원 2019.06
[47] 중소벤처기업부 "22년까지 스마트공장 3만개 구축으로 중소기업 제조강국 실현", 중소기업 스마트 제조혁신 전략 보도자료, 2018
[48] 중소벤처기업부 "중소기업 기술로드맵-스마트공장", 2017
[49] 한국경제매거진 "스마트공장을 움직이는 9가지 핵심기술", 2018
[50] TTA " ICT 표준화 전략맵-융합서비스 스마트팩토리", 2018
[51] KISA "스마트공정 사이버 보안가이드", 2019
[52] 한국산업단지공단, "산업단지 스마트공장 활성화 방안", 기획연구 2018-12
[53] 한국생산기술연구원, "뿌리공정 스마트화 전략 도출을 위한 연구", 2017.3
[54] 스마트공장추진단, "2016 스마트공장 지원 사업 참여기업 우수사례집", 2016
[55] 삼성SDS MES 구축 방안 검토 및 대표사례 연구, 2007
[56] ㈜미라콤아이엔씨 MES 중심 스마트팩토리, 2018
[57] MESA Internationak,"MES Explained_A High Level Vision", White Paper, 1997
[58] 스마트 제조 혁신 추진단 홈페이지(https://www.smart-factory.kr/)
[59] 2020년도 스마트공장 정부 정책 및 사업 스마트제조혁신추진단, 2020
[60] 아두이노 홈페이지(HTTP://www.arduino.cc)

주요 영문약어 및 해설

A

ABAC Attribute-Based Access Control
속성 기반 접근 제어라 하며, 사용자의 인증을 수행하고, 사용자의 권한이 아닌 속성에 따라 접근 제어를 수행하는 기법

AES Advanced Encryption Standard
대칭키 암호화 방식의 일종으로서 AES는 미국의 연방 표준 알고리즘으로서 20년 넘게 사용되어 온 DES(Data Encryption Standard)를 대신할 차세대 표준 알고리즘

AI Artificial Intelligence
인공지능을 의미하며, 컴퓨터에서 인간과 같이 사고 · 생각 · 학습 · 판단하는 논리적 방식을 사용하는 인간지능을 본뜬 고급 컴퓨터 프로그램

ANSI American National Standards Institute
미국규격협회

AP Access Point
컴퓨터에 달려 있는 무선랜카드와 연결해 데이터를 전송하는 안테나 겸 접속 장치로 공유기로 불림

API Application Programming Interface
운영체제와 응용프로그램 간 통신에 사용되는 언어나 메시지 형식

AR Augmented Reality
증강현실은 현실의 이미지나 배경에 3차원 가상 이미지를 겹쳐서 하나의 영상으로 보여주는 기술

AWS Amazon Web Service
아마존의 컴퓨팅 업체인 아마존 웹 서비스는 IaaS의 일종으로 대량의 서버, 스토리지, 네트워크 장비 등 인프라를 사용자에게 대여하고 사용자로부터 사용료를 받는 서비스

B

BEV Battery Electric Vehicle
100% 배터리에 의지해 모터를 구동시키는 전기차

B2B Business to Business
기업과 기업 간의 전자상거래

B2C Business to Consumer
기업과 소비자 간의 전자상거래

B2G Business to Government
기업과 정부 간의 전자상거래

BCI Brain Computer Interface
생물의 두뇌와 컴퓨터를 연결해서 쌍방향 통신을 가능하게 하는 수단으로, 음성, 영상 등 기존 입출력 장치를 거치지 않고 두뇌와 컴퓨터를 직접 연결하는 인터페이스

BLE Bluetooth Low Energy
약 10m 도달 반경을 가진 2.4GHz 주파수 대역 기반의 저전력, 저용량 데이터 송수신이 가능한 블루투스 기술

BPSK BiPhase Shift Keying(2진 편이변조 방식)
동축 케이블을 통한 데이터 전송에 사용되는 디지털 주파수 변조 기술로서 특징은 다른 변조 방식에 비해 효율은 떨어지지만 잡음은 덜함

C

CA Certification Authority
인증기관은 전자상거래의 붐이 일기 시작하면서 전자서명을 위한 인증관리체계를 갖추고 정보통신망을 통해 가입자의 전자서명 검증키 인증 업무를 취급하는 기관

CASAGRAS Coordination and Support Action for Global RFID-related Activities and Standardization
유럽연합에서 2009년부터 추진 중인 제7차 연구개발(Frame work Programme) 7대 과제 중에서 IoT 서비스 모델의 연구를 주목적으로 연구・개발을 진행 중인 프로젝트로서 EU와 미국, 일본, 중국 및 한국이 참여

CDC Centers for Disease Control
미국질병통제센터

CAD Computer Aided Design
제품의 모양 그 밖의 속성 데이터로 되어 있는 모델을 컴퓨터의 지원에 의하여 그 내부에 작성하고 처리함으로써 진행하는 설계의 형식

CAE Computer Aided Engineering
제품을 제조하기 위하여 필요한 정보를 컴퓨터를 사용하여 통합적으로 처리하여 제품 성능, 제조공정 등을 사전 평가하는 일

CAPP Computer Aided Process Planning
전통적으로 사람이 해오던 공정계획을 컴퓨터의 발달과 더불어 이를 이용하여 좀 더 빠르고 정확하게 공정계획을 세우고자 하는 학문 또는 기술

CDMA Code Division Multiple Access
코드 분할 다중접속은 미국의 퀄컴(Qualcomm) 사에서 개발한 확산대역기술을 이용한 디지털 이동통신방식으로 사용자가 시간과 주파수를 공유하면서 신호를 송수신하므로 기존 아날로그 방식(AMPS)보다 수용 용량이 10배가 넘고 통화 품질도 우수

CoAP Constrained Application Protocol
M2M, IoT와 같은 대역폭이 제한된 통신 환경에 최적화하여 개발된 레스트(REST: REpresentational State Transfer) 기반의 경량 메시지 전송 프로토콜

CPS Cyber Physical System

사이버물리시스템은 이종 시스템들이 상호 연동되는 초연결 및 IoT 실현을 위한 기술로서 센서와 액추에이터가 포함된 물리시스템과 이를 제어하는 컴퓨팅이 결합된 네트워크 기반 분산 제어 시스템

CPU　Central processing Unit
프로그램 명령어를 실행하는 일을 담당하는 중앙처리장치로서 제어장치, 연산장치, 레지스터들로 구성

CRC32　Cyclic Redundancy Check의 약어로서, 순환중복검사라고도 하는데, 네트워크 등을 통해 데이터를 전송할 때 전송된 데이터에 오류가 있는지를 확인하기 위한 체크값을 결정하는 방식

CRM　Customer Relation Management
고객관계관리는 IBM이 창안한 마케팅 전략으로서 기업이 고객과 관련된 내・외부 자료를 분석・통합해 고객 중심 자원을 극대화하고 이를 토대로 고객특성에 맞게 마케팅 활동을 계획・지원・평가하는 과정

D

DAC　Discretionary Access Control
접근제어 기술인 임의적 접근 제어

DAG　Directed Acrylic Graph
방향성 비순환 그래프로서 블록체인의 블록 생성 과정에서 트랜잭션이 갑자기 몰리면 전송 속도가 현저하게 느려지는 문제점의 해결을 위해 채택되었는데, 한 트랜잭션이 다음 트랜잭션을 증명해 주는 방식

D2D　Device to Device
디바이스 간 직접 통신 기술은 주로 모바일 기기를 대상으로 근거리에 있는 기기들끼리 직접 통신할 수 있는 기술로서, 대표적 예로는 블루투스가 있으며, 근거리에 있는 통신기기 간에 LTE로 통신할 수 있게 해주는 LTE D2D 기술도 급부상 중

DES　Data Encryption Standard
대칭키 암호화 방식으로서 64비트의 평문을 46비트의 암호문으로 만드는 블록 암호 시스템

DID　Digital Information Display
디지털 정보 디스플레이로서 일명 디지털 사이니지 서비스에 사용

DMB　Digital Multimedia Broadcasting
영상이나 음성을 디지털로 변환하는 기술로서, 이를 휴대용 IT 기기에서 방송

DoS　Deny of Service
보안공격 유형의 일종인 서비스 거부로서 관리자 권한 없이도 특정 서버에 처리할 수 없을 정도로 대량의 접속 신호를 한꺼번에 보내 해당 서버가 마비되도록 하는 해킹 수법

DSL　Digital Subscriber Line
가입자 선로 고도화를 위한 새로운 기술

DSSS　Direct-Sequency Spread Spectrum
직접시퀀스 스펙트럼 확산 방식이라 하며, 원래의 신호에 주파수가 높은 디지털 신호(확산코드)를 곱(XOR)하여 확산시키는 대역확산 변조방식

DTLS　Datagram Transport Layer Security
TLS(Transport Layer Security) 프로토콜을 기반으로 하여 암호화된 데이터그램을 전송할 수 있도록 해

	주는 UDP를 위한 보안 프로토콜
DTS	Distributed Temperature Sensing
	광전자집적회로(Optoelectronic)로 된 온도감지장치

E

EC2	Elastic Computing Cloud
	아마존의 클라우드 컴퓨팅 서비스
EMR	Elastic Map Reduce
	빅데이터 분석용 프로그램
ERP	Enterprise Resources Planning
	제조업무시스템을 핵으로 재무회계와 판매, 그리고 물류시스템 등을 통합한 것으로 가상기업을 지향하는 시스템
ESS	Energy Storage System
	과잉 생산된 전력을 저장해두었다가 일시적으로 전력이 부족할 때 송전해주는 저장장치

F

FCC	Federal Communications Commission
	미국연방통신위원회
FDM	Frequency Division Multiplexing
	주파수 분할 다중화는 입력 정보 파형이 주어진 주파수대역 내에 있을 때, 이것을 변조하여 조금씩 주파수를 추이시켜 서로 중복되지 않게 하여 하나의 전송로에서 다수의 통신을 동시에 행하는 다중화 방식
FEC	Forward Error Correction
	통신 선로 상에서 일어난 비트 오류를 수신된 정보들을 토대로 하여 정정하는 부호화 기술
FHSS	Frequency-Hopping Spread Spectrum
	주파수 도약 확산 스펙트럼 방식은 호핑 코드에 따라 순간적으로 한 주파수로 호핑되어 그 주파수에서 아주 짧은 시간 동안 전송하고, 다시 다른 주파수로 호핑・전송하는 동일한 과정을 반복

G

GFSK	Gaussian frequency-shift keying의 약어로서, 주파수 편이 변조(Frequency Shift Keying, FSK) 방식의 하나로 가우시안 필터를 사용하여 이진수 1은 양의 편향으로, 이진수 0은 음의 편향으로 변환하는 방식
3GPP	3rd Generation Partnership Project
	IMT-2000의 표준화로 비동기 방식의 채택을 위해 유럽과 일본의 주도로 결성된 표준화 단체
GPS	Global Positioning System
	GPS 위성에서 보내는 신호를 수신해 사용자의 현재 위치를 계산하는 위성항법시스템으로서 항공기, 선박, 자동차 등의 내비게이션 장치에 주로 쓰이고 있으며, 최근에는 스마트폰, 태블릿 PC 등에서도 많이 활용

H

HEV Hybrid Electric Vehicle
엔진과 모터가 주행 상황에 따라 작동하는 방식의 자동차

HTTP HyperText Transfer Protocol
웹 서버와 사용자의 인터넷 브라우저 사이의 문서 전송에 사용되는 통신 규약

I

IaaS Infrastructure as a Service
서버, 스토리지, 네트워크를 가상화 환경으로 만들어, 필요에 따라 인프라 자원을 사용할 수 있게 서비스를 제공하는 형태

ICBM IoT-Cloud-Bigdata-Mobile
사물인터넷, 클라우드, 빅데이터, 모바일 융합의 합성어

ICT Information and Communication Technology
정보 기술(Information Technology, IT)과 통신 기술(Communication Technology, CT)의 합성어로 정보기기의 하드웨어 및 이들 기기의 운영 및 정보 관리에 필요한 소프트웨어 기술과 이들 기술을 이용하여 정보를 수집, 생산, 가공, 보존, 전달, 활용하는 모든 방법을 의미함

IEEE Institute of Electrical and Electronics Engineers
전기전자공학자협회로서 미국표준협회(ANSI)에 의하여 미국국가표준을 개발하도록 인증 받은 전문기구

IIoT Industrial Internet of Things
제조 및 에너지 관리를 포함한 컴퓨터의 산업 부문과 함께 네트워크로 상호 연결되어 있는 센서, 장비 등의 장치

IoT Internet of Things
사물인터넷

IPv4 Internet Protocol version4
32bit 체계 인터넷 주소로서 주소 개수는 42억 개

IPv6 Internet Protocol version6
128bit 체계 인터넷 주소로서 주소 개수는 거의 무한대

ISM Industrial Scientific and Medical
2.4GHz 산업, 과학 및 의료용 주파수 대역을 뜻하며, 현재 WiFi용 주파수로 사용

IT Information Technology
정보기술

ITS Intelligent Transportation System
전자, 정보, 통신, 제어 등의 기술을 교통체계에 접목시킨 지능형 교통 시스템

ITU International Telecommunication Union
국제전기통신연합은 국제연합 14개 전문기구 중의 하나로 전기통신 관련 세계 최고 국제기구이며, 국제전기통신 및 국가별 통신 정책의 조화와 관련하여 회원국 상호 간 국제 협력・규제 및 표준화와 개

발도상국에 대한 지원 업무를 수행

K

KDD Knowledge Discovery in Database
지식 발견으로서 데이터에서 가치 있는 정보를 찾아내는 일련의 행위

L

6LoWPAN IPv6 over Low power Wireless Personal Area Network
IPv6용 저전력 무선사설네트워크 기술. 다른 의미로 IETF 워킹 그룹 중 하나인 표준화 단체

LoRa Long Range
저전력 장거리 통신망 기술의 일종

LoRaWAN Long Range Wide Area Network
저전력 광역 통신 기술

LPWA Low Power Wide Area
저전력 장거리 통신 기술

LPWAN Low Power Wide Area Network
저전력 광역 통신망으로서 서비스 범위(커버리지)가 10km 이상의 광역으로 매우 넓고, 초당 최대 수백 킬로비트(kbps) 이하의 통신 속도를 제공하는 전력 소모가 적은 무선 광역 통신망

LSN Light Sensor Network
조명 센서 네트워크

LTE Long Term Evolution
4G 이동통신 기술로서 3G 이동통신 규격 중 유럽식 WCDMA에서 발전한 이동통신 규격으로 전송속도는 다운로드 최대 75Mbps, 업로드 최대 37.5Mbps

LTE-M LTE-Mobile type communication
LTE-MTC로서 3GPP의 표준화 기술

LTE-MTC LTE-Machine type communication
LPWA 기술과 유사하게 저전력 소모, 저가 장비, 낮은 구축비용, 안정적 커버리지 제공, 대규모 단말기 접속 등이 가능한 LTE 기술

LWM2M LightWeight M2M
기기 관리 기술의 일종

M

MAC Media Access Control
Wireless Platform 프로토콜 계층의 하위계층인 매체 액세스 제어

MAC Mandatory Access Control

서비스 보안 기술인 강제적 접근 제어 방식

MD Message Digest Function
알고리즘은 RSA(Rivest Shamir Adelman)를 개발한 미국 MIT의 로널드 리베스트 교수가 공개키 기반 구조를 만들기 위해 RSA와 함께 개발했는데, MD 알고리즘에는 MD2, MD4, MD5 세 가지가 있음

MDM Mobile Device Management
원격으로 스마트폰, 태블릿 PC 등 모바일 단말기의 설정을 변경할 수 있는 애플리케이션으로서, 해당 애플리케이션을 설치하면 특정 범위 내에서 카메라, 녹음 기능 등을 사용할 수 없게 설정됨

MES Manufacturing Execution System
주문에서 제품 생산에 이르기까지 관련 정보를 제공해 현장의 활동을 관리, 착수, 응답, 보고하는 생산실행관리시스템

MIC Message Integrity Code
메시지 무결성 코드로서 데이터 무결성을 보호하기 위해 사용되는 해시키 기능

M2M Machine to Machine
사물통신은 사물 간 센싱, 제어, 정보교환 및 처리가 가능한 사물통신기술로서 사물인터넷과 혼용해서 사용

MEMS Micro Electro Machanical System
미세전자기계시스템, 미세전자제어기술 등으로 불리며, 반도체 공정기술을 기반으로 성립되는 마이크론(μm)이나 mm 크기의 초소형 정밀기계 제작기술

MIMO Multiple Input Multiple Output
다중 입출력이 가능하고 무선 통신 용량을 높이기 위한 스마트 안테나 기술

MQTT Message Queuing Telemetry Transport
원격 모니터링용 메시지 규약은 대역폭이 제한된 통신 환경에 최적화하여 개발된 푸시 기술(push technology) 기반의 경량 메시지 전송 프로토콜로서 메시지 매개자(broker)를 통해 송신자가 특정 메시지를 발행(publish)하고 수신자가 메시지를 구독(subscribe)하는 방식 사용

MTC Machine Type Communication
M2M이라고도 하며, 사람의 개입이 필요치 않은 하나 또는 그 이상의 객체가 관여하는 데이터 통신 기술

N

NB-IoT NarrowBand-IoT
협대역-IoT로서 수백 kbps 이하의 데이터 전송 속도와 10km 이상의 광역 서비스를 지원함으로써 수도 검침, 위치 추적용 기기 등 원거리의 전력 소비가 낮은 사물 간 통신에 적합

NFC Near Field Communication
무선태그 기술의 일종으로 10cm 이내의 가까운 거리에서 다양한 무선 데이터를 주고받는 통신 기술

NFV Network Function Virtualization
5G의 네트워크 가상화 기술로서 통신망 구성에 필요한 하드웨어를 소프트웨어화해서 서버 단에서 구현하는 기술

NHTSA National Highway Traffic Safety Administration
미국도로교통안전국

NIH National Institutes of Health
미국국립보건원

NITRD Networking and Information Technology Research and Development
미국네트워킹&정보기술 연구개발, 연방정부가 연구자금 지원

O

OFDM Orthogonal Frequency Division Multiplexing
직교주파수분할방식은 고속의 송신신호를 직교하는 다수 협대역 반송파로 다중화시키는 변조 방식

OLAP On-Line Analytical Processing
빅데이터 온라인 분석처리 시스템

oneM2M one Machine to Machine
M2M/IoT 서비스 플랫폼 표준 개발을 위해 한국의 TTA 등 세계 주요 7개 표준화 기관이 결성한 글로벌 표준화 기구

P

PaaS Platform as a Service
개발을 위한 플랫폼을 구축할 필요 없이 필요한 개발 요소들을 웹에서 쉽게 빌려 쓸 수 있게 해주는 모델

PDM Product Data Management
제품 개변의 정의에서부터 설계, 개발, 제조, 출하 및 고객서비스에 이르기까지 전반에 걸친 제품 정보를 통합 관리하는 시스템

PHEV Plug-in Hybrid Vehicle
구동 방식은 HEV와 같지만, 배터리 용량을 늘려 전기차 모드의 주행거리를 개선한 자동차

PHY PHYsical layer
Wireless Platform 프로토콜 계층의 가장 하위 계층

PLC Program Logic Controller
각종 센서로부터 신호를 받아 제어기에 신호를 보냄으로써 사람이 지정해둔 대로 로봇이 작동하도록 해주는 장치

PLM Product lifecycle management
제품 설계도부터 최종 제품 생산에 이르는 전체 과정을 일관적으로 관리해 제품의 부가가치를 높이고 원가를 줄이는 생산프로세스

PRNG Pseudo Random Number Generator
의사난수생성장치라고 하는데, 블록체인 key 보안에 사용되는 숫자를 생성하는 장치

PSTN Public Switched Telephone Network
전화교환기에 전화 회선을 접속하여 가입자 간에 통화할 수 있도록 구성한 망

PSM Power Saving Mode
초절전 모드

P2P Peer to Peer
인터넷으로 다른 사용자의 컴퓨터에 접속하여 각종 정보나 파일을 교환·공유할 수 있게 해주는 서비스

Q

16-QAM 16-Quadrature Amplitude Modulation
직교진폭변조 방식의 한 종류로서 아날로그 신호는 진폭변조를 하는데 반해 디지털신호인 QAM 변조는 진폭변조와 위상변조를 동시에 수행하기 때문에 더 많은 데이터를 실어 보낼 수 있음

QoS Quality of Service
통신서비스 품질. 네트워크상에서 일정 정도 이하의 지연 시간이나 데이터 손실률 등의 보장을 일컫는 말로 서비스 품질 척도라고 함

QPSK Quadrature Phase Shift Keying
4상 편이변조 방식으로 불리는데 두 값의 디지털 신호 0과 1의 2비트를 모아서 반송파의 4위상에 대응시켜 전송하는 방식

R

RAN Radio Access Network
무선접속망은 이동 장치의 인터넷 고속 접속을 포함하여 3세대 비동기 이동통신 제공에 필요한 지상 인프라로서, 기지국(RTS, Radio Transceiver Subsystems)과 무선망 제어부(RNC)로 구성

RAT Radio Access Tech
무선접속기술

RBAC Role-Based Access Control
비인가 접근방지용 역할 기반 접근 제어 방식으로 사용자 조직에서의 역할을 기반으로 접근 권한을 특정 사용자가 아닌 해당 역할을 가진 사용자 그룹에게 부여하는 방식

REST REpresentational State Transfer
확장성 생성 언어(XML) 파일로 된 웹 페이지를 읽어 원하는 정보를 수집하는 기능으로 웹 페이지를 만드는 사람은 주기적으로 내용을 개정하고 사용자는 그 페이지의 URL만 알면 웹 브라우저로 읽어 정보를 얻을 수 있음

RF Radio Frequency
무선 주파수로서 전자파가 점유하는 전체 주파수 범위 중에서 전파가 점유하는 주파수

RFID Radio Frequency ID
무선인식이라고 불리는 반도체 칩이 내장된 태그

RNG Random Number Generator
블록체인 키(key)에 사용되는 난수생성장치의 약어로서, 보안을 위한 일련의 숫자나 심볼을 생성하는 장치

RPA Robotic Process Automation
사람이 컴퓨터로 하는 반복적인 업무를 로봇 소프트웨어를 통해 자동화하는 기술

RPC Remote Procedure Call
XML 기반의 메시지 송・수신 프로토콜

RPL IPv6 Routing Protocol for Low-power Lossy Network
IETF의 ROLL 워킹그룹에서 표준화를 진행 중인 Ripple(리플)이라 불리는 IPv6 라우팅 프로토콜로서, IEEE 802.15.4, 전력선 통신 등 저전력과 잡음이 매우 심한 네트워크 환경에 적합하도록 설계

S

SaaS Software as a Service
주문형 소프트웨어(on-demand software)로도 불리며, 소프트웨어 및 관련 데이터는 중앙에 호스팅되고 사용자는 웹 브라우저 등의 클라이언트를 통해 접속하는 형태의 소프트웨어 전달 모델

SAML Security Assertion Markup Language
SOAP 보안성을 향상시키는 보안 기술

SAR Specific Absorption Rate
전자파 흡수율로서 단위시간・질량에 흡수된 에너지로 생체조직에서의 전자파 에너지 흡수율을 뜻함

SCM Supply Chain Management
제품이 생산되어 판매되기까지의 모든 공급과정을 관리하는 시스템

SDK Software Development Kit
소프트웨어 개발자가 특정 운영체제용 응용프로그램을 만들 수 있게 해주는 소스(Source)와 도구 패키지

SDN Software Defined Network
제어용 소프트웨어로 통신 흐름을 관제・운용・기록하는 통신 네트워크

SHA256 Secure Hash Algorithm
미국 국립표준기술연구소인 NIST(National Institute of Standard and Technology)가 표준으로 채택한 암호 해시 함수(Cryptorraphic Hash Function)인데, 256bits로 구성되며, 블록체인에서 가장 많이 사용 중

SIM Subscriber Identity Module
개인 식별 정보를 담은 IC 카드

SNS Social Network Service
사회연결망서비스로서 특정한 관심이나 활동을 공유하는 사람들 사이의 관계망을 구축해 주는 온라인 서비스

SOA Service-Oriented Architecture
서비스 구성 기술인 서비스 지향 구조

SOAP Simple Object Access Protocol
웹 서비스 표준의 일종으로 웹 서비스를 실제로 이용하기 위한 객체 간의 통신 규약으로 인터넷을 통하여 웹 서비스가 통신할 수 있게 해주는 기술

SoC System on Chip
여러 반도체 부품이 하나로 집적되는 반도체 기술

SPI Serial Peripheral Interface
Master와 Slave 장치 사이의 SPI 데이터 레지스터 값을 교환하는 방식

SSO Single Sign On
모든 인증을 한 시스템에서 처리할 목적으로 개발된 인증 시스템

S3 Simple Storage Service
아마존의 클라우드 컴퓨팅 서비스

SUN Smart Utility Network
스마트 유틸리티 네트워크는 무선 사설망(WPAN)의 범위를 확장하여 전력망, 가스망, 수도망 등 공공 분야의 센서 네트워크 구축용으로 활용

T

TCP/IP Transmission Control Protocol/Internet Protocol
서로 다른 운영체제의 컴퓨터 간에도 데이터를 전송할 수 있는 인터넷 표준 전송 프로토콜로서, 보내진 순서대로 데이터를 전송하지 못하거나 IP가 데이터 패킷을 분실・파손하는 경우 TCP는 문제 발생을 알리고 데이터를 재전송

TLS Transport Layer Security
전송 계층 보안으로서, 인터넷에서 인증서로 상대방을 인증하고 기밀성과 무결성을 제공

TVWS TV White Space
유휴 주파수 대역으로서 TV 채널별 또는 지역별 주파수 간섭을 막기 위한 완충 지역으로 비워둔 주파수 대역 또는 기존에 사용하던 주파수 대역이 더 이상 사용하지 않게 되어 남겨진 주파수 대역을 의미

U

UBI Usage Based Insurance
운전자의 운전 습관을 바탕으로 보험료를 결정하는 자동차보험상품으로 운전습관연계보험이라고 하는데 자동차에 IT를 적용해 고객의 운전 습관을 파악한 후 빅데이터를 활용해 데이터를 비교, 보험료를 산정하는 상품

UDDI Universal Discovery and Integration of Business for Web
웹 서비스 표준의 일종으로 인터넷에서 전 세계의 비즈니스 업체 목록에 자신의 목록을 등록하기 위한 XML 기반의 규격

UDP User Datagram Protocol
인터넷상에서 서로 정보를 주고받을 때 정보를 보낸다는 신호나 받는다는 신호 절차를 거치지 않고, 보내는 쪽에서 일방적으로 데이터를 전달하는 통신 프로토콜

UNB Ultra Narrow Band
초협대역 통신으로 저전력 장거리 통신 기술에 사용

USN Ubiquitous Sensor Network
유비쿼터스 센서 네트워크는 첨단 유비쿼터스 환경을 구현하기 위한 근간으로 각종 센서에서 수집한 정보를 무선으로 수집할 수 있도록 구성한 네트워크

UWB Ultra Wide Band
초광대역, 단거리 구간에서 저전력으로 넓은 스펙트럼 주파수를 통해 많은 양의 디지털 데이터를 전송하는 무선 기술

V

VPA Virtual Personal Assistant
인공지능 엔진과 음성인식을 기반으로 사용자에게 맞춤 정보를 수집하여 제공하고, 사용자의 음성 명령에 따라 일정관리, 이메일 전송, 식당 예약 등을 수행하는 가상개인비서

VPN Virtual Private Network
인터넷과 같은 공중망을 마치 전용선으로 사설망을 구축한 것처럼 사용할 수 있는 방식

VR Virtual Reality
가상현실은 특수한 안경과 장갑을 사용하여 인간의 시각, 청각 등 감각을 통하여 컴퓨터의 소프트웨어 프로그램 내부에서 가능한 것을 현실인 것처럼 유사 체험하게 하는 유저 인터페이스 기술

V2I Vehicle to Infrastructure
커넥티드카 기술 중 차량과 교통시스템 간 통신으로 차량 내에 설치된 통신 단말기로부터 도로상 일종의 기지국에서는 주행 정보를 수집하고 이를 중앙 서버에서 분석하여 교통상황 및 대처 방법 등을 후속 차량에 제공하는 기술

W

WEF World Economic Forum
세계경제포럼은 일명 다보스 포럼으로서 저명한 기업인 · 경제학자 · 저널리스트 · 정치인 등이 모여 세계 경제에 대해 토론하고 연구하는 국제민간회의

WiFi Wireless Fidelity
하이파이(Hi-Fi, High Fidelity)에 무선기술을 접목한 것으로 고성능 무선통신을 가능하게 하는 무선랜 기술

WLAN Wireless Local Area Network
무선랜은 기존 네트워크 케이블이나 일반 전화선 등 일련의 케이블 대신에 전파를 이용해 컴퓨터 간의 네트워크를 구축하는 방식

WMAN Wireless Metropolitan Area Network
무선 도시권 통신망

WPAN Wireless Personal Area Network
10m 이내의 거리에서 무선 서비스를 제공하는 무선 개인 통신망

WRAN Wireless Rural Area Network

지역 무선 통신망

WRC World Radiocommunication Conference

세계전파통신회의

WSDL Web Service Definition Language

웹 서비스 표준의 일종으로 웹 서비스 기술 언어 또는 기술된 정의 파일의 총칭으로 웹 서비스의 구체적 내용이 기술되어 있어 서비스 제공 장소, 서비스 메시지 포맷, 프로토콜 등이 포함

WSN Wireless Sensor Network

무선 센서 네트워크는 센서를 네트워크로 구성한 것을 말하는데 언제 어디서나 컴퓨팅 환경에 접속할 수 있는 유비쿼터스 패러다임이 확대되면서 전 세계적으로 활발하게 연구되고 있는 기술 중 하나

WS-Security Web Services Security

SOAP 보안성을 향상시키기 위한 보안 기술의 일종

X

XACM LeXtensible Access Control Markup Language

보안 기술의 일종

XML eXtensible Markup Language

인터넷 웹 페이지 작성용 확장성 마크업 언어

XMPP eXtensive Messaging and Presence Protocol

XML에 기반한 메시지 지향 미들웨어용 통신 프로토콜로서 이 프로토콜의 원래 이름은 Jabber였으며, Jabber 오픈 소스 커뮤니티가 1999년에 개발

Z

Zigbee RF4CE Zigbee Radio Frequency for Consumer Electronics

저전력으로 무선(RF) 기술을 적용한 차세대 리모콘으로 집안 내에서 셋톱박스, TV, 보안모니터 및 센서 등과 통신하게 해주는 가전원격제어 솔루션

저자 소개

서경환
강남대학교 전자공학과 교수

최종철
강남대학교 산학협력중점교수

권명규
건국대학교 산학협력중점교수

방혜성
건국대학교 산학협력중점교수